●図説●
数の文化史
世界の数字と計算法
K.メニンガー著　内林政夫訳

八坂書房

Karl Menninger :
ZHALWORT UND ZIFFER
Eine Kulturgeschichte der Zahl
Vandenhoeck & Ruprecht, Göttingen 1958

英語訳 Paul Broneer :
NUMBER WORDS AND NUMBER SYMBOLS
The Massachusetts Institute of Technology Press
Cambridge, Mass. 1969

上記原書は、第一部 ZAHLREIHE UND ZAHLSPRACHE
(Number Sequence and Number Language) と
第二部 ZAHLSCHRIFT UND RECHNEN
(Written Numerals and Computations) からなり、
その第二部を訳出したのが、日本語版の本書である。

ただし原書第一部収録の図表のうち、
第二部にも引用されているものについては、
参考図として掲載した。

数の文化史
目　次

はじめに ——————————————————————— 9

第1章 指による計算法 ————————————————— 13
1. 指による数え方 ——————————————————— 13
　(1) 尊者ビードの指による数え方 ————————————— 14
　(2) 古代の指による数え方 ——————————————— 25
　(3) アラビア、東アフリカの交易での指による数え方 ——— 31
　(4) 西洋でのローマ式の指による数え方 ————————— 34
　(5) 指を用いる計算法 ————————————————— 37
　(6) 他文化の人たちの指による数え方の形式 ——————— 40

第2章 民間の数記号 ——————————————————— 45
1. 符木 ———————————————————————— 45
　(1) 初期の読み方と書き方 ——————————————— 45
　(2) 符木は万人に共通 ————————————————— 48
　(3) 符木の種類 ———————————————————— 50
　(4) 英国王室会計局の符木 ——————————————— 66
　(5) 符木上の数 ———————————————————— 72
　(6) ローマ数字 ———————————————————— 75
　(7) 中国漢代の算木 —————————————————— 82
2. 農民たちの数字 ——————————————————— 85
3. 結び目を数字に ——————————————————— 91

第3章 アルファベットの数字 ―― 99
1. ゴシック数字 ―― 99
2. 文字と数 ―― 103
   (1) アルファベットの歴史 ―― 105
3. 二種類のギリシア数字 ―― 111
4. 文字と数字のいろいろな関係 ―― 120

第4章 ドイツ式ローマ数字 ―― 127
1. 筆記体のローマ数字 ―― 127
   (1) 中世の数 ―― 130
   (2) 新式インド数字のゆるやかな浸透 ―― 134
   (3) 自由帝都アウクスブルクの会計帳簿 ―― 137
   (4) 筆記数字と数計算法 ―― 144

第5章 算盤 ―― 147
1. 計算盤の本質 ―― 147
2. 古代文明の計算盤 ―― 150
   (1) サラミス島の書写板 ―― 151
   (2) ダリウスの壺 ―― 157
   (3) エトルリアのカメオ ―― 158
   (4) ローマの携帯用算盤 ―― 159
   (5) アジアの携帯用算盤 ―― 162
   (6) 固定しない計算玉を用いるローマ計算盤 ―― 175
3. 中世初期の計算盤 ―― 180
   (1) 西洋の事情 ―― 180
   (2) 修道院の算盤 ―― 185
4. 中世後期の計算盤 ―― 199
   (1) 使用された証拠 ―― 199
   (2) 新式計算盤 ―― 209

(3) 計算盤の種々の名称 ——————————— 218
　　　(4) 線上の計算法 ——————————————— 223
　　　(5) 日常生活の中の計算盤 ————————— 243
　　　(6) 計算盤と筆記数字 ——————————— 249
　5. 計算玉 ——————————————————————— 260

第6章　西欧の数字 ———————————————————— 281
　1. 位取り数表記法 ————————————————— 281
　2. 西欧の数字の祖先 ——————————————— 285
　　　(1) カローシュティー数字 ——————————— 286
　　　(2) バラモン数字 ———————————————— 287
　　　(3) 位取り表記法 ———————————————— 290
　3. インド数字の西方への移動 —————————— 295
　　　(1) ゼロ ———————————————————————— 295
　　　(2) アレクサンドリア —————————————— 304
　　　(3) アラブ人の手に入ったインド数字 ———— 306
　　　(4) インド数字の系統図 ——————————— 322
　4. 西ヨーロッパのインド数字 —————————— 329
　　　(1) イタリア ————————————————————— 332
　　　(2) ピサのレオナルド ————————————— 333
　　　(3) ドイツの算術家たち ———————————— 342
　　　(4) 新規の数字 ————————————————— 353
　　　(5) 回顧 ————————————————————— 364

第7章　中国・日本における口語の数と数記号 ———— 365
　1. 極東諸国の数体系 —————————————— 365
　2. 話し言葉の数 ————————————————— 366
　　　(1) 中国語の数の名称 ————————————— 366

(2) 日本語の数の名称 ——————————————— 370
　(3) 朝鮮語の数の名称 ——————————————— 373
　(4) まとめ ————————————————————— 374
　(5) 筆記数字 ————————————————————— 377
　(6) 回顧：音声言語 — 表記 — 筆記数字 ——————— 390

年表 ————————————————————————— 394
参考文献 ————————————————————————— 399
訳者あとがき ————————————————————— 409
索引 ————————————————————————— 411

＊章や見出しの番号は原書にはなく、日本語版において便宜的に付したものである。

はじめに

　この書は、英知と文化の歴史の愛好家に向けて書かれたものである。その主題は、西ヨーロッパで使用されてきた筆記数字と数計算法の発達の歴史についてである。さらに、西洋文明と種々の関連をもつ諸文化の数字や計算についても注目し、西洋での発達の経緯を一層明らかにする。
　まず筆記と計算にこんにち用いられるインド数字について述べ、それからローマ数字と計算盤をとりあげる。いまや、すでに忘れさられている計算盤や算盤による筆記計算の歴史、またその及ぼした影響について、著者の知る限りでいままで発表されているものより、はるかに詳細に徹底的に検討する。それは数と数学の歴史のうちで特に興味ある部分であるが、さらに、とりわけインド式の位取り数表記法を西洋世界に紹介した魅力ある出来事の背景となるものである。西洋人が「世界を手中に収めよう」と現れるもとになった知的革命の真っただ中に、ほとんど未踏の道をたどることになる。数こそは、人がその環境を支配することを学ぶための最も重要な手段の一つであった。
　われわれが、ローマ数字やエジプト数字、ひいては西洋のこんにちの数字についてさえ、それを語るときには、ほとんどの場合、公用の数字——国の公式記録の作成に使用され、国民がそれを知る義務のあるもの——を意味している。大抵の人たちは、それ以外の筆記数字は全く知るところではない。
　歴史を振りかえってみると、すべての公用数字の体系には、その前に、もっと素朴な数、象徴記号の数のなんらかの組み合わせが存在していた。それらは、木片に切り込んだ刻み目や紐の結び目の形であり、あるいはまた別の方法で、個人用に、またはその何人かの集まりに、さらには集落全体で、数を書きとめることに用いられたものであった。公用数字以前に記録されたそれらの数について研究してみると、その忘れられたものが、いかに大きかっ

たかを知ることができる。そうしたものは、言葉や習慣にこんにち生き残っており、なかでも数表記の元になった、あるいはそれに先行した初期の概念についての貴重な知識を与えてくれる。そうした過去への洞察はさらに重要な意味をもつ。こんにちの公式数字ですら、むかしのいろいろな風習についての知識をもって理解すれば、初期のものの具現化であることが初めてわかるのである。ローマ時代の数字に関しては、驚くほどたくさんの研究がなされている。たとえば、刻み目をつけた符木（しるしぎ）のようなものについてである。

　数を書きとめることは、数を口で話すこととは対照的に、数を目に見えるものにすることであり、永久に記録、保存できることになる。したがって、指による数の数え方、つまり手や指を使って作るいろいろな身振りや手真似によって数をあらわすことは、数を目に見えるものにはするが、それでも、話し言葉の数と、書きとめた数の間の一種の中間段階のものであって、すぐに消えてゆくものである。こうした指の数は、単なる子供の遊びではない。世界の多くの土地でこんにちなお行われていて、初期には非常に重要な意味をもつものであった。

　指による数え方と素朴な数記号についての少しばかりの知見からでもわかることは、人たちが公式に筆記する数字は、文化の秤で測って話し言葉の数の重さほどの重みをもつものではなかったということである。筆記数字は通常、他所からもらい受けたものであった。ほんの珍しい場合に限って、エジプトや中国の場合のように、話し言葉の数が生まれたのと同じ土壌から筆記数字が生れ育っている。

　この事実から、文字が数をあらわす記号としても用いられたと推測することができる。ゴート人はギリシア人のまねをしてアルファベット数字を使っていた。また、シュメール式アルファベット文字の表記文化圏でも、ほとんどすべての人たちが、同じようにしていたのである。何世紀にもわたって、数字はギリシアの数学者たちが使用したものであった。

　これらの文字数字と、いわゆる初期の数字は、序列化と束ねのグループ化の法則のみにその基礎を置いた体系のものであって、単に数の記録だけに用いられた。それらの数は、計算にはなんとも不便であった。人たちは、数の計算法としては、計算盤あるいは算盤を用いた。それら計算用の道具の歴史も忘れられているので、検討することにしよう。古代ギリシア人、ローマ人

の世界でそれらが使用された様子をみてみよう。さらに、中国、日本、ロシアで、そして西洋文化の中においてすら、こんにちなお用いられている特殊な形の算盤について知り、その後、西ヨーロッパで使用された中世の計算盤をみよう。特に注目するのは、計算盤のいろいろな形態、人目を引く補助用具の小石、アペックス（三角錐型の印）、その他の計算玉（コイン、碁石）、そして最後に算盤上で計算を行う際の主要な演算方法などである。

　そうすることで、インド数字が新しくイタリアを経由してヨーロッパに浸透し始めた1500年頃、中世期の人たちがどのように数を取り扱っていたかについて、ある程度の知識を得ることができるであろう。

　インド数字はどこから到来したのだろうか。また、どのように発達してきたのだろうか。どのような経路で西方地中海地域に到来し、そこからどのようにして北ヨーロッパにもたらされたのだろうか。こうした疑問に対する回答を見つけることによって、インドからアラブ世界を通って西洋へとひろがる文明の一大ドラマの展開が明らかにされるだろう。それはまた、中世初期の修道院の静穏な僧房から、イタリア商人、ドイツ商人たちの進歩的な事務所へ、そしてさらにそれを越えて現代への入り口にいたるまでに広がる文明の大ドラマでもあった。この興味をそそる知の歴史の壮大な絵巻物に参加することで、どのようにして、またなぜインド数字が世界の主要国のすべてでただ一つの筆記用の数字になったのかを理解することになろう。インド数字のみが、人類の計算能力を夢にもみなかった高さにまで押し上げることができた。良きにつけ、悪しきにつけ、インド数字は世界を数による制覇のもとにおいてきている。

　この広い範囲の概観を行ってから、最後により狭い話題——極東の中国と日本について——そこで話される数、使用される筆記数字に焦点をあててみよう。注目の中国文化と日本文化は、まさに独自のものであって、世界のその他の国々から全く隔離されていることから、それらを検討することは、二つの面において有用なのである。数の複雑な文化史を通して、われわれを導いてきた主要な道筋を包括的に概観することに役立つことで有用である。また、われわれの数の世界との類似の対応物として、何が無関係で、何が特異なものであるか、また何が独自で、何が数と数字そのものに本来備わっているものなのか、などについて学ぶことができることでも有用なのである。

異なった時代と異なった文明を通して追求してきた共通の道筋は、こうして、人類共通の発想がまずあって、それによって一組の数が生まれ、それから種々の文化が別々の異なった道をたどり、発達をとげて、最後に最も高度に完成した体系、つまりインドの数字体系にたどりついたという一連の経過を思い起こさせる。インド数字が全世界にひろがり、他のあらゆる数字を片隅に押しやり、普遍的に使用されるようになって、最も重要な人類の調和の象徴となってきた。その象徴は最初から明らかであったわけではなく、発達の長い経過の終わりにいたって、初めて明らかになったのである。

第1章　指による計算法

1. 指による数え方

> 「さて、あなたは、ありえないと思うことが
> 可能なのだと信じなさい。
> あなたは手に8をもちます。私の先生が
> かつて教えてくれたように。
> 7を取り除くと、なお6が残ります。」
> 　　　　　　　　　　　　ローマの判じ物
> 　　　　中世には決して解かれることがなかった問題
> 　　　　　　　　　　　　　　（頁18参照）

　言語は数をとらえるのに言葉を使う。しかし、言葉は短命である。太古の時代から、人類は言葉と数を永遠のものにする何らかの方法を見つけようと努力してきた。その問題の答えは筆記であった。

　しかし、絵画的あるいは音声的な形の筆記法で言葉を固定することは大変にむずかしく、また労力のいる仕事である。それに成功したのは世界中でもわずかの人たちだけであった。たとえば、西洋でさえ、自身の言語を話すとはいえ、自分の発明したものでない記号で書き記す。なぜなら、こんにちの西洋の文字は、実はローマ式なのである。そして、アルファベットによる筆記の発達は、ローマ人、ギリシア人、フェニキア人より前にずっと戻って、古代エジプト人にまでさかのぼる。

　ただ、数字については話は少し違ってくる。真に自前の数の筆記体系というものは、一つの文化の中のすべての構成員が学び、使用しなければならないものであり、また、それは公式の一組の数字であったが、それらもまた、少数の人たちによって進化させられてきたものであった。大多数の文化の中

で使用されている数字は、他の国からの輸入品であった。こんにち普通に使われる単位の数、つまり1から9までの整数は、インドにその源を発している。インド方式の前は、西洋ではローマ式の数を書いていた。しかし、最も古い時代の人たちは、こうした公式数字より前に、たいていの場合はそれらと共に、常に自身の原始的な記数法を考案していた。それは刻み目をつけたり、引っ掻き線を作ったり、結び目にしたりしたものであった。それらは、当時の人たちが日常の家庭で、商売で、または多分彼らの村落での仕事に限って用いた手段であった。そうした原始的な数字記号について、これからの章で論じることにしよう。

　その前に、まず筆記数字で別の注目すべき先駆者について検討しよう。それは指による数え方、指で作る数であり、それが本章の主題である。

　ローマ人は一から一万までの数を両手の指であらわす方法をもっていた。指による表記法の一つの形式である。これは一般に見過ごされてきたものであるが、その数の組み合わせを「指による数え方」と呼ぶことにし、ずっと古い原始文化の人たちの指のしぐさによって表されたものとは区別をする。原始文化では、両手の指で数えることができる十を越して、さらに先に進むことはめったになかった。

　指による数え方は、伝統的な古代の遺産の一部として西ヨーロッパにもたらされ、中世期には全く普通に使用された。その後、それらはインド数字によってとってかわられ、いまや完全に忘れさられてしまっている。こんにち、そうした指による数え方は、いくぶん変形した形で中東で、アラブ商人やインド商人によってだけ使用されている。

　指による数え方の手法は、大部分口伝えで伝えられてきたようである。それを記述した教科書のようなものはローマ時代以来ずっと残されてはこなかった。その事実こそが、指による数え方が庶民や無学の人たちの間でひろく使われていたことの証拠であろう。というのは、特別の教師や学校を必要としない物事は、一般に書きとめられることがないからである。

（1）尊者ビードの指による数え方

　とはいえ、そうした教科書を著した人物があった。それはイギリスのベネディクト会修道士で、歴史上ベーダ・ヴェネラビリス、尊者ビードとして知

られる人で、中世初期の最も偉大で重要な学者の一人である。彼は西暦735年に没しているが（図210参照）、後代になって彼はまさに栄誉を受けるに価すると評価された。

ときはヨーロッパ大陸にまたがる蛮族の移住が、除々に終りを告げようとしており、カール大帝のカロリング帝国がその形を整え始めていたころであった。ローマ教会は使者たちを、特にベネディクト会士たちをアイルランドとイングランドに送ってキリスト教文化の基礎を築こうとしていた。あらゆる書籍が手で筆写される時代では、修道院は学問のただ一つの保護地であった。

この初期の中世の学問は、純粋に教会用、宗教用のものを除いては、ローマ文明の遺産を収集し、それを伝えること以上には何も行わなかった。その中で、俗世を超越した一人の修道士のあらゆる勤勉と努力によって、ローマ文明の遺産が、手に入るすべての源泉から一つに集められ、中世後期へと伝えられた。それは、この人物のみがなしえたことであった。「私は、一生を楽しく学び、教え、書くことに費やしてきた」と尊者ビードは述懐する。彼は一度といえども自分の生活したイギリスの修道院を離れることはなかった。現代が彼に感謝するのは、指による数え方の唯一の完全な記録を残してくれたことである。『指を用いる計算と話』De computo vel loquela digitorum、この書は年代学に関する彼の著作『時の計算について』De temporum rationeの序説ともいうべきものである。中世の修道士たちにとって、この「時の計算法」は、主として毎年大きく変動する復活祭の日曜の日を算定することを意味した。春期は3月21日に始まる。西暦325年、ニカイア公会議が、復活祭は春分後の満月の次にくる日曜日であるべきという法令を公式に発布した。それによって、どのような状況にあっても、春の最初の満月の前夜に祝われるユダヤ教の過越しの祝いの日と重ならないことになった。

復活祭日曜日は、次いでまた別の固定されない教会祝日の日を確定することになった。それは、聖霊降臨祭、キリスト昇天の日、1247年以降祝われた聖体祝日、1334年以降の三位一体祝日などであった。こうして、どこの修道院でも、復活祭の日の算定は数人の修道士たちによって行われなければならなかった。

16   1. 指による数え方

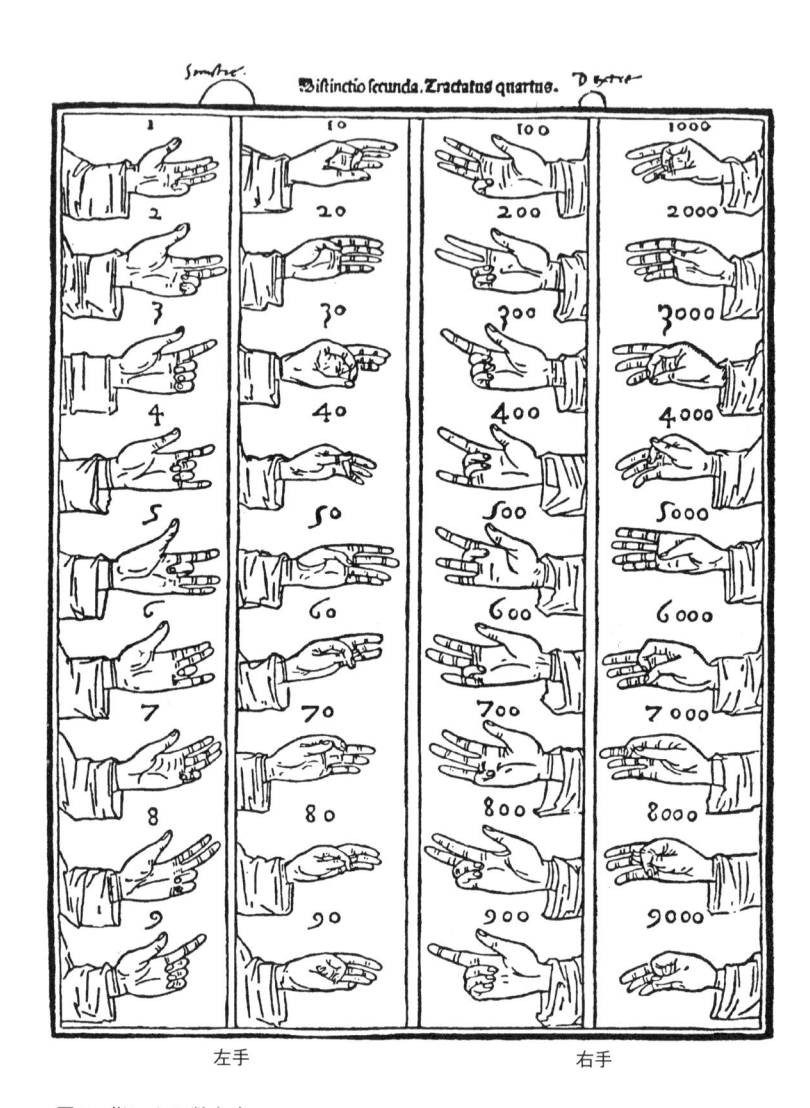

図1　指による数え方。
イタリア人数学家ルカ・パチオーリの『算術大系』Summa de Arithmetica より。これは印刷された数学書として最初の重要なもの。1494年ベニスで出版。尊者ビードの説明とは対照的に、百の位と千の位の数は右手であらわしている。

ビードの指折り法

　さて、ビード自身の説明を追ってみよう。まずその翻訳に簡単な説明とコメントをつけたものをあげ、その後ラテン語の原本について（頁22参照）みてみよう。ビードが説明を進めるのに合わせて、読者はそうした数字のしぐさを自分の指を使ってしてみてもらいたい。図に示した指による数え方の表（図1、4）は、指の形の作り方のおよそのところを示している。しかし、あくまでもおよそであって、全部がはっきりしているわけではないし、そのうちのいくつかに誤りもある。とはいえ、読者がこれらの数字を自分の手で「きちっと読み取る」なら、その源泉が生き生きとよみがえってくるばかりか、その本当の意義が認識できることになるだろう。そうしなければ、読者はこれらの指の数を、無駄な遊びの一つの形として誤解することになりかねない。

　「神のご加護をえて、年代記と計算法について述べ始める前に」と尊者ビードは書きだす。まず指による数え方に必須でたやすい技法を簡単に示すことが必要であろう。

1. 「1」といいたいなら、左手の小指を折り曲げて指先を手のひらにつけなければならない。
2. 「2」は、指輪の指を隣におろすこと。
3. 「3」は、中指も、
4. 「4」は、小指をもう一度立てなければならない。
5. 「5」は、指輪の指も、
6. 「6」は、中指を立てる。それから「医の指」と呼ばれる指輪の指だけを、もう一度手のひらに折り曲げる。

　　この指は古い時代には、「医の指」と呼ばれていた［訳注：薬指］。なぜなら、一本の静脈が直接に心臓からこの指に走っていると信じられていたからである。6は完全数、したがって、聖なる数であるから、他のすべての指を別にして、指輪をはめるのに価するものと考えられた。そして、指輪の指とされた。完全数とは、その除数の和に、まさに等しいものである。もちろん、その数自身は除いている。6の除数は、1、2、3であって、その和は6になる。数12は完全数ではない。

なぜなら、その除数 1、2、3、4、6 は加え合わせると 16 になってしまう。次にあらわれる完全数は 28、496、8128 の三つである。

7.「7」は、指を全部立て、小指だけを手首の上に折り曲げる。

　1（2 と 3 も同様）とは対照的に、7 を作るには（8 と 9 も）同じ指を真中の関節で折り曲げるのではなくて、一番下の関節を曲げる。そうすると、指は手のひらの上にずっと伸びているか、または親指の肉の盛り上がった部分にとどく。パチオーリはこの区別をしていない（図1 参照；しかし、図 5 は正しく示されている）。

8.「8」は、薬指をその隣にねかせる。（図 5 参照）

　ここで、本章の冒頭に引用した判じ物の解がえられる。答は指による数え方の中にある。もしも、数 8 を手の上に作り、それから 7 を取り除くと、残るのは 6 を示す指の姿である。

9.「9」は、恥知らずの（中）指を隣におく。（図 5 参照）

　左手のあとの三本の指（小指、薬指、中指）のみが、一の位の数を作るのに使われることに注意する必要がある。こうして、あらゆる数、9999 までを両手の指によるだけで表す方法を知ることができる。

　　　　　　　　　左手　　　　　　　　　　右手
　　　　一の位　　　　十の位　　　　百の位　　　　千の位
　　小指－薬指－中指　人差し指－親指　親指－人差し指　中指－薬指－小指

　この配列では、数を作っている人物は逆方向に作り、彼に反対して、つまり面している人物は、その数を右から左へと上ってゆく順序に読みとる。すなわち、位を千、百、そして十、一とする。つまり、こんにちの表記法通りである。

事実、尊者ビードもまた、それらの数字を同じ順序で示した。ビードの後、8世紀ほどたって、パチオーリは指による数え方を記述するにあたって、百の位と千の位のみを入れ換えている。もう一つ知られるヤコブ・ロイポルトによる記述（図4参照）では、ビードのものがそのまま踏襲されている。すなわち、

　　「10」というときには、小指の爪を親指の真中におかなければならない。
　　「20」は、親指の先を、人差し指と中指の間におくこと。
　　「30」は、人差し指の爪と親指の爪を合わせて、優しい曲線をつくる（愛のこもった抱擁）。
　　「40」は、親指を人差し指の横あるいは上において二本とも伸ばす。
　　「50」は、親指の先を内側（手のひらの方向）に折り曲げる。ギリシア文字Γ（ガンマ）のように曲げる。
　　「60」は、人差し指の先を、上述のように折り曲げた親指の上にねかせる。（だから、図1の絵は間違っている。親指は手のひらの方向に折り曲げるべきである。）
　　「70」は、親指を、折り曲げた人差し指の中におく。そうすると親指の爪は人差し指の真ん中の関節にふれる。（これについては図1は正しい。）

　　　あるいは、親指の先を人差し指の真中の関節におく。そして、後者をその上におく。

　　「80」は、人差し指を上述のように折り曲げ、伸ばした親指で「満たす」。そうすることで、後者の爪、親指の爪は人差し指に触れる（その上部の側面で）。
　　　ビードは「満たす」という語で、親指の爪が人差し指の爪に触れるような具合に、親指が人差し指の曲線を「閉じる」ことを意味している。
　　「90」は、人差し指を親指の付け根におく。

あるいは、人差し指の先を、それ自身の付け根の上に戻し、折り曲げ、親指をその上におく。

図1、4、7は、定められた指のしぐさをすべてはっきりと図示しているわけではない。いくつかの誤りがある。ヤコブ・ロイポルトは明らかにビードの記述を、自分の理解の範囲内で解釈している（図4）。ビードの描写は、ずっと後代の良く描かれたアラビアからの出典と合致している。したがって、ここでの翻訳と解説は、古い時代の真の指による数え方を正しく反映していると、かなり確かにいうことができる。（頁33参照）。

ビードは続けていう。

いままでのところ、あなたは左手を使ってきた。しかし、100は右手でつくることになる。左手で10を作ったようにである。（パチオーリは、百の位と千の位を入れ換えている。）
同様に、残りのすべての百位の数は900まで、
そして1000は右手で、丁度左手で1を形作るように、
そして続けて9000まで。

さて読者には、数21、75、206、5327 を自分の指で形作ってもらいたい。そうすれば、指でするしぐさの基礎となっているものが位置による体系、つまり位取りの数体系であることを知って驚くだろう。四つの数の位、つまり一の位、十の位、百の位、千の位が四つの違った指のグループによって作られるのである。ここでの指のしぐさは1から9までの単位の数字の役目を果たしている。ただし、その中で9ではなくて2×9である。その理由は、この数体系の性質の中にある。すなわち、数の各々の位を作るのに、最初に三本の指（小指－薬指－中指）、次に二本の指（人差し指－親指）が用いられている。ゼロは指の正常の、自然体の位置によって示された。

こうして、位取りの概念は、こんにち使用されているインド式数字体系がまだ発明されていなかった、それほど古い時代においてすでに、その形を整えたのである。そして、それはインド数字がまだ西洋にもたらされてはいなかった中世の初期の時代に使用された。この位取りの概念については、算盤

図2 自然数の古い区分。指数、関節数、合成数 に分ける。14世紀の中世筆写本より。バイエルン国立図書館、ミュンヘン。

図3 2000を手指で示す。手指で数を数える方法を説くビードの著書（1140年）の写本より。D. E. スミス著『数学の歴史』1928年、ボストンより転載。

の項で、こんにちの位取り数表記法とは全く別個に、もう一度みることになろう。そういうわけで、インド・アラビア数字は、歴史上で位取り数表記法の概念を具現化する最初のものではなかったのである。

　ディジットdigit（指数）とアルティクリarticuli（関節数）。中世の数と数字についての書物では、すべての数がローマのボエティウス（6世紀の人）の方式にしたがって、三つのクラスに分類されていた。一つは、1から9までの九つの指数digit、二つ目は関節数articuli、つまり10で割り切れるすべての数、たとえば20、700、850 などのような数を意味するもの、そして合成数numeri compositi、すなわち前の二つのクラスの両方からなるもの、たとえば23や857であった。

　この素晴らしい呼び名は、どこからきたのだろうか。それは明らかに指による数え方からであった。九つの一桁の数は三本の「すべての」指で形作られ（指数）、十の位の数（90まで）は、人差し指と親指を合わせて（50だけが例外）作られた。人差し指と親指は常に関節に触れていた（関節数）。これらの名称は、なるほど指による数え方にはあらわれず、算盤に関係した用語

であって、掛け算で位置の数を指定するのに用いられたものであった。

　例：掛け算　40×70 をしてみよう。算盤上で、十の位の4個と、十の位の7個を掛け合わすことになる。4×7＝28であるので、中世の規則によると

　　指数digitus 8に100の価をあたえ、関節数articulus 2に1000の価をあたえよ（結果：2800）。

　サレム（現エルサレムらしい）のアルゴリズム（インド・アラビア数字による計算法）は12世紀の算術の写本で、その中に35と67の足し算がある。この写本は、これから詳細に取り扱うものである（図195参照）。一の位の数を加える演算を習うとき、学校の児童たちは 7＋5＝12 を「2を下におき、1を運ぶ」という。中世の修道院学校の生徒たちは「指数2を書きとめ、関節数1を持ち越す」と習った。こんにちでも、一の位の数はイギリスでdigits、フランスでdoigtsという。

　ビードの原本の言葉は、ラテン語を知る読者には、その奇妙な指のしぐさを目のあたりにさせるのに役立つだろう。そして同時に中世の学識者の筆記法のスタイルの一例を示してくれるだろう［訳注：日本語訳のみを載せる］。2以下は「といいたいなら」をラテン語の略称q.d.（quum dicis）とする。

　　1　　　　　　といいたいなら、左手の小指を曲げて、その先を手にひらにつけること。
　　2　q.d.　　　小指の隣の指（指輪指）を同じように曲げること。
　　3　q.d.　　　同じように中指を加えること。
　　4　q.d.　　　小指を立てること。
　　5　q.d.　　　指輪指も立てること。
　　6　q.d.　　　中指を立て、指輪指（薬指）だけを手のひらの真ん中に向けて曲げること。
　　7　q.d.　　　指を全部伸ばし、小指だけを手首に向けて曲げること。
　　8　q.d.　　　薬指（指輪指）をその隣におくこと。
　　9　q.d.　　　中指をもまた、それらの指の隣におくこと。

10 q. d.	人差し指の爪を親指の真中の関節の上におくこと。
20 q. d.	親指の先を、人差し指の中の関節と中指の中の関節の間におくこと。
30 q. d.	親指の爪と人差し指の爪を、やさしい抱擁のように合わせること。
40 q. d.	親指を人差し指の横か、うしろにおき、両指を伸ばすこと。
50 q. d.	親指をギリシア文字ガンマーのように曲げ、手のひらに向けておくこと。
60 q. d.	人差し指を上述（50を見よ）のように曲げた親指の上に注意深くおくこと。
70 q. d.	人差し指を先のように曲げ、伸ばした親指で人差し指を丸くすること。そうすると、親指の爪は真ん中の関節の上におかれることになる。
80 q. d.	人差し指を先のように曲げ、伸ばした親指で丸くすること。そのとき、親指の爪は人差し指の真中の関節の下におかれていること。
90 q. d.	曲げた人差し指の爪を、親指の付け根におくこと。

ここまでは左手で行う［訳注：上記と図4が合わないものがある］。

　100は、左手で10を示したことを右手で行う。
　200は、左手で20を示したことを右手で行う。
　300は、左手で30を示したことを右手で行う。

同じようにして900までの全ての数を表す。そして、

　1000は、左手で1を表したことを右手で行う。
　2000は、左手で2を表したことを右手で行う。
　3000は、左手で3を表したことを右手で行う。

24   1. 指による数え方

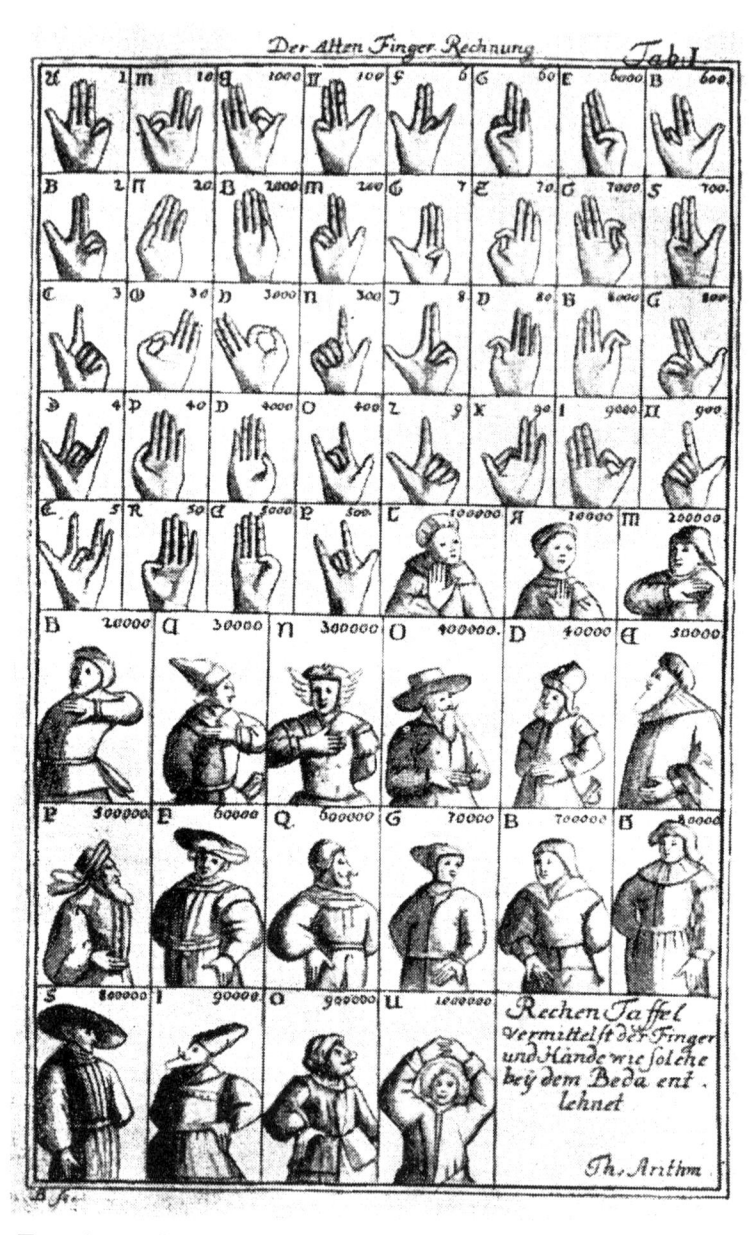

図4　ビードの指による数え方。ヤコブ・ロイポルト著『算術・幾何の演劇』Theatrum Arithmetico-Geometricum 1727年刊。ビードの千年後の挿図。

同じようにして9000までの全ての数を表す。

　ビードは、さらに続けて、指のしぐさによって1万から100万までの数の作り方を示している。それらの数は人為的な感じがし、おそらくめったに使用されるものではなかったろう。多分ビードは自分で数える限度をそこまで拡大したのだろう。ロイポルトの18世紀の数学編書は、こうした大きな数を描きだしている（図4参照）。

　　1万：1万といいたいとき、左手の背を、指は伸ばしたままで、胸にあてて首の方を指さす。
　　2万：左手を、指をひろげて胸にあてる（図4は違った風に示されている）。
　　3万：伸ばした手の親指で、胸の中央の軟骨を指さす。
　　4万：手の背をへその上におく。
　　5万：伸ばした手の親指でへそを指さす。
　　6万：左の太腿を上からつかむ。
　　7万：左手の背を左の太腿の上におく。
　　8万：手のひらをその太腿の上におく。
　　9万：左手を背の腰部のくびれの上におく。親指は鼠蹊部（つまり前方）を指さす。
　　次いで、10万から90万までは、体の右側で同じ順序に同じことをする。
　　10万の十倍（つまり100万）は両手を、指を交互に組んで一緒におく。

　尊者ビードについては、ここまでにする。彼は指による数え方を教えてくれた。その意義について後に述べることにしよう（頁30参照）。

（2）古代の指による数え方

　いままで歩んできた道をさらに進めて、文化史のごく重要な道標に到達する。それは聖ヒエロニムスによる聖書のラテン語訳である。ヒエロニムス（420年没）はカトリック教会の神父で、ライオンとその前足から抜いた刺についての伝説によって人びとに親しまれている人物である。ドイツの画家アルブレヒト・デューラーの有名な絵画は、この聖者が狭い自宅で、書き物机

にかぶさるようにして、聖書のラテン語翻訳に没頭している姿を描写している。ヒエロニムスのウルガタ聖書、つまり一般向けの聖書は、こんにちなおローマ・カトリック教会で公式の聖書として使用されている。

聖ヒエロニムスはまた、聖書の注釈書も書いている。それには、種を蒔く人のたとえを述べるマタイによる福音書（13：8）の注釈もふくまれている。すなわち

> ところが、ほかの種子は、良い土地に落ち、果実を結んで、あるものは百倍、あるものは六十倍、あるものは三十倍にもなった。

この一節についてヒエロニムスの注釈は大変奇妙である。ここにも、もとのラテン語のままを引用する価値がある［訳注：日本語訳のみを載せる］。

> 百倍、六十倍、三十倍の果実は、それらが同一の土壌、同一の種子から出てきたものではあるが、その数は非常に異なっている。30は結婚の象徴である。というのは、この数の指のしぐさは、甘い抱擁のように合わされ交じりあうしぐさで、夫とその妻の二人をあらわすからである。
>
> 　60は寡婦の暮らしをあらわす。なぜなら、未亡人は彼女にふりかかる災難、苦難に耐えるからである。それは丁度、（数60の形をつくるために）親指の上にある人差し指によって、（親指が）下に押されているさまを象徴している。しかし、一度享受した喜びを慎むことがむずかしければ、むずかしいだけ、それだけ慎みの報いは大きいというものである。
>
> 　しかし、読者の方々よ、注意深くみていただきたい。数の100は左手から右手へ移される。同じ指で形作られるが同じ手ではない。結婚と寡婦を象徴した手ではない。そうして右手に作られる円形は、処女の純潔の冠をあらわす。

この聖ヒエロニムスの解釈は、問題の数を示す指のしぐさを極めて絵画的に述べている（図7参照）。これらは、また、4世紀に指による数え方に人気があったことを証明している。なぜなら、このローマ教会の神父は、指による数え方の知識がもしなければ全く理解のできないような説明と類推に、そのイメージを使ったのである。

さらにこんにち、イタリアのナポリで（そして、おそらく他の地でも）数の30を示す指の位置は、なお、ヒエロニムスの注釈のもの、すなわち愛のこもった抱擁と同じ象徴的な意味をもっている。そして、あるローマの著述家は、同じ指のしぐさを右手でするとヴィーナスへの願いをあらわす —— と語ってくれる。

　少なくともローマ時代の後期に、指による数え方がひろく親しまれていたということは、また別のローマ教会神父、聖アウグスティヌスによって示されている。この神父は、北アフリカ（現アルジェリア）のヒッポ・レギウスの町の司教であった（430年没）。この人物も指による数え方についての多くの証拠を残してくれた。彼の書の一節に、数だけでなく計算もまた指を使って行われたとある。彼はヨハネによる福音書の一節（21：11）について説明している。シメオン・ペテロがキリストの命に応じて、自分の魚網を打って153尾の魚を捕らえてきた。聖アウグスティヌスは、この数に神秘な意味を見出そうと試みる。彼がいうには、その数は1から17までのすべての数からできている。しかし、17は順に10と7からなる。10はモーゼの十戒の数であり、7は聖霊の数である。したがって、特別の意義をもつ。そして、アウグスティヌスは続ける。

　　　自分自身のために数えよ。そして次のように計算せよ。10掛ける7は153である。なぜなら、1から17まで数えて、それらすべての数を加え合わせる、つまり1、2、3で、1と2と3は6。それに4と5を加えると15。そして最後に17に至る。そして153を指でもて。

　こうして、17まで数えてゆくと、指はいつもその前の数と合わされて、最後に153をもつ（tragen、carry）。この例示はきわめて重要である。なぜなら、これは指による数え方の大切な目的をあらわしているからである。暗算の途中の小計を一時的に記録すると
　　　$1+2=3、+3=6、+4=10、+5=15$
などである。

　アウグスティヌスと同時代のマクロビウスは、自分の書で、それ以前の著作に大きく依存しながら次のように述べている。

多くの人たちは、ローマのヤーヌスを太陽の神とみなす。それで、ヤーヌスはしばしば右手で数300を、また左手で数65を形作る像としてあらわされる。これは、太陽の重要な創造物である1年の日数を象徴的に示している。

この一節をローマの作家大プリニウスは、ほとんど一語一語とりあげた。プリニウスは、ヤーヌスが時と年の神として同定される特性として、指で数 CCCLXV（365）を形づくっているローマのヤーヌス像について述べている。プリニウス（79年没）によって古代ローマにたどり着くことができる。そこには、彼がいうように、ヤーヌスの広場に一つの像があって、それはすべての物事の最初と最後にかかわる二頭神（Januar、January 1月）をあらわしており、1年が365日であることを指で示している。ローマで指による数え方がひろく親しまれていたことを示すものとして、この一節以上にすぐれた証拠は他にみつけることはめったにできないだろう。この一節は、全く普通のこととして何気なく書かれているのである。

　ローマの諷刺家ユヴェナリス（130年没）は、トロイア包囲戦争のときのギリシア王子たちのうちで最も年長で賢明であったネストールについて語っている。その際に指による数え方の知識を洩らしている。

　　幸福感が彼にある。長年にわたって何回も繰り返し死をあざむいてきた。そして、いまや右手で自分の年令を数える。

右手の指は百の位を形作るのに使ったものである。
　また、ローマの雄弁家クインティリアヌス（1世紀）が指による数え方の別の確認をしている。彼は中世においてすら称賛されていた有名な教師で、次のようにいう。「無教育の者は、計算の答えに恐れをいだくより、指で作る数が不正確であることで計算違いをすることによって、より一層その無教育の本性をあらわす。」
　そして、340年に占星学の教科書を著したフィルミクス・マテルヌスとともに、ある学校の教室をのぞいてみよう。

初心者は計算で、なんとおずおずと指を折り曲げていることよ。

1から15までの指による数が、きわめて稀ないくつかのローマのテセラ tesserae（計算玉）［訳注：計算に用いられた小石、碁石、コインなどのようなもの］の絵に残されている。その中で二個の美しい象牙のものは、指で数VIIII（9）、VIII（8）を示していて、ここに図示してある（図5）。

これらは、ナポレオン戦争時代のナポリのイギリス大使ハミルトン卿の収集品からのものである。こうした計算玉は、15までの数を示すものしか発見されていないので、それらはおそらく何らかのゲームの駒であったのだろう。

ローマ式の指による数え方の個々の数が、尊者ビードによって記述されたものとよく似ていることの、より一層の証拠は、容易にあげることができる。しかし、しばらく古代ギリシアの指による数え方に目を転じてみよう。ギリシアでの指による数え方の証拠は極めてとぼしい。しかし、西暦前5世紀のアテネの喜劇作家アリストファネスは、かつて喜劇『蜂』で確かにこういっている。まず、アテネ市の収入が計算され、それから裁判所の費用が算出される。「それは計算玉を使う間接的な方法ではなくて、まさに手で行われる。」

この一節は、手に直接由来する5の数の束ね以上に何も特別のことをあら

図5　ローマの計算玉二種。手指のしぐさで数 VIIII、VIII を示す。象牙製。直径 2.9 cm、厚さ 2 mm と 4 mm。おそらく1世紀のもの。大英博物館、ロンドン。

わさない pempázein の表現と同じくらい漠然としている［訳注：古代ギリシア詩人ホメーロスの『オデュセイア』の「海の老人」の章（4：412）に、あざらしの一群を五頭ずつグループ分け（pempázein）して数えるくだりがある。pémpeは五のことでpempázeinは五つずつ束ねること以外の意味は何もなかった］。

　では、なぜギリシアのものと証明されるものがそれほど稀なのだろうか。ギリシアの証拠は初期の文書にあらわれるが、ローマの証拠はキリストあるいはその後の時代の文筆家たちのものである。ローマ時代は歴史的にこんにちにつながっており、その特徴は微に入り細にわたって保存されてきている。指による数え方の使用の進歩は、ローマ帝国の拡大にもとずいているといっても、多分それほどには間違っていないだろう。

　多数の蛮族たちはいろいろ違った言語を話し、ローマ帝国の外に居住していたとはいえ、ローマの文化と交易の圏内にあった。ローマの商業活動が拡大するにつれて、商人の求めるものもまた大きくふくれあがっていった。仕事に使う数は一層大きくなり、熟達しなければならない計算方法もまたひろがった。このようにして、計算盤または算盤が利用されるようになった。聖アウグスティヌスの非常に有益な例にみられるとおり、中間段階の計算は、何らかの方法で奴隷によって記録されることができたであろう。紙がなかったので、数は指の上にただちに「書きとめ」られ、目でみることができるようにされた。いつものことながら、計算の行われる事務所では、計算係りと記録係りは分業していた。そのことは、中世の図版から大変はっきりとみることができる。一人が金額や数量を声をあげて読み、もう一人が計算を行い、三人目がそれを書き記す（図156参照；図101のローマの墓石の絵と比較のこと）。

　指によって数を数えることは、また外部からの刺激をうけた。それは違った言葉を話す人たちとの交易の際におこる現実的な問題による刺激であった。指で形作った数は、商人たちによっておしなべてよく理解された。野蛮人の商売相手たちの言葉を話さなくとも理解が可能であった。

　指による数え方が、商業上の一種の専門用語となったことさえも、みてとれるのである。指で形作った数が、人類進化の最初の段階から生まれでた数の名称の根源をなすものであったのだろうか。もちろん、そうではなかった。では、それらの数の名称は誰か創造力に富んだ人間から一種の学問の申し子

のように飛び出してきたのだろうか。いや、そうでもない。そこには何か、人為的なものがあるとはいえ、そうではないのである。そこに二つの要素があった。日常生活の必要に応じるために作者不明で生まれてきた一つの習慣と、ある特定の問題に対して慎重に検討された解答との二要素であった。それらは、それ自身で一種の商用語であった。極東や南太平洋地域で使用されているピジン（＝ビジネス）英語のようなものであった。

　アラビアや東アフリカの交易での指による数え方の習慣が、この解釈を支持していることがわかる。

(3) アラビア、東アフリカの交易での指による数え方

　紅海、アラビア、東アフリカの港町や市場では、商人たちはその地域のどの国のどの市場でも理解される指言葉を生み出した。売り手と買い手は一枚の布、折りたたんだ衣類、あるいはターバンのモスリンの切れ端などをかぶせた下で、互いの手の指に触れ合い、完全に人目を避けて売買交渉をし、その取引を成立させた。ここにあげた図6では、インド人真珠商人二人がハンカチの下で真珠の値段を決めようとしている。

図6　南インド地方の真珠商人。布の下にかくした手のしぐさで買い手と交渉している。インドの写真家ニマル・アベヤワルデネによるこの珍しい写真（1956年撮影）は、ミュンヘン在住 Th.マルテンスの好意により著者が借用したもの。

このようにして、人目を避けることが、この商用の指言葉の主な目的である。というのは、これらの国では、すべての取引は青天井の市場で行われていたので、用のない傍観者や赤の他人が値段交渉に口をはさむことがないようにするために、売り手と買い手は、沈黙して秘密のうちに合意に達しなければならなかった。それにはまた、信用度の低い通訳を間に入れることなしに商人同士が直接に交渉できるという利点もあった。ヨーロッパ、インド、アラビア、ペルシアなどの商人たちだけでなく、大陸内部からの商売人、アビシニア人、ソマリ人、遊牧ベドイン人たちも、みながみな、インド洋沿岸地帯のこの指言葉を理解した。

　アラビア、東アフリカの商取引のルールの一つは、次のようである。もしも、買い手の手が売り手の伸ばした人差し指に触れたら、それは1、10あるいは100のいずれかを意味する。取引の両者は、その値段の数の位について同意する。もし不同意なら、彼らはまず交渉中のコインを特定する。それは丁度、たとえば5、6、12といって実際には5,000、6,000、12,000ドルを意味するこんにちの習慣に似ている。

　同じようにして、もし買い手が売り手の最初の2本（または3本ないし4本）の指に触れたなら、それは2、20、200（3、30、300または4、40、400）のいずれかを意味する。手全体に触れたときは5、50、500のいずれかを意味するのである。小指だけの場合が6（60、600）、薬指だけなら7、中指だけでは8、折り曲げた人差し指は9、親指は10（100、1000）である。もし、買い手が人差し指を中間の関節から先の方へこすると、マイナス2分の1「半分引け」ということである。もし、人差し指を中間の関節の方向へなぜるなら、これはプラス2分の1という意味である。分数のプラス、マイナス4分の1、8分の1も同様に行われた。こうしてオリエントの商用言語の語彙のありったけを使い切る。簡単にいうと、

　　　2500＝2×親指 と 1×手全体を握った形。
　　　$4\frac{1}{2}$＝4本の指をさわり人差し指を中間の関節に向けてこする。
　　　76＝薬指、それから中指をさわる（数の位の順にである）。

この指言葉は、全くよどみなく、すみやかに「話され」て実際上の間違いは決しておこらなかった。

　みなが納得し、互いに理解し合える指言葉は、こんにちも用いられている。

ただ、それは違った言語を話す人たちの間でではなくて、アメリカのシカゴの世界最大のウシの取引市場においてである。ローマ式は使用されてはいないとはいえ、この習慣は中東の場合と同じように、指による数え方の本質とその目的について明らかにしている。しかし、また、ローマ式の指で作る数は、地中海のアラブ世界で非常に長期間にわたって使用され続けてきたことの、いくつかのより新しい証拠もある。

　1340年に、古代ギリシア植民地スミルナのビザンティン学者ニコラス・ラーブダスは『指計量論』Ekphrásis toû Daktylikoû Métrouをギリシア語で著した。それは、最も詳細にわたる点までも尊者ビードのものと同じであった。しかし、ラーブダスの著作は、ビードのものを書き直したり、書き写したりしたものではありえなかった。場所が異なり、時間的にも約6世紀も後であることから、また他の点を考慮しても、書き直し、書き写しの見方は通らない。アラブ人でさえ、ローマ式の指で作る数を知っていた。14世紀のアラブ資料、ペルシア資料からそれがわかる。彼らの指のしぐさは、すべてビードのものと同じである。例外は、アラブ文書が右から左へ読むのにあわせて、一の位の数は右手で始まることで、右手と左手が逆になっていることだけである。これらの資料によると、祈祷の際に、信者は、丁度数53を形作るかのように、（つまり人差し指だけを伸ばした）右手を足の上におくことになっていた。

　弓で矢を射るとき、弓の弦はどのように持つだろうか。人差し指と親指の先で「数30を形作るように」する。

　あるアラブ詩人は、非常に賢明な表現で、他人をあざ笑った。ハーリドという名の人物がいて、金持ちになった。「ハーリドは90をもって出かけ、30をもって帰ってきた。」彼は貧乏になって帰ってきたかに聞こえる。しかし、もし読者がこれらの数を指で形作ってみるなら、90では親指と人差し指が互いに固く押しつけあっていて、薄い、細い姿になっている。それに対して30は、十分に豊かな円を形作っている。

　先にユヴェナリスがネストールについて述べたことのアラビアの対応をもって、この項を結ぼう。それはSheref-ed-din Ali al Jezdlという、なんともチャーミングな名前の詩人の二行である。

　　世界のあらゆる不思議を詳しく話すとすれば、

34　1. 指による数え方

左手が作る数だけ、それだけたくさん数えなければならない。

(4) 西洋でのローマ式の指による数え方

822年の夏、私はタットの指導をうけて、算術の学習にとりかかった。彼は、数の種類、等級、意味についてのマンリウス・ボエティウス執政官のいくつもの著書を説明をすることから始めた。それからわれわれは、ビードがこの主題で著したいくつかの著書から、指による数え方を学んだ。

ボーデン湖畔ライヒェナウの修道院長であったヴァラフリート・シュトラボは842年に以上のように書いている。彼のこの説明から、指による数え方は西洋でもずっと続けて使用されてきていたことが推測される。しかし、ここでは、それは商人の市場から学識者の書斎に移ってきている。指で作る数は、もはや単に商売上でひろく通じる言葉だけではなくなっていた。いまや、数学計算という一層高度な技術の用をたし始めたのである。その役目は尊者ビードの書物の中で果たしていることを知る役目そのものなのである（頁17参照）。

いまや、レーゲンスブルクの修道僧ベルトルート（1220-72）の言葉が理解できる。彼は、中世期の最も有名で評判高い説教師の一人であった。

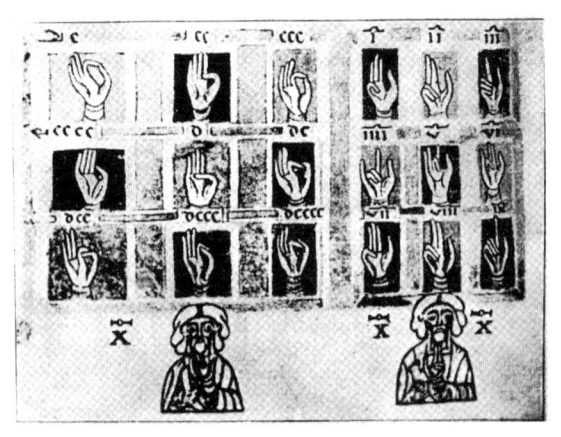

図7　指で示す数。13世紀スペインの古写本より。100から900までの数が左に、1000から9000までの数は右に示されている。下には10,000と20,000のしぐさがみえる。これらの細く長い指をもつ手はビザンティン様式で描かれている。

以前は、人びとは指で数えた。しかし、無学の者たちはそれができず、教育のある者の中にも（指で数えることの）できない者が沢山いた。したがって、数はこのように教えられた。たとえば、数が60としよう。左手の親指から始める。

ここでベルトルートは彼自身間違いを犯した。彼が示した数は60ではなく50である。

宗教と無関係の最初の書物、あるいはとにかく指による数え方に出会う最初の印刷書としては、もう一つの学識者用数学概要 Summa de Arithmetica, Geometrica Proportioni et Proportionalita がある。これはイタリア人ルカ・パチオーリが1494年に出版したもので、図1は、その書からのものである。一人の数学者が、自身の目的に適しているとして指による数を実際に選択し、採用したということは（修道僧が、伝えられてきたものをただ記載するに過ぎなかったのと違って）、指による数え方が中世の数学において重要な地位に達していたことを示すものである。『算盤（計算盤）と、手と指を用いる数え方の古代ラテン人の古くからの習慣』Abacus atque vetustissima veterum Latinorum per digitos manusque numerandi consuetudo。これはニュルンベルクのドイツ人著述家アヴェンティンが1522年に発刊した書物の題名であった。ここに指による計数法と算盤との関連をみることができる。算盤を用いる計算の技法については、後に学ぶことにするが、指による数え方は、算盤による計算の途中の結果を一時的に記録する目的に役立っていることが明らかである。イタリア人数学家 ピサのレオナルド（レオナルド・ピサーノ、1180-1250、別名フィボナッチ）は、数学への重要な貢献をして、こんにちなお高く評価されている人物である。彼は指による数え方の用途を証明している。あるところで、彼は指による数え方を servare の語で表現している。これは「保つ、貯える」という語で、いまの学校の児童たちがドイツ語で「im Sinne behalten」（記憶する）、英語で「carry」（記憶にとどめておく）というときに意味することをいうものである。彼は続けて、たいそうはっきりという。

割り算の結果の数を常に手に持つこと。

しかし、あらゆることの中で最も著しいことは、レオナルドが、ここで指による数え方を、算盤との関連ではなしに、新式のインド数字との関連で使おうとしていることである。彼はインド数字の西洋での主提唱者になっていた。数学計算法の歴史の上で最大の重要性をもつ当該の一節をみると次の通りである。

> インド人のこれらの数字と、彼らの位取り表記法を、不断の実践によって徹底的に習得するためには、指による数え方を学ぶ計算術に熟達し、その専門家になる必要がある。それは、古い方式を使う計算の熟練者が、かつて非常に貴重なものと知った指による数え方である。

レオナルドが使った言葉 ars abaci （算盤術）は、さらに計算術全般を指すもので、計算盤だけをいうのではない（頁334参照）。

計算に指による数え方を使ったという最終的な証拠は、指で形作った数73についての王の所見の一節である。というのは、そこでは abacistae ── 算盤 abacus つまり計算盤上での計算法を知る学識者たち ── が特にはっきりと言及されているのである。この一節の筆者は、ホーエンシュタウフェン家出身の神聖ローマ皇帝フリードリヒ二世（1250年没）で、ローマ教皇と文明世界の支配を争いながらも、この非常に興味深い計算の問題をたえず研究し続けてきた。彼は学問、芸術の ── そしてまた狩猟の ── 友であり、パトロンであることをやめることは決してなかった。彼は狩猟を熱愛し、タカ狩についての有名な書『鳥類の狩猟術について』De arte venandi cum avibus を著した。その書の中でフリードリヒ王は、熟達した猟師がタカを捕らえる方法を説明している。

> 手は内向きでも外向きでもなく、腕を伸ばすのと同じ方向に伸ばす。そして、伸ばした親指の上に人差し指をおき、親指の先の部分の上に折り曲げる。これは計算の達人たち（abacistae）が、指で数70の形を作るのと全く同じ方法である。同じ手の、その他の指は、これら二本（人差し指と親指）の下の手のひらに向けて折り曲げる。それは後者を支えるた

めである。それは数3の形を作るのと同じである。このようにして、人差し指を親指の上に折り曲げ、その下に三本の他の指をおく。それは計算の達人が数73を形作る方法である。

　読者はこの一節がアラビアの記述に対応していることを興味深く思いだすだろう。そこには数30を形作るようにした指で弓の弦を引くと述べられている。
　16世紀にインド数字が、印刷術の発明されたこと、またその数字が簡潔で便利な形をしていたことから、西洋でますますその根を深く張りだすようになった。そして、ついに筆記計算が可能になり、計算盤とローマ数字に対して勝利を確かなものにした。こうして、指による数え方の時代は、その終わりを告げた。図4は18世紀の書物からとったものであるとはいえ、これは指による数え方を記述する最後の著作の一つとなった。そして、当時ですら指による数え方は奇異の目からのみ言及されたもので、役に立つ技術としてはもう決して扱われていなかった。その後すぐに、指による数については、もうそれを知るものはいなくなってしまった。指による数は、文明の歴史から永久にその姿を消したのである。
　ところが、こんにちなお指による数え方が生きているところ、またはごく最近まで生きていたところがいくつかある。オーヴェルニュ（フランス）、ヴァラキア（ドナウ川下流地）、ベッサラビア（モルダヴィア）などの農民たちによって、またセルビア（ユーゴスラヴィア）のジプシーによって使用されていたのである。しかし、こうした人たちでさえ、むかしのローマ方式で使用したのではなく、計算用としてであった。

(5) 指を用いる計算法
　これまでのところで指による数を数字の一つの形、つまり数を一時的に記録する役目のものとしてみてきた。しかし、指はまた、いわば計算器としても使うことができる。それに数を「入れて」演算し、簡単な中間計算の後に最後の答えを読み取るような一種の計算器である。指による数え方は、こうして 5×5 から 9×9 までの小さい掛け算表に、また 10×10 から 15×15

までの大きい掛け算表に使用された。その方法は次のようであった。

掛け算 6×8 を試してみよう。両手を上に伸ばし、そのそれぞれで両数（6と8）で5を越すだけの数を形作る（6＝5＋1；8＝5＋3で1と3）。そうすると左手の1本の指と、右手の3本の指とが曲がっている。折り曲げた指の数をかぞえると 1＋3＝4 である。この数は最終の答えの十の位の数で40である。立っている指を掛け算しよう。4×2＝8で、これは最終の答えの一の位の数である。すなわち答えは48となる。こうして、掛け算表の5×5から先を記憶する必要はない。

大きな掛け算表からの一例として 13×14 をしてみよう。次のような手順になる。それぞれの手の指を曲げて 10 を越すだけの数をあらわすようにする。つまり、左手で3本、右手で4本の指を曲げるわけである。その和は 3＋4＝7 で十の位をあたえる。つまり 70 である。その積 3×4＝12 に一の位をあたえる。そうすると 70＋12＝82 となる。これは 100 を越す分である。そして最後の答えは182となる。ここでもまた。掛け算表の5×5以上を知る必要はない。

実際の指による計算は驚くほど効果的で、特に学校教育を受けていない、あるいはほんの少ししか受けなかった素朴な人たちにとって有効である。もし、われわれが掛け算表を学ばなかったとしたら、われわれ自身、計算することが全くできないであろうことを考えてみてもらいたい。こんにち生徒たちは学校教育で、まず最初にそれを暗唱する。しかし、それは中世では非常にむずかしいことであったので、人たちはピタゴラスの表と呼ばれる特別の

図8 掛け算表。16世紀の算術書より。中世初期の掛け算表（図76、125）と比較のこと。
上部のドイツ語文：一生懸命に「1掛ける1」（九九）を学んだら、あらゆる計算が簡単にできる。

表を使用した。それによって、たとえば 6×8 の積を読みとることができた。それはちょうど、こんにち 16×18 の積を求めるのに表の助けをかりるかもしれないのと同様である（図8）。

　人は、このような新しい数学計算の省力法は喜びをもって迎えられたという印象をもつであろう。多分、これはまた、指による掛け算の方法が受けいれられたときの様子でもあったろう。とにかく、ピサのレオナルドは次のように記している。

> ……指を使う掛け算は、いつも練習している必要がある。そうすることで、手と同様に心も、いろいろな数の足し算と掛け算により一層精通することになる。（聖アウグスティヌスの引用の一節と比較のこと。頁27）

　しかし、中世や現代初期の他の著述家たちは、指による数え方については書いたとはいえ、指を使う計算については何も述べていない。多分、彼らはそれほど頻繁には使わなかったのだろう。

　中世ではもちろん、「余数による演算」が大変たやすく行われた。それについては算盤の項でわかることになるだろう。たとえば、6×8といった実際の数の代わりに、中世の算術家たちは、ある位の中、いまの場合4と2から10までの「余数」について計算を行った。多くの算術の教科書では、こんにちのような掛け算表にはおめにかからないで、次のような種類の演算の記述がみられる。

64	6×8；一つの数の10の余数を、もう一つの数から引く。
82	6−2＝8−4＝4。この残りの数のあとに余数の積2×4を書く。
48	答えは48である。

　この奇妙な掛け算の方法は、ローマ人から引き継いだものだったのだろうか。あるいは中世の民間での独自の考案であったのだろうか。それをいうことはむずかしい。ローマ人から引き継いだという前者の仮説を支持する証拠として、オーヴェルニュとヴァラキアの庶民の間で使用されていたことを指摘できよう。この両地方は、何世紀にもわたってローマに支配され、その影

響を受けてきた。また、5を越す数はローマ数字に固有のものであることを指摘できよう。6 = VI、7 = VII、8 = VIII、9 = VIIII であった。しかし、そこまでである。初期の計算法がいまなお、あるいは最近まで使用された地域での、より徹底的な、より正確な人類学的調査があって初めて、この問題は何らかの方法で解決されることができるだろう。さらに、原始的な計算人にとっては、掛け算表自身が大きな進歩であるということ、また、それは常に追加することで調整ができるということを心にとどめておかなければならない。エジプト人のことを考えれば、それで十分である。彼らは 25 × 43 = 1075 といった掛け算を、単に十倍し、因数43を倍にし、それから加えるという一般的な方法で行うことができた。

```
  ╱   1    43
     10   430
  ╱  20   860
      2    86     斜線で印をつけた数 (1、20、4) を合算する。
  ╱   4   172
     25  1075
```

(6) 他文化の人たちの指による数え方の形式

　エジプトのエル（尺度）は28本の「指」からなっていて［訳注：著者は別のところで「エジプトのエルは24本の指」といっている。エルは6つの手幅、一つの手は4本指で、6×4 = 24 とする］、一位の個々の数を物差しの真ん中で数える例で、|、||、||| と 4、5、6、7 のそれぞれの記号がある（図9）。このエジプト人の 4、5、6、7 は明らかに指による数である。4は親指を手のひらの上で閉じた手の絵文字、5は親指を手からはなすように伸ばした手。6は親指を伸ばし、他の指を内側に曲げた手（5より大きいものは、もう一方の手で形を作る）。7は全く不明の何らかの方法で象徴化してある。これらのすぐ隣に「真の」エジプト数記号がはっきりとみてとれる。たとえば、||| ∩ = 16 などである（参考図1）。記号 ⌒ はエルの端数をあらわしている。初期の指による数は、庶民の日常生活から生まれた尺度のエルにしっかりと織りこまれていたので、この数体系の矛盾は全く感じられなかった。さらに加えて、1

第1章 指による計算法　41

図9 エジプト式の物差し。手指で 4 から 7 までの数を数えるもの。目盛りの前半分の絵（最初の 1 は省略）。原寸は約 25 cm。

エジプト数字			ローマ数字	
1	ⅠⅠⅠⅠⅠⅠⅠⅠⅠ	1. 序列化	V=ⅠⅠⅠⅠⅠ　ⅠⅠⅠⅠⅠ=V	1
10	∩	グループ化	X	10
100	∩∩∩∩∩∩∩∩∩∩	2. 序列化	L=XXXXX　XXXXX=L	50×2
	୨	グループ化	C	100
1000	୨୨୨୨୨୨୨୨୨୨	3. 序列化	D=CCCCC　CCCCC=D	500×2
	⌇	グループ化	(I)	1000
10 000	⌇⌇⌇⌇⌇⌇⌇⌇⌇⌇	4. 序列化	((I=(I)(I)(I)(I)(I)　(I)(I)(I)(I)(I)=I))	5000×2
	⌇	グループ化	((I))	10 000
	⌇⌇⌇⌇ ⁑ ୨୨ ∩∩∩ ⅠⅠⅠ	42 374	((I))(I)(I)(I)(I)(I)(I)CCCLXXIIII	

参考図1　エジプト数字とローマ数字の比較

参考図2 象形文字によるエジプトの数。西暦前 2500 年のもの。223,4… と 232,413 が読みとれる。それぞれのロバの背丈は約 50 cm。ドイツ古代遺物研究所、カイロ。

万を示す古代エジプトの記号は、ものをさしている指をあらわしていて、これもまた、指による数え方の何らかの古い形にまでさかのぼるものであることに間違いなかろう。(参考図1、2、3)。

古代中国には、また別の有益な例がある。中国人は数一、二、三を、それぞれその数だけの線をもってあらわした。線はいったん指の上で形を作られると容易に数と判別できる。そこには何も特別のことはない。しかし、四を示す中国の記号は、四角で、その中に2本の縦線が引かれている (図10、228参照)。とはいえ、これはもともと (親指なしの) 手の絵であった。古代中国の硬貨に、4本の単純な縦の線に加えて、2本の横線が、それら4本を合わせている。これらは、明らかに人の手の形に示唆をうけたものである (図242参照)。これから、その記号は徐々にこんにちのものに変形した。

参考図 3　海戦記念円柱の碑文。中に十万を示す記号が20個以上ある。この円柱は西暦前260年、カルタゴとの海戦の勝利を祝してローマで建立されたもの。この断片の大きさは約80×80 cm。文字の大きさは約2.5 cm。ローマ遺物保管館。

図10　中国数字　四、八、九。これらはもとは手指で作られた形であった。古代の硬貨にみられるもの (図11、243、244参照)。これらの数字の現代形は図227を参照のこと。

図11 (左)　中国硬貨。「第十九」の刻印がある。漢王朝時代の初期の珍品。西暦前200年頃。ハノーバー在住R.シュレッサーのコレクションより。

中国語のpaは「割る、裂く、切る」を意味し［訳注：「破」は中国北京語po、温州方言pa、pu、日本語ha、pa］、八をあらわす中国の数詞もまたpaである。この数を示す古い記号は、二つの別々の記号からなっていて、「割る」という一つの手のしぐさをあらわしているのであろう。これは、その二つの語の類似性が筆記文字にまで援用されたことを意味するのであろう。他の例でも示されるように、それは十分に起こりえたことであったろう。しかし、これはまた、「二つの手」の絵（4＋4）ではありえないだろうか（図10参照）。

とにかく、九をあらわすこんにちの漢字は数を示すしぐさであり、握手の絵からえられたということは確かである。これは、古代の硬貨にあらわれる。中心の四角い穴の左側にあるのは数十九であり、この硬貨が鋳造された順番（第19）を示すものである（図11）。南中国では、手を急に右耳にもってゆく動作は、こんにちでも数9をあらわしている。

古代エジプトになお、はっきりと認められたものが、中国で能書家によって見事な書体に変形されたのである。しかし、ここで珍しい例を一つあげよう。それは初期の指による数が成熟した数字の体系に組み込まれた方法を明らかにする例である。

指による数え方だろうか？　読者は最初大きな疑問をもってそれを眺めるかもしれない。それはかつて、数1から10を示すこと以上に行われた、取るに足らない遊びでの一つの形にすぎないのであろうか。これまで、指でいろいろに数えられる数は、ずっと存在し、こんにちなお使用されていることを見てきた。手は「ものをいう」。指は個々の「文字」を形作る。耳の聞こえない人、口のきけない人にとっては、手指はコミュニケーションのただ一つの手段である。しかし、こうした実用上の方法以上に「聖なる」数のしぐさがある。それを述べてこの章を閉じよう。

イタリアで、ビザンティンのモザイク画は12世紀に入ってもずっと教会芸術を支配してきた。キリストをあらわす姿が、教会の後陣の丸天井の下にぼんやりと浮きだし（シシリー島チェファルの教会の例のように）、右手の薬指と親指を折り曲げて円形を作る荘重なしぐさをみせる。疑いもなく深遠な象徴主義がこのキリストのしぐさの中にある。それはタイ国の寺院の踊り子たちの腕と指の動作や、バリ島の僧侶たちのムドラー（古典舞踏の手指の動き）にもひそんでいるものである。

インドの仏陀は、その精神達成度を指で作る印相によってあらわす（図12）。こうした指の印相は、完成への道のりの各段階を示すものであって、数に関係はない。ロマネスク教会、ゴシック教会で一本一本の柱の柱頭がみな違っているのと同様に、インド寺院で百体にものぼることのある仏陀の像に、二つとして同じ印相のものはない。これらの仏陀の印相は、もちろん数をあらわすものではない。しかし、他の諸文化でも指による表記法が、指導的な役割を果たしてきていることをしっかりと示している。さらに、インドの仏僧の文書では、計算の術を三つのレベルに分けている。ムドラーと呼ばれる指による数え方、暗誦の算術、そして高度の計算である。

図12 神聖な手指の印相をもつ仏像。ジャワのボロブドゥール寺院の最上段から。9世紀。

第2章　民間の数記号

1. 符木(しるしぎ)

> 「刻み目をつけた符木それ自身が、
> われわれの先祖の英知を立証している。
> これ以上に簡単な発明はなく、
> それでいて、これ以上に意義深いものはない。」
> J.メーザー『愛国幻想曲』1776年

　指で形作った数は瞬間的に消えてしまう。商売人はどのようにして出納帳簿をつけていたのだろうか。さらには、そうした数だけで、どのようにして計算をしたのだろうか。次の数をあらわすためには、まず前の数を消さなければならない。指による数え方は、書かれたものが目にみえるという効用を筆記と共有しているが、数の呼び名と共通してもつ一時性という点で筆記と異なる。このことによって、指で数えた数は、話し言葉の数と筆記した数との中間の位置をしめている。

(1) 初期の読み方と書き方

　こんにち、われわれは読み書きに全くなじみきってしまっていて、もし万一、皆が皆でなくとも、大部分の人たちが読み書きができないという事態になったら、一体どういうことが起こるだろうか。それはほとんど想像もつかないことである。アルファベット文字は西洋で教育の最も基本的な礎石となるものである。学校でまず習うものは何であろうか。「iには点をつけなさい。tには横線を引きなさい。」いいかえれば、正しい書き方を習う。ある文化が大きな困難の中から到達した最大の成果の一つが、いまや教育のもっとも基礎的な必須課目になっているということは、まことに意義深いことである。

1. 符木

　考えてもみよう。誰かが、ローマ人でさえもが、すべての数字をなくしてしまったとしたら、どういう事態になるだろうか。そうしてみれば、中世初期に筆記の数がどのような状況にあったかについて、何らかの考え方をもつことができるようになるだろう。なるほどローマ数字は、古代ローマから引き継がれた文化の他の側面とともに修道院の生活の中に入っていった。もちろんローマ数字は、のちにこれら修道院の学僧たちによって、有識者、商売人、文書保管所の書記生たちの世界にもたらされることになった。しかし、農民たちは修道院の学校にかようわけではないにしろ、自分の農作物の作付けや家畜や収穫を知っておく必要があった。農民はまた、金銭を借りたり、貸したりすることもあった。彼らは、それらの計算のための数字をどこで手に入れたのだろうか。

　誰からでもない。自分自身だったのである。農民は日常の取引に使えるが、自分しか読んで理解できないような、自分だけの数記号を考案した。たとえば、誰が読み方を教わらずに図21の符木に書かれた記号を解読できただろうか。あるいは図15の、先に乳牛の彫刻のあるスイスの立派な刻み目の棒の記号を、誰が読めただろうか。フィジー諸島で戦闘に使われた棍棒の刻み目（参考図4）が、どういう数をあらわしているのかを、誰が知りえただろうか。おそらく、その棍棒に刻みを入れたその部族の者は、それを読むことができただろう。ちょうど、多くのスイス人は、刻み目の入った棒の彫刻をみて、その村落や渓谷を特定することができるのと同様であろう。しかし、そこにある意味は、常に個人に帰属するもので、限られた地域でのみ通用するものである。これらは庶民の記号であり、無教育な人たちによって日常の必要から考案され

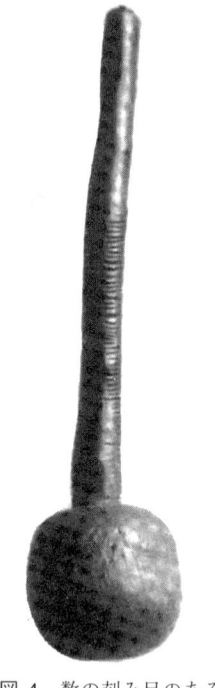

参考図4　数の刻み目のあるフィジー諸島の棍棒。長さ 40 cm。民族学博物館、フランクフルト・マイン。

た数記号である。そうした数記号は、一般教養の一部として学校で学び、教えられるものではない。その発達のレベルからいって、それらはもちろん原始的な数字である。というのは、そうした数記号は表記数字の最も簡単な規則、つまり序列化とグループ化に自然にたよったものだからである。

こうした庶民の数記号の原始的な状態は、また、それが作られた方法の中にもみることができる。それらの数記号は刻み込み、切りつけ、あるいは掻き傷をつけて作ったのである。言語の歴史の中で、これは書記術の最も初期に現れるものである。

Schreiben（書く）というドイツ語はローマ人から入ってきた。古期高地ドイツ語のscribanはラテン語scribereに由来する。しかし、このラテン語はギリシア語skaripháomaiに対応するもので、ギリシア語の書くgrápheinと同様に、もともと、こする、ひっかくを意味したものである。とはいえ、ゲルマン人たちは記号を書き記すことを、もとはローマ人から学んだのではなかった。これに対する自分自身の語をもっていたのである。現代ドイツ語のritzen（ひっかく）は、アングロサクソン語writanである。この語は英語ではラテン語からの借用語にとってかわってwrite（書く）となった。また現代ドイツ語でum-reissen（スケッチする、輪郭をとる）に残っている。ドイツ語のGrund-rissは輪郭、見取り図のことである。ローマの歴史家タキトゥスは、その著『ゲルマーニア』の第十章で、最も初期のチュートン族の風習について、こう書いている。

　　チュートン族は、若木から枝を切りとり、それを小片に切り分けて、それらにある種の印をつけてから、無作為に白い布の上にほうり投げる。もし、誰かがその運命を知りたいときには、その集落の司祭が、一家の長がするように神に祈りを捧げ、天を仰いで木片を一つずつ三回取りあげて、あらかじめつけられた印にしたがって解釈する。

この古いゲルマンのくじ引きの習慣から、現代ドイツ語表現Buchstaben lesen（文字を読む）（＝auflesenくじを拾う）が生まれ、英語のread（読む）は（ raten推測する、解釈する、より）棒に刻まれた記号にかくされた秘事（古期ノルド語run、これからルーン文字の名称が由来）を読むことである。

ルーン文字は、もちろんこんにち使われる文字の祖先ではない。

(2) 符木は万人に共通

　紙は中国人の発明で、ドイツには14世紀に初めて到来した。最初は、修道院の羊皮紙と同じように、ひろく使われるには高価にすぎた。紙は最も重要な文書に限って使用された。さらに、紙の上に書くには、熟練する必要があった。一般人にとって紙に相当するものは、木の切れ片であり、筆記具は鉄筆か鋭い小刀であった。そして文字は刻み目か切り込んだ溝であった。そういうわけで、特定の形の符木があらゆるところで使われたことが知られている。

　そうした符木はヨーロッパでいろいろの名で呼ばれたので、それらの名称を調べることで、初期の筆記法と計算法についての文化史を大層有益に垣間見ることができる。中部ドイツ語、低地ドイツ語にKerbholz（刻み目を入れた棒、計算木）、Dagstock、Knüppel（棍棒）という語があり、ババリア地方、チロル地方の人たちはSpan（木片、経木）、Kärm、Raitholz（＝Rechenholz計算、符木）という語を使用していた。スイス・ドイツ語にはTessele（ラテン語、イタリア語のtesseraはもとはダイスの意味で、それから四角い板、そして最後に、しるし、スタンプとなった。）またAlpscheit（文字の意味はアルプスの丸太）、Beileがあった。Beileは多分、中世ラテン語 pagella（天秤）から導かれたものであろう。このpagellaからドイツ語のPegel（水位計）とpeilen（水深を測定する）が、また英語 pail（手桶）が由来したに違いない。

　オーストリア、ウィーンにはRobitsch、Robaschという語があり、スラブ語rovašの借用で、刻み目のある棒をさす。ボヘミア人は「自分は刻み目Rabuseに入らなければならない」と残念がっていう。借金をしなければならないということである。この奇妙な言いまわしはスラブ語rubatj、ロシア語rubitj（切る、刻み目をつける）に由来し、ロシア語のルーブルrubljもこれと関連している。ルーブルは、もとは銀の一片で、指の厚さくらいを銀の長い延べ棒から切って作られていた。これらのスラブ語は、古期高地ドイツ語の同源語ruaba（数、計算）、ruabōn（数える、計算する）とともに、「切る、刻み目を入れる」と「数える、計算する」という言葉の関係を示してくれる。その関係は、しばしば顔をあらわす。英語のscore（古サクソン語sceran剪

定する、切る）は切る、数を憶えているの意味に加えて、数詞20の意味をもつようになった。その関係は、もとのゲルマン語 talo（一つの木片にある刻み目）で、数の意味もあることから明らかである。またセルビア語 broj（数）は britj（切る）に由来する。未開文化からの一例をあげれば、バントゥ語 vala は刻み目を入れることを意味するのみか、数える、計算するでもある。

　スウェーデンでは karvstock、オランダでは kerf があった。ローマ人たちは talea（小枝を切る）という語を棍棒の意味に用いた。これから中世ラテン語 talare（切る）が作られ、イタリア語 tagliare、スペイン語 entallar、フランス語 tailler（フランス語 tailleur、英語 tailor）になった。こうして、刻み目のある棒は、イタリアでは taglia、tessera、スペインでは tarja、フランスで taille、英語で tally となった。

　こうした語のカテゴリーには、最後にまた、本についての語も含めよう。中世の筆写本は codex と呼ばれた（たとえば Codex argenteus 銀文字写本、頁100参照）。本 book は Buch（ブナ材）から名づけられたもので、もとはブナ材で書記板が作られた。ちょうど、それはラテン語 liber が木の皮から、またギリシア語 biblos が筆記に使用されたパピルスから名づけられたのと同様である。このように筆記用の材料が、その筆記によって生まれる物の名称につけられることになった。ラテン語 codex もまた木材の丸太で、tabulae あるいは tabellae に切り分けられたのであった。こうした木板は一つの端で束にゆわえられ、できた束が beeches（ブナの木）と呼ばれた。ゴート語 bokos 由来である。中期高地ドイツ語の表現に「木製の小板（buochen）を読む」というのがあった。単数形 Buch はずっと後まであらわれなかった。少し後にスイスのグラウビュンデン地方の牛飼いたちが、その所有する乳牛から集めた牛乳の量を、この種の「本」に記録した。一冊の「本」は、二枚の蝶つがい付きの表紙の間にはさまれた一枚の木の小板からできていた（図13）。このような木製の本は、こんにちの書物の最古の原型である。しかし、もっと初期に、

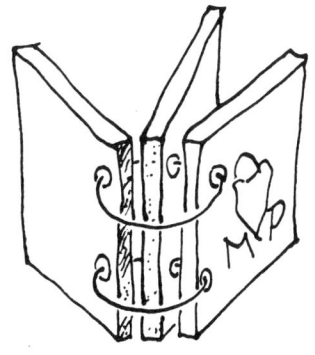

図13　スイスのグラウビュンデン地方の牛飼いたちの木で作った本。

刻み目のある棒を束にし、一端を一つにつないだものがあった。その例をスイス、ロシア、中国にみることができる（図24、27、38参照）。ローマ人はその後、木製の筆記板の表面をワックスの層で覆い、それに鉄筆で文字を刻みつけた。これがローマ式の筆記板となった。木材と計算の同じような奇妙な関係については、またローマ人が借金の額を順に記録した本をいうときにcodexの語を習慣的に使ったことにみることができる。

　切り込みと計算の間を架け渡す最も目立った橋は、ラテン語 putare、imputare、deputare、computareなどである。Putareは文字上から切る意味である（amputareを参照。タキトゥスはこの語を現代英語と同じ意味で、頁47に引用した一節に使っている）。Imputareは切れ目を入れることで、これから「誰かに対してに刻み目を入れる」という表現は、比喩的に「誰かに借金をさせる」。Deputareは切れ目を入れるの正反対の語で、比喩的に切り除くを意味する。なぜなら、誰かの勘定に記録されたものは何であっても、後日負債が支払われ、あるいは債務から解除されれば、刻み目つきの棒から切り払われてしまうからである。Compuitareは明らかに、数える、計算するとなった。中世初期に時間を記録することを意味したcomputusの語にそれが示されている。Putareの語は、その後、標準的な意味として、計算する、思う、考える、信ずるをいうようになった。

　以上すべてをみて、符木は実際には計算上何をする役目があったのだろうか。この疑問の答えは次の項でみることができるだろう。

(3) 符木の種類
簡単な計算棒

　ピーター・ブリューゲル（1569年没）と同時代のある人物が、この有名なフランドル画家についての逸話を語っている。

> 彼がアントワープに滞在中、若い女と同棲していた。もしも彼女にたえず嘘をつくという不幸な習癖がなかったら、彼は彼女と結婚していただろう。彼は彼女と約束をした。彼女が一回嘘をつくごとに、彼が木片に刻み目を一つ入れる約束である。彼は上等の長い棒を用意した。そしてその棒が刻み目で一杯になれば、結婚は全く問題にならないということ

であった。そして、一杯になるのにそれほど長くはかからなかった。

ドイツ語に「符木に何かをつける」すなわち「借金をする」から生じた、「多聞をはばかる一家の秘密がある」という句がある。これ以上により良い例をみつけることはむずかしいだろう。

　記数法の立場からみて、抜け目のないブリューゲルは正確には一体何をしたのだろうか。このエバの娘［訳注：エバの弱点を受け継いで好奇心の強い女］が許容限界を超えて嘘をつくたびに、彼は小刀を取りだして刻み目を一つ彼女の勘定に加えた。彼女が嘘をつくごとに彼は一つ刻み目をつけた。一対一で進んで、嘘一つが刻み目一つであり、また一つの嘘がまた一つの刻み目として繰り返された。それはフィジー諸島の戦闘用の棍棒に住民がしたのと同じことであった（参考図4参照）。これらの刻み目は補足的に量を示すもので、その数値が抽象的で無色の性格であることで、嘘を示すのに用いられた。そして、嘘の持つあらゆる感情の重荷をかかえていた。こうした刻み目のついた木片は簡単な計算棒である。刻み目の一対一の連続、いいかえるとその序列から、それが計算棒であると確認することができる。最も初期の最も基本的な数系列の規則の一つが、ここにに認められる。

　計算棒はあらゆる時期に、あらゆる人たちによって用いられてきた。フィジー諸島の住民が、その棍棒のとっ手に刻み目を入れたのと全く同じように、森林の伐採人夫は、まとめあげた下生えの束の数を数えるし、全く別の職業のブドウ畑の労働者たちは、彼らがとどけたブドウの篭の数を蔓切りナイフを使って自分の棒に印をつける。多くの未開の人たちは、時の経過を彼らがいうカレンダー棒に全く同じような方法で記録している。

　インド洋のニコバル諸島の住民たちは、採集したココヤシの実の数を数えなければならなかった。そのためには簡単な計算棒は全然役に立たないので、竹の軸を約50センチの長さに切った棒を作り、一方の端をいろいろな長さに裂いて、むかしの箒のようにブラシ形につながったままにしておいた。そしてココナッツの数だけ端の割り裂いた長さのものに刻み目を入れて記録した（図14）。

　簡単な計算棒が歴史のあらゆる時代を通じて普遍的に使用された証拠として、これ以上印象的なものはないというものがある。それは、端に刻み目を

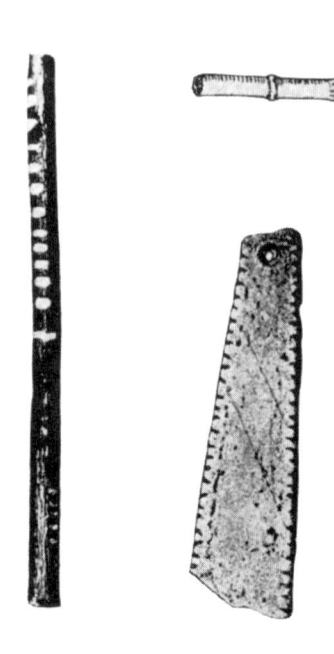

1. 符木

図14　計算棒。
左：イギリスの芝刈り人の符木（ゲルマン民族学コレクション、ベルリン）。
上：ココナッツを数えるのに用いられた竹を割って作った計算棒。参考文献76。
下左：有史以前の刻み目をつけた骨片。
下右：より新しい刻み目の骨片。
(2点 民族学博物館、バーゼル)

入れて彫刻された二本の骨片である（図14）。両者の間に違いはほとんどないようにみえる。しかし、その二本には何千年もの年月が隔たっている。左の骨片は先史時代に誰かによって刻み目がつけられたものであり、右のものは、いまの時代にスイスのある農民が作ったものである。

　計算棒に、労働日数または物品の量が、支払い用の記録として刻まれている場合には、それは法的文書としての効力がある。そうした場合、それらの計算棒は一種の小切手あるいは手形となった。日常生活で、これらは一時はこんにち想像することが難しいくらいの重要な役目を果たしていた。商人、宿屋の主人、銀行業者、鍛冶屋たちは、こんにち会計台帳にするように、符木に取引勘定を書きつけていた。そして、しばしば、刻み目を付けた平たい棒を一つにまとめて一冊の本のような形にしていた（図24、27参照）。

　ドイツの劇作家フリードリッヒ・フォン・シラーの劇で、三十年戦争中にヴァレンシュタイン将軍の陣営で、ピッコロミニの健康を祝して乾杯するとき、酒保の女性がその部隊に一本の酒壜を贈り、次のようにいった。

　　これは符木には記録しません。無料でさしあげます。

戦いのご成功を祈ります。

また、イタリアにこういう諺がある。

この国に住むことの何と楽しいことよ。
われわれは食べ飲んで刻み目を入れるだけだ。
みんな一切れの木片の上にあるのだ。

しかし、宿の主人は笑っていう。この宿には残念ながら白墨も符木もありません。いいかえると、つけで飲み食いはできないということである。

人が、中味のない話を果てしなく続けることをドイツ人は「刻み目をつけた棒で話す」という。オランダ人は苦情をいう。「計算棒（勘定）が高くなりすぎる」と。そして、もし勘定を支払わない者を追い払うときには、「計算木を鉄に変える」という。その符木にはもう刻み目が彫れないということである。

こうして、刻み目をつけた棒は負債または勘定書きとしてスピーチに登場する。18世紀の作家から次の見事な一節を引用しよう。「考え直し、思いおこしてみると、一本の大きな符木が目に入ってくる。それをみて私はあなたに対して、さらにもう一千回も悪いことをしたことをおもいだす。」

符木を使う簿記法が、フランクフルトのような進歩的な商業都市でさえ、どれほどひろく行われていたかは、次の14世紀初頭の織物職人に対する規則からの引用でみることができる。

同様に、いかなる計算係の頭領も、他人の負債をのせた符木を貸しあたえてはならない。これはギルド同業組合全体に対する規則である。

符木を勘定書き、あるいは債務の記録として使用することは、初期のゲルマン部族たちの時代にまでずっとさかのぼってみることができる。フランク族やアラマン族の慣習法の特色は、法的取引、特に支払い約束をふくむ取引を行う仲間の間で一本の棒 festuca が交換されたことである。サリカ法によると、債務者は債権者に、身元確認の記号と負債金額を数で記した自分の棒

festucaを引き渡さなければならなかった（図15と同じように）。この「festucaによる約束」では、扱われる棒は、負債の刻み目をつけた棒以上の何ものでもなかった。この習慣は中世まで続けられ、購入の行為が「手と棒で」終ったときに、当時の法律として、また習慣として行われたものである。

負債の支払いが済むと、あるいは何らかの方法で債務から解除されると、その符木は燃やしてしまうか、そうでないときは、その金額を切り取ってしまった。すなわち、債権者は、その刻み目を棒から削除したということで、「彼は符木（実際に木製）を滑らかにした」のである。このことは古いロシアの税徴収棒に見事に示されている。そこでは符木は繰り返して刻まれ、また削り取られた結果、非常に薄いものになってしまっている（図24、25参照）。同じことがローマ人の tabula rasa 消し去られた（滑らかにした）小板にもみられる。この表現は、その意味が移転されて「古い負債はキャンセルされた」、つまり新しいページを開く（心機一転）という意味になった。後期のローマ人は蝋で覆った筆記板を使用した。そこでは書いたものは単にその上を指で、あるいは鉄筆の平たい方の端でこするだけで、消し去られた。

さて、ヨハン・フィッシャルト（1546-90）は、その時代の最大の諷刺作家であったが、托鉢する尼僧をあざ笑って次のようにいうのが理解できる。

　　つまり、彼女は神に対して何も借りをしたくないのだ。
　　ただ符木をきれいで、つるつるにしたいだけなのだ。

マルティン・ルターは、長い間ずっと手紙を書かなかった友人にあてて、手紙の書き出しをこのようにしている。「私は符木を削り取らなければならない。なぜなら私はあなたの手紙に長い間返事を出していないから。」

借金の分割払いでも、1回の支払いごとに、この方法で記録が行われた。1588年のある町の書類がそれを示している。「債務者である一人の女性は、負債金額が返済されるまで毎年12ギルダーを支払うことになっている。その支払いのたびごとに、彼女の符木は切り取られた。」

1453年の商品販売が裁判所の裁定で記録されている。

　　……そして両者は、この裁定を求めた。その趣意は、ベッカーがこれ

らの商品を自分の符木から取り除き、クラーゼ・リースは、それを自分の方に加えることである。

この引用文からは、負債の金額がその商品の賃借リースに移されたのか、あるいは、それが一所帯から別の所帯に移されたのかは、はっきりしない。しかし、その言葉から符木が農民たちの生活で重要な役割を果たしていたということだけは、はっきりしている。

符木が重要な意味をもち、最も古い時代から人たちがそれに精通していたということは、古ノルウェー語の北欧神話エッダの中のスキールニルの歌唱によって、きわめて簡潔に要約される。そこでは、「掻きつけ」られた呪文が、その刻み込まれた印を消去することによって破られるのである。（thurs引っ掻くは、常に凶運を呼ぶ不吉なルーン文字 þ の名であった。図58、欄12、行9参照）。

私はthursを引っ掻く　　　そして三つのルーン文字
欲望、悲哀　　　　　　　そして愛の苦しみ
私はそれらを掻き消す　　それらを掻き込んだと同様に
それが必要なときに。

次に検討する別の符木は、これら木製の数字記録が、われわれの直近の祖先たちにとってどれほど意義深く、また実用的であったかを示すことになるだろう。

ミルク棒　Stialas de Latg

スイスのビュントナー・オーバーラント地方のタヴェッチュ渓谷に、よく知られた素晴らしいミルク棒がある。協同組合事業の会計帳簿を記帳・保管するのに用いられた一種の符木である。その数としての価値と法的な効力は、個人から全村共同体へと拡大されている。

アルプスの牛飼は、ハンノキやトネリコの木の一片から、毎日五角あるいは八角の棒を、長さ15センチから20センチに削って、赤色のチョークで着色する。こうすると色のうすい切り込みは非常にはっきりと浮きあがる（図15）。

農夫各人は共同の牛の群れの中に自分の乳牛をもっており、各個人の記号をその棒に刻みつける（いまの場合、各面に2個の記号）。こうした各記号の下に、刻んだ線が走る。これが各農夫の計算書で、その上にその牛飼が自分の乳牛が出したミルクの量を刻み目として入れる。そうして、その牛飼が特別の飾りのある切り目——この図では横になった牛——を加えるとき、このミルク棒は、もはや素朴な記録ではなく、楽しく色彩豊かな民芸品となる。

スイスの乳牛は、高地のアルプス牧場で放牧されて一夏をすごす。一つの群れは多くの持ち主の牛たちからなっている。いま持ち主を17人としよう。牛たちが毎日出すミルクは直ちに処理されて、配送されることになる。タヴェッチュ地区の山々は村に近いので、農夫たちA、BまたはCなどは、毎日互いに合意した一定の順番にしたがって、山の牧場に入ってミルクからチーズを作る。自分の牛のミルクだけでなく、その群れ全体の牛のミルクを使用する。当然のことながら、使用したミルクの量を記録しておくことになる。これは牛飼の親方の仕事である。ある特定の日にチーズを作らなかった16人の農夫たち、つまりAを除く他のすべての農夫たちの各人の記号の下に、その日に使用されたそれぞれの牛のミルクの量を刻み目で切り込む。

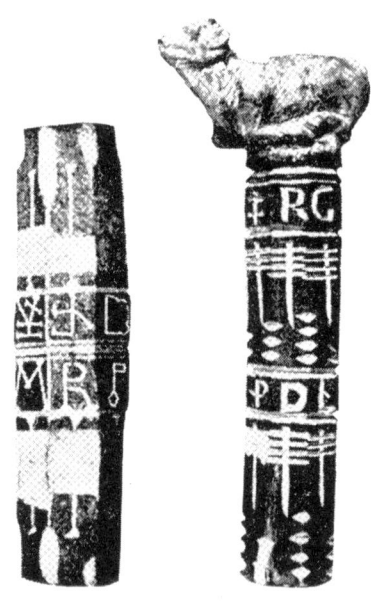

図15 ミルク棒。村全体で生産された牛乳の量を記録するために牛飼が刻みを入れた符木。左のものは「切り取られ」ている。すなわち、貸借が清算されている。スイスのビュントナー・オーバーラント地方より。長さ 12 cm、15 cm。

長い溝を横切る刻み目一つは10クレンネン（$=10\times\frac{5}{4}$ポンド）を意味する。
切り込み（木屑を取り去らない）一つは5クレンネンを示し、
右下の端の刻み目一つは1クレンネン
同じ端で木屑を取り去らない切り込み一つは$\frac{1}{2}$クレンネンである。

より小さい端数は数えない。こうして、たとえば農夫Rは、ある特定の日に農夫Aに4×10＋4クレンネンのミルクを貸したことになる。最後に、その日にチーズを作った農夫Aは棒の端の表面に、ミルク棒を示す図では一番下の表面に、彼自身の個人記号を刻み込む。そして、それを自宅にもち帰り、村の他の農夫たちから借りたミルクの記録とする。

　一回り順番が回って、17人の農夫たちA、B、Cなどが、それぞれ一日チーズを作ったのちに、日曜日の教会の礼拝後に集まって、「ミルクを一つに集める」。すなわち勘定を精算する。各人は自分のミルク棒をもって集まる。農夫Aが自分の棒に記録した量は、彼が支払う義務のあるものである。また、他の人たちの棒にAの勘定として刻まれた量は、他の人たちが彼に支払うべきものである。

　こうした単純な簿記法では、ごまかしは全くきかない。誰も自分のミルク棒に刻み目を加えることはない。そうすれば自分の負債をふやすからである。また、誰も刻み目を削除することはない。そうすれば赤色の木片でただちに見てとれることになるからである。もしAが彼の担当の日に、そのアルプスの牧場でBのミルク60クレンネンを使い、Bは彼の日にAの牛からのミルクを90クレンネン使ったとすると、BはAに差の30クレンネンを負うことになる。Aは自分の60クレンネンを切り取り、または削除する。なぜなら、AはBに負うところがないからである。そして手元の紙片に、Bからなお30クレンネンがくると書きつける。そうした量の差は、その時その場で支払われるか、あるいは次の一回りに持ち越される。

　非常に複雑な債権・債務の取引を、このように明確で簡単に記録する方法には、目をみはるものがある。さらに、こうしたミルク棒に初めて価値の違った数記号をみることができる──二分の一、一、五、十の単位である。それらは1、2、3といった実際の数字ではない。というのは、そこには順序がないからである。それらは実際にはグループ化の記号である。一つの刻み目は二つの切り口を束ねた一つのグループを示す。

　このミルク棒は20世紀に入ってもなお使用され続けたもので、アルプスの一つの集落での多くの「株主」の間の取引記録であった。しかし一般には、一つの取引には二人の当事者が参加するだけであった。買い手と売り手、あ

るいは債権者と債務者である。両者は、引き受け、また解除された債務関係を記録しておかなければならなかった。しかし、領収書や約束手形には紙が必要であり、筆記も必要であった。書くということは、教育のない人たちには理解できず、またその人たちの好まないことであった。それでは、その取引はどのように符木に記録され、誰もだまされることがなかったのだろうか。これは分割、あるいはダブルの符木を使うことで行われた。

割り符木（割符）

長い木片を長さの方向に、ほとんど最後まで切り裂く。大きな端のある部分を幹（主木）とし、切り裂いた部分を挿入部分（主木にひっつく木片、副木）とする。ウィーンでは、これらを、それぞれ Manderl（小さい男）、Weiberl（小さい女）と呼んだ。

美しく仕上げられたフィンランドの割符の場合には、主木と副木は全く同じで、木製の釘で一つに合わされている（図16）。

支払いか納品が行われ、または受け取られる場合、債務者は、自分の副木を主木に挿入する。主木は債権者がもつのが一般的で、刻み目は両方の木に同時に切り込むか、または取り除かれる。それから両当事者は、自分のものを取り戻し、最終的に清算されるまで、それをもち続ける。この、いかにも見事な簡単な方式で、「一対簿記」が、ごまかしを全くできなくしてしまっている。こうした副署した記録はフランス語で contretaille（菱形彫線、割符）、イタリア語で tacca di contrasegno（副署の刻み目）と呼ばれるものである。

つい最近まで、ウィーンで雪除け作業人たちは、三つの部分からなる符木を使用していた（図17）。頭のついた真ん中の部分は、車の運転手がもち、側木の一つは積み込み台の作業主任が、もう一つは積みおろし台の主任がもっていた。こうして、三通の記録になっていた。主任の二人は、運転手と同

図16　フィンランドの割符。完了した仕事の量を記録したもの。大きさ 25×2×1.5 cm。カンサリス博物館、ヘルシンキ。

じ数だけのいろいろな側木を一対一でもっていたので、それらを紐で通して一つにして首にさげていた。三つの部分の符木にはすべて同じ数が記されていた。ここでは174である。

ここでもまた、ごまかしは不可能である。そういうわけで、一対あるいは三通の符木は常に法的証拠としての効力があった。

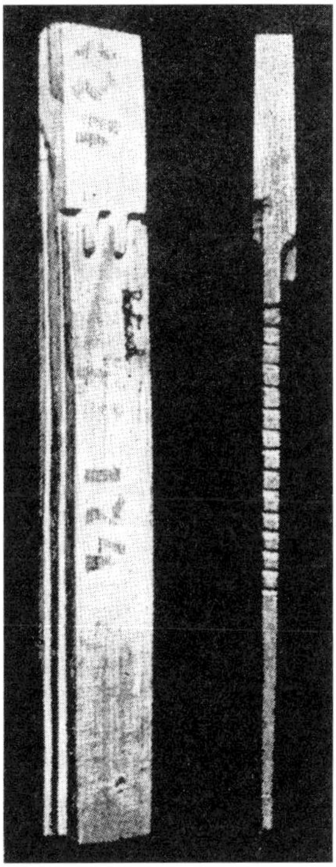

> そして、もし誰か読み書きでの清算が得意でない者は、粗製の符木、あるいは切符で満足しなければならなかった。そして、もしも当事者の一方が、符木または切符を負債の証拠として法廷に提出し、他方の当事者が対応する、あるいは符合する切符、または木製符木をもちだして、両方がたしかに符合すると判定されるなら、その証拠は信用されて、そこに記された金額が承認されることになる。

図17 ウィーンで雪除け作業員たちが使用した三部分からなる符木。30×4 cm。国立ドイツ民族学博物館、ベルリン。

これはバーゼルの法令集にあるもので、1719年になっても、まだ存在していた。ナポレオン時代の法令集である1804年民法は、ドイツの多くの地方で、またフランスでも有効であったもので、これにさえも、なお次のような規定が示されている。

> その符木（副木）が主木と符合するならば、個々の受け渡し、または受け取りがなされたことを、この方法で認めることを習慣としている者たちの間では、契約の効力をもつ。

主木と副木を用いることで、詐欺に対して絶対的な安全が保証される。この特別の利点は、早くも10世紀には、符木から筆記書類へと転用された。

60　1. 符木

　1594年の聖アンデレの祭日に、同一の書簡が縦につないで二通作成された。そして、それを二つに切り離して、両当事者がそれぞれ一つを保有した。(それゆえに) その契約に署名する必要はなかった。両者が互いに正しく符合しさえすれば、それは法的文書として効力をもった。それは丁度、刻み目を入れた符木の一対の各部分が一つに符合されるのと同様である。

　これは、引用したばかりのバーゼルの法令集に述べられている刻み目をつけた切符であった。それはまた、刻み目のある書簡、分割文書、または分割切符として知られていた。中世のラテン語では cartae partitae (切り分けた紙)、または dentatae (分割した、歯型をつけた書面) と呼ばれた (図18)。

　契約書では、二回 (またはそれ以上) を一枚の紙あるいは羊皮紙に、その全文を記載した。本文の二つ (あるいはそれ以上) のコピーの間に文字イニシシャルを書き込んでから、その文字を貫通してジグザグ線または波線で各部分を切り分けた。この波線切り口方式は、あちこちで存続してきた。たとえば、株券や債務証書あるいは他の手形に、小冊子でクーポンまたはチェックを切り離す端のところであった。この古い用法の痕跡は、また英語の

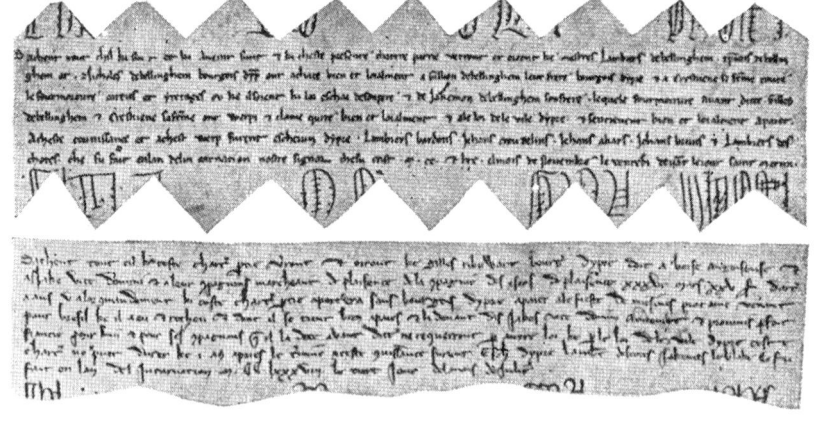

図18　刻み目を入れた分割文書。これらの文書は (同文を) 二回筆記されたのち、一対符木の方式にのっとって、ジグザグ、あるいは波形に切断された。両半分が正確に符合するもののみが正真正銘として認められた。芸術歴史博物館、ウィーン。

charter の語に船を借りる、ハイヤーするという意味で生き残っている。その わけは、charter party（商人と用船主の間の契約）は、文字上は古ラテン語の carta partita で、切り分けた紙を意味している。中世ヨーロッパ貿易都市ハンザ同盟ではドイツ語 Zertepartie が、フランス語では charte-partie（共に雇船契約書）が使われた。英語 indenture（二通の契約書、歯型切り目証書）は刻み目のついた紙の鋸歯状または歯型の端を、その名称そのものに残している（中世ラテン語 indentare 歯型に切る、dens 歯）。

　支払い請求証書としてのチェックは、刻み目のついた符木にまでさかのぼる。イギリスの大蔵省は、王室会計局の符木にみられるように、租税などの歳入と歳出を刻み目をつけた符木に記録し続けてきた（頁66）。しかし、会計局はまた、割符の主木または tallies（多分、たとえば20ポンドの刻み目一つのついたもの）を国民に向けて支払い証書として発行した。それを持つ者は大蔵省に出向いて、そこにある副木ないしは対の部分と符合するなら、その主木は現金化することができた。イギリスでは to check（チェックする）はなお、原本文書あるいは書類の一片を写しと比較して、その写しが正しいがどうかをみることの意味をもっている。こうして、書記証書あるいは送金為替は、送金時に提示し、保証金と照合することに用いられることから、後にそれらはチェック check、cheque と呼ばれるようになった。この語が chess（チェス）と checkerboard（チェッカー盤）という語と、どのように関係しているかについては後に述べる（頁218）。

　Check の語は、このように一般に身元確認の符号であり、丁度ギリシア語の sýmbolon が、もとは区別される符号を意味したのと同じである（ギリシア語 sym-bállein 一緒に投げる）、すなわち、こわれた破片であった。それらの大部分に書きものがあって、それらの破片が、こわれたもとのものに合わされるということである。また別の、こうした識別符号ないしは身分証明符号としては、ローマの tessera hospitalis 客の副署があった、

　刻み目のついた符木が長く存続したという、こうした言葉の上での証拠に加えて、また非常に興味深く、稀な、筆記された証拠の例が存在している。中国で契約の語は二つの漢字を上におき、その一つは符木（刻み目のある棒）、もう一つは小刀を示す。さらに下に、大きいを意味する字をおくことで象徴化している（図19）。中国語で契約、協約は、文字上では、このような一つ

の「大きな符木」なのである。

話し言葉もまた、当然のことながら、割符の特異な性状に注目した。「誰かと符木を持つ」というドイツでの商人たちの仲間言葉は、仕事の関係をもつことをいう。これは比喩的に個人的に親密であることを意味するようになった。それは丁度、ドイツの地方の人たちが文字通りには、「彼女はそれ（符木）を彼と持つ」というと、「彼女は彼に恋している」ということになるのと同じである。

図19 契約をあらわす中国漢字。符木と小刀から組み立てられていて、下の部分の字は「大きい」を意味する。

英語には、この種の表現が非常に豊かにある。というのは、イギリスでは、刻み目のついた棒（符木）そのものが国家財政上、19世紀に入ってもずっと圧倒的な役割を果たしたからである（会計局の符木、頁66 参照）。「誰かと符木を持つ」という表現は、すぐ前に述べたドイツ語の表現に対応している。「彼らはお互いに符合している」とは「彼らは割符のように、互いにひっついている」。それから意味が転じて「一人がもう一人と生き写し」という意味になった。これから符木の語は片方の意味に使われ、動詞の to tally は符合する、または一つに適合するを意味する。それで、「計算が符合しない」は計算が正しくないということになる。読者は自身で、なぜ to live tally（符木と暮らす）が同棲するという意味になるのか、また tally-wife とは何かを考えることができるだろう［訳注：内縁の妻］。

Tallyman は屑屋のことであるが、棒に切り目を彫るくせがあるところから、そういわれるようになった。屑屋は tallyshop の持ち主で、中古品を掛けで買取り、分割払いで支払う。フランス人は掛けで買うというとき acheter à la taille（符木で買う）という。こうして tally の語は、もとの木製の刻み目のある棒から、いわば紙になったというわけである。

特別の種類の符木

刻み目をつけた計算木と割符について述べてきたが、数の記録に使用される刻み目つきの棒の形の種類としては、もうこれで尽きてしまったとみられるかもしれない。確かに、いままであげたものは最も普通のものに違いない。しかし、特にスイスの遠い彼方の渓谷の村などには、ほとんどこんにちに至

るまで、特異な種類の符木による計算法が存続してきていた。それらについて、少なくとも三つの例をみなければならない。

ヴァリス州のレッチェンタールからの Alpscheit（文字上は「アルプスの木の棒切れ」）（図20）は、ある村民が村の共同牧場で自分の牛を放牧する権利をもつことの証明書であった。三つの表面のそれぞれから、等間隔で小片を切り分けて、農夫たちは、その副木部分 Beitesseln、Einlegetesseln を各人の放牧権の証拠として所有した。それに切り込んだ割れ目、切り目が、切り分けられた方にあるものと符合すれば、それが彼ら固有の乳牛権の証明であった。

　一本の長い溝が一頭の乳牛の権利
　一本の短い溝は半頭分の乳牛の権利
　一つの長い切り目は四分の一頭分の乳牛の権利
　一つの短い切り目は八分の一頭分の乳牛の権利

放牧権については、一頭の乳牛は十匹の羊と同等とみなされた。しかし、一匹の羊を牧場に入れるためには、八分の一頭分の乳牛の権利が必要であった。農民は、その小さい副木片を、飾りを彫り込んだ小箱に収めておき、牛飼は、彼のアルプスの棒きれをすべて一つにして紐につるして持っていた。

図20　アルプスの棒切れ　Alpscheit。1752年の切り込みがある。村の農夫たちが放牧権を記録したもの。断面は三角形で、長さ 1.30 m、幅 9 cm、重さ 3 kg 以上。70以上の切り口があり、対応する切り取り片を符合させた。

64　1. 符木

　ここに、刻み目のある符木の特殊な用途がみてとれる。副木片は、溝の一つに符合するものであるが、これは約束手形ではなくて、権利証書である。その所有者に村落の共同牧場の一つの持ち分、またはそれより少ない持ち分をあたえる権利である。とはいえ、それは株券と全く同等のものではなかった。なぜなら、それはその農夫に部分的な所有権をあたえるものではなく、牧場の比例部分の使用権にすぎなかったからである。良好な高地の牧場の一頭の乳牛の権利は1000スイス・フランに相当する価値のものとみなされた。そういうことで、これらの小さい刻みの入った木片は、有価証券ないしは公債証書と同じ効力をもっていた。

　乳牛の権利と対照的に、スイスのヴィスペルテルミネンの Kapitaltesseln 資本符木は、まさに公債証書と同等のものであった。符木の経済面での重要性とは全く別のこととして、本書の立場からこの資本符木は、なお一層興味深い。それは素晴らしい数字なのである。村落共同体は資金を各農民に貸し出すことができた。その農民の借り入れの約束手形として、借用者は村の管理機関に、本人の個人記号を刻み込み、借金の金額を裏面に記した一本の符木を提出した。こうした符木は、末端の穴を通した紐でつるされていた（図21）。そして、借金の支払いが済むまでそのままにされていた。

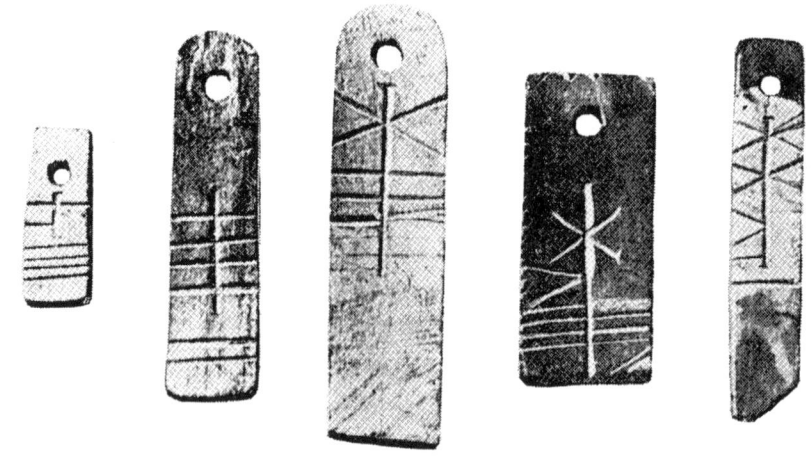

図21　資本符木。表面には一人の農夫の負債額を示す切り込んだ刻み目があり、裏面には本人の個人記号がある。スイスのヴィスペルテルミネンより。

スイスの水利権の符木 Wassertesseln もまた、数記号があって興味深い（図22）。ヴァリス地方では、山から引く水道管は、その土地の経済に重要な役目を果たしている。耕作地は夏には非常に乾燥するので、氷河から融け出た水の流れが慎重に集められ、大小の渓谷を通り、しばしば長い距離をへて、作物の生育する耕作地に導かれる。こうして、氷河水流は、村落共同体の所有となる。ところによっては、そうした水道管を34本も持っているところもある。その地域の農民たちは、その夏の水の分け前の権利を買わなければならない。牧場の権利と同様に、水利権は、刻み目を入れた符木によって記録され、保証とされる。

民族学者たちは、また、符木の中の、いわゆる「伝令人の棒」Botenstab または「順番の符木」Kehrtesseln を含める。そうした符木には、たとえば教会の鐘を交代で鳴らす仕事をする人たちの個人記号が刻まれる。その棒を持つものは誰もが、定められた時間中は、その仕事をすることになる。しかし、ここではそれらについては説明も図示もしない。そこに刻まれた刻み目には、数としての意義がないからである。

さて、これまで木片に刻まれた数記号のいくつかの例についてみてきた。そこで、符木の最もすぐれた例をみることにしよう。

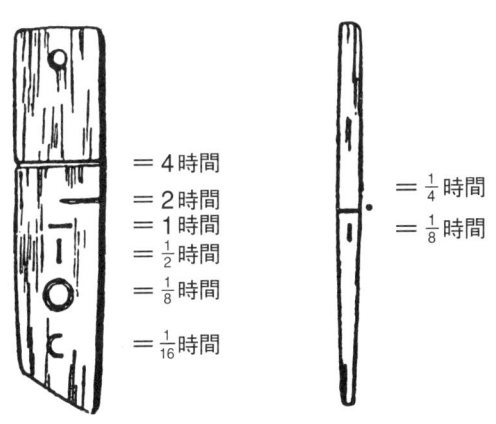

$= 4$ 時間
$= 2$ 時間
$= 1$ 時間
$= \frac{1}{2}$ 時間
$= \frac{1}{8}$ 時間
$= \frac{1}{16}$ 時間

$= \frac{1}{4}$ 時間
$= \frac{1}{8}$ 時間

図22　水利権の符木。スイスのヴァリス州より。

(4) 英国王室会計局の符木

英国の王室会計局 Exchequer の符木は文化史上ユニークなものである。それらは、はっきりしない平凡な起源をもつ古代の計算棒から、最高に発達をとげたものである。それは政府の公式記録となった。

何年か前、ウエストミンスター寺院の補修工事中に、会計局符木つまりイギリス大蔵省が使用した刻み目の入った符木が数百本発見された。同時に、書類と共に、おそらくそうした符木が保管されていたとみられる革袋の残存部分もみつかった（図23）。それらは13世紀にさかのぼるものであった

12世紀以来、英国大蔵省はその記録を帳簿と符木に残してきた。その方法は、1820年代までほとんど全く変更を加えられずに続けられた。こうして、符木 tally の語から税 tax を示す古代英語 tailage、tallage が作られた。この語

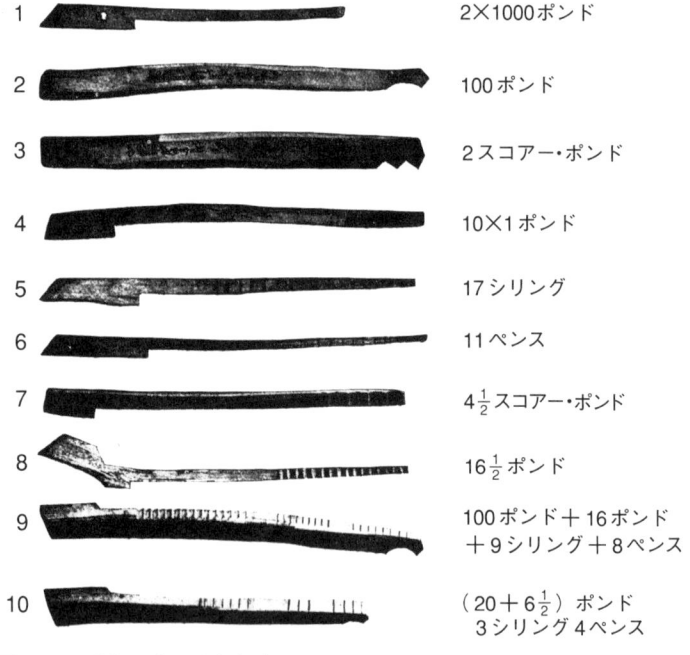

1	2×1000ポンド
2	100ポンド
3	2スコアー・ポンド
4	10×1ポンド
5	17シリング
6	11ペンス
7	$4\frac{1}{2}$スコアー・ポンド
8	$16\frac{1}{2}$ポンド
9	100ポンド＋16ポンド＋9シリング＋8ペンス
10	（20＋$6\frac{1}{2}$）ポンド 3シリング4ペンス

図23 13世紀に英国王室会計局で使用された符木。これらの符木上に財務担当官が税金の収支金額を刻み込んだ。1826年まで継続使用され、刻み目の切り込み方は1826年まで不変であった。二番目と三番目のものでは、刻み目は下の表面にあり、符木の頭はうしろをさしている。古物収集研究協会、ロンドン。

はフランス語の関連語 taille（符木、割り札）に類似している。

　財務裁判所は会計検査を行う国の役所で、いくつかの部門から成り立っている。その中の中央局は、イギリスの州あるいは地方区を行政管理する州長官が国に対して勘定の精算を行うところである。この事務所の机は、四角いチェッカー盤模様の計算布で覆われていて、これから財務裁判所そのものの名称（エックスチェッカー）がつけられた（頁219参照）。この机越しに、州長官は項目を一つずつ大蔵卿（現在の大蔵大臣）に報告した。次いで、計算官はまた項目一つずつの金額を小石または計算玉でチェック模様の布の上に示し、最終合計額に到達した。そして、刻み込み担当官が符木に刻み目を入れて、国に支払われた金額ないしは国に負う金額が記録された。この手続き全体を、裁判所の構成員たち、ならびに政府高官たちが監視し、監査した。符木と計算玉を使用することで、読み書きの方法を知らなくても、すべての人たちに理解できるものであった。

　これは、そうした勘定がどのように清算されたかの典型を示すものである。もしも、一つの地方を管轄する官吏が国に税金や関税として年間に100ポンドを支払うとすると、彼は最初の支払いを復活祭の日に行った。それを40ポンドとしよう。この支払いの証拠として、40ポンドを示す刻み目が切られ、その役人はその符木の幹 stock（または柄 stipe）つまり主木を支払いの領収書として持ち、財務裁判所はその副木 foil を記録として保有した。支払い者の名前、支払いの内容とその金額は、両方の木片に刻み込まれた。そして、ミカエル祭の日（9月29日）に、その役人は年間支払い総額100ポンドすべての支払いを履行しなければならなかった。その支払いには、彼は40ポンドを記した主木を提出して、残額を支払った。提出された主木は、極めて慎重に大蔵省の保有する副木と比較されて（チェックされ、頁61参照）、合致すればその金額が支払い者の勘定に記入された。もし、何らかの虚偽や詐欺が発覚すれば、その役人はその場で逮捕されることになっていた。この地方官吏が行った支払いは領収簿に記入され、その支払い義務が解除されたとき、その年の勘定は（彼の負債から）「彼は放免される」et quietus est という句をもって閉じられた。

　1300年という早い時期に、符木はイギリスでの通貨交換の手段として使用するために王立銀行によって発行された。たとえば、エドワード一世の財産

管理人は、ロンドンの一市民の支払い債務の代わりとして、符木を送金為替として受けとったことがある。この人物は自身が大蔵省の債務者で、財産管理人は彼からその符木に記された金額を要求し受け取ることができた。このような方法で、国は国に対する負債の面倒な徴収を避け、同時に債権者を満足させたのである。刻み目を入れた符木をチェックとして用いる通貨交換のキャッシュ・レス方式であった。14世紀の中頃以降、この方式は絶えることなく続けられ、18世紀に銀行機関が出現するまで衰退に向かうことはなかった。ただ、この符木の使用は、こんにちでは、もうどこにもみることはできない。

　銀行用語の dividend 配当は、おそらく、また、イギリスの符木にまでさかのぼるものであろう。13世紀のある時期から、また、しばしば tallia dividenda（分割すべき棒）あるいは単に dividenda と呼ばれ、特に王室の購買に王の所有する副木（foil）が使用されるときに、この語が用いられた。商人たちには、その納入商品と引き換えに dividenda があたえられた。それを商人は後に大蔵省で現金化した。それはちょうど、こんにち社債をもつ者が、そのクーポンで、その社債を発行した企業の収益に一定の取り分を持つのと同じである。イギリスでは18世紀以降、dividend は符木ないしはクーポンをいうのではなくて、収益の実取り分をいうことになり、そこから、こんにちの一般商業上の用法（配当金）が生まれた。

　符木が公式の場で使用されたことから、その刻み目に統一性が求められた。幸いにも、これについても、また、財務裁判所の手続についても、1186年に当時大蔵卿であったロンドン市司教リチャードが著した『チェッカー盤の対話』Dialogus de Scaccario によって、十分に知ることができる。そこに示されている規則、そして特に符木そのものは何世紀もの間その効力をもち続けた。1782年に、なるほど符木は以後発行しないという法令が出されはしたが、符木は1826年まで有効に存続していた。そして1834年、国の不要になった符木の堆積が破棄されとときに、膨大な量の符木は国会議事堂の下にある焼却炉で、実直に懸命に燃やし続けられたために、とうとう議事堂そのものまで炎につつまれてしまった。

　さて、その対話書は符木の切り込み方について、どのように述べているであろうか。

1000ポンドを示す刻み目を端につける。その大きさは手の幅と同じ（図23の一番目）。

100ポンドでは、刻み目は親指の厚みほどの大きさである。1000ポンドのものと区別するために真っ直ぐでなく曲げてある（二番目）。

20ポンドでは、小指の厚みほどの大きさである（三番目）。

1ポンドでは、成熟した大麦の粒の幅である（四番目）。

1シリングでは、さらに小さいが、なお刻み目としてみるに十分なだけの大きさはある（五番目）。しかし

1ペニーでは、切り目を作るだけで、木屑は取り除かない（六番目）。

これらの、どの単位も、その半分は、刻み目も切り目も半分の長さに刻む。一つの切れ目は斜めに、一つは端に垂直に（七番目、八番目）。

　この指定された連続の大きさは、厳密に守られることになった。最大の数は常に外側にあり、その他は順にそれに続く。図23の例9と10で、符木を刻んだ職人がいかに簡単に容易に、より大きな数を互いに混同することの可能性のないように避けたかをみることができる。最高の単位は一番下の表面に刻まれている（九番目の100ポンドの刻み目のように）。しかし、より小さいものが上部に左から右へと書かれている。そうすることで、最低の位は最高位の上に書かれ、非常にはっきりと区別ができている。

　さてこれから、数の文化史の中での意味深い、実りの多いものを観察することになる。符木の上で、100ポンドの位と1ポンドの位の中間の位は10ポンドではなくて、予期されるように20ポンドであることを知る。Scoreスコアーという語によって、もう一度古い二十進法に出会うのである。1スコアー・ポンドは20ポンドのことである。しかし、スコアーとは何なのだろうか。古サクソン語 sceran は英語 shear（剪断する）に近い語である。ドイツ語のSchere（鋏）を参照のこと。つまり、スコアーは何か切ったもの、または何か刻んだもののこと、刻み目である。それは20を束ね、グループ化して数える（たとえば20匹の羊の）ようなときに符木に刻み込まれた。そして、この刻み目から、二十進法の束ねが英語スコアーの名をもつことになった。フィン・ウゴル語に、これに対応する語がある。ラップ語 tseke は刻み目のこと

で、同様にして10をあらわす語の名称となった。

　こうして、英語の表現 to run into score（スコアーに陥る）が「借金をする」を意味し、on score（スコアーに基ついて）は「信用貸しで」（符木上にあって未払いの）を意味する、そうした意義をはっきりと理解できるのである。英語の表現で20の意味にスコアーの語がたくさん使われる。とはいえ、シェークスピアの文章の中でスコアーの語が、本来の刻み目や符木の意味でたくさん使われているのがみつかる。

　　　われわれのご祖先さまは本なんかは持たず、スコアー（刻み目）と符木だけだったった。　　　　　　　　　　（ヘンリー六世、二部、四幕、七場）

そして同幕の二場目に
　　　わしは善良なみなに感謝する。金はやめにする。　みなは、わしのスコアー（つけ）で飲み食いすればよい。

マクベス劇では、その悲劇の終末（五幕、七場）で
　　　彼は立派な最後をとげた。そして自分のスコアー（借金）を支払った（本分を果した）。

　英語には、また別の興味ある展開がみられる。もしも、誰かが英国銀行に一定額の金子をあずけたとすると、その取引は符木上に刻んで記録された。その際、銀行側は副木 foil（ラテン語 folium 葉より）を手元におき、預け手は主木 stock を受けとった。こうして預け手は主木保持者、ストック・ホールダー stock-holder となり、銀行発行の主木バンク・ストック bank-stock を持つことになった。この銀行発行の主木は、政府発行の紙幣と全く同等の価値をもつものであった。この習慣から、こんにちの表現で企業の株式、また国債証券ををストックという。

　刻み目をつけた符木は、国家財政の正式記録を残すものであった。高度の文化国家でのこのような稀な事例をみたので、最後に、事実上どこででもみられる単純な古い例をみて、締めくくりとしよう。それはチェレミス部落のロシア式徴税帳簿である。チェレミスの人たちはボルガ川中部地域の沿岸に

住み、フィン・ウゴル語族に属する言語を話してきた。

　村落の十三軒ごとに、税徴収人は符木をもっていて、その符木には、上部に識別記号と住民数とを刻み込み（図24、半分の刻み目は子供をさす）、毎年の徴収金額を末端に刻んでいた。そして、その金額が支払われると「切り離された」。図25から、切り離しが繰り返し行われたことを、はっきりとみてとることができるし、徴収人は毎年新しい符木を作らなかったこともわかる。

　さて、これまでのところを振りかえってみよう。符木から一体何を学んだだろうか。一つには、符木は簿記の最も古い形式を示していることである。取り扱う金額を簡単に示すわけではないが、売り手と買い手、貸方と借方の取引を、どちらの側も不正をはたらくことができないようにして、記録するものである。それによって、アルプス高地の牧場での牛乳・チーズ協同組合の場合のような、非常に複雑な金銭交換さえ記録されたのである。符木は、一軒ごとの家計または村落集団の会計を、極めて巧妙な方式で記録する会計帳簿であった。そして、あちこちで符木は法貨ないし株券あるいは通貨交換の手段としての地位にまで高められさえした。符木と人類の経済生活との緊密な関係は、最も初期の時代か

図24 中部ボルガ地域からのロシア徴税帳簿。各家庭に符木があり、それにはその家の識別記号、家族数、支払うべき税金の額が刻み込まれている。一本の符木の大きさは 約 17×2×1.5 cm。カンサリス博物館、ヘルシンキ。

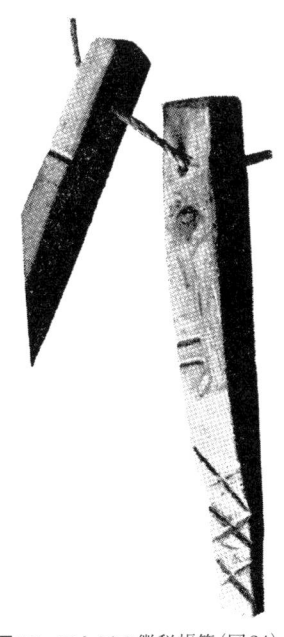

図25 ロシアの徴税帳簿（図24）の符木。負債が支払い済みになると切り取られて、新しい金額が同じ場所に切り込まれる。

ら、つい最近まで変わることなく継続してきたもので、刻み目を入れた符木は文書として恐ろしいほど強い印象をあたえるものである。

ついに、庶民の間に生まれた最も初期の筆記方法の秘密を手にすることになった。十分の知識をもたないわれわれは、それを解読することはできない。しかし、たしかに一つのことを知っている。それは数の表記方法であった。そして、原始的な数字からなっていた。

では、これから数字あるいは数記号そのものを検討することにしよう。

(5) 符木上の数

最も簡単な符木は、刻み目が列になっていくつも並んでいるだけのものである。刻み目を次々と切り込んでゆくことによって、数える金額や数量が形作られる。刻んだ目の並びはグループに束ねられる。筆記数の体系も、エジプト数字やローマ数字のように、この法則にしたがって作られた。これらを初期の数字ないしは序列数字と呼ぶことにしよう（参考図1参照）。

刻み目の数

符木上に、簡単な個々の刻み目とは違った、何らかの記号を使う刻み目のグループ化がみられる。最初は刻み目はみな同じ刻み目だと考えがちである。しかし、これまでみてきた符木には、非常にたくさんの種類の違った刻み目のものがあった（図26）。刻み目は木片に横向きに、また縦に刻まれているし、切り込み、半分の刻み目、半分の切り込み、傾斜させた刻み目と切り込み、符木の端を切った刻み目と切り込み、丸い刻み目、斜角の刻み目、木片表面の真ん中に刻んだ真っ直ぐ、あるいは丸い刻み目など、まさにいろいろである。

しかし、そうしたいろいろな特定の形の刻み目は、イギリスの王室会計局

図26 刻み目のいろいろな形。

の符木では用いられなかった。そこでは、大きさと位置だけで区別できるような単純な刻み目だけが使用された。そして、驚いたことに、それで矛盾なく規則正しい計量体系を作りだしていたのである。

　ほとんど常にといえるくらい X あるいは V の形の刻み目がよく目につく（図16、21、22、27参照）。符木に親しみのない者には、これらはローマ数字が木片に書き移されたものと考えるかもしれない。たしかに、そうした移し書きは、あちこちで起こりはしたが、遠く離れた山間の村落に住む農民たちは、自分で X や V の印を刻むことができるようになるには、ローマ数字の到来を待たなければならなかったのだろうか。こうした形のものは本当に木に小刀で削り込むのに最もやさしいものなのだろうか。こうした質問にはすでに答えがでている。X や V 以外に普通に使用されたローマ数字 L、C、M あるいは ∞ は符木にはめったに現れなかったし、同じようにローマの逆算式の IV や IX のようなものもみられない。そうしたことを理解するために、有史以前の刻み目のついた骨片を調べたり、参照したりする必要はほとんどない（図14参照）。大工職人は、自分たちが組み立てようとする梁や角材に番号をつけるときに数字 I、V、X を自分の斧で切り込んだ。

　さて、先の同じ質問を逆向きにしてみよう。ローマ数字のうち少なくとも I、V、X は、実際に符木に刻まれた刻み目の形なのだろうか。そうであると信じられる。それは、形が単に似かよっていることや、そうした刻み目は刻

図27　アルプスの計算棒の束。約20 cm の長さの小さい平たい符木で、その上に個人が所有権をもつ乳牛の乳牛権が切り込まれ、所有者の名と識別記号が裏面に刻まれている。これらの符木の中で最も凝った飾りを施したのは一番右のもので、合計としての数122を示している。この符木の束はベルン州ザーネン由来で、1778年とある。

むことが非常にたやすいということは別にしても、さらにいろいろな事実から確認することができる。

ローマ数字は、最初から符木の刻み目と同じように、序列化と束ねのグループ化の基本的な単純法則にしたがっていた。Xは一つの束をあらわす形である。ではどうしてそれが生まれたのだろうか。それは、単一をあらわす普通の記号を十字に切っただけのことである。この簡単な方法は、これから繰り返しみることになる。二つの記号を交わらせることで束ねの形がつくられるのである。インドのカローシュティー数字のX＝4は明らかに束ねの記号である（参考図5）。

参考図5 インドのカローシュティー数字。西暦前200年頃。4、10、20の三つの束ねがある。20の記号は3に似るが、10の記号を二つ重ねて作られている。20による束ねは数字体系では極めて稀にしかあらわれない。これらの数字は右から左へ読む。百の位の数は束ねられることなく、単に数えている。

スイスの符木が、また素晴らしい例を示してくれる。図21の左から二番目の符木に切り込まれた数42がその例である。

たいていの場合、直線の記号を十字にしたものは、10を意味する。それで、その記号に名をつけるとすれば、「十の字画」と呼ぶことができる。その素晴らしい例が、図27の合計を示す主となる符木にみられる。そこではVの刻み目にさえ横線がつけられている（数122；図28のb）。1を示す刻み目は、単独で現れるが、それもまた横線を入れてXの刻み目とされている。数122はまた、同じ図の中のcのように形作ることもできただろう。

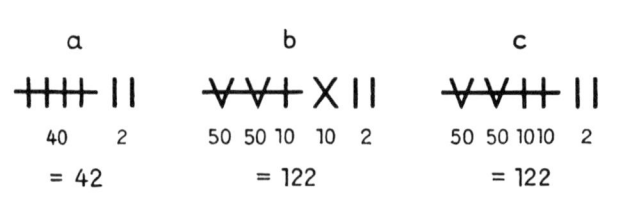

図28 スイスの符木にみられる十の字画の刻み目。

第 2 章　民間の数記号　75

　二重の十字は 10×10 の束ね、つまり 100 のグループをあらわす（図 29 の a）。こうして 190、256 といった数さえ符木上にみられるのである（図 21 参照）。

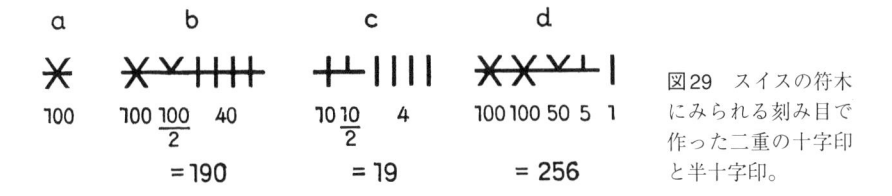

```
   a        b              c           d
   ✶     ✶ Y‖‖‖        ┼┼‖‖‖       ✶✶ Y  |
  100   100 100  40      10 10   4    100 100 50 5 1
          ─              ─
          2              2
           = 190          = 19         = 256
```

図 29　スイスの符木にみられる刻み目で作った二重の十字印と半十字印。

　ローマ数字で 50 を示す L は異常で、もとをたどることが困難であるが、そのことを遠いアルプス地方の村落のこうした符木に刻まれた刻み目の数が説明してくれそうである。符木の上に数を形作るための法則は、非常に古い時代のものである。というのは、人たちが記録した数量は、系列的に序列をつけて束ねられているからである。しかし、もしも取り扱う量が、束ねても半分にしかならないときには、その束については、束の記号の半分しか刻まれなかった。たとえば、十の字画方式で示す V の記号は X 記号の半分であり、したがって 100（図 29、a）の半分、つまり 50 を意味する。このことは図 21 の符木の右から二番目のものの数 19 と右端の 256 にたやすくみてとれる（図 29、c と d も参照）。最後に来る数（256）では、十の字画方式で一つの刻みの半分が 5 を示している。

　符木の研究によって、初期の筆記数字について極めて重要なことが二つ明らかになる。

　刻まれた記号に横線をつけることは、たいていの場合、束ね、グループ化を意味する。普通は 10 である。（ローマ数字 X に横線を入れたものからラテン語 decussare 十字に線を引く、横切る　が生まれた。Decussis は数 X で、decu- は decem 10 の複合詞の形である。）

　記号の半分は、その記号の通常の数値の半分をあらわす。

　それらの半分記号は何百年にもわたって西洋文化で重要な役割を演じてきたので、もう一度ローマ数字を検討してみよう。

(6) ローマ数字

　ローマ数字は本来　I、V、X、L、C、D、M の記号からできている。もし、

76   1. 符木

　最少単位 I に横線が入ると 10 を示す記号 X が作られる。その半分の V は 5 の値をもつことになる。図30で、エトルリアのコインの左の方のものは 10 の記号（X）の下半分 Λ を示しているが、ローマで普通に使用されたものは上半分の V であった（図29参照）。

　では 50 を示す L は何であろうか。この数字は文字の L とは偶然似ているだけで何の関係もない。図にはローマのコインを二つ示してあり、そこには矢印の記号と逆さの T をみることができる。さらに、あるローマの里程標に刻まれた碑文には数 51 と 74 がある（図34、行4、5、6参照）。こうしてみてくると、進化の過程がはっきりしてくる。矢印記号にある二本の斜線は曲線として（⊥）、あるいは水平の直線として（⊥）刻まれている。そして最終的に、この数は文字 L とそっくりに書かれることになったのである。

　では、当初の矢印の形の発端は何であったのだろうか。それは、X から V になったような半分の記号であったかもしれない。そうすると、符木にみてきたように（図21、22、29参照）、数 I に二回あるいは三回横線をいれたものの上半分であったのだろう。このように、その矢印の形は、初期の深く根をおろした形から進化してきたものであろう（図31）。

図30　ローマとエトルリアのコイン。上：ローマのコイン。上左は60（セステルセス）価のもの。西暦前215年。上右は鋳造一連番号 70 のあるもの。西暦前90年。これは、いわゆる鋸歯付のコイン (nummus serratus) の一つで、タキトゥスによれば、ゲルマン族たちが特に珍重したものである（頁236参照）。
下：エトルリアのコイン。記号 Λ と X がある。右のコインには怪物ゴルゴンの頭部がある。（西暦前5世紀）。州立博物館、ダルムシュタット。

第 2 章　民間の数記号　　77

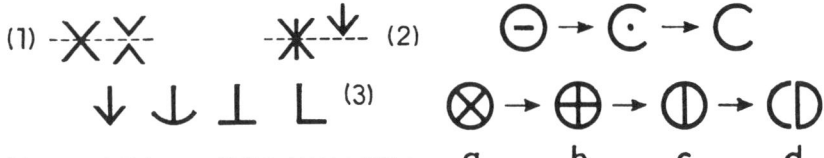

図31　50を示すローマ数字 L が100の記号の半分として画かれている。

図33　100をあらわすローマ数字 C の起源としてありうるもの。上はギリシア文字 Θ より。下は100あるいは1000を示すエトルリア数字と推測されるものより（図60参照）。もしも、この第二の仮定が成立するなら、C は1000を示すローマ数字であったろう（参考図3参照）。図の d の左半分 C がローマ数字 100 になったであろうし、また右の半分 D はローマ数字 500 になったのであろう。

図32　テサリーの古都フェライのコイン。頭首文字 phi（ファイ）の古型（Φ ではなしに）があり、ローマ人が1000の数字として採用したらしい（参考図3参照）。西暦前4世紀。直径1.8 cm。国立貨幣コレクション、ミュンヘン。

　また別のありうる説明としては、ギリシア文字 Ψ の古い形だということである。ローマ人はアルファベットをエトルリア人から手に入れた。そのエトルリア人のアルファベットはギリシア人からもらったものであった（頁107、図58の欄7、9）。ローマ人はギリシア文字 Ψ を使わなかったので、それを数字として自由に使うことができた。こうして50を示すローマ数字はギリシア文字 Ψ を矢印に変形させたものから進化したと考える人たちがいる（頁107、図58、行26）。

　同じようにして、この仮説（ドイツの歴史家テオドール・モンムゼンのもの）から、100と1000をあらわすローマ数字も同様にギリシア・アルファベットの「使われない」ギリシア文字にその根源があるということになる。エトルリア人は帯気音の Θ と Φ を無気音 T と P で置き換えたために、前二者もまた数字として使うことができた。事実、古い Φ 形があって、丸に二本の直径線を互いに直角に引いたものであった。それは1000を示すローマ数字に類似している（図32、33と参考図3を比較のこと）。文字 Θ は多分ローマ数字 C

78   1. 符木

に進化したのであろう（図33に示すように）。

　しかし、このように字体が変形してきたという説明は十分に説得力があるようには思えない。なぜなら、外国由来の文字を使うということは、あまりにも賢明すぎる。特にいま問題にしている文字についてそうである。というのは、この両者はギリシアでは、それぞれ9と500の数値を示すものであったのが、いまやローマ文明に到来して100と1000になったということだからである（頁107、図58、行9、24参照）。ローマ人自身あるいはその祖先たちが、記号を自分自身で発明したということはありえなかっただろうか。

　図97にみられるように、エトルリアのカメオで計算人が左手に小さい計算

図34　ローマ時代のある里程標の碑文。ルカニア地方ポピリア街道のもの。この碑文は数字 50 の古型（上から 4、5、6 行目）と、数字 500 の奇妙な型（下から 4 行目）を示している。この碑文は幅 74 cm、字の大きさは 3 cm の高さ。西暦前 130 年頃。ローマ文明博物館、ローマ。

碑文は次のように読める：

自分はレギウムからカプアにいたる道路を敷き、それに沿って橋梁、道標、郵便駅をすべて構築した。ここからの距離は、ノヴェチェリアへ 51 マイル、カプアへ 84 マイル、ムラヌムへ 74 マイル、コセンティアへ 123 マイル、バレンティアへ 180 マイル、海岸のあの立像まで 237 マイル、そしてカプアからレギウムまで合計 321 マイルである。シシリー島のプレトールと同様に、イタリア人の逃亡奴隷を追跡して 917 名を（持ち主たちに）戻した。そのうえ、自分は、公共土地では牛飼は農夫たちに権利を譲らなければならないことを定めた最初の者である。自分はこの場所に公会堂や他の公共施設を建てた。

板をもっていて、その小板にみてとれる記号は確かに数字である。そこに、二、三のなじみのある形がみえる。さらに、斜めの十字のついた円形がみえる。これは1000を示す古い記号であったのだろう。その十字はそれ自身、当初は縦横の位置を占めていただろう（図33のb）。それから横線が落ちて（c）、1000をあらわすローマ数字と非常によく似たものになったことはありうることである。このように派生してきたということは、全く驚いたことに、その記号（d）の分析によって支持されている。500を示すDは、疑いもなくその記号の右半分である。そうすると左半分のCが残る。これが100を示す数字なのである。この最後の段階を文献上から証明することはできてはいない。しかし、この分割は、ローマのある里程標の碑文にある500の記号から多少なりとも確証がえられる。そこでは、もとの全体の形の横線がなおみられるからである（図34、下から4行目、また図33のdを参照）。

　エトルリアの記号、斜めの十字をもつ円形の記号は、独立に発明された形なのであろうか。あるいは、ギリシア文字シータΘから順に導かれたものだろうか。いまのところ、この問いに対する答えはない。

　とにかく、これらの由来についての二つの仮説はどちらも、矢印の50の形はもともと、100を示す横線を入れたXの半分であったとする考えとは合致しない。この初期の数字は、後になってその姿を消したということは十分にありうることである。あるいは多分、横線で十字にすること——その刻みの作業に非常な正確さを必要としただろう——の代わりに、Xの記号の次に曲線あるいは括弧を置き、(Xが100を、(X)が1000をあらわしたのであろう。とすると、エトルリアの記号は、符木の場合にみてきたように、完全に自前で初期に導き出されたものであったということになる。1000を示す独自の形∞は、図36の碑文にみられるもので、これさえも(X)からたやすく直接に導くことができたであろう。

　では、これからローマ数字そのものについての分析を進めることにしよう。

　100を示す数字は、後にCと書き表された。それは（全く偶然に）ラテン語の数詞 centum 100 の最初の文字Cであった。1000をあらわす数字が（これまた単なる偶然から）数詞 mille 1000 の最初の文字Mになったのと全く同様であった。ところが、50の記号として標準化されたLは、どのラテン数詞にも対応しない。対比してみると、初期のギリシア数記号では、太古から数

の位をあらわす名称の最初の文字が、その数をあらわす数字の役目を果たしてきた。たとえば、Δは10を示す数字で、それはギリシア語 ΔEKA、すなわち10の最初の文字だからであった（図60参照）。この記数法は中世には非常によく行われたものであった（たとえば、インド数字2はZと同一とされた。おそらく2がz-weiであったからであろう。図81参照）［訳注：古代インド語で2はdvāú、dva。ゴート語twai、古高ドイツ語zwēne、zwā、zwōから現ドイツ語zwei］。しかし、Z＝2はローマ時代には全くあらわれなかった。1000に対してローマ人は奇妙な形∞を使うこともできた。この記号はイギリスの数学者

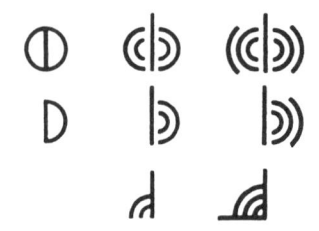

図35 ローマの半記号。
500、5000、50,000 を示す。これらは一番上の行にある1000、10,000、100,000の半分である。一番下はローマのデナリウス硬貨（参考図6参照）にみられるような変形のものである。

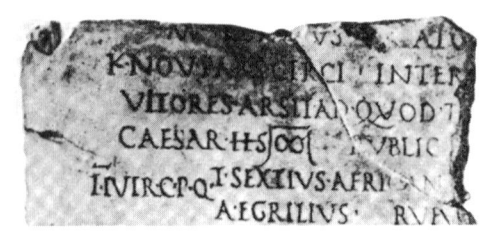

図36 シーザー・セステルレス一億。ローマ数字一億がここでは、枠□の中の∞の記号からなっていて、それ自身、数字100,000（十万）（参考図3参照）にアーチをつけたものに由来している。西暦36年の碑文より。文字の大きさは12 mmの高さ。オスティア発掘物、ローマ。

参考図6 ガイウス・カルプルニウス・ピソ（西暦前64年）のローマ銀貨3個。アポロの頭の後ろに五千、一万、五万をあらわす記号がある。十万を示す記号は海戦記念円柱に刻まれている（参考図3参照）。大英博物館、ロンドン。

ジョン・ウオリスが1655年に提唱して以来、数学で無限をあらわす記号として受け入れられてきている（図36）。

その他のローマ数字は、すべてみなはっきりしている。500を示すDは1000の記号の半分である。さらに大きい数 一万、十万をあらわす記号は、すでにある1000の記号を無理に引き伸ばしたものである。このことは、1000がむかしは計算の上限であったことをよりよく示している。五千、五万を示す数字は、一時は一万と十万の記号の半分であった（図35、参考図6も参照）。

では百万はどうであろうか。門構えの中にXを置いたⅩ̄は何なのか。この門構えは、すでにポエニ戦争の海戦記念円柱でみた（参考図3）十万を示す曲線記号を直線形にしたまでのことである。これは centena milia（100×1000）の省略形で、話し言葉で固有の名称をもつ数の位の最後、最大のものである。口語表現の decies c.m.（10×100,000）との全くの類推から、その数字は一本の弓型曲線の下のXで書きあらわされた。

中世の筆写本で、一つの数字で、その上に横棒を引くことで、しばしば千倍した数値をもつことになった。たとえば、Ⅱ̄ は MM、すなわち2000であった（図7参照）。しかし、これはローマの文書では普通のことではなく、たいていの場合、そうした横棒はその記号が数字であることを示すことのみに用いられた。すなわち、同じ形の文字と区別するために用いられた（頁127参照）。

では要約してみよう。ローマの数記号は、ローマ数詞が作られたほどには、連続的に円滑に生まれてきたものではなかった。数記号は符木上に非常に古い形で始まった。間違いなくXまで、あるいは多分、100まではそうであった。しかし、1000を示す記号は外国の文字からか、あるいは自前の刻み目の形から創りだされたものであろう。とにかく、それは初期の数字として取り扱われた。半分の数値をもつ数字は、半分にすることで生みだされた。また同様に decussatio（十字にすること）によって十倍、百倍にされた。このようにして、計算限度は押し進められて十万にまで達した。そして、百万を含む計算の大進歩がおこったとき、計算限度は百万を示す数字までとなった。そこでは、もはや系列的に序列化されずに、ただ数えられ、したがって段階化で作りあげられた。

このようにして、ローマ数字はラテン語の話し言葉の数の兄弟である。口語の数と同じく、筆記の数は、誰か一人によって、あるとき全部が一緒に発明されたというようなものではなかった。それは、それらを筆記した人たちによって徐々に生みだされてきたものであった。

(7) 中国漢代の算木

中国漢代（西暦前200年から後200年）の刻みのある木製の算木（木簡）（図37）を詳細に調べてみると、十の字画方式を、丁度アルプス地方の村落の符木（図21、27参照）の書き込みと同様に、十だけでなく二十、三十、四十にもみることができる。

古代の二十、三十の記数法は、中国で、また日本においても、こんにちなお特別の形で残されてきている。その興味ある特徴は次のとおりである。中国漢字一字は一音節の一音をもつことができ、通常の中国式の記数法で二十は（2×10）と二文字であり、その発音は erh-shih（アール・シー；2-10）である。しかし、二十の古い特別の形があって、それは特別の一音節の名称 nien（ニエン；廿）であった。日本語では、これと対照的に、その法則にしたがってニ・ジュウという。同様のことが三十にもあてはまる。中国語で san-shih（サン・シー）の代わりに sa（サ；卅）がある（頁367参照）。したがって、二十に対する中国語の名称は二種類あり、それぞれの数字が対応している。

図37 十の字画を示す中国漢代の算木。
左は 10、20、30、40；右は連結型。

これら漢代の算木（木簡）は、通常の生活や商売上で起こったことを記録した最も古い資料の中にある。中国で不毛の地に深く入りこんでいる万里の長城で、ゴビ砂漠がタリム盆地の東部の突き出した部分と出会うあたりの長城駐屯哨所でみつかったもので、その木簡上に書かれた符号は、国境守備隊の軍務と生活についてのものである。図に示したもの（図38）は、長城建設時に使用された焼き煉瓦の支払い額（1、2）とその作業のために移動した距

figure38 初期の漢字のみられる漢王朝時代の木製算木（木簡）。これらは万里の長城で発見されたもので、約二千年の古さである。各木簡は約 40×2 cm の大きさ。解読を (3を除いて) 下に示す。

算木1：その日（人名）六人が四百廿個の煉瓦を造った。一人あたり七十個である。

算木2：二人が煉瓦五千百六(?)十個を焼いた。一人あたり二千七百八十個である。

算木4：三人が穀物六袋を取りに出た。百八十八里と百廿歩を歩いた。一人当たり六十二里と二百卅歩である。

算木5：八人が …… 廿九日に …… それは六百卅三里と百七十四歩である。

算木6：…… 廿九日四百五十五里と八十歩 ……

図39 中国漢字の書籍と法典。
1は冊（新字体、古体は2）。図24のように符木を束ねたもの。
3は典、法典。机の上に置いた符木の束。

離（4、5、6）を記録している。

　漢代の算木・木簡は、歴史上の出来事が記録されているということで重要であるばかりか、それが符木から筆記数字にいたる意義深い中間段階をあらわしていることからも重要である。これらの細長い木片は符木であろうか。当然のことである。そして、すべての符木と同様に、それらは上から下へと印がつけられ、上から下へと読む。十字をつけた刻み目による古い書き方（廿、卅、卌）は、まだ後の十の位をあらわす数字によってとってかわられてはいない。違いは、ただ筆が小刀にとってかわっただけのことであった。

　符木の記憶は何千年もの間生き続けた。こんにちですら、中国人は文字を縦の罫線の中に書き、非常に厚い紙でも常にその片面だけを使用する。中国語で本をあらわす語は何であろうか。それは棒の束である。中国漢字の書籍

の字（冊）は、符木を一つにまとめて糸に通したものである（図39）。それは、ロシアの徴税簿、スイスのアルプスの本（図24、27参照）に対応するアジア形であるかにみえる。中国語で法典の語は、符木の本が机の上に荘重にかかげられた姿をあらわす漢字（典）によって示される。興味深いことである（図39の3）。

では、刻み目そのものに戻ろう。

特定の量につながる刻み目の数

刻み目の数は確かに数字である。しかし、それらは抽象的な数字ではない。なぜなら、それらが示す数は、数える物体につながっているからである。符木上で「57レンネンの牛乳」を意味する一つの刻み目は、他の符木では「4時間の給水量」の価値をもち、また別の符木では「1フラン」の価値を示す。このように、これら初期の数記号は特定の量が静かに付き添っているのである。

ルーマニアのヴァラキア地方の羊飼いの使う刻み目のついた符木は、一つの数がなお特定の一つの物体、あるいはいくつかの物体につながっている方式の見事な一例である。たとえば、一番目、二番目、三番目の農夫から、羊飼いの頭領は一定数の羊を受け取り、責任をもって匹数を一本の長い符木に記録する。そして農夫たちは、それぞれ、差し出した羊の数を自分の符木に記録する。さて、その羊飼いの頭領は、一定量のチーズをそれぞれの羊の持ち主に引き渡す義務がある。頭領は、そのチーズの量を符木の裏面に記録す

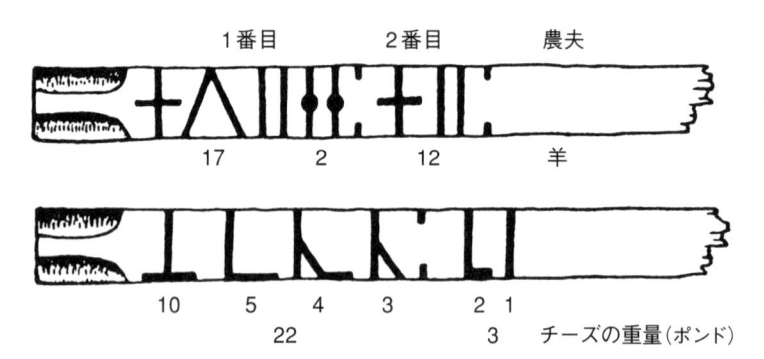

図40 羊飼いの使った符木。チーズの量を記録するのに用いた刻み目がある。この刻み目は農夫と羊をあらわすものとは違っている。

る。それには、また全く違った数記号を使用する。筆記数字の場合、それは話し言葉での種々の数に正確に対応する。こうした数字は、その量をあらわそうとする物体の性状によっていろいろである。

　このようにして、話し言葉の数と、筆記の数ないしは刻んだ数字との両者に、同じ形の作り方と同じ初期の法則があることがわかる。数詞は、それで数える物体から段階的に解放された。それと同じように、初期の数字は、まず木製の符木とのつながりから離れ、ついで刻み目の形が、刻むのではなしに書きとどめられたのである。こうして作られた数字は、あちこちで、そのもつ意味から離されて抽象的な数字となり、数える物体が何であっても、それらすべてに利用できるようになった。とはいうものの、そうした数字の中には、利用範囲が一つの集落、あるいは一つの農業地区を越えてひろまることはなかった。それらは、農夫たちと、彼らの農場の家計にのみ有効に使用されるにとどまった。農民の数字であった。

2. 農民たちの数字

　スイスの小説家ゴットフリート・ケラーは、その有名な小説『緑のハインリッヒ』で次の物語を述べている。

　　向かいの家に、あらゆる種類の廃品が一杯つまった、うす暗いあけっぱなしの広間があった。……ずっと奥の方に、古風な着物に身を包んだ、体のがっちりした老女が一人坐っていた。……彼女は印刷された文字をかろうじて読むことができたが、アラビア数字を読むことも、書くこともできなかった。数学の知識といえば、ローマ数字のⅠ（1）、Ⅴ（5）、Ⅹ（10）、Ｃ（100）ですべてであった。若いころ、はるか彼方の、すでに忘れられてしまったどこかの土地で、この四つの数字を身につけた。それらの数字は千年もの間使用されたのちに、彼女のもとにまでとどいたものであった。彼女はそれらを驚くほどの器用さで使いこなした。帳簿をつけるまでもなく、また勘定書きもなかったが、それでいて、どんなときにも自分の商売を全部しっかりと覚えていることができた。そ

うした商売は、たいてい非常に小さい額を扱う何千という取引であって、そうした取引を、それら四つの数字を書いた大きな欄のある机の上で、一本のチョークを使って、てきぱきとこなしていた。こういう方法で、彼女は取引のすべての小さい額を書き連ねて、記憶によって、濡らした指で書きつけたときと同じくらいの早さで、一行ずつ次々と消し去り、同時に結果を片端に書き記すだけで、その合計額をえた。こうして、新しく、より小さく束ねた数ができあがった。その意味と目的は、本人だけにしかわからないものだった。なぜなら、それらは常に同じ四つのただの文字からなっていて、他人には何か古代の魔法の書きつけのようにみえるものだった。彼女は同じ演算を鉛筆やペンですること、あるいは石板上に石筆ですることは全くできなかった。なぜなら、彼女はひろい机の表の全面を必要としたのみか、柔らかいチョーク片でしか自分の大きな記号を書くことができなかったからである。

　ケラーが書いた、この素晴らしい廃品回収業の老女以上に、農民の数を示すのにより適した話しをみつけることは、なかなかできない。彼女は何のために新奇な数字などを必要としただろうか。新式の数字は、まさに不可解で、魔法のようなものであった。それは、丁度彼女の数字が他人にとって、そうであったようなものであった。しかし、彼女自身のはっきりした単純な心にとっては、その農民の数字は、また全くはっきりとして簡単なものであった。それらが実際にローマ数字であったかどうかということは、たいして重要なことではない。大事なことは、彼女が、こうした特別の方式を選んで、それ

図41　あるアルプス地方の符木。農民の使う数字で、動物飼いが夏の間アルプス牧場で育てた動物たち（雌牛、雄牛、山羊）の数を記録した。上部には所有者の名前の頭文字と1813年とがある。下には、その動物飼いが「ヨリ・ブレゲッツァーがこのシャイタ Scheita（棒切れ）を作った」と書いている。長さ35 cm。スイス民芸博物館、バーゼル。

をしっかりと身につけていたことである。LもDもMも、次の例にある以上には全然彼女の計算には姿をみせなかった。

　アルプス地方の動物飼い ヨリ・ブレゲッツァーが1813年に刻み目をつけた符木があって、その夏に彼が責任をもって扱ったいろいろな動物の数を示している（図41）。彼の計算によると、雌牛80頭、雄牛35頭、山羊200頭であった（図29参照）。

　こうした数は、こんにちでもなお木片に刻まれている。しかし、アルプス地方の棒切れは、たんに符木である以上のものである。そこにある数字は、いまではそれらを示した物体から離されて、何を数えるときにも使用されるものである。符木上の数字のこうした発達は、いまなおスイスでみることができる。そこでは、ある特定の地方のアルプス牧場の株主たちは、各人が長く平たい木製の棒をもっていて、その村のチーズの製造に参加したそれぞれの量を記録した。この手斧の数字（頁46参照）から、「横棒数字」が生まれた。この横棒は、さきの「十の字画」の横棒にあたるものである（図42）。

　この図形は、特に説明をしなくとも理解できるだろう。右に、ある一日に、その村の村人A、B、C、Dが出した牛乳の量を記録する。そして、一日量は合計して左の横棒に記録する。ここでも、またこれら数字の筆記の逆算法の一例を目にする。

　十の字画方式は古い符木の数と組み合わさって、何度も姿をあらわす（図43）。

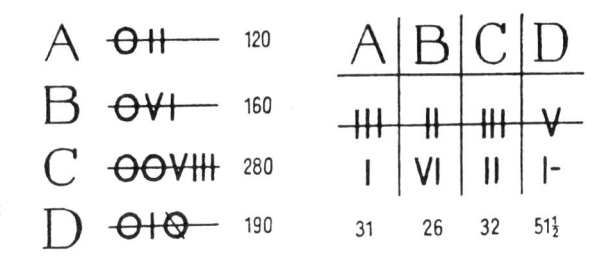

図42　符木から生まれたスイスの横棒数字。

図43　農民の使用した数字。十の字画による。
　（a）プレティガウ地方のもの、（b）ヴァリス地方のもの。

19世紀に入ってもなお、ユーゴスラビアのカルニオラ地域で使用されていた金銭をあらわす記号（図44）は、それが非常に古いということで意義深いものである。ここに「線の上の」筆記法がみられる（図44の一番上）。不正ができないようにするために、最初に小さい鉤印をつけてあり（下の左）、半分の値には半分の記号（図の中間）、そして、「十の字画」によって一の位の各ギルダーが十の束にグループ化して集められている

貨幣単位と、束ねをしたものを特別の記号で区別するときには、ドイツのバーデン南部で農民たちが遊んだヤッセンというカード・ゲームでしたように、一本の線で両者を分けるという非常に巧妙な方法が用いられている（図45）。この線は大きなS形に描かれて100、50、20のそれぞれの束ねを示す三

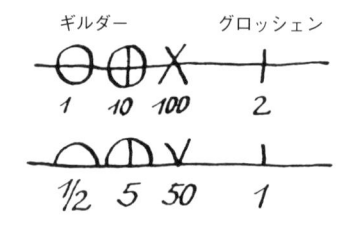

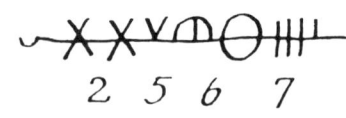

図44 カルニオラ地方で農民が使用した数字。ギルダーとグロッシェンを示す数字は互いに異なっていて、線の上に書かれている。十の字画が10グロッシェンと5グロッシェンに出ている。中の行は半分記号である。下の行には合計 256 ギルダー 7 グロッシェンが線上に書かれている。不正を防ぐために、その線の左端に小さい鉤を書いて終らせている。

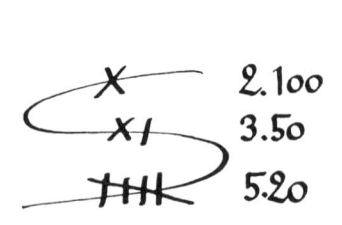

図45 ヤッセン・ゲームの採点に用いられた農民の数字。位取りが曲線上の位置によって示されている。2の束ね（X）と5の束ね（∭）である。

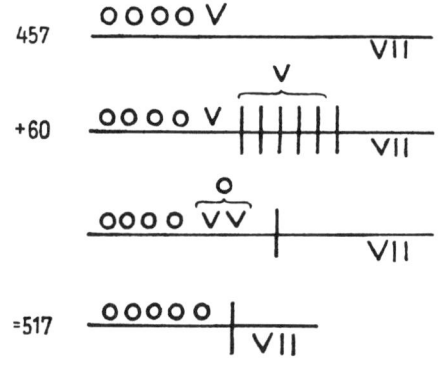

図46 足し算 457 + 60 = 517。農民の数字を使った演算。

つの別々の部分に分けられている。このゲームの点数つけに用いられたのは、この三つの束ねだけである。最初の二つの区分では、数字は二つずつ束ねられ、最後の区分では五つずつ集められている。

前世紀の中頃までは、スイスのウリ州の人たちは、たとえば 457＋60 という足し算を農民の数字で図46のように教えられた。この演算では、数を書きとめ、消し、また別の数を書きとめた。それはゴットフリート・ケラーの小説で、老女がしたのと同じであった（頁85参照）。

ニュルンベルクのヤコブ・アイレル（1540-1605）の書いた謝肉祭劇『操り人形。ドクターがなりたいもの。』で、貴人が操り人形にちゃんと計算ができるかと尋ねる。その人形は答えていう。

わしは45をちゃんと書くことができるさ。棒線を順に使って書くのだ。なあ、そういうことはわしの得意なのだ。ある家主からわしはそれを習った。わしが住んでいた町の家主だ。ほれ、小さい輪で30が作れるぞ。それから10を真ん中に書き、5はその下に曲げて書く。これを合わせると、ちゃんと45になるのだ。

操り人形は全然間違った数を書いたことになる。というのは、小さい輪は30を意味しないからである。とはいえ、棒線で数を書くということは、先に農民の数のところでみたのと全く同じで興味深いものがある。

この線あるいは棒線は、もともと古い時代の符木そのものの姿であった。スイスの各地で、穀物やジャガイモが袋入りで運ばれるとき、図47に示すように、符木の一本の縦線の上に印をつけて記録した。五本の棒線をまとめた束は、その縦線の右と左に交互に示された。そうすることで、合計（図の場合13）は、よりたやすく読み取ることができた。これからドイツ語の表現「誰かを線の上に乗せる」は、ある人物がもつ負債を線（＝符木）上に印をつけるという意味であり、「ある人物を板の上にあげる」は、それ以後は、その人物の過ちをすべて正確に書きつける、あるいはチョークで書くということを意味する。

図47
線上の計算。

図48 スティリア地方の農民用カレンダー。農民の数字が使用されていて、符木に刻まれた刻み目をはっきりと連想させる。文字は週の各曜日をあらわす。数 1 から 19 までは 19 年間の太陰の周期をあらわしており、各年毎に一つの数がついている。いわゆる黄金の数である［訳注：暦に金文字で記されていた］。
最下行は次のように読める：　2　10 18　5 15 4 12 1 9 ⋯⋯ 16　5 13

　これまで例示を続けてきたが、1398年のオーストリアのスティリア地方の農民用カレンダーをもって終わりとしよう。その中の九月を再現しよう（図48）。その筆記数字の書体は、明らかに符木に切り込んだ刻み目に似ている。それで、古代ゲルマン人のルーン文字にかなり似ている。ここでもまた、はっきりした5と10の束ねとともに、線の上に書かれた数がみられる。カレンダー棒は、こんにちではもう残されていないとしても、民族学者や人類学者たちは、こうした初期の農民の数字は符木に由来するものであって、後になって初めて符木から一人立ちしたものとして疑うところがない。

　これをもって、いままで述べてきた符木についての論議を終了することにする。符木は、初期の時代の文字をもたない人たちの簡単な商売の仕方を垣間見る素晴らしく楽しい機会をあたえてくれた。符木は農民の会計簿、そしてまた、職人や商人たちの会計帳簿であった。彼らは、符木の上に小刀で木片を切って素朴な数字を刻むことを覚えた。そうした数字は、自身の仕事を処理するのに十分であったし、それを身につけ、正しく筆記することを学びながらでさえ、それを使い続けたのであった。しかし、数の文化史にとっては、話し言葉の数の配列を支配した初期の法則が、筆記数字にも同じように

適用されたということを理解することが重要である。事実、筆記数字の最も単純な書体は、話し言葉の数詞より先行したこと、また、このような序列化と束ねのグループ化の法則は数字から数詞へと変換されたということを主張することさえできるだろう。さらに、これらの法則は普遍性をもつことがわかる。そうした法則は、抽象的な数字体系をつくる記号において、全世界で——中国でさえ——使用されたことがみてとれる。本書でこれまで長い道のりを旅してきたことによって、初めてこの理解に到達することができる。なぜなら、符木はこんにち西洋文明の中から完全にその姿を消し、現在使用されているような洗練された筆記書体でとってかわられているからである。しかし、原始の人たちでさえ、「読み書き」が確かにできたのだということを認めなければならない。

3. 結び目を数字に

　庶民の数記号の検討を終える前に、もう一つの原始的な数字、ないしは記録された数の奇妙な書体だけについてはみておく必要があるだろう。それは、筆記の痕跡の全くないもの、つまり紐の結び目である。結び目はもちろん、筆記数字から生まれたものではない。

　結び目を使って日数や物を数える習慣は、世界中のあらゆるところで見出される。チベットの祈祷用の紐や数珠はともに、計数用の紐の形であって、宗教的な拝礼の定められた回数を結び目によって記録するのに使われる。ペルシア王ダリウスは、古代ギリシアの征服へと出立したとき、廷臣たちに60個の結び目のついた紐をあたえた。廷臣たちは毎日、結び目を一つずつほどき、もし最後の結び目をほどくまでに王が帰還しなければ、廷臣たち

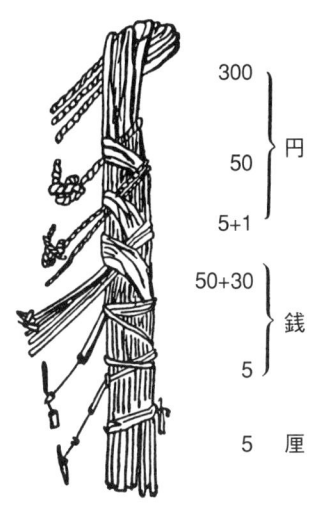

図49　葦の組み紐。琉球諸島の職人たちは受け取る労賃の額を房に記録した。ここでは、その金額は356円85銭5厘である。

は、それ以上王を待つ必要はなかった［訳注：紀元前5世紀ギリシアのヘーロドトスの著作より］。このような数の紐は数ないしは符木と同等のものであるから、それについて、より詳しく述べる必要はない。とはいえ、結び目付きの数の紐の奇妙な形のものがいくつかある。それらはおそらく読者のよく知らないもので、結び目が次々と並んでいるということ以上のものである（図49）。

太平洋上で日本本土と台湾の間にある琉球諸島では、職人たちは藁や葦の繊維を編み、ふさ飾りをつけて、自分が受け取る労賃を示すいろいろな違った形を作っている。それぞれのふさ飾りの形が、特定の価値単位を意味しているので、それらを集めると一種の位取り数表記法になる。結び目のない方の端は一単位をあらわし、結び目は五単位を示す。

ペルーの結び目付きの紐はキプ（ス）quipu(s)と呼ばれ、こんにち知られるただ一つの筆記法の形である。それはインカ帝国で極めて重要な役割を果たした。なぜなら、その王国の土地と人民に関するすべての国の公式取引が

図50　ペルーのキプ。結び目は数の位の順に結わえてある。一の位が一番終わりである。はっきりみられることは、各位を示す結び目は、無作為に間をあけておくのではなくて、キプを通して横に並べてあり、それぞれの列は特定の高さにしてある。この例では、両端は失われている。長さ約 40 cm 。リンデン博物館、シュトゥットガルト。

第 2 章　民間の数記号　93

記録されていたからである。

　主縄（長さ約 50 センチ）から、しばしば、いろいろに色つけした糸（それぞれ長さ約 40 センチ）が釣り下がっていて、それに結び目が結わえてあった（図50）。これらの糸の一本は、たとえば羊の数を示すのに用いられ、他の糸は山羊に、また別の糸は子羊や子山羊を示すのに用いられた。それは、丁度ボリビアの動物飼いが、いまでも動物の群れを把握する方法と同じものである。結び目それ自身は数を示している。

　ペルーのキプには三種類の違った結び目が結わえられていた。単一あるいは、かがり結び目（図51の1）、二重あるいは八の字形の結び（2）、輪を三つつけた引き結び（3）である。また、写真（図50）が示すように、これらの結び目は糸の上に無作為に配置されているのではなく、十進段階方式に配列されていて、百の位の数は上の主縄に最も近いところにある。十の位は、その下の二番目の行に、そして一の位は一番下の糸の端に結びつけられている。一の位の数だけなら、二重の結び目、または八の字形の結び目（1を示す）、あるいは引き結び目（2から9までを示す）であらわされる。こうして235は、上の行の二つの結び目、中間の三つの結び目、そして終りに一番下で輪五つをつけた引き結び目をもって「書きあらわす」。

図51　ペルーのキプのいろいろな形の結び目。
1. 単一またはかがり結び、2. 二重あるいは八の字型結び、3. 輪を三つつけた引き結び、4. 図ではKで示す上部の紐は、他の三本の紐の頭の輪を通っていて、三本の紐はそれぞれ150、42、231を示し、合計423である。

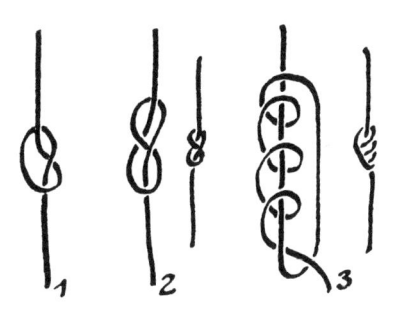

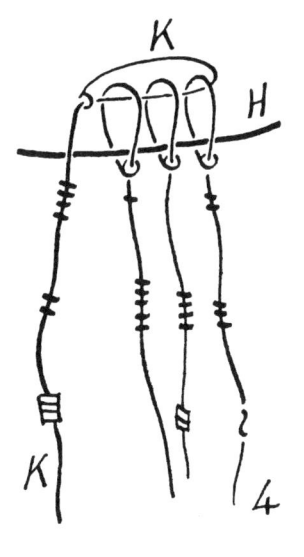

読者は、ひょっとすると、すでにこれらの結び目の根底に数があるのではないかと、うすうす感じているかもしれない。そうであるなら、いくつかの輪をつけた引き結び目により、また、結び目が配列されている目にみえる順序によって、その感じは一層強められるだろう。さらに、その感じは図51でKの文字のついた「頭の糸」によって確実なものと変えられるであろう。それらは、多くの糸の上で輪を糸で通してあり、それに結わえられた結び目は、糸にある結び目によって示されて数の合計となる。

　キプの最も目立った特徴は、イギリスの王室会計局の符木と大変よく似ているということである。ペルーでは、イギリスと同じように、極めて初期の原始的な形の数字が公式に認められて、国の財政記録の保管に使用された。両国の間の違いといえば、インカ帝国のあらゆる勘定は例外なく、すべてこうしたキプに収められていたということだけである。というのは、これらの結び目による方式以外には、筆記数字についての体系は全く知られていなかったからである。インカの各集落には四人のキプ係りの役人がいた。カマヨクス Camayocs と呼ばれ、その仕事はこれらの糸に結び目を結わえて、首都クスコにある中央政府に提示することであった。この記数法は、おそらく意識的にはっきりさせなかったもののようで、熟知するものしか読みとれなかった。それが支配者の君主制絶対主義を強く支えるものであったことは明らかである。それと反対の状況を示す例が古代アテネにみられる。そこでは、この都市国家アテネの政府は、その記録を市民に公開する義務があった。そうすることで、役人はみな民主的な批判にさらされたわけであった（頁112参照）。簿記における独裁制と民主制である。

　ちょっとみただけでは、インカの人たちは、彼らの歴史、法制、契約文書についても、それをキプに「書き記す」ことができたことは不思議に思える。ガルシラスコ・デ・ラ・ヴェガは、あるスペイン人とインカの王女の間にできた男子で、インカ人によるスペイン大使の応接について、非常に意味深い話を残している。

> インカ王について接見広間にあった一般人と貴族の中に、歴史記録官が二人いて、エルナンド・デ・ソトのメッセージとインカ王の返答を結び目を用いて記録した。

どのような方法でこれを行ったかは、ガルシラスコが、通訳のまずいことに苦情をいう二節目から、ある程度明らかになる。

> 彼の通訳はよくなかった。正確でなかった。これは、もちろん意識してのことではない。なぜなら、通訳人は、翻訳しなければならないことの意味を理解できなかったのである。三位一体の一体の神という代わりに、彼は三体の神プラス一は四になると読みあげた。数を加えることで、表現が彼にとって理解できるようにしたのである。

この引用文は、数にかかわりない物事を、口頭で伝えることの記憶を助けるために、どのようにして数に翻訳することができるかを示している。これは、非計数データーの計量化の原始的な方法であり、現代世界では全くよく知られているもので、データー処理機械によって微細にわたって行うことができるものである。

こうした人たちは、書記専門官、あるいはアユタス（高級官僚）で、スペインが征服したペルー社会の上流階級を形つくっていた。いまわれわれは、何かを忘れないように糸あるいはハンカチに結び目をつけるが、これは考えてみると実際上同じことをしているわけである。

ボリビアやペルーの原住民のキムプchimpuはキプから導かれてきたものだろうか。ほとんど間違いなくそうである。というのは、キムプもまた糸の上に位取り表記法の形で数を記録する（図52の例4456のように）からである。ただし、キムプは数珠のように果物の種子をつるすという、キプとは違った驚くほど実際的な方法である。まず、糸を上で一つに結び合わせる。そして、数の各々の位、千、百、十、一をそれぞれ種子の数によって示す。四個の種子は千の位の数をあらわ

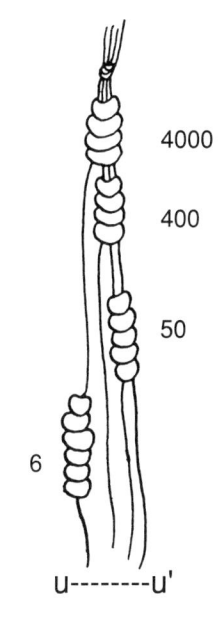

図52　ペルーとボリビアのインデアンたちが使ったキムプはキプに由来する。図は数4456をあらわす。

し、四本の糸に通す。百の位の四個は三本の糸に通し、十の位を示す五個の種子は二本の糸を通す。そして最後に一の位の六個の種子は、ただ一本の糸に通す。それから、四本の糸を一番下で（図のu----u'）結び合わせて、数4456が「書きとめられ」、貯えておくことができる。

中国人もまた、ある時期には数の記録に結び目を用いた。中国の哲学者で西暦前5世紀に生きた老子は、道徳経『老子』の同輩たちに、行為の単純化に戻るよう説いた。「人びとに、またもう一度紐に結び目を結わえさせよう。そうすれば、筆記の役を果たすだろう。」［訳注：老子（八十）「民をして復た縄を結んで之を用い使む」。民をして文字の代わりに縄を結んで太古の時代に帰らせよう――の意。「結縄」は上古の政治をいい（結縄之政）、史記（三皇紀）「書契（文字）を造り以て結縄之政に代う」、また易経（繋辞下）「上古は縄を結びて治む。後世聖人は之に易（か）うるに書契（文字）を以てす」とある。］

これまで、キプについてみてきたので、老子が、この説諭で意味したこと、また彼がどのような態度をすすめているのかを、ある程度理解できるだろう。結び目であれば、紙との格闘は考えられない。しかし、筆記があまりにも容易になってくると、タイプライターの発明このかた西洋文明が学んだように、紙との戦いは猛威をふるうことになるだろう。

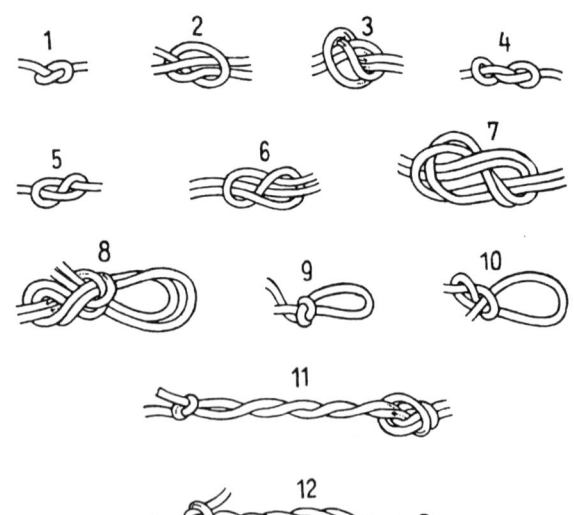

図53 製粉屋の結び目。穀粉の種類と量を示すのに用いられた。

第 2 章　民間の数記号　　97

　何人かの学者は、インドのデヴァナガリー文字の特徴として、一本の縦の線の両側に、それぞれ対称に文字を配列する（図206参照）という奇妙な方法は、「結び目による筆記」の古いキプのような形式の痕跡でありうると考えている。

　ドイツの習俗にすら、「結び目筆記」の興味ある例がみられる（図53）。それは20世紀の初めまで製粉屋がパン屋との商売に使っていた「製粉屋の結び目」についてである。図に示される奇妙な結び目は、バーデン州で使われたものである。

　製粉屋は、配送する袋の中の品物の量と、小麦粉やトウモロコシ粉の種類を何らかの方法で書きとめておく必要があった。その目的で袋の口の引き絞め紐を使った。量と計数を結び目で示した（図53の1-7）。トウモロコシ粉や小麦粉の種類は、輪あるいは塊であらわした（8-12）。製粉業の粉の計量単位はセスターであった。これは容積を計る初期の単位で、10メッセルからなっていた。

　　1メッセル＝簡単なひとつ結び一個　　　　　　　　　(1)
　　2メッセル＝同じ結び目に、それから引いた糸一本　　(2)
　　　　　　　あるいは、引いた糸の輪につけて　　　　　(3)
　　5メッセル＝$\frac{1}{2}$セスター、そして
　　10メッセル＝1セスター、ともに特別の結び目で示す　(4、5)
　　2セスター＝同じ1セスター結び目を輪につけて、
　　　　　　　あるいは、それから引いた糸一本　　　　　(6)
　　6セスター＝同様に特別の結び目で示す　　　　　　　(7)

　ここで初めて、違った数が一連の同じ結び目で示すことができるばかりか、特別の個々の結び目記号でも示すことができることがわかる。後者は、結び目数字ということになる。1、2、5、10、20、60の計数単位である。それらの間にくる中間の数は、一般に組み合わせで作られる。$8\frac{1}{2}$セスター＝6＋2＋$\frac{1}{2}$セスターといった具合である。

　製粉屋が配達した粗挽き粉や細かい粉の種類を示す方法としては、たとえば粉餌、ライ麦、大麦、一級・二級小麦が図からみてとれる（8-12）。大麦ないしはライ麦は、たとえば一つの輪をセスター結び目につないだもので示さ

れた。
　符木と同様に、こうした製粉業者の自前の結び目は、無教育、無筆の人たちの驚くべき創意の発露である。

第3章　アルファベットの数字

1. ゴシック数字

> 「賢い人間に獣の数を数えさせよ。
> 数は人間をさす。そして、その数は
> 666（6·100·6·10·6）である。」
>
> ヨハネの黙示録13：18

　刻み目、結び目や農民の数字は、限られた正当性、ないしは全く個人的な正当性をもつにすぎない。したがって、英国王室会計局の符木やペルーのキプの場合にそれらが政府の公式記録へとその地位をたかめたことは例外的なことであった。歴史上の好奇心を呼ぶものである。

　中世期には、西ヨーロッパでの数の公式の筆記法はローマ数字によるものであった。ローマ数字は修道院を通してついには北方へと伝わって行った。そこでは、同じほどの強さをもった抵抗勢力には出くわさなかった。なぜなら、民間にあった数字は、一般に広範囲に支配的に用いられるといえるものではなかったし、そのうえ、北方の人たちはローマ数字を大きな親しみをもって受け入れたのであった。そのころ、地中海地域の国境から北の地方では、一般に使用されるような筆記数体系をもつところはどこもなく、さらにいえば、なんらの普遍的な筆記法もなかった。したがって、ローマ数字は、それを発明したローマ文明が没落した後ですら、北ヨーロッパでその支配を続けた。ローマ数字は、初期の素朴な性状のものであったおかげで、容易に受け入れられ、決して異質のものとの感じがもたれなかった。そして、16世紀には、ヨーロッパに侵入してきたインド式位取り表記法に対抗して、ドイツ式数 de düdesche tall として頑固に守り通された（現 die deutsche Zahl）。

　ギリシア数字は、これに反してゲルマン・ゴート族の間に決して深く根を

1. ゴシック数字

おろすことはなかった。

ゴート族は、南東方向へ移動し、黒海の沿岸からドナウ川低地地帯にまで達して、ギリシア文明圏に入ることになった。西ゴート族の司教ウルフィラ（381年没）は、キリスト教会の信者のために聖書のゴート語への翻訳を行った。その翻訳は、ゲルマン語史に残る壮大な金字塔であって、有名なコデックス・アルゲンテウス Codex argenteus（銀文字写本。その330葉のうち187葉が現存）に最もよく保存されている。この写本は紫色の羊皮紙に銀文字で書かれていて、長い間あちこちをさ迷ったすえ、最後にスウェーデンのウプサラにその永住の地を見出している。この写本は、西暦500年頃イタリアで筆記されたもので、おそらく東ゴートの筆写生によるものであろう。

ウルフィラは高い教養の持ち主で、ギリシア語とラテン語をともに熟知していた。彼は聖書の翻訳のために、特別にゴート語（ゴシック）アルファベット文字を考案した（図54）。この翻訳の目的のために、彼はギリシア語の

数値	ゴート語	由来	音価	数値	ゴート語	由来	音価	数値	ゴート語	由来	音価
1	A	ᴧ	a	10	ï	I	i	100	R	R.	r
2	B	B	b	20	K	K	k	200	S	S.	s
3	Γ	Γ	g	30	λ	λ	l	300	T	T	t
4	d	Δ	d	40	M	M	m	400	Y	Y	w
5	E	E	e	50	N	N	n	500	F	F:	f
6	u	q:	q	60	G	ς:	j	600	X	X	x
7	z	Z	z	70	п	ᴨ:	u	700	Θ	θ:	hw
8	h	h.	h	80	π	π	p	800	ȣ	ȣ:	o
9	φ	Ψ:	p	90	Ч	ς	—	900	↑	↑	—

図54　ゴート語アルファベット文字。17個のギリシア文字、3個のラテン文字（・）、7個のゲルマン・ルーン文字（：）に由来する。司教ウルフィラのゴート語聖書、銀文字写本（図55、56参照）はこのアルファベット文字で書かれた。

十七文字とラテン語の三文字（h、r、s）、さらにゲルマン・ルーン文字七個（j、u、f、o、そして多分q、hw、þに対応するもの）を選びだした。そのうち最後のþは、ギリシア語 thēta（シータ）θ 由来で、真ん中の横線を除いて、それを側に縦においたものである。ギリシア語由来の二文字 ५ と ↑ は、ゴート語のどの音価とも対応しなかったが、それぞれ90と900の数字としての役割を果たした。これをもって、本書に関係するある顕著な事実に出会う。「ゴート語アルファベットの二十七文字は、同時に数字の役を果たした」という事実である。ウルフィラはゴシック数詞を彼が用いたギリシア語のモデルにしたがって配列した（頁115参照）。ゴシック文字27個は $27 = 3 \times 9$、一の位の九つの数のグループ、十の位の九つの数のグループ、そして、百の位の九つの数のグループを表すことに使用された。こうして、たとえば「種を蒔く人の寓話」（マルコによる福音書4：8）を読むと次のとおりである。

（また、ほかの種子は良い土地に落ち、実を結び、ひろがって数を増やした。）そして、あるものは三十倍に、あるものは六十倍に、またあるものは百倍に成長した。（そして、彼らにいわれた。……）

その銀文字写本は、アンシャル文字で書かれていて、語はつながっており、終止点が文章の終りに使われている以外に句読法はとっていない。文字が数字の役目をするときには、横線を覆いかぶせ、ときには両側に終止点をつけて区切っている。ゴート語アルファベットの数字は、余白に詩句の番号を示すときに特に用いられる（図56参照）。図56の一番下、飾りのあるアーチ形の門の中に、対応する聖書の一節が参照されている。さらに、いくつかの数

図55　ゴート語聖書（第294葉）よりの数字 X̄(30)、ɕ̇(60)、R̄(100)。この写真では、銀文字は紫色の羊皮紙の黒地に白く浮かんでいる。明るい背景に黒字の陰画（図56に示す）の方がより読みやすい。［矢印は訳者による］

詞、特に千の位のものも省略することなく書かれている（参考図7、8）。とはいえ、ゴート族は、これらのアルファベット数字で計算を行うことはなかった。普通の日常の勘定をとどめておくことにも使用しなかった。ゴート族自身が使ったかもしれない初期の数については全く知られていない。

　こうしたゴート語アルファベットの数字をもって、数の文化史にはめったに現れることがないが、それにもかかわらず極めて重要な意味をもつ問題に触れることになったので、それにこれから目を向けることにしよう。

参考図7　ゴート語聖書にある数 200 twain hundam（•）。行の長さ 14 cm。銀文字写本 第48葉。[下線は訳者による]

参考図8　ゴート語聖書にある数の語 raþjon（•）、数 5000 fimfþusundjos（⁝）。行の長さ 14 cm。銀文字写本 第48葉。[下線は訳者による]

図56（左）　ゴート語聖書の第125葉の左端部分。詩 156 (KNU)、157 (KNZ)、158 (KNh)、 159 (KNΦ) 番を示す。下のアーチ形の門の中に同じ詩句（ヨハネによる福音書）の参照がある。一葉の寸法 25×30 cm。文字の大きさは 0.5 cm の高さ。本文テキスト自身の大きさは 17×14 cm。

2. 文字と数

　数は言葉の形をとり、また記号の形をとる。しかし、文字は本質的には言葉の具体化されたものであって、数の化身ではない。それでいて文字はまた、数詞の仲介をへて間接的に、またそれ自身直接に数と接触する。それは、ゴート語アルファベットの数字でみてきたところである。

　文字と数は数詞の中で二つの方法で会合する。第一は、最もよくおこることで、数詞として数を筆記することである。このことは、計算を行わず、また数が多くないときには容易に理解できるものである。いままで、話し言葉の数を検討してきて、どの文化もみな数をまず言葉で表現することから始めることをみてきた。しかし、たとえば、アラブ人たちはインド数字を承知し、それを使用していたとはいえ、算術の教科書でさえ、彼らの数を言葉でも書きあらわしていた。ここでインドの象徴数がおもいおこされる（頁292参照）。中国の表意数字は、歴史に照らして、筆記数詞が数字と同一であることのただ一つの知られた例である（頁377、さらに参考図9を参照）。

　文字と数が間接的に接触することの第二の方式は、筆記数詞の省略形を数字として使うことである。初期のギリシアの筆記数体系では、たとえば、数字は語の最初の文字、ΔEKA＝10 の Δ であった。あまり知られない別の例としては、アラビア語のsiyaqシヤク筆記文字があり、こんにちなおペルシアで用いられている。この筆記文字は、省略形で紋切り形の筆記数詞を、奇妙な形の位取り表記法で数字として使用する（頁123参照）。

　さて、文字と数の直接の接触について述べよう。われわれが持つ最も貴重なものの一つは、順序の定められた二十数文字のアルファベットである。西洋の辞書や名簿がいかに便利であるかを思いおこしさえすればよい。中国人

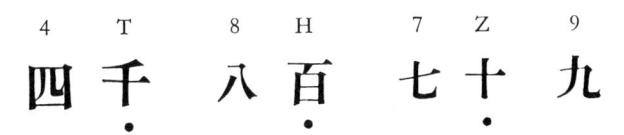

4	T	8	H	7	Z	9
四	千	八	百	七	十	九
szu	CH'IEN	pa	PAI	ch'i	SCHIH	chiu

参考図9　中国漢字による数4879の表記。[訳注：黒点は位をあらわす数を示す]

は、表意文字を用いてはこの便利さを享受することができないでいる。アルファベットの中の文字の順序が固定されていることは占星術の発想に由来するものであろう。おそらく、月が運行上通過する三十ほどの星座にまで立ち戻るものであろう。とにかく、数はアルファベットの固定された順序に強く結びついている。第一の文字は第一の数を表し、次の文字は次の数を示すということが続く。

　この文字に番号をつけることの特性を初めて認識し、それを利用したのはギリシア人であった。ただギリシア人はそのアルファベット文字を自身で考案したわけではなく、フェニキア人から引き継いだものであった。また、文字が数と関係することになる方法の可能性が三つあることを認識したのもギリシア人であった。

　1. 連続的に一対一に対応する順序をとること。数1から24までがそれぞれ文字 A から Ω までをもって表された。この方式を用いて、アレクサンドリアの学者たちは、ギリシア詩人ホメーロスの叙事詩の書と行に番号をつけたし、古代ギリシアの石工たちもこの方式で大理石の塊の一つ一つに番号をつけた。もし、24より大きな数が必要になったときには、AA＝25、AB＝26、AΓ＝27などが用いられた。こんにちでもなお、ときおりこの番号付けの方式は用いられている。ただ、用いるとしても、アルファベットの最初のいくつかの文字を越して使用することはめったにない。同様な番号付けの方法は、インドの数学者アールヤバタが用いていた。

　2. 段階的な数の連続は、ゴート語アルファベットの数字にみられるものである。そのアルファベットは文字がより少なかったので、$27 = 3 \times 9$ まで拡張し、九文字の一グループが、それぞれ一の位、十の位、百の位をあらわした。この方式で千の位がどのように作られたかについては後に述べる。すなわち、ギリシアの数学者たちが（アルキメデスやディファントスさえもが）これらのアルファベット数字を自身の計算に使用したことをみる個所で述べることにする。数を記号化するこの方式は、ギリシア文化（ビザンティウム、現イスタンブール）で続けられたが、14世紀にインドの位取り表記法によって、徐々にとってかわられた。

　3. 位取り方式。さてギリシア文字の最初の九文字 α から ϑ までが、インド方式に数字として利用された。ゼロ記号を含めたこれらの文字は、インド数

字の1から9までと0とに正確に対応するものであった（頁119参照）。この方式は、こんにちなおジャワの数体系、また南インドの数体系のいくつかで使用されている。

　ギリシア人は、文字で数をあらわすのに、以上の三つの方式のすべてを考え、また使用した。こうして、文字を数に使用するという注目すべき記録が、古典ギリシア時代の最初からビザンティン・ギリシア文化の終わりにまでわたってずっと残っている。

　では、数字の発達にそれほど重要な役割を果したアルファベット文字の起源は何であったのだろうか。ギリシア人たちが数をあらわすのにアルファベット文字を用いたことを論じる背景として、アルファベット文字の歴史を簡単にみてみよう。そして、その歴史に加えて、文字と数の関連が明らかにみられるような、別の形の考察も行うことにしよう。

（1）アルファベットの歴史

　人類文化史上で最大の不思議の一つは、22個の記号が全世界に普及したということである。その22記号は、貿易商人としては二流であったフェニキア人が、彼らのセム語の子音をあらわす方法として考案したものであった。ヘブライ語のアルファベット文字とアラビア語のアルファベット文字は、それぞれ自分たちのセム系の言語の筆記に使用したものであったが、それらは、いずれもフェニキア人に由来するものである。それどころか、トルコ・モンゴル諸語やペルシア・インド諸語の全グループのアルファベット文字も（アラム語経由で）、そして中でもヨーロッパのすべてのアルファベット文字（ギリシアを経由して）もまた、フェニキア人にその源を発している（図57）。

交易と筆記

　フェニキア人は商業に従事し、地中海を帆走し、沿岸諸国を旅行した。そして後に、彼らの後継者であるアラブ商人が、インド数字をオリエントから西洋にもたらしたのであった。

　アルファベット文字による表記法は、およそ次のように発達してきたと考えられる。表記の形式は（エジプト人、バビロニア人、あるいは中国人は）、最初は絵記号をもって語を作った（頭の絵をもって頭 Kopf, head を表した

ように)。次いで、頭の絵が、最初の音 k、h で置き換えられて、これが一つの文字になった。

　一般的にいって、アルファベットで文字一つの音が一つの記号であらわされるのは、表記の発達段階としては最終、最高のものである。通常、表意形から音節形を経て、音声形へと移るものである。アルファベット文字の表記形式は主要な知的原則にしたがっている。言語を形成する無数の語のすべては、20 から 30 ほどの限られた数の個々の音声記号に分解される。この原則は、古代エジプトにその源を発している。そこから、シナイ山の碑文といわれるものによって伝えられ、おそらくまた、クレタ島、キプロス島の影響を通じて、最終的にフェニキア人によって完成されたものである。フェニキアではエジプト人の象形文字の家の形が流線型化されて文字となり、セム語 beth（家）の最初の音 b だけが発音されたのである。

　図58の (1) の欄では、考証されたエジプト人の象形文字がいくつかあげられている。(2) の欄はフェニキアの文字の形を、(6) の欄には、そのヘブライ名（フェニキア人由来）がある。読者はこの図を十分に検討してもらい

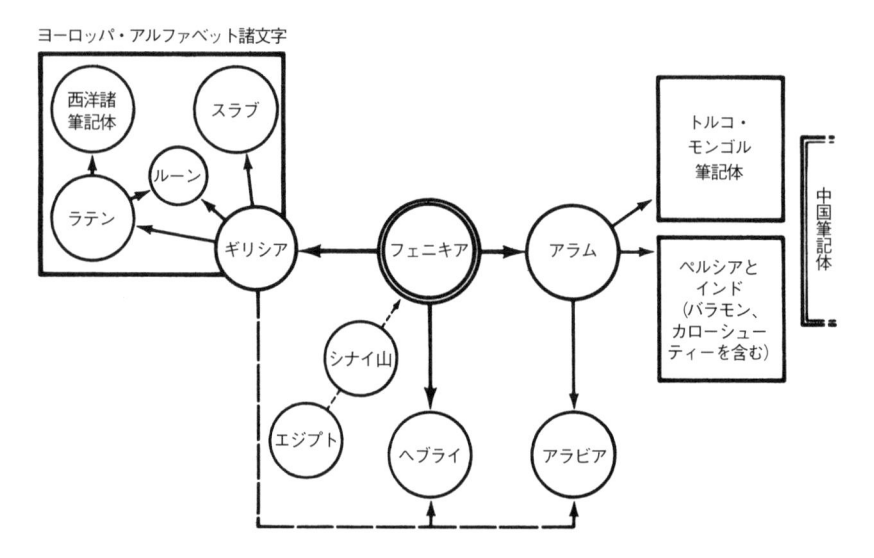

図57　フェニキア・アルファベット表記法の起源と拡散。破線（ギリシア・アルファベットから下向きに出る）はギリシア・アルファベット数字の移動した方向を示す。

第3章 アルファベットの数字　107

線	エジプト 1	フェニキア 2	ヘブライ 文字 3	音価 4	数詞 5	名称 6	ギリシア 文字 7	音価 8	数詞 9	名称 10	ラテン 11	ルーン 文字 12	数値 13
1	🐂	⊁	א	ʼ	1	alef 'Rind'	Aα	a	1	álpha	A	ᚠ	4
2	▱	9	ב	b	2	beth 'Haus'	Bβ	b	2	bêta	B	ᛒ	18
3		⼈	ג	g	3	gimel 'Kamel'	Γγ	g	3	gámma	C	-	-
4	⊲	△	ד	d	4	daleth 'Tür'	Δδ	d	4	délta	D	ᛗ	24
5		∃	ה	h	5	he	Eε	e	5	e-psilón	E	M,1	19,13
6	↑	ᒣ	ו	w	6	waw 'Nagel'	Ϝς	-	6	vaû	F	ᚢ	1
7		I∧	ז	z	7	zajin 'Waffe'	Ζζ	z	7	zêta	(G)	X	7
8		⊟	ח	h	8	heth	Ηη	ä	8	êta	H	N	9
9		⊕	ט	t	9	teth	Θθ	th	9	thêta	100?	Þ	3
10	👉	⼁	י	j	10	jod 'Hand'	Ιι	i	10	jôta	I	1,ϟ	11,12
11	👉	⼻	כ	k	20	kaf 'offene Hand'	Κκ	k	20	káppa	K	<	6
12		⼌	ל	l	30	lamed	Λλ	l	30	lámbda	L	ᚱ	21
13	∽	⼋	מ	m	40	mem 'Wasser'	Μμ	m	40	mŷ	M	ᛗ	20
14	🐟	Ч	נ	n	50	nun 'Fisch Schlange'	Νν	n	50	nŷ	N	ᚺ	10
15			ס	s	60	samek	Ξξ	x	60	xî			
16	👁	O	ע	ʻ	70	ayin 'Auge'	Οο	o	70	ô-mikrón	O	ᛉ	23
17	◡	⼉	פ	p	80	pe 'Mund'	Ππ	p	80	pî	P	ᛚ	14
18		⼎	צ	s	90	sade							
19		⼢	ק	q	100	qof	Ϙϟ	-	90	kóppa	Q		
20	🗿	⼍	ר	r	200	reš 'Kopf'	Ρϱ	r	100	rhô	R	R	5
21		W	ש	š	300	šin 'Zahn'	Σσ	s	200	sîgma	S	ᛋ	16
22		X+	ת	t	400	tau 'Zeichen'	Ττ	t	300	taû	T	↑	17
23			ך	-k	(500)	(kaf)	Υυ	ü	400	ŷ-psilón	V	u: ᚾ	2
24			ם	-m	(600)	(mem)	Φφ	ph	500	phî	1000	w: ᛈ	8
25			ן	-n	(700)	(nun)	Χχ	ch	600	chî	X	ng:ᛝ	22
26			ף	-f	(800)	(fe)	Ψψ	ps	700	psî	50?	-z: ᛇ	15
27			ץ	-s	(900)	(sade)	Ωω	ō	800	ô-méga	-		
28							↑ψ	-	900	sampî	-		

図58　アルファベット表記の発達。
エジプト（欄1）からフェニキア（2）を経てヘブライ（3）、ギリシア（7）、ラテン（11）、ゲルマン（12）アルファベットへ。ギリシア人は、そのアルファベット文字に数値をつけた（欄9）。ヘブライ人も同じような形式を採用した（欄5）。欄13はルーン文字にわりあてられた数値を示す。

たい。そうすれば、表記法の歴史のこの場面が生き生きと目にみえてくるだろう。また、それによって、アルファベット文字から由来した数字を、よりよく理解することができるだろう。

　フェニキアの表記体は22の記号から成り立っていて、それらは子音のみをあらわした。これはセム語系のすべてのアルファベット文字の特性である。西暦前11世紀頃、ギリシア人はフェニキアのアルファベット文字を知るようになり、自身用にそれを採用した。こうしてギリシア人はすでに確立されていた各記号の名称、形態、音価の一系列を手に入れたのである（図58の欄7、8、10を欄4、6と比較のこと）。

　ギリシア人は、それについて二つの重要な変更を行った。そのアルファベット文字を自分の言語に適合させるために、いくつかの文字を母音に変更した（アルファ、エプシロン、イオータ、オミクロン、ユプシロン、オーメガ）。そしてギリシア人は、フィー φ、キー χ、プシー ψ の三文字を新しく加えた。初期には多くのギリシア書体があったが、その中からイオニア・ミレトス・アルファベット文字がアテネで公式に採用された（図の欄7に示される形）。西洋アルファベット文字は、すべてこれから導かれている。

　さて、ギリシア人の三番目の重要な業績についてである。それは、文字がアルファベットの中の定められた順序にしたがって（欄9）数値をもつということである。ギリシア人の発明した文字と数の結びつきは、文字を提供したセム人たちに逆に返された。ヘブライ人はアルファベット数詞（欄5）を採用し、そのアルファベット数詞はシリア語へ、そして、そこからアラビア語へと移って行った。二個のコイン（シェケル shekel）（図59）は、ユダヤ人の最初の蜂起（西暦66-70年）のときのもので、中央の杯の上に古いヘブ

図59　ヘブライのコイン。杯の上に2と4を示すアルファベットの数字がみられる（1世紀）。国立貨幣コレクション、ミュンヘン。

ライ・フェニキア記号の二と四が示されている。意味は「その蜂起の第二（そして第四）年」である。図58の助けをかりることで、その銘文をたやすく解読することができる。文は右から左に向かって書かれていて、šql yšr'l「イスラエルのシェケル」とある。図58の欄3にあるヘブライ文字は「角書き」といわれるもので、末尾に -k, -m, -n, -p（または -f）, -s をつけ加えることで、数字の系列を、それまで400までしか進まなかったものを、900まで延長している。

　ある年輩のユダヤ人の話では、彼は若いころ、ユダヤ人の牛の売買人たちが、「mem shuk（40マルク）、gimel shuk（3）、lamed gimel（33）」などといって商売をしていたのをよく聞いたものだとのことであった。

　文字と数の関連から、ユダヤ人学者たち、また初期のキリスト教学者たちの間で、またギリシア人の間でも、ゲマトリア gematria が生まれた。これはギリシア語 geometria の変形したものに違いなく、ユダヤ人はこれを gmtir と書いて数秘学の研究全般をした。一つの語の中の各文字が数値をもつことから、その語自体もまた固有の数をもった。こうして、祈祷で唱えるアーメンはギリシア語で $\alpha\mu\eta\nu = 1 + 40 + 8 + 50 = 99$ となる。したがって、この語はギリシア人の祈祷の終りにしばしば $y\vartheta$、99と書かれた。

　ユダヤ人は、みだりに主の名を口にしないために、数15を jh はなくて tw（＝9＋6）と書いた。なぜなら jh はエホバ（jhwh ＝ Jahoweh）の最初の部分の文字であったからである。同様に、神聖視の理由から、アイルランド人はΧΡΙΣΤΟΣ（Christos キリスト）の名のゆえにローマ数字 X＝10を避けた。また中国の義和団は、外国人（キリスト教徒）に対する反乱運動で、10を示す記号十を硬貨から除去した。キリスト教徒の文字 X の類似をおもわせたからである（図227参照）。ギリシア語の死 ΘΑΝΑΤΟΣ（thanatos）はシータ theta Θ＝9で始まるので、ギリシア人は数9の代わりに婉曲表現で8＋1あるいは4＋5と書いた。こうした迷信の習慣は日本にもある（頁371参照）。

　人または物ごとで、その名称の文字のもつ数値を合計して同じになると、それもまた、神秘的な関係があると考えられた。中世では、たとえば、人は決闘または個人戦で、戦士たちの名前にある文字の個々の数を勝手に合計してみて、その勝ち負けを「計算した」ものである。合計数が大きい方が勝者と予言された。もし、ジークフリートとハーゲンが決闘をするとして、ジー

クフリートの名の数値が238で、その慣習的な方法による合計が4であり［訳注：$2+3+8=13 \rightarrow 1+3=4$］、ハーゲンの名の数値が65で、同様にその慣習的合計が2であるなら［訳注：$6+5=11 \rightarrow 1+1=2$］、ゲマトリアはハーゲンが敗者に違いないと予言した。これと逆さの手法で、名前はしばしば数がもとになっていると考えられた。その最も有名な例はヨハネの黙示録13:18にある。

> 賢い人間に獣の数を数えさせよ。数は人間をさす。そして、その数は666（$6 \cdot 100 \cdot 6 \cdot 10 \cdot 6$）である。
> kaì ho arithmòs antoú hexakósioi hex ḗkonta héx

この数字に、ある名前がかくされていることは間違いない。キリスト教時代の初期に、ヨハネの黙示録からのこの数は、いろいろに解読されたが、そのうちの一つで Neron kaisar、すなわち「シーザー・ネロ」であるとされた。この解釈は、この名前をヘブライ語で書くと nru̯n qsr となり、これをギリシア語に翻訳し、「コード化」することによってできる。

num	reš	waw	nun	qof	samek	reš	
50	200	6	50	100	60	200	= 666

「文字に数をあてること」と「数を文字であらわすこと」はイソプセフィー術 isopsephy と呼ばれた。いろいろな言葉に数値をもたせた一種の遊びであるが、本気でそう呼ばれたものであった（ギリシア語の isos 同等、pséphos 小石、計算玉、数）。ドイツの数学者ミヒャエル・シュティフェル（1567年没）は、後世の人たちに高く評価されている学者であるが、世間が彼の重要な数学上の業績としたもの以上に、16世紀であっても、自分で名付けた「語の計算法」の著作をより一層大切にしていた。

　さて、これからギリシア人たちが使った数字に目をむけることにする。ギリシアの偉大な数学者はいうに及ばず、一般の人たちはどのように数を表記し、またどのように自分で計算したのだろうか。

3. 二種類のギリシア数字

　ギリシア人は二種類の違った数体系をもっていた。早い時期の方のものは、ローマ数字と同じく、数に序列をつけ、束ねてグループ化したものであった（そのため、これをギリシア式「序列数字」と呼ぶことにする）。あとからのものは、アルファベット数字による学術的な体系で、紀元前5世紀に初めてあらわれたが、前1世紀にいたるまでは、アテネで公式に使用されることのなかった数字体系である。

　ギリシア式の序列数字は、数字の位、一、十、百、千、万にそれぞれ固有の記号をもっていた。これらは（一位を除いて）相当する数詞の最初の文字であった。それらは図60に示すように、語 5 pénte の最初の文字 Π を使って五つごとに束ねることができた。この筆記体系は、古い十進法のグループ化の記号としてのみ使用された。これは五進法の五つのグループ化と合わせたものであることは明らかである。

　これらの初期ギリシア数字は、大変不幸なことに「ヘロディアノスの数字」と名つけられた。不幸というわけは、文法学者アエリウス・ヘロディアノスは西暦200年頃ビザンティウム（現イスタンブール）に在った人物で、これらの数字の出現から5世紀以上もたってから、彼の名にちなんでつけられたからである。さらにそのうえ、ヘロディアノスは、これらの数字についてはほんの一度だけ言及したにすぎなかった。どうみても、彼がこれらの数字の

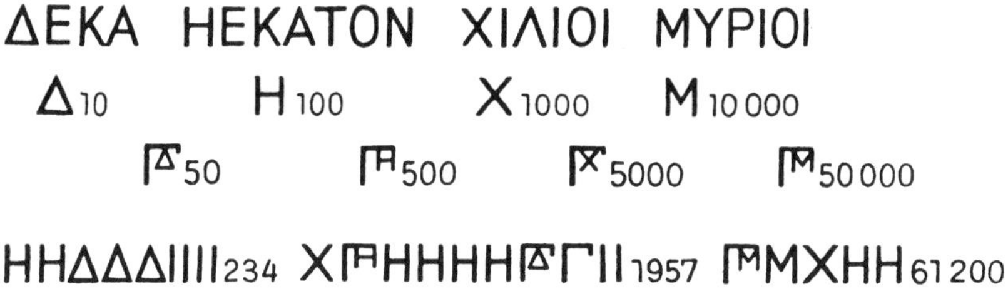

ΔΕΚΑ　　ΗΕΚΑΤΟΝ　　ΧΙΛΙΟΙ　　ΜΥΡΙΟΙ
　Δ 10　　　　Η 100　　　　Χ 1000　　　Μ 10 000
　　 ⌐Δ 50　　　　⌐Η 500　　　 ⌐Χ 5000　　 ⌐Μ 50 000

ΗΗΔΔΔΙΙΙΙ 234　 Χ⌐ΗΗΗΗΗ⌐ΔΓΙΙ 1957　 ⌐ΜΜΧΗΗ 61 200

図60　初期ギリシア数字（序列数字）。ローマ数字と同様に、これらは十進法による束ねの様式をとっている。ただ、五進法の束ねで中断されている。単位数は縦の線で示される。五つごとの束ねが、語 ΠΕΝΤΕ (5) の最初の文字（Γ）であらわれる。この図は、さらに高い位を示しており、その数字は各数詞の最初の文字である（図91も参照）。

112 3. 二種類のギリシア数字

発明者ではなかった。したがって、初期ギリシアの序列数字をヘロディアノス数字と呼ぶことは、丁度こんにちインド数字を、よくアダム・リーゼにちなんで使うのと同じように、正当化しにくいものである。

これらのギリシア数字は、西暦前5世紀中頃から前1世紀に入ってなおアテネの碑文に使用された。それらは、都市国家アテネの財務事務官が市民に提示した市民の租税表と請求書に主として用いられたものであった。この碑文の最初の部分は、アテネの財務庁への租税義務のある人たちが毎年支払う金額を表にしている。図61は1×0.4×3.6メートルの大きさの四角い石碑の断片で、数字が約4センチメートルの高さで書かれている。上部の左は租税納入者の名前である。こうした租税表では、数は常に支払い金額を示していた。この場合（図61）には、セミコロン（；）のあとの数がオボロスで、他は

図61 アテネの租税表。初期の序列数字を使用している。数字の大きさは4 cmの高さ。これは高さがほとんど4 mにおよぶ四角い石碑の断片である。西暦前5世紀。碑文を読むと
 (AP)O THRAIKES PH(OROS) トラキアからの支払い。
 スキアティオイ skiathioi 66 ドラクマ drachmai 4 オボール oboloi、そして 500 50 8 ； 2 16 ； 4 600 25

図62 金額のギリシア式表示。上から下へ 12 ドラクマ、12 スタテル、12 ドラクマ 3 オボロース、2 タレント、105 タレント。

第 3 章 アルファベットの数字　113

ドラクマである。通貨の単位は1タレント（T）＝60ミナ、1ミナ＝100ドラクマ（⊢）、1ドラクマ＝60オボロース（I）である。さらにスタテル（Σ）と呼ばれたコインは4ドラクマの価値であった。

　コインの単位を示す方法は大変興味深い（図62）。コインには単位が特定されないものがあり、そのときはドラクマと理解された。また、単位は数の左側（図の最上行）に書くか、その数字の一の位の場所におかれた（中間の行）。あるいはまた、単位はその数記号そのものの中に組み込まれた（最下行のように）。

　金額を表示してコインを特定化するこの方法をながめてみて、発展の初期段階で数がなお数える物と直結していることの見事な証拠をみることができる。すなわち、2タレント、2スタテル、2オボロースのそれぞれの数2がみ

図 63　アテネの財務官の報告。都市国家アテネの西暦前415年の歳入・歳出を示す。最後に、合計 kephálaion　327タレントとある。碑文の大きさは 50×40 cm。大英博物館、ロンドン。

114　3. 二種類のギリシア数字

な違った記号で示されている。

　アテネの財務官が四年間の任期中の公認会計報告を西暦前415年に示した碑文に、合計金額を読みとることができる（図63）。

　「頭の数」（＝合計 kephalaion、ギリシア語 kephalḗ 頭）は本財務官の任期中に327タレントとなった。

KEPHALAION AN（alṓmatos toû epì tḕs）ARCHES

　アテネで使用された数字は、このようなものであった。他方、ボイオティア人たちは100を最初の2文字 HE（katón）であらわし、500は前にΠ（énte）をつけて示した（図64）。1000については、彼らは文字 chi の矢印記号（↓）を（X の代わりに）用いた（図58、欄7、行25と頁157、図96を参照）。

　ギリシア人は数の表記に、これらの記号を使用したことが、極めてはっきりとみてとれるが、では、それらを使ってどのように計算を行ったのか。それを理解することは非常にむずかしい。そして事実、いまこれからみるように、彼らはそうした計算はしなかった。その代わりに計算盤を使用したのである。この筆記数字体系を使っては、アルキメデスは π の値を計算することはできなかったであろうし、96辺の多角形によって3 -10/70［訳注：3.14285…］と3-10/71［訳注：3.14084…］の間に π［訳注：3.14159…］をはさみ込むこともできなかったに違いない。こうした計算の目的のためには、数はより一層正確に理解され、目にみえていなければならなかったし、また単なる不便な束ね以外の何かを基礎にして系統だてる必要があったろう。ギリシア式アルファベット数字は、そうした必要性をみたしてくれた。

　　　HE　　ΠE　　↓　　ΓΠEHEDDIII
　　　100　　500　　1000　　　5623
　　　　　　図64　ボイオティア人の数字。

ギリシア式アルファベット数字

　図58に示すように、ギリシアのアルファベット二十七文字（特殊な形のも

第 3 章　アルファベットの数字　115

のを含む）は数字として使用するために、次のように配列された。

一の位	1	2	3	4	5	6	7	8	9
	A	B	Γ	Δ	E	F	Z	H	Θ
	α	β	γ	δ	ε	ς	ζ	η	ϑ
十の位	I	K	Λ	M	N	Ξ	O	Π	Q
	ι	κ	λ	μ	ν	ξ	o	π	ς
百の位	P	Σ	T	Y	Φ	X	Ψ	Ω	↗
	ρ	σ	τ	υ	φ	χ	ψ	ω	
千の位	$,\alpha$	$,\beta$	$,\gamma$	$,\delta$	$,\varepsilon$	$,\varsigma$	$,\zeta$	$,\eta$	$,\vartheta$

　この目的のために、ギリシア人は自分の正常のアルファベット文字に、音価のない（もしくは西暦前5世紀にはすでに無音であった）セム語の三文字を追加した。それら（図58、欄8を参照）は次の通りである。6はディガンマ digámma F、後の形 ς、これはまたストゥ・イグマ st-ígma と呼ばれた。なぜなら -ストゥ- -st- の省略形としての役目を果たしたからである。90はコッパ kóppa ς で、900はサンピ sampî であった。サンピはおそらく pî（π）の次にくるセム語 sade にちなんでそう命名されたのであろう。こうして90以上はギリシア・アルファベット数字がセム系の数字にとってかわった（図58、欄4を欄8と比較のこと。hōs án π「πのように」）。司教ウルフィラは聖書のゴート語への翻訳にサンピ900の矢印記号（↑）を用いた（図54参照）。

　例示：PIAは111（100・10・1）をあらわす。桁の大きい方から小さい方に向かって記してあるが、ときにはまた、小さい桁から大きい桁へと書くこともある。AIP（1・10・100）である。さらに稀には順序なしにIAPともした。写本類ではアルファベット数字は短い横線を上につけた。たとえば、5を$\bar{\varepsilon}$、234を$\overline{\sigma\lambda\delta}$とした。あるいは、点の間、ないしは点線の間に数字をおいた。・E・あるいは $\vdots E \vdots$ である。さらにまた、ときには $\vdots \Pi \vdots$ のように連結させもした。数字の右にアクセント符号をつけると序数を意味した。ε' は五番目、ないしは単位分数$\frac{1}{5}$を示した。千の位の数は、一の位の数と全く同じに記した。しかし、左下に短い縦線をつけた。5000は$,\varepsilon$、1856は$,\alpha\omega\nu\varsigma$であった。

　次の数の位は myrioi 万で、三つの違った書き方があった。

3. 二種類のギリシア数字

　最初のものは、初期の序列数字に由来する記号Mを使用した。しかし、一万の倍数は、その数の繰り返しで示すことはなかった。つまり三万はMMMではなくて、位取り表記法のような書き方であった（図65）。

　第二の方法は、文字Mの代わりに、万の桁の次に点をつけた。アレクサンドリアの数学者ディオファントス（西暦3世紀）は次のようにした。

$$1507284 = 150'7284\, \rho\nu.\,{}_{\prime}\zeta\sigma\pi\delta \quad と \quad 1331\,5214, \alpha\tau\lambda\alpha.\,{}_{\prime}\varepsilon\sigma\iota\delta。$$

　第三の方法は、万の桁の上に点を二つのせた。後期のギリシア写本にみられる。

$$50{,}000 = 50000\,\ddot{\varepsilon} \qquad 50{,}000{,}000 = 5000万 ,\ddot{\varepsilon}$$

図65　万の位の数はギリシア・アルファベット数字の繰り返しではなくて、その数は、相当する単位数の記号（ここでは $\Gamma = 3$）を前に（1aのように）、あるいは上に（1bのように）おくことによって示された。
　(1) 30,000　(2) 32,000　(3) 30,002

図66　アルファベット数字のあるギリシアのコイン。
最初の二つはアレクサンドリアからのもので、数字 A = 1、 IB = 12 があり、それぞれの支配者の年（西暦前250年頃）を示している。右の三番目のコインはビザンティウムからのもので、（西暦前297年に始まった）いわゆるポンティウス紀の年 ZIΦ = 517（右から左へ）をあらわしている。つまり、西暦220年である。左のコインのLは、続く数が年数であることを示している。国立貨幣コレクション、ミュンヘン。

では、こうしたギリシアのアルファベット数字の長所、短所について考えよう。古い序列数字にまさる長所は明らかである。一つの位（桁）にただ一つの記号だけを用いることで、大きな単純化を示している。こうして、写本で余白が少ししかないようなところで、一般にアルファベット数字が使われていることを知る。たとえば、神への奉納物に数をあらわす場合に、西暦前4世紀のギリシアの壺二個に754を$\Psi N \Delta$、293を$\Sigma Q \Gamma$と記されている。これは、この種の数字のみられる証拠資料として現存する最古のものの一つである。アレクサンドリアでは、そうした数字はアレクサンダー大王の後、一世紀ほどたって初めてコインにあらわれ、さらに一般に使用されるようになった。図66は、こうしたアレクサンドリアのコイン二個とビザンティウムのもの一個を示している。

9世紀以降の日時計には、時間はアルファベット数字で番号がつけられた（図67）。こんにちなお、アテネではΓ-9月通り（九月三日通りTritis Septemvriou）として残っている。

さて、これらのアルファベット数字の別の利点についてみてみよう。それは事実最も重要な利点である。これらの数字を使うことによって、ついに算盤を使用する必要なく筆記計算ができるようになったのである。

しかし、こんにちインド数字を熟知するものにとっては、この特徴そのものは大したものではないかにみえるかもしれない。というのは、一、十、百のおのおのの位が目にみえるように書き示されていないのである。つまり、インド式数体系での$4 \times 10 = 40$は、ギリシア・アルファベット数字では$\delta \times \iota = \mu$となり、（われわれにとって）ほとんど同じような計算$4 \times 100 = 400$は$\delta \times \rho = \upsilon$となる。掛け算表と足し算表は、関係が

図67 ギリシアのアルファベット数字のある日時計。ボイオティアのある教会より。9世紀。E. デルプ撮影。

こみ入りすぎてはっきりしないものとなってしまう。

それでも、アルキメデスとディオファントスはギリシア・アルファベット数字を使って計算を行った。ではどのようにしたのだろうか。

ちょっと見た目には、実際よりもむずかしくみえる。まず、一般の人たちは計算表を読んで暗記するが、$\delta \times \iota = \mu$ としてではなく、数詞によって「4掛ける10は40」とする。こうして $4 \times 100 = 400$ との類似を、目で判別することがむずかしくとも、耳できヽわけることができた。さらに、14世紀のスミルナ（現トルコのイズミール）の算数家ニコラス・ラブダス・アルタヴァスドスが立証したように、既成の掛け算表が一般に使用された。次の掛け算表は、この体系の最初の部分を示すものである。$2 \times 1 = 2$、$2 \times 2 = 4$、$2 \times 3 = 6$ などとし、それに対応する形で $20 \times 10 = 200$、$200 \times 100 = 20,000$ とする。

β	α	β		κ	ι	σ		σ	ρ	$\ddot{\beta}$
	β	δ			κ	υ			σ	$\ddot{\delta}$
	γ	ς			λ	χ			τ	$\ddot{\varsigma}$

$2 \times 1 = 2$ 　　　　　$20 \times 10 = 200$ 　　　　$200 \times 100 = 20,000$
　　2　4　　　　　　　　20　400　　　　　　　　200　40,000

たとえば、25×43 を計算してみよう。この計算は、エジプト方式ですでに済ませてきたものである（頁40参照）。

κ	ε		25	
μ	γ		43	
ω	ξ		800	60
σ	$\iota\varepsilon$		200	15
,α	$o\varepsilon$		1000	75 = 1075

ギリシア人たちは、一番高い位から始めた。$20 \times 40 = 800$ とする。それから $20 \times 3 = 60$ と進み、ついで $5 \times 40 = 200$ とし、最後に $5 \times 3 = 15$ とする。

最終の答えは 1075である。途中の掛け算の一つ一つ、たとえば20×40は、二つの計算問題に分けられる。一つは 2×4＝8（いわゆる根本問題 pythmḗnes、pyythmḗn＝根、幹、基礎）で、もう一つは、得られる8を正しい桁に置く、段階付け、または位付けの問題である。この二つのステップに分ける計算法は、こんにちの計算尺の使用方法に相当している。ただ、違いは、もちろんギリシア人にとっては正しい桁をみつけることが、こんにちの場合より一層むずかしかったことである。なぜなら、数κとμには20と40のようなゼロがない。ゼロがあれば最終の答え800の数の位は容易に読み取ることができる。計算盤から導かれた数の位をみつけだすための、むかしの法則については頁177を参照のこと。

実際の計算法の学習を、ギリシア人たちは科学的算術と対比して記号算術 logisticsと名づけた。これはヘレニズムの学問と文化の首都アレクサンドリアで展開、隆盛し、ヘレニズム世界とビザンティン帝国のいたるところで広く行われた。インド式位取り数表記法が西洋に、より深く浸透してゆくにしたがって（15世紀以降）、それは次第にアルファベット数字による計算法に取って代わっていった。しかし、完全に置き換わったわけではなかった。この両数字体系は最後には平衡状態に達した。新式の数字は位取り体系を示し、その中で、一から九までの単位数を示すギリシア式のアルファベット数字が「インド数字」ということで使用された。ゼロ記号は東アラビア方式にしたがって点の形で示され、αからϑまでの単位数に加えられた。

$\alpha\vartheta\varepsilon\varsigma$ 1956　$\beta.20$　$\beta..200$　$\beta.\beta$ 202.

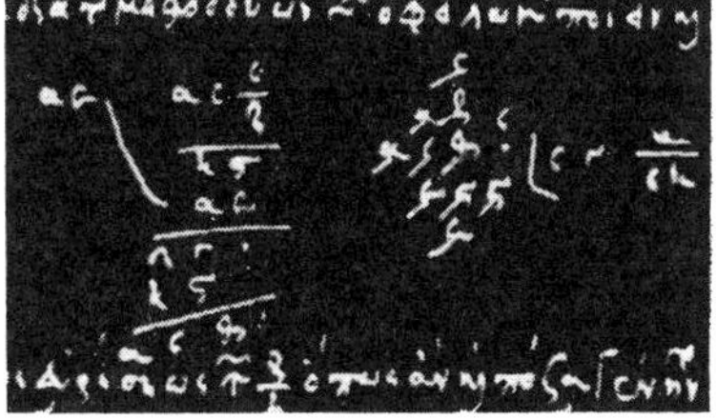

転記：		翻訳：	
$\alpha\varepsilon$	$\alpha\beta\frac{\beta}{\zeta}$	15	$12\frac{2}{7}$
	$\eta\varsigma$		86
	$\alpha\ \varepsilon$		15
	$\delta\gamma\cdot$		430
	$\eta\varsigma$		86
	$\alpha\beta\vartheta\cdot$		1290

図 68　インド方式で行ったギリシア式計算。15世紀写本より。単位数（1 から 9 までの数字）はギリシア文字でアルファからシータまでであり、ゼロは点で示されている。図の右半分には、分数問題の隣に割り算がある　$1290 \div 56 = 23\frac{1}{28}$。ミュンヘン在住K.フォーゲル教授の好意による。

15世紀に作られた算術の教科書のギリシア写本には次のような分数を含む二段階計算問題があがっている。(アルファベット数字を使う方法がよりやさしいとして示されている。)

$12\frac{2}{7} \times 15$、変形して $\frac{86}{7} \times 15$、

分母なしで　$86 \times 15 = 430 + 860 = 1290$。

[訳注：$86 \times 5 = 430$；$86 \times 10 = 860$]

4. 文字と数字のいろいろな関係

　南部インドのカタパヤ数体系はサンスクリット・アルファベット文字の三十四の子音を用いて、1から9までとゼロの十個の数字をつくりだした。ある単位数は3となり、別のものは4となって、それぞれ違った音価を得た。たとえば、1 は k-t-p-y であって、これから「カタパヤ」の名称が生まれた。ゼロは nj と n の音のみをもっていた。一般に各子音は a とともに発音された。ただ、その数値を変更することなしに、他の母音 e i o u とも結合することができた。こうして、数111は、ドイツ語の例を使うと、語 Kette のみならず、語 Paket としてもあらわされた。インドの天文学者たちは、太陰周期をアナンタプーラ anantapura = n-n-t-p-r = 00612 と呼びならわしていた。この数は右から左へと読んで、半月の分数を示した（15日×24時間×60分＝21,600分）。この簡単な例から、数をそれ自身は全く違った意味をもつ語にあてはめる方法とその利点がみてとれる。それは、秘事の意思伝達の手段として、記憶の方法として、あるいはまた、単に計算を詩の衣で包むものとして—特にインドで—利用された。それらのインド数から得る印象は、特にインド人が積み上げた極大数の数の塔を考えるとき、インド人たちが数で遊ぶことを覚え、位取り表記法をやすやすと薬籠中のものにしたことは大きな喜びであったろうということである。ギリシアのアルファベット数字と違って、このカタパヤの数体系は、もちろん実用上の意義をもつものではなかった。

　古代のアイルランドのオガム文字が西暦4世紀の碑文にみられるが、この文字はさらに古いものに違いない。そしてカタパヤ方式と正反対である。そ

第3章 アルファベットの数字   121

こでは数字が文字として使われているのに驚かされる。母音は五つまでの点で示され、子音は五つまでの縦線ないしは斜線で、長い縦線の一方あるいは他方の側にあらわされる（図69、70）。墓碑の一すみは縦線の役目を果たし、その上にオガム文字が並べられている。この「線上に」書かれた奇妙な数記号は、はっきりと符木をおもいおこさせる。北方の人たちは一般に秘密の書き方を好んだようである。

　ゲルマン族の古いルーン文字は、もともと二十四個からなり、おそらく西暦の最初の3世紀の間のいつ頃かに、古代の北方イタリック語アルファベット文字から由来したものであろう。もとは、いろいろな形であったものが、木片に刻まれるようになって一定のものになった。横線はルーン文字A（ᚠ）とF（ᚠ）にみられるように、すべて角度をつけて引かれた。その結果、木の木目と平行して走ることにならず、また曲線はO（ᛜ）にみられるように（図58、欄12、行1、6、16参照）、直線ないしは破線で描かれた。ここにゲル

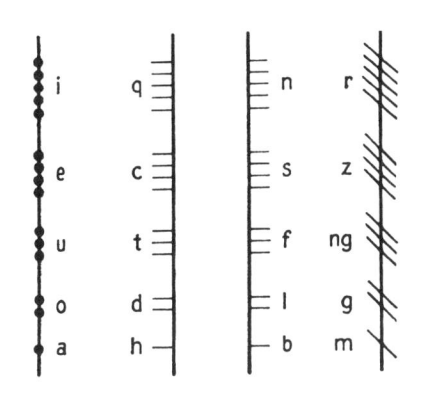

図 69（上）　アイルランドのオガム文字。素朴な数字の形で文字をあらわしている。

図 70（右）　アイルランドのアグリッシュの墓石。オガム文字を使用。300年頃。下から上へ、右から読み始め、左を上から下へと続ける。（最初と最後は失われている。X は k と発音する。）
godika maqimaq ……（墓Lu）dudex、maq ……の息子
大きさ 88×25×5 cm。アイルランド国立博物館、ダブリン。

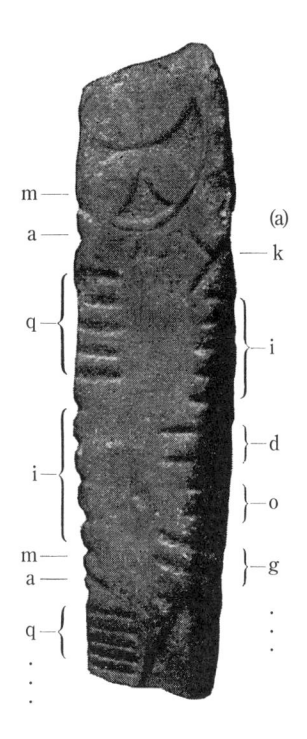

マンの不思議が二つあった。古くからの文字の「神聖な」順が変更され（このアルファベットから欄13に示される位置の数がつくられた）、また、それらの文字の古い名称が象徴的な名称に変更された。たとえば、f-e 所有、財産、u-ruz オーロクス牛、þ-urs 巨人、a-nsuz 神、r-aido 乗馬、k-enaz 松明などである。このことからルーン文字の原点にたちかえることになる。すなわち、これらの文字は（もともと）筆記用につくられたのではなく、また、そのように使用されたものでもなかった。そうではなくて、くじ引きや占いのためのものであり、小さい木片に「書きつけられ」（古アングロサクソン語 writan）、または「刻まれた」（ラテン語 scribere）のであった。これについては、タキトゥスがその著『ゲルマーニア』の一節で書き記しており、すでに引用したところである（頁47参照；古ノルド語 run 秘密、忠告）。

ここで重要なことは、ルーン文字は数としての価値を全くもたなかったことである。他方、ルーン文字は、しばしば秘密の符号の形として数字によって置き換えられた。二十四文字は八個ずつ三つのグループ（性別、エティル ættir）に区分された（$24 = 3 \times 8$）。おそらく、古代のゲルマン部族たちは、同様に天空の周辺を八区分したことによるに違いない。八は聖数であった。それで、ルーン文字 A は（三つのグループのうちの）最初のグループ（性）の四番目の文字であった［訳注：第一グループの順は fuþarkgw］。二つの序数（4と1）は、スウェーデンのレークの記念板にみられるように（図71）、棒線の上に書かれた。この記念板は、知られる限りルーン文字で書かれた最も長い碑文をもつものである。その一節は、ある父親が息子を殺した敵を呪うものである。

秘密のルーン文字は、上の左から時計の針の方向に読むことになっている。3-2、

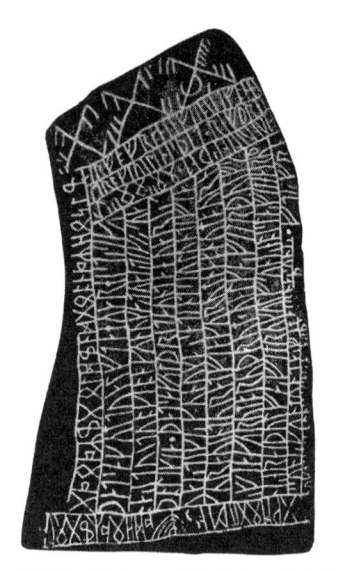

図 71　スウェーデンのレークよりのルーン文字石碑。850年頃。上部に秘密のルーン文字が数記号でおきかえられている。高さ2m以上。現在、ストックホルム国立公園にある。

1-5、そして 2-2、2-3、さらに 3-5、3-2、すなわち ol ni-röþr「90歳の老人として」。こうして、第一グループと第三グループが入れ替わっている。ルーン文字はもともとすべてのゲルマン部族たちが使用したものだった。800年頃以後は、スカンディナヴィアのみにみられるようになる。ルーン文字の碑文は非常に稀であるが、14世紀のある時期まで続けて彫られていた。

最後に、ペルシアのシヤク siyaq 筆記文字についてみてみよう（参考図10；アラビア語シヤク siyaq 順序）。ペルシア語はインド・ヨーロッパ語族の一つであり、アヴェスター語の子孫である。かつてはバビロニア人から借用した楔形文字で書かれていた。7世紀のアラブ人のペルシア征服以来、アラビア式アルファベット文字が、イスラム教とともにその国を支配し、それによって多くのアラビア語が古代ペルシア語に入ることになった。

ペルシア数字については、アラブ人は長い間、数学書でさえ数詞を綴り書きにした。シヤク文字では、数字は数詞の省略形あるいは退化形として作られたが、これはおそらく、この時期にまでさかのぼるものであろう（図72）。

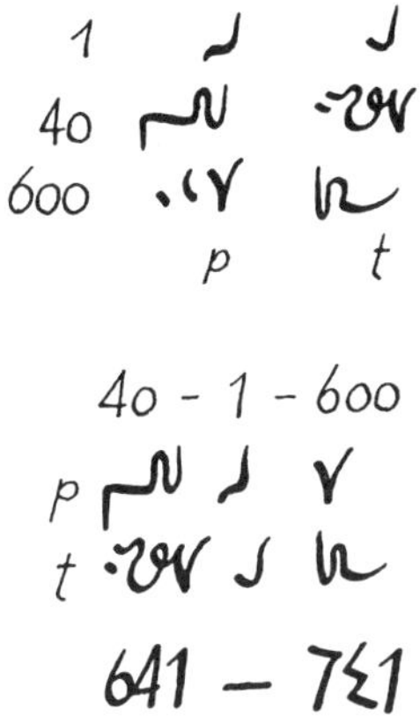

参考図10 数 641 をペルシア (p) とトルコ (t) のシヤク文字で示したもの。上は1、40、600 を示す記号である。下では数は右から左へ、一位と十位が入れかわって書かれている。最下部にインド・西アラビア数字とインド・東アラビア数字で示してある

図72 ペルシアのシヤク数字。右にある数の二本の平行線は、みえない単位数（ゼロ）をあらわす。この碑文は右から左へ読む。5は輪で示され、これら数字のおのおのの最初にみられる。

彼らは位取り表記法のいくつかの特徴を、より大きな数の特別の記号とともに用いたので、シヤク数字は、数字と、略さずに綴り書きした数詞の間の珍しい中間段階を示している。

　特徴を一つだけ述べておこう。一の位（5）、十の位（50）、千の位（5000）はみな同じく（5）で始まる。ただし、末端の記号で区別される。しかし、500は違った書き方をする。ただ、5の記号は同じように認めることはできる。別の大変興味深い特色は、単位数が欠けることを示す記号［訳注：ゼロ記号］が存在しているということである。ただ、その使用は絶対に強制されるというものではなかった。その形は、古代バビロニアの見えない単位数（ゼロ）を示す記号と類似している（図191参照）。数を表記するにあたっては、一の位と十の位はその順序をかえている（参考図10）。

　シヤク数字はペルシアとトルコの財務文書、公用文書に何世紀にもわたって使用された。それらの数字は、誰にでもなじみのあるものではないという利点があった。さらにまた、計算書を故意に変更しようとする者によって改ざんがむずかしいという長所もあった。イランの商店街では、老齢の商人たちはいまなお自分の記録用にこれを用いている。ただし、金額に関するときに限られ、また常に新リアル貨幣単位を古いディナール単位であらわすときにのみ用いている（1リアルは1000古ディナールで、これがこの二組の数の違いであった。図73、74）。シヤク文字は数を書き記すときに限って使用され、計算はロシア算盤シュチェットで演算する。この算盤をペルシア人はこんにちなお使用し続けており ッショケ tshoke と呼んでいる（図111、図112参照）。

　前世紀にシヤク文字は東アラビア形のインド数字によって公式に置き換えられた。すなわち、西洋でいま使用するものの東方形数字である。こんにち、イランの商人たちは税申告を現代式インド・アラビア数字を使ってしなければならない（図197参照）。

　シヤク数字とインド数字にかてて加えて、イラン人たちは、さらにアラブ人がシリアで初めて学んだギリシア・アルファベット数字も使用している。彼らは、その数字を彼らのアブジュダード abujdad（最初の四文字 a-b-j-d にちなんでの命名）にのっとって、ヘブライ風に調整し、何世紀にもわたって天文学のいろいろな表への数の記入に用いてきた。イランではこんにち、書

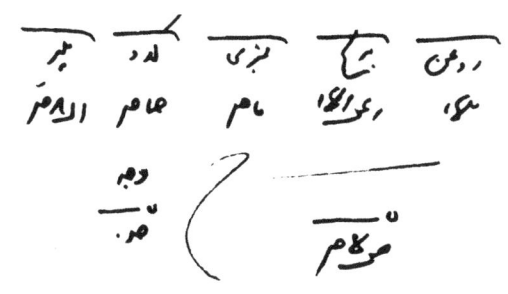

図73　シヤク文字による筆記計算。

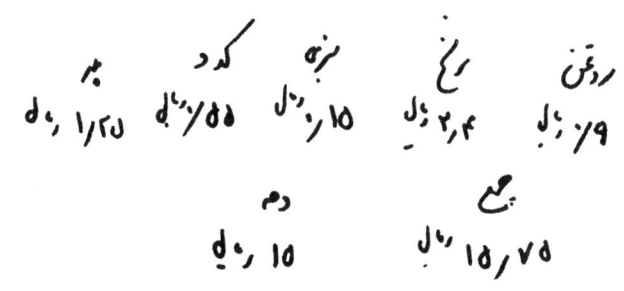

図74　図73と同じ計算を東アラビア数字で行ったもの。

図73、図74は、あるペルシア人によって、二カ国語で書かれている。
数の位は一番上の行にあり、数はその下にある。
シヤク数字　　1250　　550　　2400　　900；　（下）50(?)　(1) 5750
東アラビア数字　1.25　0.55　2.4　0.9　　　　　15　　　　15.75
テヘラン在住H.ホルストの好意ある提供による。

籍の緒言の頁を示す番号にのみ使用されている。丁度、いま西洋で同じ目的によくローマ数字を使うのと同じである。

さて、これから手元の資料に目を戻そう。いままでに三種類の数字体系の共存するさまをみてきた。それらは、知的発達段階の三つの違いを示すだけでなく、数が文字との関連をもつことのできる三つの違った方式をも示すものである。われわれは、時が織りなす文化・民族の歴史の織物に深く浸ってきた。そのうちの太い糸だけについてではあったが、フェニキア人のアルファベット文字とギリシア人がフェニキアから導いたアルファベット数字についてみてきた。そして、アラブ人の数詞の表記習慣とインド式記数法をはっ

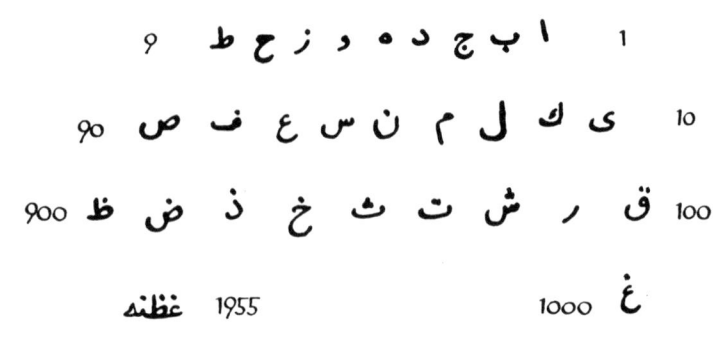

図 75　アラビア式アルファベット数字。ヘブライ式と同じ順序に並べられている（図58、欄3を参照）。数は右から左へと書かれた。インド・アラビア数字の単位数とは逆方向である（図197）。数1955で、四つの数字　5 - 50 - 900 - 1000 が組み合わされているのがわかる。

きりと理解してきた。最後に、もう一つ重要な点がある。シヤク文字が、数詞と数字の間の奇妙な中間的な結びつきであるという点からして、（4以降の）インド数字は相当する数詞の省略形として始まったのかもしれないことが示唆される。

このように見通したうえで、アルファベット数字を後にしよう。ゴシック、ギリシア、インド、ペルシアの各数字をみてきたが、真に豊かな実りは、フェニキアの最初のアルファベットの二十二個の種子からの収穫である。さて、オリエントから西洋世界に戻らなければならない。

アルファベット数字はゴート族から西洋の他のゲルマン部族へ拡散することはなかった。それは、おそらく一般向きでなく、学者向けの数字であったためであろう。それは古く高度に発達し、大勢の書記生を擁したビザンティウム文化の世界での使用には適していたかもしれなかったが、大抵の場合、何世紀もの遊牧、放浪の生活の末に、全く初めて定住することになったような若い未開の人たちにとってはそうではなかった。

とはいえ、それらのチュートン部族は、素朴なローマ数字の体系を理解でき、ためらうことなくそれを採用して、自分自身のものにしたのであった。

第4章　ドイツ式ローマ数字

1. 筆記体のローマ数字

> 「数字の学習が最初はむずかしいとおもう
> 読者に、楽しく使いやすくするために、
> この計算法の小著では、全体を通じて、
> よく知られているドイツの数を使用した。」
>
> ある16世紀の算術家

　長年にわたって、古いローマ数字の多くの異形が西洋で使用されてきた。たとえば、ローマ人自身、決して1000をMと書かず、2000をMMとは書かずに (I) と (I)(I) とし、せいぜい時にはIIMとして、Mは数mille（一千）の略称として使用した（参考図3、図98参照）。とはいえ、中世には、Mは1000の記号として全くあたりまえのものになった。MMCXII = 2112であった。

　またしかし、全く同じようにMはしばしば、数の上に千を示す横棒を書くことによって取って代わられていた。それは、中世にはティトゥルスtitulusとして、また古典ラテン語でヴィンクルムvinculumとして知られた。そして、後代のローマ人によって時に使用された。ある碑文に $\overline{\text{VIXXXIX}}$（= 6039）とあり、同様に Iↄↄ∞XXXVIIII がある。図7も参照のこと。数字の上の千を示すこの横棒は、単に数字を文字から区別するのに使う横棒——古典ローマ時代に同じようにみられるもの、すなわち、$\overline{\text{V}}$ =5、$\overline{\text{III}}$VIR=triumvir（三人委員会）とははっきりと区別されるべきものである。これから、ローマ数字を横線の間に包み込む方式が生まれた。$\overline{\underline{\text{III}}}$、$\overline{\underline{\text{V}}}$、$\overline{\underline{\text{X}}}$ であった。ローマ数字の百万は枠に入ったX、すなわち $\boxed{\text{X}}$ であった。Xの理由はすでに示したところである（頁79）。

　書記術がひろがり、商人や各種の事業の管理者たちが、ますます多く使用

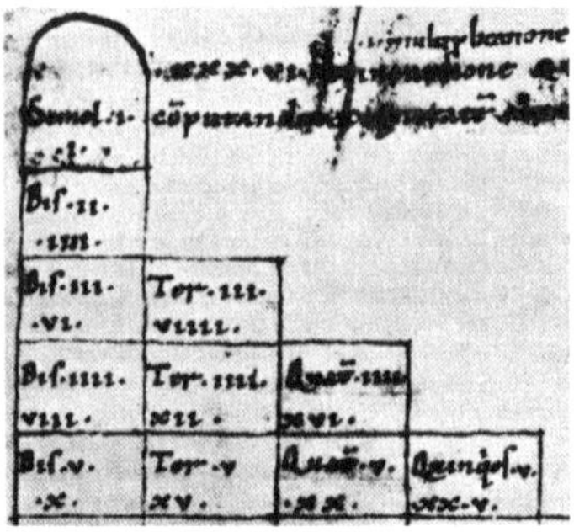

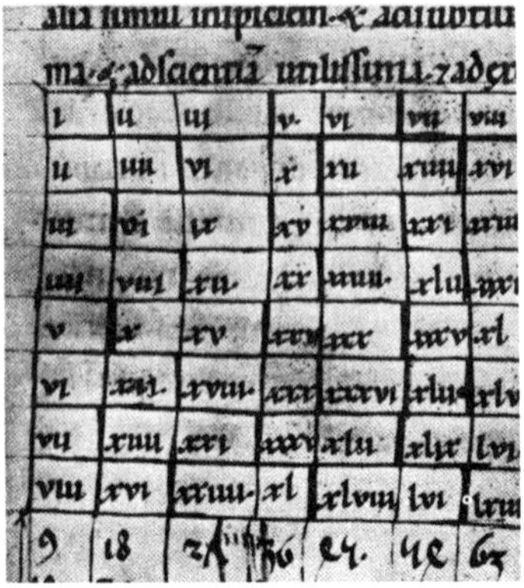

図76　13世紀の修道院写本からの二つの掛け算表。その最初の部分。Semel 一回、bis 二回、ter 三回など。両表とも、まだ完全にローマ式である。右の表の上に「そして学習に特に有用」とある。作者や時代を異にする掛け算表との類似は興味深い。国立図書館、ミュンヘン。

するにつれて、抽象的ではあるが文字のようなローマ数字は、より一層文字として筆記されるようになった。すなわち、Xは x となり、Vは v になった。後者は、また中世には、しばしば u となった。こうして誰かが「Uの代わりにXとする」と、量を二倍に記録することになった。五のかわりに十である。そして、この延長上で形を変えて人をだますことに使われた。大文字のみを用いるアンシャル字体と呼ばれる字体は、小文字による中世筆記体へと発達した。そして 763 といった数は、当時は *dcclxiij* とも書かれた。また、ゴシック書体は、それから出たドイツ書体とともにドイツでは一般に使用されるものになって、数19と7は xix と vij のような姿になった（図77）。数の変造を防ぐために、末尾にくる数 i は常に長く伸ばして j と記された（図85参照）。

　リュッセルスハイムの会計簿の一頁を図77に再現してある。これは、16世紀中頃のもので、中世のドイツ式ローマ数字の完全な筆記体のすぐれた一例である。全体の筆記の滑らかさをよくみてもらいたい。下から四行目の、特に数19（eie）をみること。こうした筆記体は筆記係が数を記録するときに要求されたものである（頁336参照）。さらに、図84-86に示した美しい例とも比較されたい。

　ローマ数字からラテン・アルファベット文字へと変換することで、また、おもしろい判じ物が可能になった。つまり、ラテン語の詩文が何かの発生の

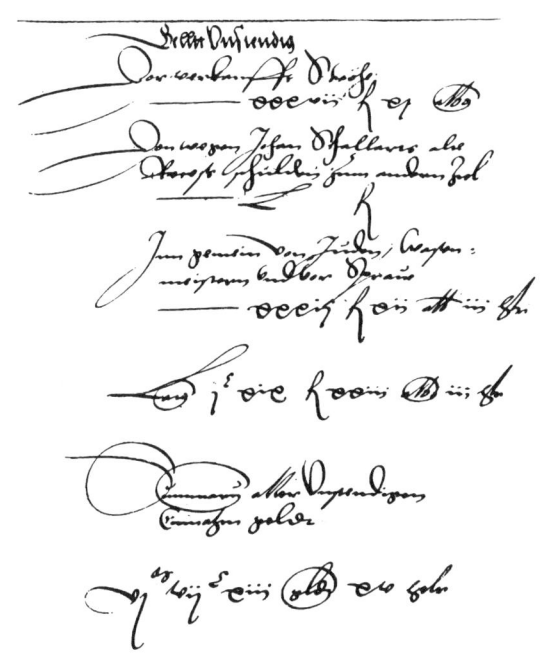

図77　ドイツ式ローマ数字。リュッセルスハイムの事務官の領収帳簿に使用されているもの。1554年。ヘッセン国立古文書館、ダルムシュタット。
この頁は次のとおりである。
領収金額と支払い金額
麦わらの販売によって 37 ギルダー 11 アルプス
ヨハン・シュラーの以前の負債を他の目的に移す 50 ギルダー
ユダヤ人たち、馬具製作者たちからの領収金額ならびに干し草代の領収金額の合計 32 ギルダー 12 アルプス 3 ヘラー、総計して 1^c 19 ギルダー 23 アルプス 3 ヘラー、すべての金銭領収額の合計 6^{M}7^{c}13 (= 6713) ギルダー 15 ヘラー
［訳注：1^c = 1百、6^{M}7^{c}13 = 6千7百13］

日付けの数字の中にかくされることになったし、また、その逆もあった。クロノグラム（年代表示銘）、あるいは日付けの判じ物といわれるものである。すなわち、

　　マザー・ルテティアは自分の子供たちをのみ込んだ。
LVtetIa Mater natos sVos DeVora VIt.
　　　　［訳注：LVIMVDVVI = 1572］

この暗号の諺は聖バルトロメオの夜の虐殺を述べている。ルテティア・パリシオルムはパリシとして知られるケルト族の中心地の古名で、ユグノー教徒たちがパリシで虐殺された年1572を示すローマ数字を含んでいる。

（1）中世の数

ドイツの人文主義者セバスティアン・フランク（1499-1542）は、その著『全世界の鏡と像』Spiegel und bildtnis des gantzen erdbodens でいう。

> 桂皮はセイロンからくる。そこは（インド南西部）カリカットの先.CC.と LX（＝260）ドイツ・マイルの彼方である。丁子はモルッカ諸島からもたらされる。そこはカリカットから vij.c. と XL（＝740）ドイツ・マイルのところにある。

この記述で何が感じられるだろうか。このフランクは初め200を古い形式でCC と書いたが、その数行下では700を vij.c.と書き、DCC とはしていない。このように、単位の数字 VII が C の位の前に数としてあらわれ、そこでは、七個のCのグループが圧縮されている。全く同じことが話し言葉の数でもおこっていた。この変化をもってローマ数字は、位取り表記法への道へと乗りだしていった。とはいえ、位置の法則はローマ数字によっては完全には表されることはなかった。なぜなら、中世期の用法では、位の記号の前に数字を置いたのは百とそれ以上の数であって、十位の数以下では連続の法則にこだわっていた（図77参照）。単なる省略とみられるもので何が実際になされたのかを知ろうとする心の一歩を、だれ一人として踏み出そうとはしなかった。

素朴なローマ数字が成熟形の数字へと発達するための、さらなる障害は、1792年に書かれた数 123456789 の書き方によって明らかである。

C	MM	C	M	C	
i	*xxiij*	*iiij*	*lvj*	*vij*	*lxxxix*
1	23	4	56	7	89

これは、大きな数を読み上げ、また綴り書きすることの内にある、本質的

図78 子羊の皮紙を用いて1229年に書かれた封印付きの文書。
最後の行に年数がラテン語の通常の形 Anno d(o)m(ini) millesimo ducentesimo ---- ではなしに、当時普通に行われた省略形で m° cc° など［訳注：AD 1000-200-----］とされている。ヘッセン国立古文書館、ダルムシュタット。

なむずかしさと全く同じむずかしさである。それは、千以上の位にくる数字の位を分解する問題である。書記生は、またまた、より高い位の代わりにCとMを常に使う習慣に引かれ、そうすることで、その体系のもとの明確さを打ち壊してしまっていた。たとえば、MMは百万、1000×1000をあらわした。

さて、もう少し例をあげよう。読者はそうした例の教育的な特徴を見落とすことはないだろう。

$\overline{c} \cdot \overline{lxiiij} \cdot ccc \cdot i$	164301	時代：1120
II·DCCC·XIIII	2814	1220
cIↃ·IↃ·Ic	1599	1600
①DCXL	1640	1640
IIII milia·ccc·L·VI	4356	13世紀
CCCM	300000	1550

milia＝千の位

リュッセルスハイムの会計簿に1859ギルダーの金額が、ときとして $1^M viij^c lix$ ギルダーのように書かれ、またときには $xviij^c lix$ ギルダーと書かれている。

ローマ教皇の大勅書では20は $\overset{x}{X}$ と書かれていた。8は $\overset{=}{V}$ とされたかもしれ

ない。さらに、

    XV.C.et:II   1502

    XIIII^{c}ain jar   1401   et＝プラス、ain jar＝一年

そして、ケーベル（図80）は次のように書いている。

    XVI^c XII   1612

ある算数家は CM（=900）を C^M（=100,000）と区別している。二十進法の束ね、グループ化が次のようにある。

    IIII$_{xx}$ et huit   88

    VII.XX.VII $7 \times 20 + 7 = 147$

    XIIII.XX.XVI   296

    mil.IIII^c IIII^{xx} et V 1485

                              et huit＝プラス8、mil＝千、et＝プラス

ある教会では、1505年は I・V^c・V と記されており、この数を書いた人物が誰であれ、明らかに新しい位取り表記法にすでに通じていたに違いない。おもしろいことに、この人物は、小文字のcを使ってゼロを避けて通っている。

    分数 $\frac{1}{2}$ は金銭の計算にほとんど独占的に出てくるものであるが、一単位の半分と考えられて、そのように筆記、印刷された。すなわち、1の真ん中を通す線をつけた（図79）。それはバンベルクの計算書にある銀の重量表にみられるものである（図152参照）。文字 *S* が中世の筆写本ではラテン語 *semis*（半分）の省略形として用いられた。それを V または X の上に重ね合わせて「5引く半分」（正確には「5番目の半分」fünfthalb）（$4\frac{1}{2}$）、また「10引く半分」

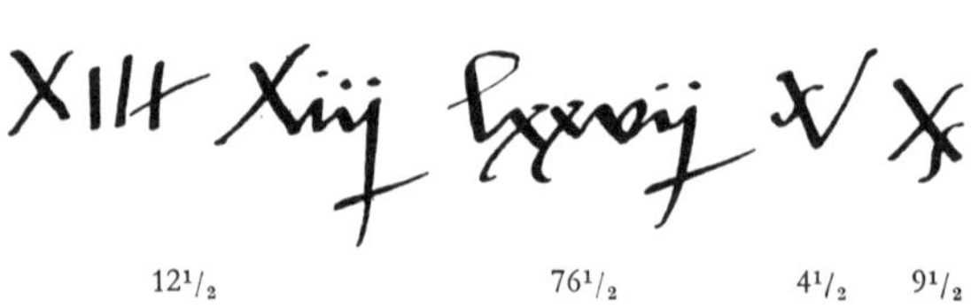

図79 中世の筆跡。分数 $\frac{1}{2}$ のいろいろな形を示す。

（正確には「10番目の半分」zehnthalb）（$9\frac{1}{2}$）と読んだ。

全く素晴らしい組み合わせの様式がいろいろと生まれた。ときには、簡単な系列化や束ねのグループ化が、また係数としての単位数の使用が生まれ、また別の時代には古い二十進法の束ねがあらわれるし、半分をあらわすために、具体的に全体を短く切ったものもあった。形式がいろいろと違ったとはいえ、それらは常に容易に理解することができた。

このように、数と文字の非常に多様な関係が生まれたということは、これらの数字が固有の平易な性質をもっていたことを示すものである。誰でもそれらを扱うことができた。それはまた、民間にあまねく普及した書物としてのカレンダーにも採用された。カレンダーは1500年にいたるまで（古い農民の数字を使用しない限りは、図48参照）、大部分ドイツ式の数で記載されていた。1514年に算術家ケーベルが著わした小編算術計算書は、大変好評で、しばしば参考にされた。この書は、分数も含めてすべてローマ数字で印刷されていた。「数字の学習が最初はむずかしいとおもう読者に、楽しく使いやすくするために、この計算法の小著では、全体を通じて、よく知られているドイツの数を使用した」とある。

18世紀の中頃になっても、なおフランス人はローマ数字を「財務担当官が通常使用する（国の）会計用数字」と呼んでいた。

ローマ数字は、はっきりした理解しやすい組み合わせであるということのほかにも、個々の数字が見た目にも優れていることもまた、一般人が容易に

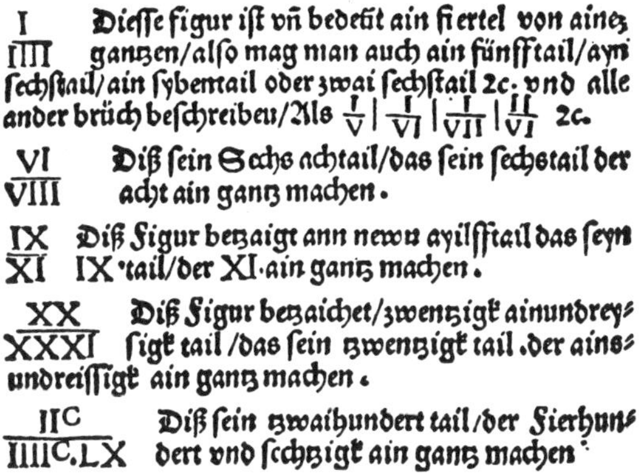

I / IIII Diesse figur ist vñ bedeüt ain fiertel von ainez ganntzen/also mag man auch ain fünfftail/ayn sechstail/ain sybentail oder zwai sechstail 2c. vnd alle ander brüch beschreiben/Als I/V | I/VI | I/VII | II/VI 2c.

VI / VIII Diß sein Sechs achtail/das sein sechstail der acht ain gantz machen.

IX / XI Diß Figur bezaigt ann newn ayilfftail das seyn IX tail/der XI ain gantz machen.

XX / XXXI Diß Figur bezaichet/zwentzigk ainundreyssigk tail/das sein zwentzigk tail der ainsundreissigk ain gantz machen.

IIC / IIIIC.LX Diß sein zwaihundert tail/der Fierhundert vnd sechtzigk ain gantz machen.

図80　ドイツ式のローマ数字による分数。左端上から$\frac{1}{4}$、$\frac{6}{8}$、$\frac{9}{11}$、$\frac{20}{31}$、$\frac{200}{460}$。ケーベルの小編算術計算書より。1514年。

採用することに役立った。こんにちドイツ人が、四十歳の人物は四回ゼロにした genullt というのと全く同じように、中期フランコニア方言で、彼は四回十文字を切った、十字を書いて消した gekreuzelt といった。

　　会議が開催された。コストニッツで。
　　それはわれわれが数えたときに起こった。
　　一個の輪、四個の蹄鉄も、
　　一個の鋤先、一個の鉤、そして一個の卵を。

これは1500年頃の修道院の記録にあって、韻をふんで読みあげられたものである。ここで輪とはバックル、締め金のこと（Ⓜ）、鋤先は実際に鋤の鉄の先端（X）を意味した。蹄鉄（C）と鉤（V）は説明の必要はなかろう。卵とは明かに数1のことである。そういうわけで答えはⓂCCCCXVI、つまり1416で、ローマ教皇庁のコンスタンツ総会議の開催年（1414-18）である。

　この種の年数の判じ物は、まず14世紀の終わり頃にあらわれ、16世紀までずっと続けられた。1356年バーゼル市が疫病と火災で壊滅したことが、判じ物で次のように記録されている。

　　一個の輪とその針　　　　　　　　Ⓜ　　　（1000）
　　三個の蹄鉄を選んだ　　　　　　　CCC　　（300）
　　一本の大工の斧とゲルテン数　　　L ＋ VI　（50＋6）
　　それがバーゼルが終りを告げたときである。

ここでいうゲルテンとは、水差しのことで、「カナの婚礼」で六個あったことによる［訳注：イエスが水をぶどう酒に変え、最初の奇跡を行った宴で、水がめが六つ置いてあった。ヨハネによる福音書2:5］。

（2）新式インド数字のゆるやかな浸透

　ローマ数字が当初、庶民の習慣と愛着の中に深く根をおろしていたので、「暗号の数」とされた新しいインド数字が、古くから親しまれたローマ数字に取って代わることは大変むずかしいことであった。北ヨーロッパではインド

数字は、最初1500年頃に一般の人たちによって使用され始めるが、これについては後に述べる。この1500年という年代、つまり15世紀から16世紀へと移り変る時代は、近代史上、知性の大きな分岐点となる時代であって、あらゆる新しい運動が全面的に現れてきたときであった。種々の物ごとの進歩によって、新規の数字体系が一般に採用されるための土壌が用意されつつあった。貿易や商業は急速に拡大していった。それに伴って商人たちは、商取引を自分で管理することが次第にふえてゆくことになった。金銭が物々交換に取って代わっていった。ドイツではリューベクやニュルンベルクの大商人たちは、もはや符木に刻み目をいれているだけでは事は収まらなくなった。いまや出納簿を正しく記帳し、数を記録し、計算をする必要に迫られた。そうしたことについての知識の必要性は普遍的なものであった。近年とみに繁栄をきたした町や都市は、教育を奨励し、またそれを必要とした。教育は単に修道院の囲いの中に止まるものではなかった。学校教育は重要な課題となり、それは宗教改革問題によってもまた強められ、その後の緊急な課題となった。なるほど中世期の精神構造は、その存続がなお強く主張され、以後も長年にわたって生き続けた。人道主義は、都市の新鮮な、新しい生活様式を尊重し、先導者として大胆に歩を踏み出すのではなくて、外国の様式の後に従う風潮が生まれた。しかし、なかでも印刷術は、こうしたあらゆる新しい風潮を拡大し、展開する役目を果した。いまや、以前はほんの一握りの人たちしか手が届かなかった物ごとを、ほとんど誰もが学び、それに熟達することができるようになった。

　16世紀の初めには、こうしたあらゆる種類の知的要素が、古いものも、新規のものも、求められるものも、すでに既知のものも、正しく理解され、あるいは誤解されて、一つの坩堝の中でぐつぐつと激しく煮えたぎっていた。次に示す数字は、こうした混迷と多様性を象徴的に示すものであろう。

M・CCCC・8II	1482	ゼロを用いて：	I・0・VIII・IX	1089
1・5・IIII	1504		IVOII	1502
CC2	202		ICC00	1200
15X5	1515		I・II・τ・τ	1200（頁297）
Cδ	104（！）		15000・30	15030

1. 筆記体のローマ数字

　フランドルの画家ディルク・ボウツはルヴェンの町のエラスムス祭壇をモチーフとした絵に、数MCCCC4XVII（1447）と書いた。また、その当時のある書では、頁数が次のように打たれていた。100、100-1、100-2、…、200-4、200-5、など。

　新しい数字が導入されたこの時期を、より正確に特徴づけることができるかどうかをみてみよう。石切り職人が、ミュンヘンの聖母マリア教会墓地に

図81（上2点）　M.DCZ4 すなわち1624。ミュンヘンの聖母マリア教会墓地にある墓石（左）に刻まれたもの。

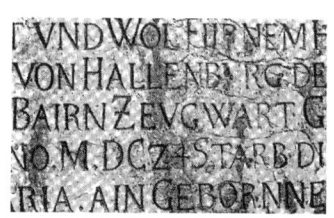

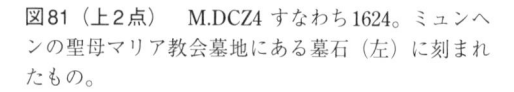

図82（左）　二人の騎士ルードヴィッヒ・フォン・パウルスドルフと同ハンスの墓石。兄はキリスト紀元1482年 Anno d(o)m(ini) mccccxxxij の聖霊降臨祭の日 am pfinztag vor vith に死去（上縁にその年数が刻まれている）。弟は、その後の1494年の聖燭節の前の金曜日 darnach im .94. am freitag vor liechtmessen に死去（縦枠左下）。バイエルン国立博物館、ミュンヘン。

第 4 章　ドイツ式ローマ数字　137

あるハレンブルクの道具監督の墓石にその妻の死亡年を M·DC·Z4（1624、図81）と刻んだ。彼は新式数字を使うことにおいては約百年おくれていたことを示している。

他方、彼の同輩で同業組合ギルドの仲間は、騎士たちの見事な墓石を作り（図82）、一人の騎士の死亡年を上部に m·cccc·lxxxij の形（1482）で刻み、その兄弟の死亡年を墓石の左側に、いわば一気に新しい形式 .94. と記した。この二人の騎士が死亡したときは、騎士の身分制度が全般的に消失したころで、変転期にあたり、同時に商人たちが活躍した時期でもあった。

そして商人の会計帳簿では、新しい記数法が、少なくともそれが実際に使用されていたところでは、徐々に、しかし確実に根をおろしつつあった。ドイツ南部アウクスブルクの大財閥フッガー家に残る帳簿は、残念なことに1494年までにしかさかのぼることができない。したがって、それ以前については、代わりにアウクスブルク市の会計帳簿をみてみなければならない。その帳簿には、1320年以降の市の歳入、歳出が継続的に記録されている。アウクスブルク市の古文書書庫からのこれらの例は、同時に、記録保存、簿記、貨幣制度の歴史を垣間見させてくれる貴重なものである（図83-87参照）。

(3) 自由帝都アウクスブルクの会計帳簿

当初の商取引と契約はラテン語で記載された（図83）。後になって、関係する金額のみが草書体のテキストに常に書き込まれるようになった。そして、あるとき、別に分けて示されるようになった（図84）。新式の数字は、最初は年数を記すことに限られていた（図86）が、最終的には継続勘定に、あえて取り入れられることになった。しかし、そうしたときでも筆記人は、文書中に金額をインド数字で示す前にローマ数字で筆記して、自分の身を守ることをしていた（図87）。この図は西暦1470年のものであった。このあと氷が融解して端緒が開けた。とはいえ、金額をすべて新式インド数字で書くことになるには、なお半世紀以上を必要とした。進歩的で洗練されたフッガー家によって保管された会計帳簿には、これとは対照的に、1494年という早い時期から（この年以降フッガー家の帳簿は現存する）、新式の数字のみで金額が記帳されていることを知る。1533年アントン・フッガーは、全財産の目録を作成させた。そして、そこに、すでに現代的な簿記法の要素をみることがで

きる（図88）。

　さてここで、通貨とその単位の表示方法について一言述べておく必要があるだろう。

　金額はポンド（*lib,lb*）で示され、1ポンドは240ペンス（デナリウス denarius、略号 *d* で、ひげ飾り付き）、またはシリング（ソリドゥス solidus、略号 *s* で、ひげ飾り付き）ペニース、すなわち12ペンスを1シリングとした。さらにシリング・ヘラー、すなわち12ヘラー（*h*）が1シリングであった。これら通常のものを「短」シリングといい、12ペンスであったが、さらに「長」バイエルン・シリングがあり、30ペンスで、8「長」シリングが1ポンドであった。ちなみに、ポンドはもともとカロリング王朝の法律で定められた約367グラムの重量であって、シリングとともに実用のコインではなかった。そして、単に会計用、または計算用のポンドであり、シリングであった。ポンド、シリングはより大きい抽象的な単位で、鋳造ペニー・コインを集めたものであった。また別のコインはライン・ギルダーで、省略記号は *rf*（両文字ともにひげ飾り付き）で、ポンドと同様に、もとは240ペンスであったものが、1475年頃、少なくともアウクスブルクで168ペンスの価値しかなかった（中世ヨーロッパの貨幣制度についての、これ以上の解説は頁213以降を参照）。ポンドとギルダーが同時並行的に使用されたことは、南ドイツのディンケルスビュールの計算机と、ミュンヘンの計算布にもみられる（図141、図143参照）。貨幣にいろいろな標準、本位があったことから、異なった時代に記録された種々の金額を現在の貨幣価値に換算することは、ときには大変面倒なことである。

1. 1320年、アウクスブルクの市職員は、非常に古い市会計帳簿にラテン語の上品な筆記体で、すべてを記帳していた。その帳簿は建築業の頭領の会計簿と呼ばれた。なぜなら、その帳簿は主として建築業の親方への支払いを扱っていたからである（ローマ式単位数をここではiとjとして再現してある）。

2. 1400年、商取引はドイツ語で記帳されたが、合計額にはローマ数字を用いて、はっきりと引き立たせてあった。リュッセルスハイムの職員は150年ほど後に、なお、ほとんど同じ方式で出納簿を記帳していた（図77参照）。

第4章　ドイツ式ローマ数字　　139

図83　ベルタッハプルック Wertachprugg（市の塔）。キリスト紀元 M°CCCXX° 1320年。建築業者ハインリッヒ・バッヘとハインリッヒ・ビッチュリンからの受け取り勘定に次のようにあった。

　神よ、み心により（これは記帳あるいは区分が改まるとき、毎回その初めに繰り返される導入形式で、過ぎた時代のドイツの会計帳簿にでてくる「神よ」の句の祖形である。）

　三週間にわれわれが関税徴収老人から領収した ——3ポンド5シリング・ペニース（iii lib et v.s.d.）（ = 3 × 240 + 5 × 12 = 780 ペンス）

　加えるに、穀類代金 ——30シリング・ペニース（xxx s.d.）

　これにより　1ポンド引く2ペニースになる（i lib minus ii d.）。(当時1シリングは約8デナリの価値があった。ここでは計算用に明かに「長い」シリング、すなわち30ペンスにもとづいている。)

［原注：ここで短縮されている語 minus は後に、上に短い横線を引くことだけであらわされるようになった。この線だけが書かれて、こんにちのマイナス記号が生まれた。］

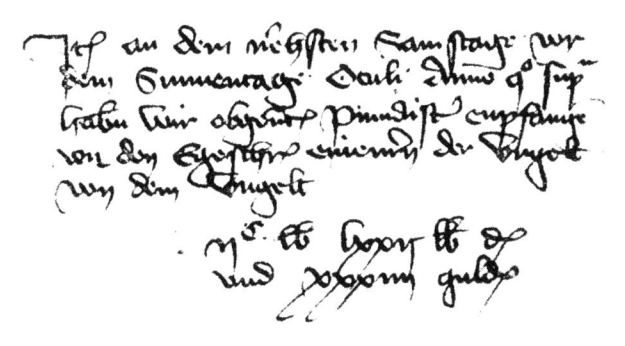

図84　さらに、前述の年の四旬節の第三日曜日の前にあたる次の土曜日に、先に名をあげた建築職人の頭領を雇い入れた。領収金額の記録（関税、税金など）について。
金額は272ポンド・ペニース（ii^c lb lxxij lb d）と34ギルダー（xxxiiij guld）。

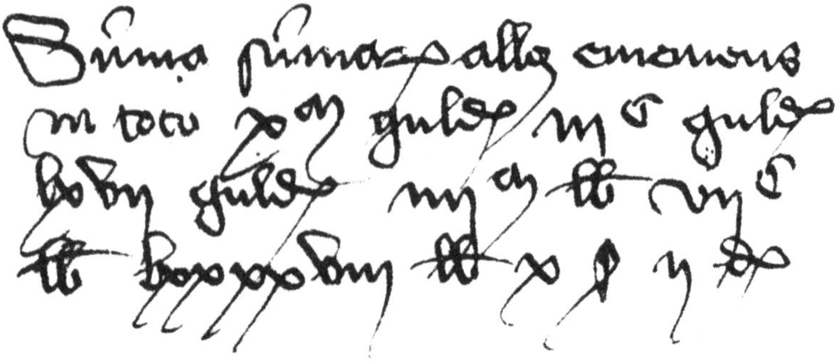

図85　すべての受領金額の合計 Suma Sumarum alles einemens in toto。10367 ギルダー（ x^{M}guld iij^{c}guld lxvij guld ）と 4798 ポンド 10 シリング 2 ペンス（ iiij^{M}lb vij^{c}lb lxxxxviij lb x s ij d ）。

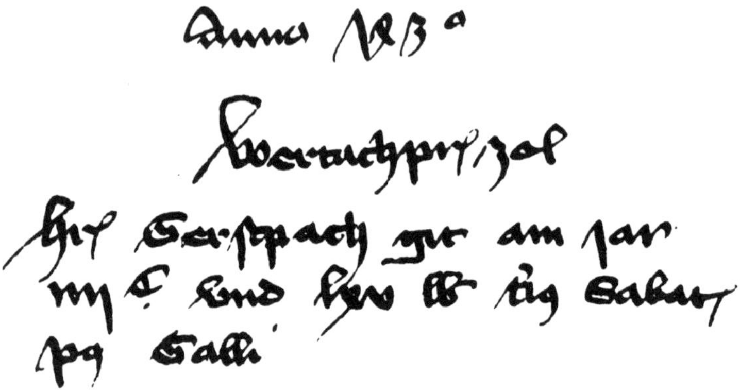

図86　市のベルタッハプルック塔門の通行料。1430年。 Anno 1430 Wertachprug-Zol 。一年間にガイストパッハ氏は400ポンドと70ポンドを三回の土曜日に（すなわち三回分割払いで）さしだした。

3. 1410年、領収した金額の合計を、市職員は堂々とした書体で、ひげ飾り付きで記帳している（図85）。ここでは、千と百の位が十と一の位の組みとは区別されており、単位表記法で書かれている。いいかえると、Cは位を示すのに用いられて、単にCCCと並べるのではなくて3Cとしている。この百と千の位の区分は、アダム・リーゼが数の読み方でも教えたものである。また別の驚かされる特徴は、最終の合計にギルダーとポンドが対応する換算をしないで並べて表されていることである。この表記方法から、こうした計算合計は計算盤を用いた計算によってだけ行うことができたに違いないことが明らかになる。

　4. 1430年、金額の合計値は、なおローマ数字のみで示されていた。しかし、年数そのものは記入部分の上にインド数字で書かれている（図86）。

　5. 1470年、皇帝へ支払う帝国税を示す記帳がみられる。商取引きはローマ数字で記録されたうえで、その金額が新式のインド数字で繰り返されている（図87の上部）。

　6. 1500年、いままで（安全のために）ローマ数字でも書かれていた金額については、いまや、それぞれの欄にある各貨幣単位がインド数字で横に別に記録されるのが普通になった（図87下）。

　7. 1533年、アントン・フッガーは、当時全ヨーロッパで最大の富豪の一人であり、すべての財産の目録を作成した。その会計勘定の書き方にしばらく目をやり、一節の合計額と、両替会計帳簿の記帳の最初の部分をギルダー、シリング、ヘラーで読んでみることは、意味のあることであろう（図88）。
　これ以外の興味ある点は、読者で探し出してもらいたい。たとえば、リブラ libra（ポンド）の省略記号が lib に始まり、*lib*、*lb* を経て、こんにちのポ

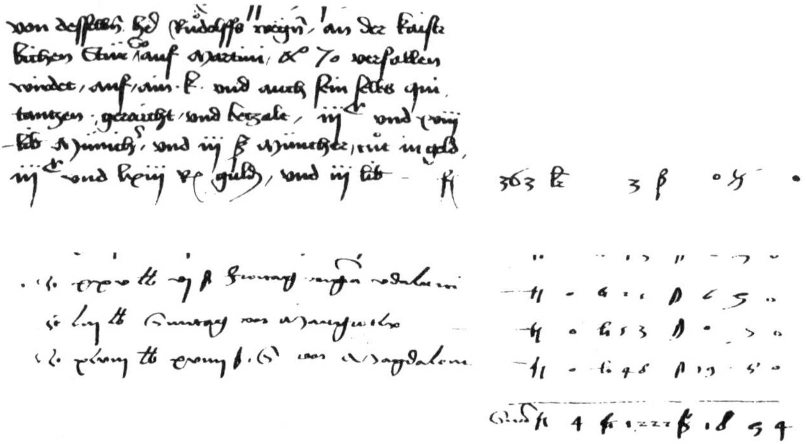

図87　アウクスブルク会計原簿の1470年と1500年の記帳。
上半：同一人物ルドルフ氏について、1470年聖マルティヌス祭日が期限である皇帝への租税の支払いについて、皇帝名の領収書が用意された。そしてルドルフ氏にも領収書が渡された。金額はiii^c、xviij ミュンヘン・リブラ、iij ミュンヘン・シリングで金貨である。
(iii^c、lxiii r. guld, iii lib ― f 363 lb 3 s 0 h 0.)
下半：それから聖ウルリッヒの祭日の前夜に25ポンド6シリング
(xxv lb vj s = f 0 lb 25s 6h 0)
それから聖マルガレーテの祭日の前の日曜日に53ポンド(liij lb=f0 lb 53s 0h 0)
それから聖マグダラの祭日の前の土曜日に48ポンド19シリング
(xlviij lb xviiij s = f0 lb 48s 19h 0)
合計　f4 lb 1222s 18h 4 。

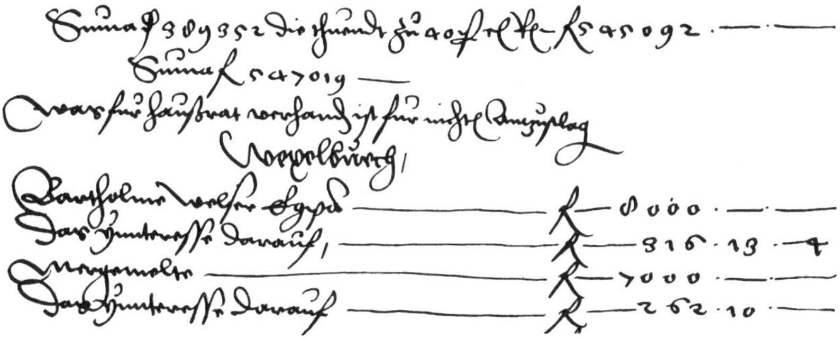

図88　アントン・フッガーの全財産目録の抜粋。1533年作成。
この両替会計帳簿で、第一項にヴェルサーの名がでている。これはアウクスブルクのもう一人の裕福な商人の名であった。「それにかかる利息」とは、フッガー家の融資に対する利息の金額のことをいっている。
アウクスブルクのフッガー侯爵基金の懇篤な許可をえて再掲したもの。

　　　合計ダカット（飾り付きの d ）389 352、各40クラウン
　　　ライン・ギルダー　　f 545092.-.-
　　　合計　f 547019
　　　家計費用の手持ち金額は、合計に含まれない。
　　　　　　　　両替帳
　　　バルトロミュー・ヴェスラー商会　　f 8000.-.-
　　　それにかかる利息　　　　　　　　　f 316.13.-4
　　　種々の掲載済みの諸項目　　　　　　f 7000.-.-
　　　それにかかる利息　　　　　　　　　f 262.10.-

ンド記号£あるいは ℔ になったいきさつ、また、xが果てしなく繰り返された結果（図85）ℨになった次第の探索は読者にまかせよう（頁141の最下図を参照）。

（4）筆記数字と数計算法

ここにきて、読者は、新しい種類の数字が古いものから置き換わったということだけに、どうしてこれほど大騒ぎをしてきたのかと不思議におもうかもしれない。そういう質問を投げかける人はみな、インド数字体系の基本を理解していないことをあらわしている。

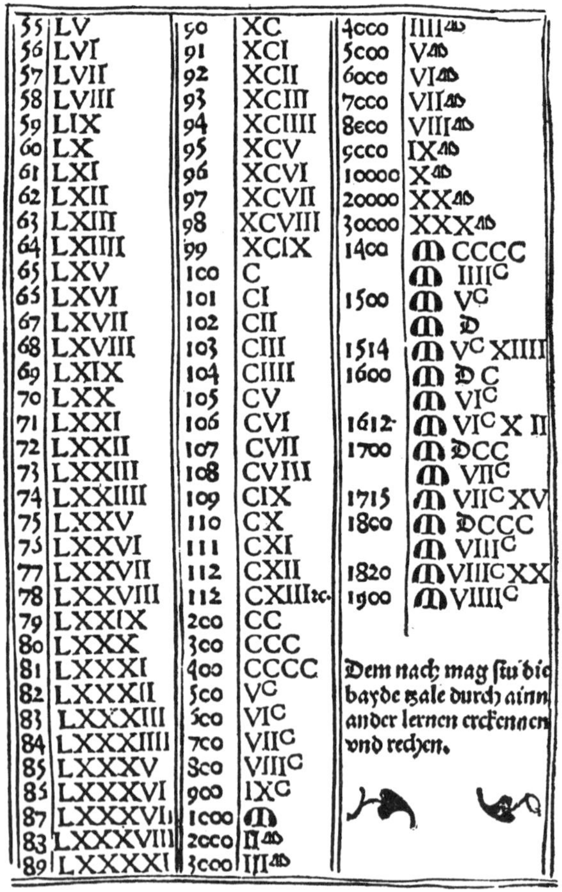

図89　新式数字体系学習用の表。ケーベルの算術書より。1524年。

原始的な序列化と束ねのグループ化の規則が、いまやその地位を奪われた。こんにちのわれわれにとっては、数の束ねという満足度の高い、見た目でよくわかる特質を棄てて、より一層精巧な位取りの法則を採用することが、それほど大きな困難であったとはとても考えることはできない。一目みれば、新しい数体系の方が筆記が容易であることにおそらく気付くだろう。しかし、それは、その体系にすでによくなじんでいる者にとってのみ、そうみられるのである。16世紀の算術の教科書は、新しい数字とその使い方を一般の人たちに理解させるために、文言による説明と図表を使って、またドイツ式の数とインド数字との比較をするなどして、信じがたいほど長々と述べている（頁202、345参照）。

　数字化、つまり単に数を筆記するということは、それ自身が学校での、また教科書の中の主要な課題であった。そして、一般向け教習書の最古のものにあげられていた教理問答においてさえ、そうであった。ドイツ中東部のヴィッテンベルクで1525年に印刷された典型的な教理問答書を例にとろう。そこには、神の十戒、主の祈り、洗礼、告白などとともに、ドイツ式の数と新式の数字を扱う項目があるのがみてとれる。

　ちょっと見ただけでは、この新式の数字は、より簡潔なものであることに気づくにすぎない。ところが、よく見直すと、もう少し深いところが見えてくる。新しい1から9までの単位数字をもって、いまや初めて計算をすることができるのである。

　こう述べることによって、数字を筆記することと計算の演算をすることとは、二つの全く別々のものであることにやっと気づくことになる。いままでのところ、話し言葉の数と筆記する数字について詳しく論じてきたとはいえ、計算法については、全般的に何も述べてこなかった。では、人びとはローマ数字で計算はしなかったのだろうか。その通り、しなかったのである。かなり簡単な掛け算の例をみてみよう。

325×47	左をローマ数字にすると	CCCXXV・XLVII
2275		MMCCLXXV
13000		ⓂMMM
15275		ⓂDCCLXXV

この計算は、知識にとぼしい読者には、どうみても不可能にみえる。

　では、中世を通じて使用された数字体系を創り出したローマ人たち自身はいうまでもなく、中世の人たちは、どのようにして必要な計算をしたのだろうか。計算法についてのこうした疑問、さらには筆記数の真の目的が何であるかについての疑問は、こんにち大部分忘れさられているが、文化史の中で魅力たっぷりの研究課題を提供してくれる。それは計算盤、算盤である。

第5章　算盤

1. 計算盤の本質

> 「慈悲深い神意をもって、高所から
> 神は計算という崇高な術技をあたえたもうた。
> これによって認識することができる
> 神がいかに全知全能であるかを。
> 神はすべてを安定された
> 数と長さと重さにおいて。」
>
> 　　　　　　　　計算術をたたえる古い詩文より
> 　　　　　　　　[訳注：旧約聖書；知恵の書11:20]

　未開人が、17個のココヤシの実をすでに持ち、それにもう6個加えて総数を知ろうとする。どのようにして答えをだすだろうか。われわれがアルファベットをとなえるのと全く同じように、彼は17個のココナッツを数え、さらに、もう6個を数える。計算は全然しない。単に23に到達するまで数え続けるのである。とはいえ、ある意味では、彼は二つの数を一つに合わせる計算をしたのである。それから、彼は、それらのココナッツを小石あるいは棒きれを代替にして、その量を置き換えることができる。丁度セイロン島のヴェッダ族がするようにである。こうして彼は、答えを有形のものとして「把握した」のであり、それを「書きつけ」さえしたともいえる。アラブの商人たちは、大事な数をこうした「小石で書いた」形にして、小さい鞄に入れ、身につけてよく持ち歩いたとおもわれる。こんにち使用している硬貨でも、もしその額面の価値を無視するとすれば、一種の代替の量であって、必要な数をあたえてくれる。したがって、一種の数字である。仮に743をとってみよう。この数を743個のペニー硬貨として持ち歩くことはない。そうではなくて、それらをグループに束ね、あるいは合わせて5ドル紙幣一枚と1ドル紙幣

二枚、10セント貨四個、そしてわずか三個のペニー銅貨とする。なぜ、そうするのか。当然のこととして便利さがいろいろあるが、この方法で束ねることによって、その数をよりやすく読むことができるのである。

　こうした「小石の数」を使用しない未開の数字体系では、計算はどのように行われたのだろうか。では、まず一人の農夫が60と457を三段階に加えてゆく方法をみることから始めよう（図46参照）。第一段階として、その農夫は最初の数457を自身の使う記号で書きとめる。それから、最初の数とは全く無関係に数60を書き記す。そして最後に、この二つの数を一緒に束にする。（図46のように）まずVの束を作り、最後にOの束にする。それによって、最終的にその答えを極めて容易に読み取ることができる。この例は、もとの数をすべて一度に書き記したときに起こることを段階的に示している。その農夫はすべての列を順に消し去り、それらを束ねることによって置き換えた。それは丁度ゴットフリート・ケラーの屑屋の老女がしたように（頁85）である。

　農民の使う数は、本質的にはローマ数字と異なるところはない。しかし、それと同じ計算法が大商家の計算事務所で行われたであろうか。チョークで小板か台盤を使ってローマ数字を書き記し、その和を計算して、その後それらを抹消し、その最後の結果だけを会計簿に記入するという方法だっただろうか。もちろん、そんなことはしなかった。商人、役人、計算所の事務員たちは、計算ではローマ数字をやめて、もう一度小石、または計算玉によって計算した。未開人がしたように、単に小石を列に並べるということはもはやせず、代わりにそれを計算盤上で行った。

　そのわけは理解できる。一つには、計算盤あるいは算盤は、数をよりやすく処理できるように束にグループわけすることを助ける。そしてまた、数を移動できるようにし、それによって、常に書いては消し、また書くといったことなしに、いろいろな方式に合わせることができる。では、それをどのようにすればよいのか。6238のような大きな数は、大きいものと小さいものといった違った種類の小石、または違った色の小石によって、グループにわけることができる。しかし、そんな方法はとらない。計算玉は、その位置によって、そのグループの価値があたえられる。そのために台盤や小板を細長い幅あるいは縦の欄に分け、その一つ一つに一の位、十の位、百の位、千の

位をわりつけて、それに数6238をたやすく分割して、計算玉を使って「書く」わけである（図90）。こうして、九つ、あるいはそれ以下の計算玉が、どの一つの縦の欄にもあらわれて、何の苦もなくそれを目にすることができる。

　これは本当に中世で行われた方法だろうか。その質問は全く当をえている。なぜなら、それは、完全な位取り表記法の成熟した形が計算に用いられていたが、他方、人びとは実際の筆記には、盲目的に頑固に数の序列化と束ねのグループ化の素朴な規則に固執していたということを意味することになるからである。

　しかし、まさにその通りであった。人たちは計算には、十を基本にした段階付きの成熟した位取り表記法を使用した。だが、筆記には古い数字を使い続けていた。その両者は何世紀にもわたって平行的に使われてきた。ローマ数字が人気があり、単純であったために支払った代償は、計算には役立たないということであった。しかし、この不利は、また、より進んだ段階配列法による計算盤を使うことによって、上手に避けて通ることができた。数字と計算盤が互いに補完的に使用されることによって、単純な計算にとっては最適の便利な道具が作りだされ、人びとは、それから決別することを極度に嫌った。新しいインドの数体系の本質は、本当のところ何であろうか。それは、計算盤のより進んだ法則、つまり位取り表記法を数字にまで拡大することによって、数を表記することと計算をすることの二つの面を合体して、一つの手続きにすることである。しかし、中世期には計算と数の表記が分離していることは決して自覚されなかった。人びとは実益を求めて、知的、精神的な完全さは求めなかった。インド人が進めたような一歩を、誰も進めてみようという気を決しておこさなかった。文化の歴史が繰り返し示している。問題が究極の完全な姿にどれほど近づいていようとも、あと一歩を進めるためには、その文化にそうした一歩を出すための知的な

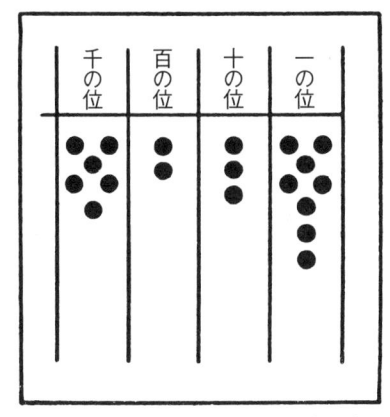

図90　計算盤の基本形。数6238を示す。

準備ができていることが必要で、それによって初めて完全な成熟への発展が確実なものになるということである。このように述べたことの顕著な例は、いままで見てきた位取り表記法である。中世ヨーロッパは、それを何世紀にもわたって持ち続けたばかりか、古代においてすら、それは人びとに全くよく知られていたのである。ただ、それは計算盤上にであった。

さて、これから算盤の歴史をとりあげよう。

2. 古代文明の計算盤

古代の人たちが行った計算方法については、ほんのわずかしか知られていない。バビロニア人、エジプト人、インド人だけでなく、ギリシア人、ローマ人についてもそうである。エジプトのパピルスにある算術の問題と質問をみると、ファラオ時代の数学的思考を知ることができて興味深い。しかし、エジプト人たちが解をみつけ、あるいはみつけようとした実際の演算については、（算術の）いろいろの規則から苦労して推理しなければならない。そして、多くの場合、それは推測に過ぎないのである。これら古代の諸文化のすべてで用いられた数字については知られている。それらは、計算が計算盤上で行われたという仮説を支持している。しかし、書記されたもの、絵画にしたもの、あるいは考古学的な証拠資料などに欠けている場合には、われわれは暗黒の中を手探りすることになる。

そうした証拠品は、不幸にしてギリ

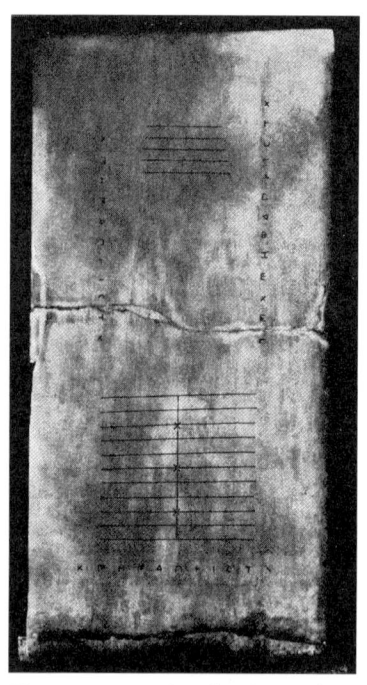

図91 サラミス島の書写板。現存するただ一つの古代ギリシアの大型計算盤。大きさ 149×75×4.5 cm（周辺の厚さ 7.5 cm）。国立博物館、アテネ。

シアとローマを除いては古代世界を通じて失われてしまっている。ギリシア人、ローマ人が実際に用いた計算盤と、計算盤の描写、ないしは説明が、それぞれほんの少し、こんにち残されているに過ぎない。したがって、それらが文化史上稀な貴重な証拠資料として、特に珍重されているのは当然のことで、驚くことではない。以下に二、三の珍しい実例について述べ、説明することにする。その中のいくつかは、本書が最初である。

(1) サラミス島の書写板

こんにちまで保存されてきたただ一つの古代ギリシアの計算盤は、前世紀の中頃、ギリシアのサラミス島で発見された白い大理石の小板である (図91)。その正確な年代は不明である。

二組の平行線がこの書写板に彫り込まれている。一組のものは、11本の線からなり、真ん中で縦の線で仕切られている。もう一組のものは、5本のより短い線からなっていて、最初の組から少々離れている。その書写板の二つの長い端に沿って、また短い端の一つを横切って、文字が書かれている。そうした文字は、初期のギリシア数字と確認できる。それはまた、古代のコインの貨幣単位の名でもある (図62参照)。

T	⋈X	⊓H	⊓Δ	Γ⊦	ICTX
タレント	1000	100	10	1	1 $\frac{1}{2}$ $\frac{1}{4}$ $\frac{1}{8}$
=6000		ドラクマ			オボロース

タレント、ドラクマ、オボロースは、いずれも貨幣単位。

右の三つの記号 C、T、X は、二分の一、四分の一、八分の一オボロースである。C はヘミオボリオン hemiobólion (半分 hemi- の記号 C で表される。なぜなら古代都市国家ボイオティアでは O は 1 オボロースを意味したから)、T はテタルテモリオン tetartemorion (T は四分の一個)、そして X はカルコス chalkós (X は銅あるいは鉱石) と呼ばれる。後者の二つ T と X を、上の数列の左端におかれているキリイオイ chílioi を示す記号 X と、タラントン tálanton を示す T と混同しないこと。貨幣価値から切り離されると、ドラク

マの分数はローマ式のように抽象的分数となる。

　　　1ドラクマ＝6オボロース＝12二分の一オボロース
　　　　　　　＝24四分の一オボロース＝48八分の一オボロース

これら、数の価値をもつ記号は、この書写板が計算に実際に使用されたものであることを証明している。それは、おそらくきっと、すでにみてきた公共会計を行う政府の財務局においてであったろう（図63参照）。それで、ギリシアの歴史家ポリュビオス（西暦前2世紀）が記した次の文章を読んでみると、このサラミス島の書写板は、一般論としてすでに述べた計算盤と本質的に同じであることがわかる。

　　諸王を取り巻く廷臣たちは、計算盤の線の上の計算玉と全く同じである。というのは、計算人の意志次第で、計算玉は単にカルコス chalkós 以下の価値しかつけられないか、それとも一タレント全部の価値がつけられるかである。（頁29のアリストファネスからの引用も参照）

カルコスとタレントはもちろん、それぞれこの書写板上で目盛りの一番右と一番左にあって、最低値と最高値として示されている。計算では、計算玉はこれらからそれぞれの値をあたえられた。もし、それがカルコスを示す記号の下におかれると、それは一オボロースの八分の一の価値をもつことになる。しかし、もしもタレントの記号の下の空間にそれを動かすと、その価値はほとんど三十万倍にも増加する。位取り表記法のこれほど生き生きとした例はめったにみることはできないだろう。

西暦前7世紀という早い時期に、アテネの賢人で法典制定者であったソロンは、専制君主の寵臣を計算玉にたとえていう。その価値はすべて、それをある位置から別の位置に押し動かす人の気まぐれにかかっていると。この比喩は、計算盤が使用されている限りの何世紀にもわたって生き続けた。これについては、もう一度18世紀に姿をかえたもので出会うことになる。

計算盤あるいは計算机をギリシア人はアバキオン abákion と呼び、ローマ人はアバクス abacus とした。ギリシア語 ábax は円い皿、あるいは足のない

杯を意味した。そしてまた、脚無しの机でもあった。この語がセム語アバク abq（粉末）に由来するということはまずなかろう。セム人たちも、特に後期に、文字を書き、計算に使用するのに同じような砂で覆った書写板を使っていたとはいえ、そのセム語由来はありそうにない（頁198参照）。アバクスはまた、大理石や銀で高価な象嵌細工をほどこした華麗なローマ式展示台であり、また、大理石の粉末をねった土で覆った滑らかな壁板のことであり、さらにドーリス地方の円柱の柱頭の最上板をも意味した。古代には、この語アバクスは、平らな机、ないしは平たい盤を一般に意味するものであった。ローマのアバクスの名は、中世を通じて計算盤として用いられた。ギリシア人はこんにちなお、機略縦横な人物のことを「彼は自分のアバクスを知っている」ksérei tòn ábakon という。

　計算玉は pséphoi（小石）と呼ばれた。Psēphízein の文字の意味は小石を投げる、小石で打つ、小石でおおうであり、「計算する、算定する」という意味の一般語でもあった。このギリシア語自身、一般に計算がどこで、どのようにしてなされたかを示唆する証拠をあたえてくれる。14世紀にまでくだって、ビザンティンの学者マキシムス・プラヌデスは、自著であるインド数字を使う計算術教科書に『インド方式の小石配置法』Psēphophoría kat' Indôus という表題をつけた。古代の表現がいかに深く算盤に根をおろしていたかを示すものである。

　ギリシア人はまた、計算盤の各欄に計算玉をおくことに加えて、三角、直角、正方形などの「幾何学的な数」の形をとるように独立させて計算玉を配列した。これらの「小石の数」（計算玉の数）は、後年、数学史において「表象数」として現れるもので、数と幾何学模様との関係の最古のものを示している。これら小石の数の助けをかりて、ギリシア人は数理論の重要な法則をいろいろと発見した。たとえば、二つの連続する平方数の差は、常に奇数であるという法則である。一連の平方数（●）の中で、すぐ前の平方数に加えられる「角」（○、ギリシア語 gnómon）を右に示してある。

　ひるがえって、算盤自身の上で実際にどのような演算が行われたのかについては、何の情報もこんにち残されていない。しかし、われわれは、その演

2. 古代文明の計算盤

算法を高い確度をもって推論できる。あのサラミス島の書写板にある全般的配列から、また、線を引き、また刻んだ欄のあるいろいろなギリシア式計算盤の残された断片から、そして、なかでも豊富で適切な情報のある中世の計算盤から、そうした演算法が推論できるのである。

サラミス島の書写板を使うにあたっては、計算者はその右手の長い側に向かって立つ。彼の計算玉 pséphoi は二つ組の平行線の中間につみあげられているだろう。その板の左端の一つの組のいくつかの線は彼が面しているものであって、整数用として使用された。また、右端のもう一つのグループは分数用であった。小さい十字の印は欄を示した。右にあるものは単位数を分別し、左のものはタレントを示した。もしも、その計算が金銭と無関係のときは万の位を示した。

例をあげよう。7476という数量を4825に加えるとしよう。まず最初、計算者は小石を適当な欄に入れて数4825を形つくる（ここでは●で示す）。その際、五つずつのグループ化の規則を守って、偶数の各欄（二番目、四番目など）で常にこれにしたがう。図92に示す通りである。次に、最初の数に第二の数7476（×で示した）を単に「あたえる」。正確には、ギリシアの専門用語 syntithénai、ラテン語 addere (ad-dare より) である。これからドイツ語 addieren、英語 addition（付加）がつくられた。この計算手続きの最初のステップでは、最初の数を「記す」あるいは記入する。第二のステップは足し算そのものである。そして、束ねのグループ化の第三ステップで五つの単位数が五つからなるグループをつくり、あとの二つのグループは十からなるグループをつくる。つまり、次に高次の欄の一単

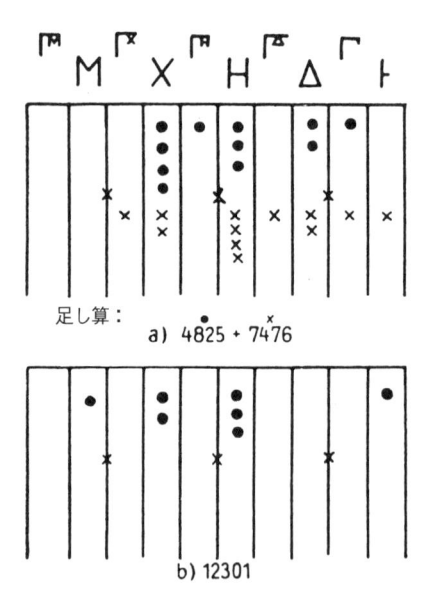

図92 サラミス島の書写板での計算 4825 ＋ 7476 ＝ 12301。

位である。この計算が「純化され」てのち、——中世期に、このグループ化のことを純化と呼んだ（ローマ人は purgatio rationis といった。[訳注：purgatio 清潔にすること；rationis 計算]）——計算者は最後の数を読み取ることができる。答えは12301である。この結果は、また計算の途中の数の上に、「頭の数」（多分、中間線の上）としておかれたものであろう。この頭の数という表現は、ギリシア語 kephálaion（kephalé「頭」より。図63参照）、ラテン語 summa（summus「最高のもの」より）が示唆している。このように、農民の行った計算法に見たものと全く同じ手続きが計算机でも必須なのである。

　引き算の例として3509－1847をみてみよう。先と同様に図示で演算する。最初の数を記入する（図93で●であらわす）。そして、第二の数を最初の数から「取り除く」。ギリシア語 aphaireîn、ラテン語 subtrahere「引き離す」であり、これからドイツ語 subtrahieren、英語 subtract（引く）が由来した。この過程で、第二の数は記憶しておくか、どこかに記録しておかなければならない。サラミス島の書写板では、端にある数の列の一つで、それが行われたに違いなかろう。または、最初の数が中間の線の上に、また第二の数はその線の下にくるように配列することで、行われたかもしれない。

　どの欄で引き算を始めるかで違いは生じない。最高位から始めてもよ

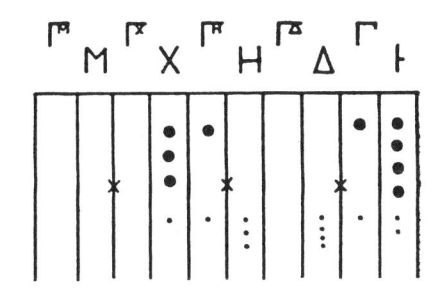

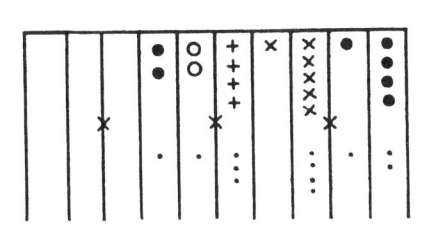

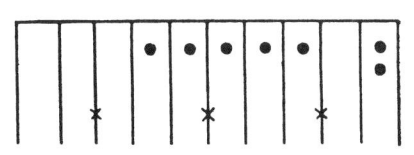

図93　サラミス島の書写板での計算 3509－1847＝1662。
上：3509（●）と 1874（・）をおく。
中：一千を二個の五百（○）に、五百一つを五個の百（＋）に、そして一百を十個の十（×）に変える。
下：答え1662。

いし、その他の位で始めてもよい。大事なことは、「取り去る」ことができなければならないことである。いいかえると、ある欄にある最初の数の小石の数は、第二の数の小石よりも小さくてはならない、ということである。もしも、そうでないことが起こったら、位をより低い位に変えなければならない。足し算の手続きとは違って、数はグループから解かれる。つまり、一つの10は二つの5に、一つの5は五つの1に、右手の欄でグループから解かれる。そうすれば、「取り去る」ことは全く容易に行うことができる。そして、計算盤上に残る小石の「残り」が答えになる。いまの場合は1662である。

　サラミス島の書写板の三辺に沿って刻まれた数記号の列は、何のためのものだろうか。それらは、間違いなく算盤に置かれる数の「代替」記録の役目を果たした。掛け算で、$874 + \frac{5}{6} + \frac{1}{12} + \frac{1}{24} + \frac{1}{48}$ に93を掛けるとき、計算人は、これら最初の数を常に自分の目の前にとどめておかなければならなかった（図94）。さて、その計算人は答えを出すために少しずつ各欄を使用しなければならなかった（ローマ式算盤上での掛け算の演算方法の例を頁177で説明することになる）。おそらく、こうした演算では、もう一人の計算人が、机の左側に立ち、その中間線の彼の側で計算をしたのだろう。これに見合う中世期のものとして、ディンケルスビュールの計算机とバーゼルの三首長の計算机（図140、141参照）がある。

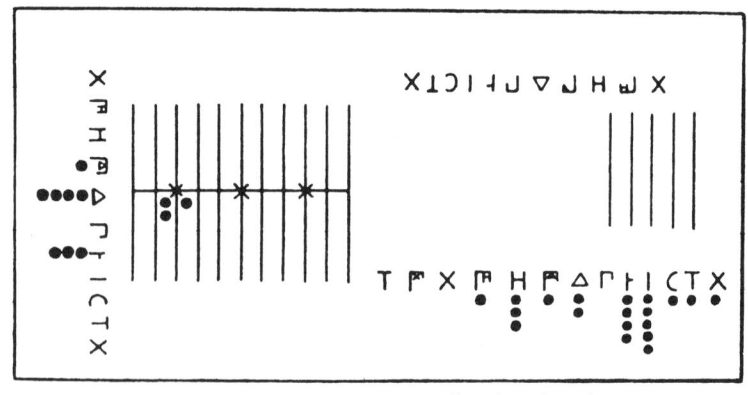

図94　サラミス島の書写板での掛け算 $(874 + \frac{5}{6} + \frac{1}{12} + \frac{1}{24} + \frac{1}{48}) \times 93$。
すなわち874ドラクマ、5オボロース、二分の一オボロース、四分の一オボロース、八分の一オボロースに93を掛ける。

サラミス島の書写板とポリュビオスからの引用文の他に、また偶然にも第三の目撃者がある。それは、ある計算人が演算する姿が描かれている有名なダリウスの壺である。

(2) ダリウスの壺

ダリウスの壺——赤色で人物像を描いたアテネ様式のこの見事な儀式用の壺は、プーリア（アプリア）州のカノッサ（古代のカヌシウム）近辺の古代墳墓から発見された。ペルシア戦争を祝って製作されたもので、ナポリ国立博物館に所蔵されている（図95）。プーリアを含むイタリア南部は、古代はギリシア文化圏のうちにあった。三つの帯状の輪に描かれている人物像の最上段に、ギリシア最高神ゼウスと他の神々が、ペルシア人に威嚇されたヘラスをその保護のもとにおいている。中段にはペルシア王ダリウスが王座につき、ペルシア人の一人が王の前に立ち、王がギリシア人に対する

図95　ダリウスの壺。ある計算人が計算机についているところ（一番下の列）を描いたもの。古代の描写としてわずかに二つ知られているもののうちの一つ（もう一つは図97参照）。高さ 1.30 m。最大周囲 2 m。おそらく西暦前4世紀のもの。国立博物館、ナポリ。

図96　ダリウスの壺に描かれている会計係。自分の計算机に着席していて、机の上に計算玉が散らばっている。

遠征案を実施することに警告を発しているようにみえる。ダリウスのまわりに配されている人物像は、王の廷臣たちと、政府の役人たちを表している。最も下の段には、ダリウスの王室会計係の意味深い描写がある（図96）。

　一人の男がペルシア風の服装をまとい、コインの袋を手にして机の前に立っている。彼は各地で征服された人たちが支払った租税を持参している。それら被征服者たちは、その男のうしろに一人一人ひざまずいている姿で描かれている。ペルシア人の会計係は小さい机を前にして坐っていて、その机の上にはいろいろな記号がある。MΨ（ボイオティア式でX 1000）、HΔΓとΟ（ボイオティア式でオボロース）、く（あるいはC、半オボロースを示す記号）、そしてT（サラミス島の書写板上の意味と同じ意味をもつ）などの記号である（頁151参照）。目立った特徴は、五つからなるグループが欠如していることである。なぜなら、記号Γは明らかに一の位の数を示している。したがって、分数を別にすると、十進法のみが使用されている。サラミス島の書写板とは対照的に、計算玉、あるいは小石は、刻み込まれた欄なしに、数の位を示す記号の下に直接に置かれている。おそらく、記号Hの上（この絵では逆さになっていて下）にみられる小石は、ローマ方式にならった五つからなるグループを示しているのであろう（頁177参照）。こうして、数 1731-4/6 をダリウスの壺で読みとることができる。もちろん、この表示全体が象徴的なものである。

　計算人は左手に、二枚折りの書写板、ないしは二つの小板を持ち、その板に talanta H （100タレント）の語が読みとれる。彼は算盤上に順に並ぶ金額をこの小板に記録する。このように、古代の計算の生きた姿が全くの幸運から保存されてきたのである。

（3）エトルリアのカメオ

　ダリウスの壺と、エトルリア由来のこの小さいが精巧に彫刻されたカメオは驚くほど似かよっている（図97）。この珍宝には、ダリウスの壺にある会計係とほとんど全く同じ位置を占め、同じ態度をとっている一人の人物がいる。小さい、三脚の計算机について坐っていて、その机の上に計算玉が三つの小さい球で示されている。ダリウスの壺にある計算人と同じように、彼は左手に小さい書写板を持っている。そこにはエトルリア数字が書かれていて、

その人物が何をしているかが、疑いをはさむ余地なく示されている。その書写板は、おそらく数 1、5、10、100、そしてまた確実に 1000 を表す記号が二列に並んでいることを、示しているのだろう。それらの記号は計算机にもある。記号 Λ と X は、すでに見てきたエトルリアのコインでよく知られるところである（図30参照）。

この壺とカメオの両芸術作品は、由来が互いに違い、製作年代も確かに違ったものであるのに、その二つの表現がよく似ているということは、商人であろうと両替人であろうと、計算人たちには共通の普遍性があったことを証拠として示すものである。

図97　エトルリアのカメオ。計算人が机についている。高さ 1.5 cm。メダル収集館、パリ。

種々の言語で使われる計算人の名称すら、ギリシア語 trapezítēs、ラテン語 mensarius 計算机につく人（ラテン語 mensa 机）のように、計算が計算机の上で行われたことを疑いの余地なく示すものである。それは丁度、こんにちの銀行家（バンカー）が究極的には、中世の「計算用のバンク」（ベンチ、仕事台）から、その名を由来しているのと同じことである。計算用のバンクは銀行家の仕事の道具であった（図213）［訳注：bank の語源は bench］。

エトルリアのカメオをもって、本論はローマ人の世界に入ってきた。

(4) ローマの携帯用算盤

ローマ人は小さい計算の目的に計算盤を極めて賢明に使用したことが、わずかに二つしか残っていない実物から知ることができる。その二つのうちの一つは、メダル収集館として知られるパリの大コレクションに収められている（石膏鋳型の写真。図98）。もう一つは、一時期、有名なイエズス会士アタナシウス・キルヒナー（1680年没）のものであったが、こんにちローマのテルメ博物館に所蔵されている。このローマの算盤が携帯用の大きさであることを強調するために、著者は実物を自分の手にもって写真を写した（図99）。アウクスブルクの学者マルクス・ヴェルザーもまた、ローマの携帯用算盤を

2. 古代文明の計算盤

一つ所有していたが、こんにち失われてしまっている。ただ、幸いなことに彼はそれを正確に図示し、記述を残している（彼の『史学・言語学書』Opera historica et philologica, 1682年）。ヴェルザーの算盤は、他の二つのものと同じであるが、ただ一つの違いは、左の端に小さい溝が三本ある（一本だけではなく）ことである。これら三つのものをもとにして、ローマの携帯用算盤についての信頼できる確かな説明ができることになる。

小さい青銅製の書写板に、八本の長い溝 alveoli が刻まれており、同じ数

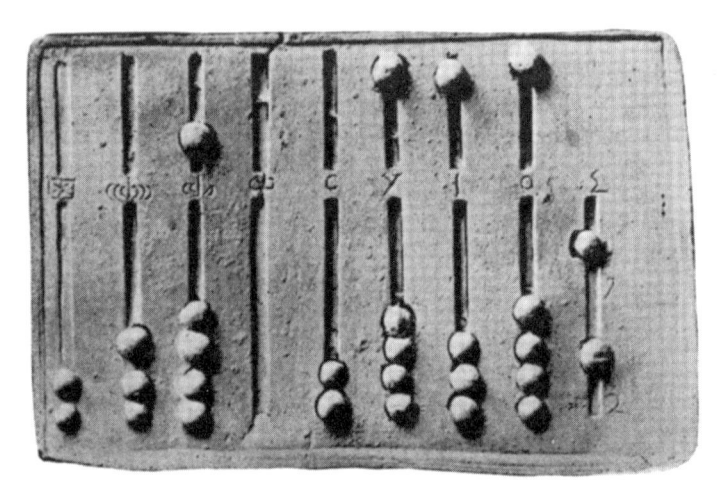

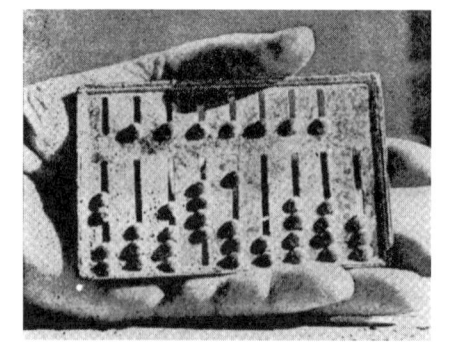

図98（上）　ローマの携帯用算盤。パリのメダル収集館の実物からの石膏鋳型。ほとんど実物大。上下の溝の間にローマ式数記号がある。

図99（下）　正真正銘の携帯用算盤。現存する二番目に古いもの。現在ローマのテルメ博物館所蔵。

の短い溝が上部にある。右端には別の長い溝がある（ヴェルザーの算盤では三本）が、上の短い溝はない。二列の溝の間の盛り上った表面に、全数を表すローマ式記号がある。また、ウンキア（オンス）unciae を示すもの、そして最右端の溝に沿って二分の一、四分の一、三分の一のウンキア（ラテン語 semuncia 1/2、sicilius 1/4、duella 1/3）を示すものもある。

	スクループル単位	オンス単位	名称	記号
1	12	$\frac{1}{2}$	semuncia（semi-uncia）半オンス	Σ
2	8	$\frac{1}{3}$	duella（duo-sextuale）六分の二オンス	⌣⌣,2
3	6	$\frac{1}{4}$	sicilius は sicel 記号から命名	）
4	4	$\frac{1}{6}$	sextula 六分の一	⌣
5	2	$\frac{1}{12}$	dimidia sextula 六分の一の半分	Ψ
6	1	$\frac{1}{24}$	scrupulum 小石	SS

これらの溝の中で、小さい球（claviculi 小さい釘）が動かされる。その小球は、長い溝のそれぞれに四個（ウンキアの場合は五個）、また上の短い溝には各一個がある。

では、計算はどのようにして行われたのだろうか。こうした算盤は最も簡単な問題にしか用いられなかった。たいていの場合は、二つ、あるいはそれ以上の数の足し算であった。では、整数の計算をしてみよう。最初の数 5328 を「挿入する」ために、計算玉を中心近くの盛り上がった橋状のところへ向かって押す。その橋の上の列は五によってグループ化したものである。こうして、上部の短い溝に5の形を作るために、玉を下方向へ押す。次の単位数3を作るために、図に示すように、次の単位の溝の中で玉三個を上に押しあげる。読者は、残りの手続を自身で進めることができるだろう。

さて、第二の数を最初の数に加えるには、計算机の上で自由に動かせる計算玉のようには、携帯用算盤では別々に置いた二つを合算

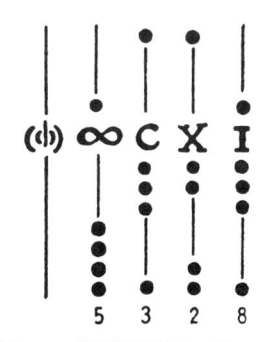

図100　携帯用算盤上の数 5328。

して答えを出すことはできない。ここでは、合算は同時に行わなければならない。つまり、計算者が頭の中に入れておくか、あるいはどこかに記録しておくかする第二の数は、ただちに段階をふんで、最初の数と合さなければならない。

　上述した携帯用算盤の実物は二つしか現存していない。しかし、ローマの写実的な彫刻に計算中の計算人を示す非常に貴重なものが残っている（図101）。図は、ある商人の墓石の彫刻であるが、その左のすみに、その家の計算人が携帯用算盤を手にして立つ姿が象徴的に描かれている。その人物の位置と姿勢は、それ自身はっきりしていて、計算の手続を非常によくあらわしている。主人が金額を口述し、計算人がそれを足し算している。一家の几帳面な家長なら誰でも収支計算簿 codex accepti et dispensi を持っていて、ローマ風の家のタブリーヌム tablinum（記録保管庫）には特別の会計室を設けていた。

(5) アジアの携帯用算盤

　ローマの小型計算器は西洋には根をおろさなかった。そのことは理解でき

図101　携帯用算盤をもち、主人の口述を計算しているローマの計算人 calculator (calculi 計算玉に由来)。1世紀のローマ人の墓石より。カピトリーノ博物館、ローマ。

る。なぜなら、根づくためには前提として、数の演算をする技能が必要であったからである。その技能を一般に持っていたのは商人たちだけであった。他方、それは目をみはるほど深く、極東のあらゆる地域に浸透していった。特に中国と日本では、こんにち普通に使用されている。

そういうわけで、古代からの道のりを、ここで一度中断して、固定されない計算玉を用いる演算法を論じる前に、アジアの計算玉、ないしはボタン、珠（claviculi）を持つ算盤を検討することにしよう。それは、ローマの算盤に対応するものである。

日本のそろばん

日本のそろばんは、ローマの携帯用算盤と全くの同類である。四角い枠の中に、細い棒（日本語で桁）の上を六個の小さい菱形の珠をすべらせる。六番目の珠は下にある他の五つと縦の線あるいは棒と直角に交わる細い長い梁で分けられている（図102）。日本のそろばんとローマの携帯用算盤の違いは次の通りである。すなわち下に四つの計算玉を持つ代わりに普通五個がある。縦の棒、あるいは線は特定化されていなくて、数字記号をもたない。そろばんは、十七本にもおよぶ多くの縦の棒を持つ。そして分数用に特別にわけた棒はない。それらの縦棒には共通して、五つずつと十ずつのグループにした珠を持ち、固定された棒（あるいは溝）に沿って動く。日本人は願いごとを、よくこのようにいう。十進法の倍数を夢みて「もしも自分の月給がもう一桁でもあがったらなあ」。そろばんの上では、ローマの携帯用算盤と同じく、橋

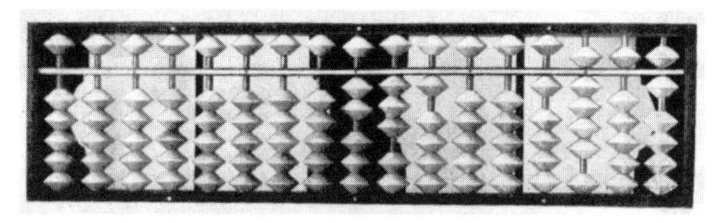

図102　日本のそろばん。17桁（線、棒）をもつ。この典型そろばんは、こんにち日本のどこででも購入できよう。数 231 を中央に、右に 1956 をおく。大きさ 21×5.5 cm。東京在住の横田のぶ子氏の好意により著者が所有するもの。

あるいは梁に向かって珠を押し動かしたときにのみ価値を持つことになる。図102でそろばん上に数231と1956の形をつくってある（図104も参照）。

そろばんは、おそらく16世紀に中国から日本に紹介されたのであったろう。その語の語源は説明できていない［訳注：語源説―算盤の唐音の訛、算盤の音転、揃盤、ソロは珠の音、など］。1870年代（明治初期）に、当時までに全世界を通じて普遍的に使用されるようになっていた西洋の（つまりインド式の）数字による筆記計算によって、そろばんはほとんど置き換えられてしまった。しかし、1930年頃（昭和初期）以来、日本の工業化と貿易の拡大の結果、再びそろばんの大きな需要が起こった。日本の商工会議所では毎年、珠算の検定と競技会を実施している。たとえば、1942年（第二次大戦中）をとってみるだけでも、四万人もの参加者が競技会で賞を競い合った。

いま、著者は目の前に日本のそろばんの教習書を一冊置いている。それは1954年の第四版で、「基礎から最高レベルの熟達まで、そろばんをものにする最新の方法を用いて」教示、説明がなされている。この教本は、商工会議所の珠算連盟に登録され、承認されているものである。この本は算術の基本の四則演算を、わかりやすく徹底的に教えている。多くの例と実地演習法をあげ、あらゆる面について十分に説明し、珠を動かす指の位置にまでおよんでいる（図104）。

そろばん珠を動かすことにも技術がいる。著者の持つそろばんは、一般の商用に使われるタイプのもので、珠のついた一つの桁は五センチの長さである。これには、しかし十字に切る横の梁があるから、一個の珠を動かすための空間はわずか四ミリに過ぎない。隣接する二つの桁は互いに十二ミリずつ離れているだけである。珠の鋭い縁同士は、わずか一ミリずつしか離れていない。さらにそのうえ、珠は桁に沿ってなめら

図103 ある日本人がそろばんで計算しているところ。台帳からひろいあげた金額を加算している。ヴォルフラム・ミュラー撮影。

第5章　算盤　165

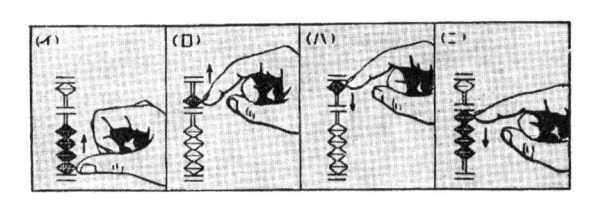

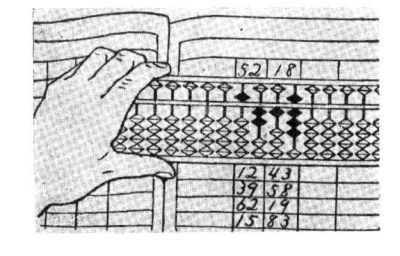

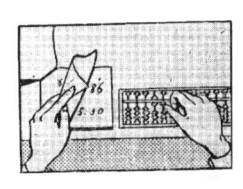

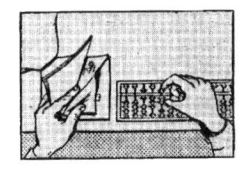

図104　日本のそろばん学習書からの抜粋。1954年の出版。
上：桁に沿って珠を動かす正しい方法を示す。
下左：そろばん上に5218をおく。こんにち数はインド数字で記されるが、計算はなお（一般に）そろばんによって行われることに注意すること。
下右：商人が元帳に記入された金額を合算する方法を示す。左手で帳簿の頁を繰り、右手で計算する。他の文化圏で他の時代に計算人が演算をしている同様な姿と比較すること（図96、97、114、158）。

からに、ほとんど完全にすべる。これらすべての状態は、器用で正確な高度の指の動きを必要とする。それは、ヨーロッパ人の指では、少なくとも最初は、何としても扱うことのできないものである。初めて二、三回そろばんを試してみて、それが瀬戸物屋に入り込んだ牛が、頭より尻の方でよりたくさん皿を壊すという諺［訳注：他人に迷惑をかける乱暴で不器用な人のたとえ］に非常によく似ていることがわかる。初心者は常に、動かそうとする珠より多くの珠を動かしてしまうことに気づく。

　算術の四則演算のすべて、特に掛け算と割り算が学習される。桁、つまり線がたくさんあることで、一つの計算のすべての数が記録できる。たとえば、因数27×6と、その結果の162もである。算盤の常で、位取りの規則は極め

て重要である。それらを例示によって、はっきりさせよう（図105）。因数 6 を左におく。そして27を桁 A と B のもとにおく。掛け算 6×7＝42 は演算して桁（C と）D におく。そして数 7 はその際、桁 B から取り除く。次に 6×2（0）＝12（0）とし、ただちに 4 と合わせて 16 にする。最終の答えは 162 である。

こうした手順を行うには、計算者は掛け算表、位取りの規則、そしてすばやく数を合算する正しい方法を知っていなければならない。いいかえると、絶え間なく頭の中で問題と取り組んでいなければならない。そういうわけで、日本では初等教育が特に重視される。そろばん計算でおこるストレスについてさえも重視されている。これは西洋人には驚きである。アメリカが日本を占領した1945年、彼らは最初、そろばんは後進性を示すものだろうとあざけり笑った。当然のこととして、アメリカ人は自称の進歩的方法を実際に示してみせなければならなかった。そこで、彼らは東京で計算競技会を開催した。三千人の見物人が押しかけた。この競技会は、いろいろな面からみて二つの異文化の競合であったが、驚くべき結果となった。

その競枝で、日本の郵政省の事務員で22歳の宮崎喜義、そろばんの特別学習歴7年が、モンタナ州ディアリング出身、陸軍財務事務官で22歳の陸軍二等兵トーマス・ネイサン・ウッズ、新式計算機経験4年と対決した。宮崎は、まさに電光石火の早業で、木製の珠をはじいたので、たちどころにザ・ハンド（指の魔術師）のあだ名がつけられた。彼は普通の日本のそろばんを使ったが、それは戦前約25セントで売られていたものだった。ウッズの電気式計算機は700ドルであった。

算盤が足し算競技で勝利した。四桁から六桁の数字の列で、六回戦を

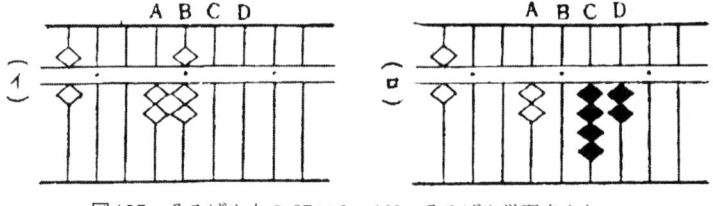

図105　そろばん上の 27×6＝162。そろばん学習書より。

すべて制し、その一つではウッズよりまるまる一分以上も早く完了した。算盤はまた引き算でも勝利した。ウッズは掛け算で奮起し勝ちをおさめた。算盤の掛け算では、何回も手を動かすことが必要であったからであった。しかし、宮崎はまた、割り算でも、最終の複合問題でも勝利した。ザ・ハンドは、さらにウッズより誤りが少なかった。

　宮崎が勝った理由の一つは、算盤のベテランがみなするように、最も簡単な算術計算は暗算で行い、その結果を算盤上に置いていたのである。そして、そこから進めていた。

「リーダーズ・ダイジェスト」50巻、1947年3月、頁47
"Hands Down"より直接引用

こんにち（1950年代）日本人は小学校、中学校でそろばんを習うかたわら、西洋でなじまれているインド数字による計算も学習する。日本人も、西洋の簿記係が事務所で計算機を使って仕事をするのと同じように計算する。しかし、大きな違いがある。それは西洋で暗算はもはや必要としないことである。そのために暗算がどんどん下手になり、計算技術は機械の単なる手の操作のレベルにまで落ちてきている。ところが、日本人は、たえず実践に心がけ、算術の技術を常に改善している。日本人は、なるほどそろばんでの計算で間違いをおかすこともある。他方、機械の誤りは誤植的なものに過ぎない。これは、もちろん機械の長所である。しかし、また大きな欠点がある。それは、十分な技術を持たない事務員たちがするでたらめな計算に苦情が絶えないことからわかることである。

中国の算盤

　算盤 Suan Pan スアン・パン——この装置は文字通り計算盤であるが、二つの珠が五つのグループ分けした線の上にある［訳注：梁の上に珠が二個、下に五個ある］（図106）。日本のそろばんとローマの携帯用算盤では、（梁の上は）一つ珠である。珠を二個にした改良によって、足し算は少しは扱いやすくなる。普通なら、まず初めに 6＋8＝14 を一本の線、ないし棒の上につくって、それから、それらを合算する。ところが、そろばんでは、ただちに合算することになる。中国の算盤は、西洋の計算尺のように、長いものはほとんど1.5

2. 古代文明の計算盤

フィート（45.72センチ）もの長さのものがあり、他方、マッチ箱ほどのものもある。中国の漢字の 算 suan（計算する）の成り立ちがおもしろい。二本の手が竹製の計算盤を持ちあげている（図107、図108）。日本と同様に、中国でも子供たちは算盤の使い方を学習する。

算盤は、すでにみた日本のそろばんの親にあたり、16世紀に初めて日本に紹介されたものであった。こんにち、両者ともに商店や事務所での計算に欠かすことのできない用具で、極東の全域にまでひろがっている。小売商店の店主は、いくつもの数を算盤で足し算することができる。西洋人がそれを筆算でするよりもずっと早いのが普通である。西洋の銀行で経験をつんだ行員が、使いなれた加算機のキイを、それに目をやらずにたたくのと全く同じように、中国人、日本人は算盤、そろばんを珠を前後に軽ろやかにパチパチと押して扱う。機械の出すガタガタの騒音などはない。算盤が東洋で長年にわたって使用され、その人気が高いことは、図109、110ではっきりと実証されている。18世紀の日本の書物からの、この楽しい木版画で、金持ちの商人が、勘定部屋で使用人たちと勘定をつけている。もう一つには、1957年に北京の混雑するある百貨店で撮影したもので、算盤が販売カウンターの上にちゃんと用意されている。

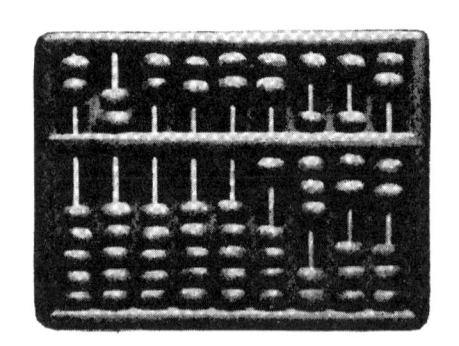

図106（左）　　中国の算盤。数 10 と 1872 を示す。大きさ 6×45 cm。したがって、これは携帯用である（図110の算盤と対比のこと）。民族誌学博物館、フランクフルト・マイン。

図107（右上）　　漢字の「算」は計算すること。
この漢字はまた中国語の算盤と日本のそろばんをもあらわす。

図108（右下）　　図107の算の意味。
二本の手（廾）が竹（𥫗）で作った計算盤（目）をもちあげているさまを示す。

こんにちなお、全盛期にあるこれら算盤の孫たちから振りかえって、その先祖にあたるローマの携帯用算盤に最後の目を向けてみよう。ローマの携帯用算盤も、商人たちが持ち歩き、自分たちのゆったりした着物の中にいつでも使えるように用意していた計算用具であった。それが、高度に発達した東洋の筆記数と並んで中国や日本で用いられ、こんにちなお続いているという事実から、ローマの携帯用算盤の重要さが評価できよう。面倒な数字をもったローマ人は、さらにどれほど多くを算盤に依存しなければならなかったことだろう。なるほど、極東の孫たちのような柔軟性には欠けていた。それぞれの溝の上に刻まれた記号に強く縛られていた。また、全く不体裁で、特にローマ式分数についてぎこちないものであった。したがって、それによって演算できる計算の範囲と度合いはずっと限られたものであった。しかし、極東型の算盤がローマの携帯用算盤の刺激を受けて発達したということは、ありえないことではなかった。中国では、算盤は12世紀より以前にはみられなかった。ローマ帝国がどれほど東方にまでその勢力を伸ばしていたかを考えてみよう。漢の時代（西暦前200年より後200年まで）に、中国とローマ帝国の間には絹、鉄、皮革などの活発な交易が行われていたことを考えてみよう。

図109（左）　日本の商人。二人のそろばん係が主人のために出した和を書きとめている。18世紀の日本のある書物からの木版画（図219、頁348参照）。
図110（右）　北京のある百貨店での場景。どのカウンターにも売り場の店員の算盤がおかれている。1957年にH.パーベルが撮影した写真。

そうした交易の結果として、（プリニウスによると）二千万セステルティウス sesterces（古代ローマ通貨）が毎年ローマから流出して行ったのであった。さらに、地中海地域と東洋の関係は、西暦前5世紀にまでさかのぼることができる。絹 Seide, silk をあらわす中国語 ser（セル）［訳注：中国語の絹は tšüan／juàn］は、ギリシア人によって採用され tò sērikón、ギリシア人は中華帝国の住民を Serer と呼んだ。英語形 Serians［訳注：古代ギリシア人は中国人を、まず Séres と呼び、それから伝来した絹を sērikón と名付けた］。こうした結びつきは長年にわたって継続し、アレクサンダー大王の東征によって更新され、さらにアラブ商人たちによってより一層緊密なものとなった。フビライハン（惣必烈汗、1215-94）が中国を征圧して、巨大な蒙古帝国、元を築きあげたとき、ヨーロッパの商人、職人、聖職者、学識者たちは、こぞってその王国へ流入して行った。ドイツ人やフランス人はフビライハンの宮廷で高位の官職についた。マルコポーロ（1254-1324）は、この王が信任した顧問官であった。ベニスも当時その絶頂期にあり、中国に交易居留地さえもっていた。

　そういうわけで、生きた架け橋が十分すぎるくらいあって、それを渡ってローマの携帯用算盤、あるいは少なくともその考え方が極東に運ばれたということはありうることであった。もちろん、この仮説に反する証拠がある。それは、東洋の算盤の計算玉は溝の中を動くのではなく、棒または糸でつながれているものであるということである。この用具は、確かに結び目のついた紐に由来したもので、アジアでの多くの形のものによって（数珠で飾られた祈祷者の紐などのように）西洋で親しくなったものである。

　そして、これらの文化的影響が曲折した道筋を旅したということは、極東の計算具が西洋に向かって逆に移動してきたという事実から認識することができよう。

ロシアのシュチェット

　アジア系のまた別の算盤が存在する。それには横に針金の線があり、その一本ずつに十個の珠がつながっていて、五つごとのグループにはなっていない。それらの珠のうちで、五番目と六番目は他と違った色に着色されていて、

計算を容易にするようになっている。それはロシアのシュチェット ščët である（ロシア語で「計算する、算定する」で、主格複数はシュチェッティ ščëty）。これらが中国の祖先に直接、あるいは間接にたどり戻れるものかどうかはともかくとして、とにかく過去に（そしていまも）ロシアで役人、小売商人、さらに一般庶民によっていたるところで使用されたものである。

偶然にも、ロシアの地主の古い写真が著者の手に入った。この人物は、シュチェットをいつでも使えるように机の上に常に用意していた。どんな計算にも使うもの、計算できるものなら何にでも使うものであった（図111）。この写真は、特にシュチェットを見せようと意識したものでないところに、特に意義深いものがある。

第二の図（図112）は、また別のシュチェットで、ペルシアからのもので

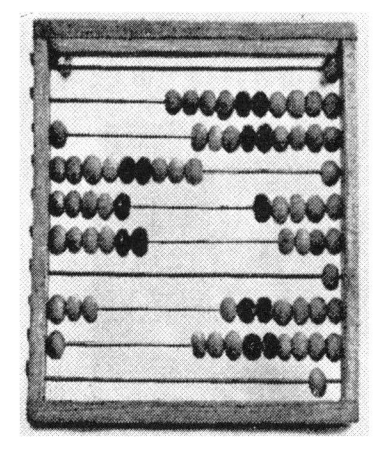

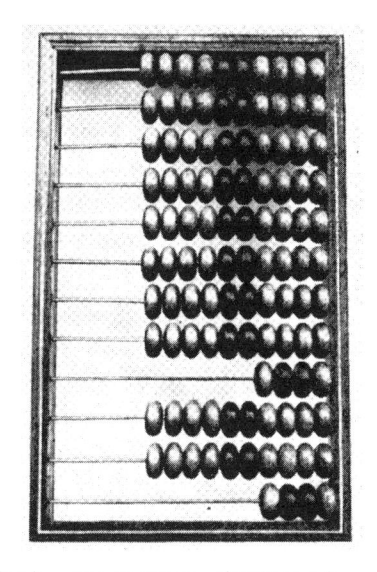

図111（左上）　ロシアの地主。事務机につき、いつでも使えるように右側にシュチェットをおいている。1909年撮影の写真より。
図112（右）　ロシアのシュチェット。ペルシアより。20×13 cm。テヘラン在住 H.ホルストによる写真。
図113（左下）　ロシアのシュチェット。数1956.31 を示す。

ある。それは、またトルコでと同じく小売商人や貿易商人によって使われ、老人たちはいまでも使っているということができる。あらゆる形の算盤の中で、これは最も人気のあったもので、庶民や素朴な人たちに最も容易に受け入れられた。必要なら自分でたやすく作ることができる。理屈上からは使うのはたやすい。それを使うことに、そろばんのように前もっての学習や、長期間の練習を必要としない。もちろん、その器具の能力についてはそろばんより多くの制約がある。

　手製のシュチェットで、どのようにして計算が行われるかをみることができる。東プロシアからの難民が著者に示してくれたものである（図113）。その針金線それ自身に位置の価値がある。金銭（ルーブル）の額を加えることに日常使用されたもので、下から四番目の線の珠の数が少なく、普通は四個（四分の一を示す）である。そして、二つの通貨単位ルーブルとコペイカを分けるための十進法のポイントの役目を果たした。その上に、上に向かって大きくなる順に、一の位、十の位、百の位を示す横棒がある。一番下の水平棒にも四個の珠があって、分数 $\frac{1}{4}$、$\frac{1}{2}$、$\frac{3}{4}$ の計算に用いることができるものである（図112）。

　シュチェットの使い方に熟達した者は誰もが、それを棄ててまで何か別の道具にかえることには非常に大きく抵抗した。著者はあるラジオ番組で算盤の話をした後に、一人の女性から一通の手紙を受け取った。バルト海沿岸のある国から退去させられてきた人物で、彼女は自分のために作ってもらったスチェットをずっと肌身はなさずに持っており、いまフランクフルトの大企業で、シュチェットだけを使って簿記係の仕事をしているといってきた。著者は実際に彼女が自分の小さい質素な「計算機」を使って仕事をしているところを目にした。まわりには電動式を使う同僚たちが取り囲んでいたが、彼女は全く意に介せず、満足して仕事をしていた。なぜなら、その計算に何の不足もなかったからであった（図114）。長い一連の数から一つずつを順に加えてゆき、中指で珠を正確に動かし、出てくるその度ごとの合計に、また新しい数を一つずつ加えているのだった（そうすることで同時に全部の数を合算していた）。

　シュチェットを使って計算する人は誰でも、まもなく、十個の珠の列の真ん中の二個に特別の印がしてあることの価値を認めることになろう。この小

型の計算具は、簡単ながら非常に有意義な人類の発明の一つであることは疑いない。それによって（たとえば車輪のように）それまで不可能であった障害を乗り越えることができるようになったのである。

極めて珍しい写真が三枚（図115、116、117）あり、いろいろな普通の人たちがシュチェットを使っている様子をみてとることができる。これらの写真は、どれも第二次世界大戦前に撮られたものであるが、撮影者が誰かを知ることはできなかった。しかし、シュチェットの重要さは、そのことをはる

図114（上左）　バルト海沿岸のある国から退去させられてフランクフルトの大事務所で働く人物。電動式を使う仲間の中にあって、この女性は手なれたシュチェットで計算している。著者による写真。
図115（上右）　村の小学校でのロシア式シュチェット。
図116（下左）　アルタイ山中でシュチェットを使う牛飼いたち。
図117（下右）　大地主の事務室で会計係がシュチェットを使って農民たちの労働時間と賃金を計算し、記録しているところ。

かに越すものがある。素朴な人たちにとって数というものを扱うことがどれほど困難なことであり、また、どのように数は人たちの文化に合わせて、ゆっくりと成長してきたかを目の当たりにすることができる。このゆっくりした成長、発展は、話された数と筆記された数から再構築しなければならないことがしばしばであるが、その成長、発展を象徴的にみることができる。

読者は初めてシュチェットの写真を目にしたとき、おそらくこれは、なぜ子供のころ遊んだベビーサークルについていた、あの小さな算盤そっくりなのか——という思いに打たれたことだろう（図118）。読者自身のその驚きのとおり、全くそのとおりなのである。あのベビーサークルにもあった算盤、あるいは計算具は、ロシアのものの子孫なのである。その歴史は、文化的特徴の移動に偶然がどのように作用するかということをみる恰好の例である。ナポレオンが1812年、ロシアに侵攻したとき、その中に陸軍中尉の技師をつれていた。聡明な読者方はポンスレーという名を知っておられるだろう。射影幾何学の創始者である。フランス軍の退却中にポンスレーはロシア軍に捕らわれ、ボルガ河畔のサラトフに連行された。ポンスレーはその町にあった間、庶民と一緒に生活をして、子供たちの教育道具としてのシュチェットの素晴らしさに魅せられた。それで、フランスに帰国してから、国の北東部のメスの町の全部の学校にそれを導入した。その町からフランスとドイツのあらゆるところに、そしてアメリカにさえも、ブーリエ boullier 数え球（フランス語 boule ブル、球、ボール）が普及した。ローマ式の携帯用算盤はこうしてアジアを通る長い回り道をして西洋にやってきたといえよう。

こんにち算盤が、西洋文化の中で使われているとすれば、それは算術計算の技法を目にみえる形で教える一つの方法としてのみ利用されている。この点に関しては、そうした利用の仕方はずっと以前にアダム・リーゼ（頁342参照）が示した考え方にもとづいている。す

図118 ジョニー坊やとその「計算機」。

なわち、位取りは算盤上と同じように正確に、紐、または針金線に割り当てられるべきものであった。これは、疑いもなく中世時代の生徒たちの学習能力を高めるものとなった。生徒たちは、有形の物としてたやすく扱えた。学習中は同時に手を使って勉強していたからであった。

(6) 固定しない計算玉を用いるローマ計算盤

いままで、古代世界を通って長い回り道をしてきたが、その間にローマの携帯用算盤の考え方の歩んだ道をたどってきた。では、ローマそのものに戻って、この回遊を締めくくることとしよう。

さらに広範囲で複雑な計算のために——たとえばローマの土地測量といった目的には——携帯用算盤に加えて、固定しない計算玉、あるいは小石による本式の計算盤が用いられた。先に見たエトルリアのカメオと、サラミス島の書写板やダリウスの壺のようなギリシアの先行物は、たとえローマの計算盤の実物が現存することは知られないとはいえ、それがどんなものであったかということのすぐれた見方をあたえてくれる。ここでも、過去の文化を守護するものとして最も信頼でき、保存性のある言語が、もう一度われわれに救いの手をさしのべてくれる。とりわけ、言語は固定されない計算玉の存在した事実を忠実に残してくれている。それで、計算盤の実物を手にしているより以上にはっきりと、そうした計算玉について知ることができる。

それは、ギリシア人が pséphoi と呼び、ローマ人は calculi と呼んだものである。ラテン語 calx は小石あるいは砂利石を意味する（ドイツ語 Kalk 石灰）。したがって、calculi は小さい石（計算玉として使用するもの）のことになる。ドイツ語 kalkulieren、英語の calculate（計算する）との関連はただちに目にみえて明らかである。しかし、ローマ人は calculare という語はもち合わせなかった。それが最初に現れるのはスペインで、西暦400年頃のことであった。ラテン語では計算の動作を calculos ponere あるいは subducere という語であらわした。「小石を置く」、または「小石を引き寄せる」である。人との勘定を清算するという意味には、ローマ人は極めて表現豊かに「人を計算石のもとに呼ぶ」vocare aliquem ad calculos といった。ある人物が利益に対しての債務を正確に計算したとき、そして、一方から他方を差し引いたとき、彼はそれを「計算石のところに友情を呼んだ」vocavit amicitiam ad calculos　あるいは、「同等の計算石を下に置いた」parem calculum ponit といった。算術計算の教師たちは奴隷の身分であり、ローマ人に calculones 計算屋と呼ばれた。これに対して身分の高い家柄生まれの者は calculatores 計算家といった。他方、arenarii 砂計算人は幾何学者のことで、丁度アルキメデスのように、砂を敷いた盤、ないしは小板に数を描いた人たちである。ローマ皇帝ディオクレティアヌスの西暦301年の賃金・物価一覧表によると、この種の数学教師は、生徒一人の指導につき200デナリを受けとっていた。しかし、算盤教師は75デナリしかもらえなかった。

　計算石 calculi の名称は、西洋では中世を通して使い続けられた。しかし、もう一つ中世時代の専門用語の、計算を「清める」（清算する）purgatio rationis あるいは purgare rationem（頁155）もローマ人にさかのぼる。皇帝カリグラについて、ローマの歴史家スエトニウスはいう。

> 十日目に処刑される予定の囚人たちに対しての死刑判決令に署名しつつ、彼は彼の勘定を清算したといった。
> Decimo quoque die numerum puniendorum ex custodia subscribens rationem se purgare dicebat

　計算玉として最初に用いられた小石は、後に象牙、金属、あるいはガラスの小さい円盤でとってかわられた（図119）。

　直接の証拠に全く欠けているとはいえ、大型のローマ式計算盤とその演算法を次のようにあらわして、それほど大きな間違いはおそらくしていないに違いなかろう。その盤には、溝の代わりにサラミス島の書写板のように平行

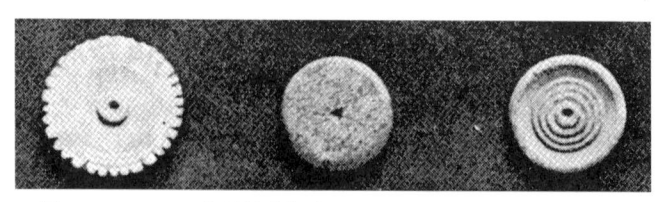

図119　ローマの象牙製計算玉。オーストリアの古代ローマの町ウェルス（旧名 Colonia Aurelia Ovilava）で発見されたもの。直径15-20 mm。市立博物館、ウェルス。

した欄が切り込んであった。そして当然五つごとの束ねのグループ化がしてあった。なぜなら、数の列の上におかれた一つの計算玉は、五つの単位数を意味していたからである。このことで、数の表現が簡略化されたばかりでなく（たとえば、数七に対しては七個ではなく、三個の小石しか必要でなかった）、計算法をも簡略化した。掛け算では、掛け算表の「半分」しか必要でなかった。つまり、1×1 から 5×5 までであった。掛け算 37×26（$= 962$）で最大の計算としては、わずかに $3 \times 2 = 6$ が必要なだけだった。なぜなら、この問題は次のように組み立てられたからである［訳注：X 十の位、V 五の位、I 一の位］。

	X	V	I
(37 =)	3	1	2
(26 =)	2	1	1.

アダム・リーゼがいったように、「掛け算を最高の位にあげること」の意味は、その掛け算の演算を最高の位から始めるということである。これは、一般に計算盤上で行う計算の目立った一つの特徴である。したがって、上の例では最初のステップは十の位の掛け算 2×3 である。しかし、その結果 6 をどの欄におくべきなのか。計算盤上での掛け算の位取りの法則は、遠いむかしからずっと難しいパズルであった。なぜなら、小型の掛け算表しか必要でないということとは対照的に、位取りの法則はただ一つの難しさであった。ここでは、掛け算の積についての最も重要な法則のみを引き合いにだすことにする。それは、本質的にはアルキメデスにまでさかのぼり、ギリシア式の筆記計算法に関係するものである（頁118参照）。その源は計算盤上の計算に発している。

積の p の位の数は、両因数の位の和 $a+b$ より一つ少ないものに等しい。これを方程式で表すと $p = a+b-1$ である。

例をあげよう。$20 \times 30 = 600$；$a = b = 2$；$p = 2+2-1 = 3$。したがって、積は三つの単位数（三桁の数）からなる。とはいえ、この法則にしたがうと $20 \times 70 = 1400$ もまた三つの単位数ということになる。つまり、「核の数」14、これだけを計算盤の第三の欄（百の位）におくことになる。したがって、位、あるいは単位数という言葉を計算机の欄の数、あるいはただ単に欄（3）とい

う語でおきかえると、この法則は単純に表現できる。積の欄（欄の数）は因数の欄の和より一つ少ないものと等しいのである。

　この法則の助けによって、いまや読者は 2703×45 の計算をローマ式算盤の上で行うことができるはずである（図120）。もし、その計算が少しばかり面倒だからといって演算をやめてしまうようなことがなかったら、その見返りとして、計算盤上での計算の根底に横たわる数字の概念をより深く理解できることになる。そして、また計算盤の基本的特徴のいくつかをも認識できるのである。結論として、それを、もう一度できる限りはっきりとさせよう。

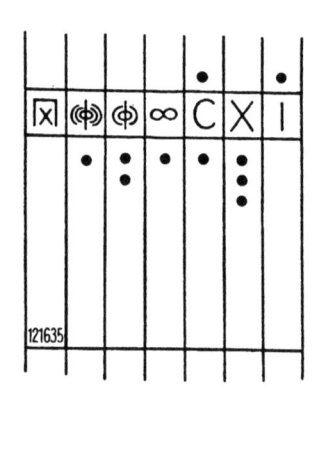

図120　ローマ式計算盤を用いる計算　2703×45。
a. 二因数を記録する（左の図）。45 と 2703 を下の方に作る。
b. （位置の法則によって）計算する。
　1) $2\times 4=8$、おく欄は $4+2-1=5$（●）
　　　$2\times 5=10$、おく欄は $4+1-1=4$（○）
　2000 を示す計算玉を、その数（2703）の形から除く。それで703の計算だけが残る。
　2) $7\times 4=28$、おく欄は $3+2-1=4$（×）
　　　$7\times 5=35$、おく欄は $3+1-1=3$（⊙）
　次にその700を除去する。

3) $0 \times 45 = 0$
4) $3 \times 4 = 12$、おく欄は $1+2-1=2$ (♠)
   $3 \times 5 = 15$、おく欄は $1+1-1=1$ (♠)
次にその3を除去する。

c. こうして上記のすべてを合わせて、正しい解 121,635（右の図）がえられる。

[訳者説明]
1) 「$2 \times 4 = 8$、おく欄は $4+2-1=5$」の説明。
   位置の法則を用いて現代式にすると
   $2000 \times 40 = 80,000$ (2703の中の2000と、45の中の40の掛け算)
   2(000)は右から四番目の欄にある。4(0)は右から二番目の欄にある。
   積8(0,000)をおく欄は $p = a+b-1$ の式に従って $4+2-1=5$
   すなわち五番目の欄におく。万の位の欄である。
   「$2 \times 5 = 10$、おく欄は $4+1-1=4$」の説明。
   $2000 \times 5 = 10,000$ (2703の中の2000と、45の中の5の掛け算)
   欄は $4+1-1=4$ 千の位の欄に 1(0,000) をおく。
2) 「$7 \times 4 = 28$、おく欄は $3+2-1=4$」の説明。
   $700 \times 40 = 28,000$ (2703の中の700と、45の中の40の掛け算)
   欄は $3+2-1=4$ 万の位の欄に2、千のくらいの欄に8をおく。
   「$7 \times 5 = 35$、おく欄は $3+1-1=3$」の説明。
   $700 \times 5 = 3,500$ (2703の中の700と、45の中の5の掛け算)
   欄は $3+1-1=3$ 千の位の欄に3、百の位の欄に5をおく。
3) 「$0 \times 45 = 0$」の説明。
   $0 \times 40 = 0, 0 \times 5 = 0$ (2703の中の十の位の0と、45の40/5の掛け算)
4) 「$3 \times 4 = 12$、おく欄は $1+2-1=2$」の説明。
   $3 \times 40 = 120$ (2703の中の3と、45の中の40の掛け算)
   欄は $1+2-1=2$ 百の位の欄に1、十の位の欄に2をおく。
   「$3 \times 5 = 15$、おく欄は $1+1-1=1$」の説明。
   $3 \times 5 = 15$ (2703の中の3と、45の中の5の掛け算)
   欄は $1+1-1=1$ 十の位の欄に1、一の位の欄に5をおく。

合計すると
1) $80,000 + 10,000 = 90,000$
2) $28,000 + 3,500 = 31,500$
3) $0 = 0$
4) $120 + 15 = 135$
   ─────────
   121,635

ギリシア人、ローマ人の初期の筆記数字をおもいおこすと、そうしたギリシア・ローマ数字と計算盤との間の大きな違いは、話し言葉の数に起こった同様の進歩と正に同等のものであることをただちに見てとることができるだ

ろう。このことだけが、成熟した、完全な数字体系へと導いたのである。面倒で原始的な筆記数字と比較してみると、古代の人たちは計算盤の中に、いわば計算用に最も高度に完成された記号をもっていた。算術計算は、なお、まだまだ改良が必要であったが、少なくとも本質的には、インド数字を使うこんにちの計算法と同じ法則、規則に基づいていた。古代の計算の手法とその効果は、本質的にはこんにちの筆記計算法と何ら変わるところはない。

　数は位取りの法則にしたがってあらわされた。省略される位に対する記号は存在しなかった。ゼロはなかった。相当する欄は、単に空のままに放置された。計算玉は位の数を示す単位の数であった。しかし、それらはなお連続して序列化され、グループ化されていた。この古代風の特徴のうちに、計算盤で行う計算の特別の利点があった。あらゆる計算のうちの基本的な演算二つ、つまり足し算と引き算は、当初から序列化と束ねのグループ化という二つの最も素朴な数作りの法則を基礎として簡略化された。成熟と素朴さの、この素晴らしい混り合い、また位の段階付けとグループ化を持つ序列化の見事な混り合いによって、計算盤は二重の喜びをあたえてくれる。それは知的興味の魅力という喜びと、それを学ぶものたちをいつもとりこにしてやまない太古の人類文化に近づく魅力という喜びである。

　これから西洋文化の歴史を通して計算盤の発達の跡をたどる。それによって、その喜びはより一層強いものになるだろう。

3. 中世初期の計算盤

（1）西洋の事情

　ここで、旧時代と新時代を合わせて西洋として知られる現象を創造した歴史の全般的な流れを眺めてみることにしよう。というのは、物ごとや事件は、科学の進歩の単なる背景の前に、どれだけ巧妙とはいえ、それを置いてみるよりは、歴史の残響の中での方がより真実に、より大きく鳴り響くものだからである。

　西暦前の最後の世紀の間に、ローマ帝国はその国境の最前線を西方と北方はるかに押しすすめた。ジュリアス・シーザーはガリア地域を征服した。そ

の地にあったケルト族住民は、ローマ文化の永久の感化に屈し、フランスはロマンス語の地となった。ライン川とドナウ川はローマ帝国の北辺の境界となった。それとほぼ同じ時期に、将軍クウィンティリアヌス・ウァルスの率いるローマ軍は、ラインの彼方に住む未征服部族たちによって、元の国境の背後にまで退却を余儀なくされた。そして、はるか東方では、キリスト教がその胎芽の原地から広がりを開始しだしていた。こうして、二つの大きな歴史の力、つまり未征服部族とキリスト教とがローマ帝国の互いに反対の地から同時に現れた。古代ローマはこの両者と最後の苦闘をくりひろげることになった。

　ローマ帝国は、ゲルマンとの国境を兵士と移住者たちによって強化した。そして、キリスト教徒を迫害した。とはいえ、過ぎ行く時とともに、ローマは遠隔の国境地帯を維持する自身の力をもたなくなったことを実感し、帝国を東と西に二分した。これとほぼ同時に、同じ無力状態が最後のキリスト教徒大迫害（皇帝ディオクレティアヌスの治下303年に）を乗り切った。キリスト教のこの最後の受難は、しかしまた、その最初の勝利であった。その十数年後、コンスタンティヌス一世の統治下に、キリスト教は帝国の公認宗教となった。

　いまや、ゲルマン部族たちは、いままで閉じこめられていた国境を打ち破り、末期的症状の帝国に狂暴に襲いかかってきた。ローマはもう一度西ゴート族をガリアとスペインにしりぞけたが、以後ずっとガリアとスペインは、もはやローマのものではなくなった。西ローマ帝国は、こんにちのイタリアだけで成り立っていた。そして、かつての全世界帝国の、この最後の中心残存地に東ゴート族が押しよせた。首領テオドリックは、ローマに対するほんの名目だけの忠誠心をあらわして、北イタリアのラヴェンナを首都としたゲルマン王国を樹立した。それは半世紀以上にわたって継続した。この国は、500年頃ビザンティウムの軍勢に倒され、西ゴート族が占拠していたガリア地方がフランク族の王たちの手におち、またその200年後には、そのスペイン領土をアラブ人に失った。こうして、荒廃の中から新時代の最初の姿が、おぼろげながら現れ始めた。古代ローマは、もはやそこにはなかった。

　さて、西方の新しい三勢力、教会、フランク王国、アラブ人の三者の間に平衡関係を作りださなければならなかった。徐々にではあったが、荒々しい

闘争のうちに、フランク王国はその力を強め、住民たちは定着し始めて、その掟に従うようになった。732年にフランク王カール・マルテルはアラブ人を破り、アラブのヨーロッパ侵攻に終止符をうった。いまや、教会と帝国が残り、暫定的な相互協定を求めることになった。両者はそれぞれ部分的に重複し合う統一体で、互いに相手を補完的にみるようになった。教会組織は、その内部の強化を帝国の世俗的な保護にゆだねた。そして、帝国は教会が提供する知と精神の肥沃化の促進によって強化された。800年のクリスマスの日に教皇は大帝シャルルマーニュを戴冠させた。ついに両者は結ばれた。この合同は、その時はなお祝福された。というのは、教会はシーザーの残した面倒な遺産を引き継いだことを、当時まだ知るよしもなかったからである。

　さて、西洋の基礎はすえられた。そして、ここに一つの新しい帝国が誕生した。それは衰亡する世界帝国の死にぎわの痙攣状態の中から、また若々しい人びとの活気のうちにも荒々しい力の中から、さらに、その力に反抗したが最終的にそれを克服した新しい信仰の知的な感動の中からの誕生であった。そして、学問と芸術を求める力が再び生まれ、展開してゆくことになった。

　「また（種子は）豊かな土地に落ち、芽をふき、大きく育って実を結んだ。あるものは三十倍に、あるものは六十倍に、またあるものは百倍になった。」（マルコによる福音書4:8）。キリスト教世界の種子は、古代文化の全世界にわたってくまなく伝播した。なかでも、北部ヨーロッパの人たちの若く肥沃な土壌には、他のどの地にもないくらい豊かにキリスト教がその芽をふいた。それ自身、新しい植物で、その発芽には最も丹精をこめた世話が必要であった。同時にまた、その新しい植物は、地中海地域で千年にわたって集積されてきた古い文化の遺産の運び手でもあった。

　では、これからその地中海文化の勃興と衰退をふりかえってみよう。風力、風向き、気温、降雨量の主要な特性が天気図の高気圧、低気圧域から読み取ることができるのと同じように、図121の歴史年表から、西洋史の連続七時代の年次区分の中に、政治勢力の拡大（→→）と文化の移動（→）を、はっきりとみることができよう。

　　　西暦前1000年：バビロニア文化はその勢力の最高潮。エジプト文化、ミ
　　　　　　　ノア（クレタ）・ミュケーナイ文化 は 登り坂。ギリシ

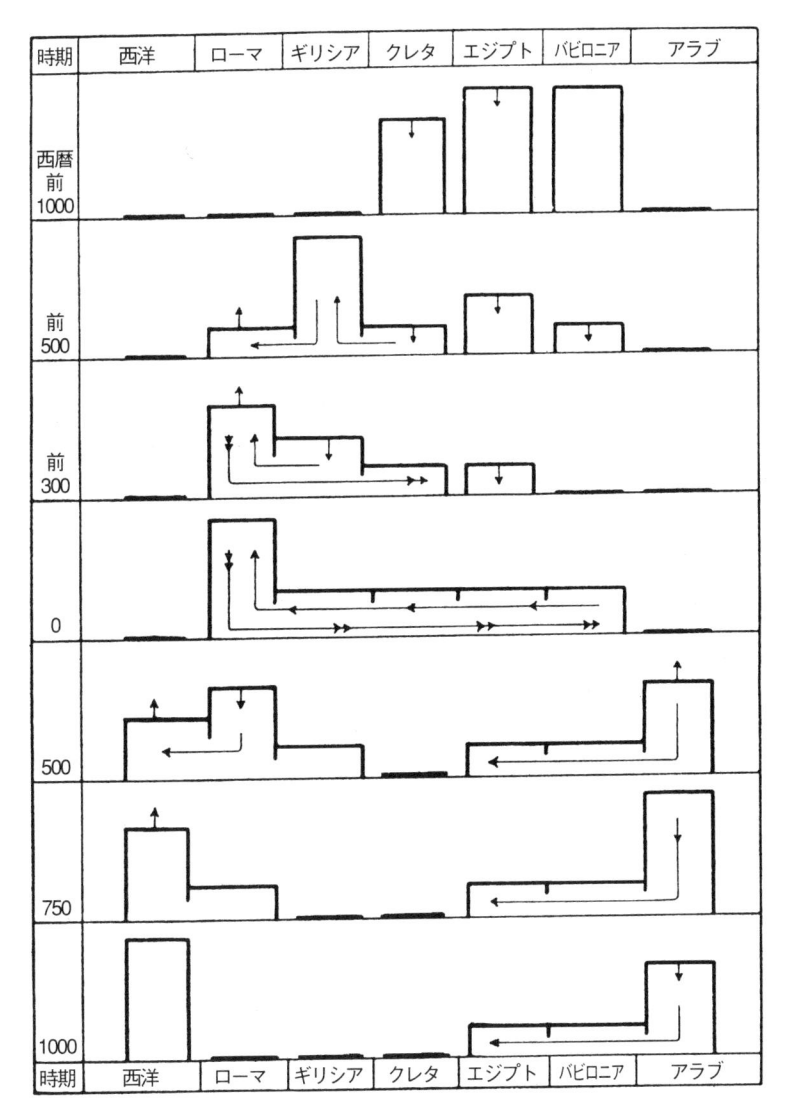

図121 西暦前1000年より西暦1000年にいたる地中海諸文化の移動。政治勢力の流れは二重の矢印（➡➡）で示し，文化の流れは一本の矢（→）で示す。各方形の高さは，それぞれの時代におけるその文化の水準をあらわす。上向きの矢印は文化の勃興を示し，下向きの矢は衰退を示す。

ア、ローマ、西洋はなお有史前の暗黒の眠りにあった。

前500年： ギリシアは開花する。クレタ文化は歴史の中に持続する重要さなしにそれ自身存続しており、その境界域からあふれでて、若いギリシア人たちに贈り物を残した。それによってギリシアはまもなく壮大な隆盛をきわめる国家となった。ギリシア人は南部イタリアに定住することによって、すでに古代ローマに影響をあたえていた。バビロニアは少し前ペルシアからの侵入者たちの手に落ちていた。エジプトはその重要性を失いつつあった。西洋とアラブ世界はなお暗黒のうちにとどまっていた。

前300年： ローマは政治勢力を増し拡張を開始した。すでにイタリア全土をその支配下に収め、やがて地中海東部を征服することになった。しかし、その文化はなおギリシアに大きく依存していた。アレクサンダー大王による東征の寸劇はローマの大展開の先駆であった。

0年： ローマ帝国は世界支配の時代に乗り出した。他方、東方文化は強力な逆流となってローマに向けて流入してきた。そして、短期間キリスト教と合流した。北部ヨーロッパのみがシーザー軍のガリア征服にもかかわらずローマの勢力に抵抗した。しかし、やがてローマ軍はゲルマン部族の地域から永久に駆逐されることになった。

西暦500年： ローマの政治勢力は終焉する。ゲルマン部族は意のままにローマ帝国との境界を越えた。ローマはしばらくの間自国内の支配者でもなくなった。ローマが引き継いだ遺産は、いまや徐々に西洋へと移動しだした。東方ではアラブ人が、まもなく勢力の手綱を握ることになる。バビロニアとエジプトはアラブの支配とその文化のもとに入った。

西暦750年： 政治勢力と文化の移動が同じ方向への全面的な流れとなった。西洋勢力の勃興は（皇帝シャルルマーニュのもとに）ますます明らかになってきた。アラブ人は、その勢力の頂点に立った。トゥールとポアティエの戦い（732年）でヨーロッ

パへの侵攻に待ったをかけられたとはいえ。
　西暦1000年：地中海文化の頂点は東方から移動し、いまや西洋に確固たる地歩を築いた。アラブが衰退する中、西洋は光り輝く歴史に突入していった。

　第一千年期に西洋の若々しい体躯に古代の文化と知識を流し込んだ血脈は、細くもろいものであった。西方文化の中心は、いまやキリスト教徒となったローマであった。しかし、1000年頃、西洋は奮起を開始し、独自の営みを送るようになった。その勃興は、驚くべきものであった。西洋は、それまで粗野な力を養い生かすことに何世紀もの長い年月を費やしてきたが、いまや、そこから飛び立ち、知識と才能の豊かな遺産を身につけて、他の文化が懸命に戦わなければならなかった緩徐な発展の長い道のりを、みるもすみやかにふみ越えていった。第二千年期の初めにあたって、西洋はそれ以前の文化の貧相な小屋をとりこわして、そこに輝かしい宮殿を建設しようとしていた。それは若さの活力のしるしであり、その活力は、東洋から豊かで異質な贈り物に付随してきた、眠気をさそう毒物に負けることはなかった。それはまた、西洋の信仰の偉大さと、西洋の思考の絶妙さのしるしでもあった。

(2) 修道院の算盤

　算盤についてのわれわれの知識は、ローマ文化と西部地中海文化の衰退した何世紀かの間に急速に少なくなる。しかし、それは驚くことではない。数学についての多少の知識は、後期ローマの学者ボエティウス（524年没）とカッシオドルス（570年没）、そしてまた中世初期の修道僧たち、たとえば尊者ビード（735年没）やアルクイン・フラックス（804年没）らによって、少なくとも保存され、次代へ伝えられた。このフラックスは皇帝シャルルマーニュの宮廷学舎で教師をつとめ、トゥールの有名な修道院附属学校の創始者であった。とはいうものの、第一千年期の終りまで、算盤を使う計算については、どこからも、ひとことも、はっきりと聞かれない。算盤はあちこちの修道院で使用され、実際の演算がなされていたかもしれない。しかし、修道士ジェルベールが、彼の著作を通して計算盤による計算法をとにかく復活させた最初の人物であった。ただ、その復活は純修道院用の学究的なものとい

う限られた範囲であったかもしれなかった。

ジェルベール

　中世初期の時代の知識の源泉とその発達について少しでも理解するために、シルヴェステル二世、本名ジェルベールの生涯と経歴を簡単に眺めるのは有益なことであろう。それはこの人物が後世にあたえた大きな影響について説明することになるからである。

　ジェルベールは940年頃フランス中南部のオベルニュの貧しい両親の子として誕生し、修道院で教育をうけた。967年頃バルセロナのボレル伯爵が祖国に帰る旅の伴をするために、その修道院をあとにした。彼はスペインの国境地に滞在し、アット司教の交友をえて、学問を続けることができた。それによってジェルベールの数学の知識は大いに豊かになった。彼が初めてインド数字になじみをもつようになったのは、おそらくこの地であっただろう。なぜなら、アラブ人は713年以来スペインにあったからである（頁304参照）。

　三年後にジェルベールは、その司教と伯爵とともにローマへ旅立った。そしてローマで教皇のおかげで皇帝オットー一世［訳注：ドイツ王で神聖ローマ帝国初代皇帝］に拝謁した。オットー皇帝の宮廷が彼に職をあたえようとしたが、それを辞退した。彼は数学の知識は十分にそなえていたが、論証学についてさらに学業をつむ必要があった。皇帝の祝福をうけて、彼はフランス北東部ランスに赴き、自身の持つ数学を教授するのと引き換えに、論証学を学んだ。生徒たちの証言から、彼は生徒たちの教育におおいに努力し、数学の準備として算盤による計算法を教授したことを知ることができる。

　ジェルベールは十年間ランスの司教座聖堂附属学校にとどまった。それから、イタリア北東部のラヴェンナに赴き、そこで皇帝オットー二世の恩顧と賞賛をうけた。しばらくの間、彼はラヴェンナで修道院長をつとめた。皇帝の死（983年）の後、彼が外国人であることから起こった不愉快な出来事があってランスに戻った。そこで991年大司教に昇格した。まだ幼少の皇帝オットー三世の母テオファノはジェルベールを知り、息子にジェルベール宛ての書簡を書かせ、ラヴェンナにきて、息子に算術書（多分ボエティウス本）を教授してくれるよう招聘した。この年少の皇帝はドイツ中北部ヒルデスハイムの著名な司教ベルンヴァルトの個人指導をうけていた。ジェルベールは

承諾した。後日、彼は皇帝オットーの宮廷とともにアルプス越えの旅行をした。そのとき教皇が死去し、皇帝の去ったあと、ジェルベールは新しい教皇の顧問としてローマにとどまった。そして、ラヴェンナの司教に任命された。一年後の999年には彼自身が教皇シルヴェステル二世となった。

> ジェルベールはRからRに登り、それからRで頂上に達して教皇となった。——ランス（R）——ラヴェンナ（R）——ローマ（R）

ジェルベールは1003年5月、63歳で没した。この学識者の生涯、その皇帝の宮廷への招請、そして教皇職への昇進によって、彼の教えは当然普及し、推進された。

　ジェルベールの学生の一人のおかげで、ジェルベールの使用した算盤がどのようなものであったか、また、中世初期の算盤がどのような形をしていたかを正確に知ることができる。ジェルベール自身は「算盤上の数計算の規則」を著わしただけであった。彼が用いた修道院式算盤は、27本の平行した欄があり（うち3本は分数用）、ときには、その上端が（弓形の）アーチで閉じられていた。これをピタゴラスのアーチ arcus Pythagorei と呼んだ。なぜなら中世期には、このギリシア人ピタゴラスが算盤の発明者であると誤って信じられていたからである（図145参照）。

　「そして、アーチはそれぞれ名称をもつ」et unus quisque arcus nomen suum contineat と書かれている。12世紀の修道院の写本の15本の欄をもつ算盤の絵の上部に、それがみてとれる（図122）。それぞれのアーチの名称とは、ローマ数字による単位の位の指定である。そこでは、千の位の数はもはや一連の順序になってはいなくて、数えたうえで横棒を上につけていた。$\overline{\mathrm{CM}}$ = 100,000。そうしたローマ数字での名称の下に、写字生はもう一度それぞれの数詞を書いた。それは数を読み書きすること、すなわち数の数え方を学ぶことの助けとするためのものであった。つまり $\overline{\mathrm{X}}\overline{\overline{\mathrm{MM}}}$ は decies mille millenus（10 × 1000 × 1000）一千万である。Mは最高の位を示す記号で、二本の最高の欄に四回でている（欄11と13の名称は誤り）。

　この図122の算盤は粗雑に描かれていて、縦欄は15本しかない。また別の写本では27本の欄があり、すべての単位が上部で名称をつけられている。と

きには、半分の単位がすぐ下にあり、五つのグループ化に対応している。たとえば、六番目の欄の上部（10^5）では記号 $\overline{c}$（= 100,000）があり、その下に $\overline{L}$（= 50,000）がある。これはおそらく、計算がアペックス（後出）ではなしに、計算石によって行われていることを示しているのであろう。なぜなら、下の計算石二個は、上の計算石一個と同等だったからである。

　ローマ式の五つの束ねのグループ化は消えてしまっていた。その代わりにジェルベールは、以前は七個の小石を一列に並べなければならなかったことの代わりに、初めて、相当する（七を示す）数記号を印した計算玉ただ一個を使用した（図123）。しかし、この目的のために彼はローマ数字を使用せず、ジェルベールの生徒の一人がいうように、「彼は九つの記号を使用した。それによって彼はあらゆる数をあらわすことができた」。それらの記号は非常に奇妙な異国の文字であって、当時誰も知る者がなかった。しかし、その中にこんにちのインド式数字をみてとることができる。つまり、これがインド式数

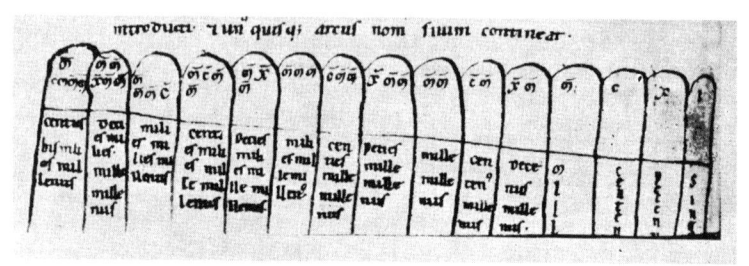

図122　中世初期の修道院算盤。12世紀の写本より。バイエルン国立図書館、ミュンヘン。
（上の文章）「そして、各アーチはそれぞれ名称をもつ」

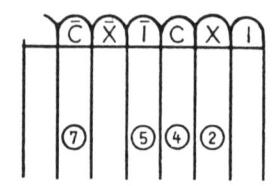

図123　ジェルベールの計算盤。数をつけた計算玉を用いる。これをアペックスと呼ぶ。ここでは数705,420を示してある（現代数字を使用）。

字のキリスト教西洋での最初の出現で、ジェルベールの算盤の上にデビューしたのである。その書体はなるほどいく分か奇妙である。少なくとも、中世の写本にあらわれるものは奇妙である（図124）。

アペックス

こうしてアペックス（単数 apex、複数 apices）は数字記号の印をつけた計算玉の名称であった。そして後に、その数記号そのものの名称となった。（ラテン語　apex　円錐形の先端。おそらく計算玉の一種が円錐形であったことから。）ジェルベールは動物の角に彫ったこのような計算玉を一千個もっていた。これは彼の創り出したものであった。七個の計算石の代わりに、七に対する数記号を刻んだ一個の計算玉、つまりアペックスで置き換えたものであった。

では、彼はそうした記号をどこから仕入れてきたのだろうか。ジェルベールは、スペインにしばらく滞在したことが知られている。スペインでは西アラブ人はグバール gubar 文字といわれるものを計算に使用していたから、彼はスペインでこのグバール文字になじんだということは十分にありうることである。そこにはゼロの記号はなかった。算盤上で数のない欄は単に空白のままにしてあった（図123）。ゼロは筆算のときにだけ重要な役割を演じ始めた。ジェルベールも、門弟たちも、筆算についての知識はもちあわせていなかったから、彼らは新しいインド数字体系の本質を把握することがなかった。彼らは単純にその記号を採用したが、その記号の神秘的な起源とその重要性

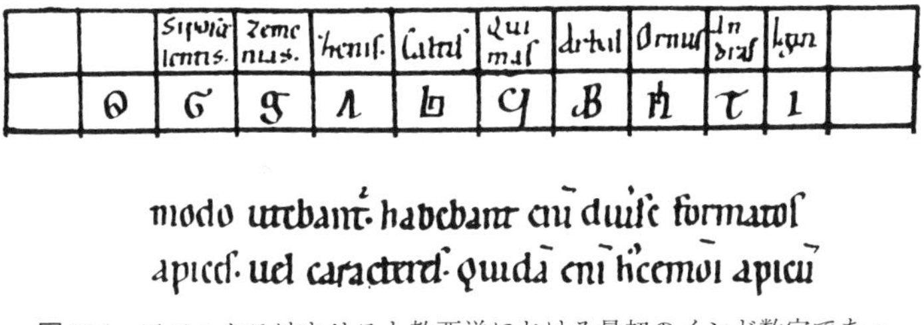

図124　アペックスはキリスト教西洋における最初のインド数字であった。この表の下に次のように読める。「……はこのように使用された。つまりそれらは種々の書体のアペックス、あるいは記号をもっている。」上欄には各（数）記号の奇妙な名称がある（頁190参照）。12世紀の修道院写本より。バイエルン国立図書館、ミュンヘン。

は、あいまいで部分的にアラビア名であることのためにぼやかされてしまっていた（図124、記号の上の名称）。

1 igin 2 andras 3 ormis   4 arbas   5 quimas
6 caltis 7 zenis   8 temenias 9 celentis 0 sipos

これらをアラビア数詞の1から9までと比較すると、多分いくつかの祖形をみつけることができるだろう。

アラビア数詞（男性）
1 ahadun 2 iþnani 3 þalaþun   4 arba'un   5 ḥamsun
6 sittun   7 sab'un 8 þamanin 9 tis'un   10 'asrun

アラビア数詞の arba'un 4、þamanin 8、そしておそらく tis'un 9が祖形であろう。掛け算の印（符丁）として用いられたゼロのような記号（アラビア語のゼロ）の名称は、ギリシア語 pséphos 小石、計算玉から sipos への転化であった（図124では、誤って違った欄、9を示す記号の上におかれている）。

われわれは、いまや数の文化史の重大な局面に到達している。筆記数字の成熟し完成された体系は、アラブ人たちがすでに手にしていたものであり、またその後の西洋に計り知れない重要なものになったものであるが、その体系は中世の初期のある時点に、西洋で盲目的に、本質を把握することなしに採用されたのであった。そうして、新しく手に入れたこのものは死蔵されたままになってしまった。その精神が理解されなかったからである。それは、番号をつけた計算玉の上で無為にすごすだけであった。別の記号、たとえばローマ数字または多分アルファベットの最初の九文字ででも印をつけることもできたわけであった。そして、ときには、まさにそのようにされていた。ジェルベールのこの創作は、真の意味の算盤計算という立場からすると、実際上誤った方向に踏み出した一歩であった。たとえ、使用前に計算玉が正しく、綺麗に並べられたとしても、一つの欄に十四個の計算玉を単に集めるのではなく、アペックス9と5の代わりに、アペックス1と4を用いる必要が

あった。

とはいえ、アペックスを、ジェルベールが考えたつまらない創作にすぎないとするのは間違いであろう。真実は、彼が新しい数字の使用の輪郭を示したということである。彼は、新しい計算法が可能となったことについて素晴らしい話を聞いていた。しかし、彼も、そしておそらくそれを彼に知らせた人たちも、本質を理解していなかった。

中世の教養ある人たちが、この新しい数字を誤解したということが、11世紀の写本にみられる見事な掛け算表からうかがえる（図125）。

この図でアペックスが第一欄におかれていて、掛け算表の各線を示していることがわかる。すなわち、左半では、1 ... 9、それから2、3（... 9、それから3 ... 8）、また右半では（3 ... 8）9、4 ... 9、5 ... 8（9など、8 ... 9、そして9まで）。

この表で奇妙なことは、各掛け算の系列、たとえば4×... が一番下で4×1、次に4×2などとして始まらないで、4×4で始まっていることである。同様に5の掛け算系列は5×5から次々に始まる。4×1の積は4の掛け算系列にはあらわれないで（図の右側）、1の掛け算系列（左側）の4の記号を示すところにでる。一般的にいうと、より小さい因数の対応する掛け算のところに

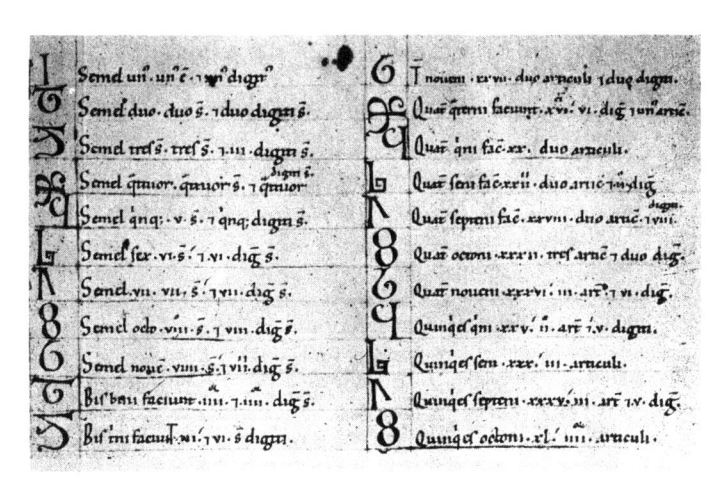

図125　アペックスとローマ数字を用いる中世の掛け算表（最初の部分）。レーゲンスブルクの聖エメリアン修道院で11世紀にオトロという神父が描いたもの。バイエルン国立図書館、ミュンヘン。

あらわれる（左半の上から四番目の行）。

　　4 掛ける 1 は 4 あるいは 4 本の指（単位）
　（Apex）4 Semel quatuor - quatuor s(unt) v(el) quatuor digiti s(unt)

この表は、このような方式で先へ進む。もう一つ例をあげよう。
4×6 は 4 の掛け算の系列でアペックス 6 のところにでてくる（図125の右側の上から四番目の行）。

　　4 掛ける 6 は 22、10 位が二つと 1 単位が二つ
　quat(uor) seni fac(iunt) XXII duo artic(uli) et II dig(iti)

（1 単位二つの不足分は線の上、指数 digiti の上、関節数 articuli の上においてある。頁21参照）

　もし、これらの装飾的に書かれたアペックスを図124にあるものと比較すると、その書体が驚くほど類似していることに気づく（3 と 4 だけは違っており、後者には 0 が欠けている）。そして、4 を示す記号は単に九十度回転させたものであって、長い斜線が、それによって水平になっていることがすぐに見て取れる。ひとたび、この回転方式を知るようになれば、これらの単位数にこんにち使っている 2 と 9 をみることができる。それらはアペックスとして単に逆立ちしているのである。そして、アペックス 9 はこの逆立の姿であるので、アペックス 6 は、それから区別するために四角に角をつけて描かれている。さて読者はアペックスとインド数字の系統図（図202）にある西アラビア（グバール）数字とを比較してもらいたい。こんにちの数字は事実上、先祖のアラビア数字をより太く、より装飾的な様式でまねしたものであることがみてとれるだろう。

　それぞれの数記号とアペックスが回転したり、向きを変えているということは、計算玉が修道院ごとにそれぞれ違った独自の方式で計算盤上に置かれるのが常であったという事実によるものであろう。単位の数の回転については、後にさらに述べなければならないだろう（頁324参照）。

　アペックスは、何か非常に思慮深く、実用的な数字体系に由来したもので

あると誤解されて、中世初期のヨーロッパでは修道院の僧房でわびしい生活を送った。そして、本物のインド数字がもう一度、今度は正しく理解されて西洋で自分の道を歩み始めたその瞬間に、アペックスはその姿を消してしまった。実際に、飾り気のない西アラビア書体の数字は、筆記数の歴史のこの場面を理解するのに大いに貢献している。

インド数字は、計算盤上でアペックスに変装して西洋文化の中で、よそ者としてその役割を演じたのであるが、その計算盤そのものは姿を消さなかった。それどころか、生産と交易が修道院外の人たちの生活を強く大きくしたことで、計算盤はもう一度新しい形で花開くことになった。ただし、それについて述べる前に、まず、中世初期のアペックスを使う計算盤上での割り算の方法をもう二つ検討しよう。その割り算の手法についてはジェルベールが書き残しており、後の抹消式演算の理解を高めるものになるだろう。それと同時に、算盤による計算法の知識の締めくくりをしておこう（頁154、177参照）。

鉄固の割り算と黄金の割り算

これら二つの割り算方法 divisio ferrea と divisio aurea は、ともに計算盤で演算する際に最大限に行われたものであった。そして、中世の著述家に「汗かく算盤使い」という有名な表現、つまり「その規則は、汗かく算盤使いがほとんど理解しなかった」と述べさせることになったものである。インド数字なら7825を43で割ることは、むずかしいことではない。しかし、算盤上では、必要なアペックスの組み合わせと変更を果てしなく続けなければならない非常にむずかしい問題になる。つまり、小さい計算のステップが絶えず中断されるのである。

まず鉄固の割り算から始めよう。この割り算の方法は、中世の人たちがたいそう好んで補足数を使用した方法の一つで、中世のある写本で述べられているように、鉄の固さをしのぐほど、それほど異常にむずかしいものであった。

例題：7825を43で割ること。まず除数43を補足数 $e = 7$ で次の完全十位の数にまで増やす。レベル $s = 50$、つまり $43 + 7 = 50$ である。

手順：その位（50）で割る。そして、また誤差を残りと等しくする（7×

3. 中世初期の計算盤

```
                    7825÷43(50 − 7) = 100
1′ − 50×100         5000                  (1)
                    ─────
                    2825
1″ + 7×100           700
                    ─────
                    3525÷50         = 70
2′ − 50×70          3500                  (2)
                    ─────
                      25
2″ + 7×70            490
                    ─────
                     515÷50         = 10
3′ − 50×10           500                  (3)
                    ─────
                      15
3″ + 7×10             70
                    ─────
                      85÷50         =  1
4′ − 50×1             50                  (4)
                    ─────
                      35
4″ + 7×1               7
                    ─────
                      42       181
```

このようにして商は181、余り42である。

	Th	H	T	U	
除数			4	3	b
補足数				7	e
位			5		s
被除数	7	8	2	5	p
1′	2	8	2	5	
1″		7			
	3	5	2	5	p′
2′			2	5	
2″		4	9		
		5	1	5	p″
3′			1	5	
3″			7		
			8	5	p‴
4′			3	5	
4″			7		
			4	2	R
結果		1 (1)	7 (2)	1 (4)	a
			1 (3)		
		1	8	1	

7825÷43 = 181、余り42

100)（行1″参照）。

　計算盤上での計算では、常に位取りの規則が極めて重要である。600割る20は30である。計算玉は3個使うが、それらをどの欄に入れればよいか。30（a）×20（b）= 600（p）であるので、掛け算の積の規則をおもいおこすと p = a + b − 1（頁177参照）。ここで a、b、p は一つ前の数の欄の数をあらわす。これから、割り算の位取り規則を導くことができる。a = p − b + 1、ここで p = 3 は被除数600の欄の数であり、b = 2は除数20の欄の数である。商3は a 欄　a = 3 − 2 + 1 = 2に行く。つまり十の位の欄である。

　さて、この問題では7825(p)÷43(b)である。略号として、一の位をU、十の位をT、百の位をH、千の位をTh とする。また b = 除数43、e = 補足数 7、s = 位50 = 5T、p = 被除数7825である。

　読者は、この手順の各ステップを計算盤上で、計算玉としてコイン、あるいはボタンを使って自分で実際に行うことができるだろう。図126では同じ演算をこんにちの数字で示してある。

図126（上）　鉄固の割り算の例。インド数字による。
図127（下）　図126と同じ例。計算盤を使用。

第5章　算盤　195

ステップ1：p = 7825がある。

割り算　7Th ÷ 5T = 1H。そして商1を下に、（a）にしたがって
欄4 − 2 + 1 = 3におく。

(1′)　余り2。7を取り去り、2を下におく。

(1″)　余り補助数　e × a = 7U × 1H = 7H。これを新しい数 p′ = 3525にあ
わせる。

読者は完全に理解できるまで、このステップを実算すること。そのわけは、これを最後まで繰りかえすことになるからである。

ステップ2：割る。35T ÷ 5T = 7T、（a）にしたがって位取りする。

(2′)　余り0、35を取り去り、25が残る。

(2″)　余り補助数　e × a = 7U × 7T = 49T　あるいは4Hと9T、あわせて新
しい数 p″ = 515。

ステップ3：割る。5H ÷ 5T = 1T、（a）にしたがって位取りする。

(3′)　余り0、5を取り去り、15が残る。

(3″)　余り補助数　e × a = 7U × 1T = 7T、あわせて新しい数 p‴ = 85。

ステップ4：割る。8T ÷ 5T = 1U、（a）にしたがって位取りする。

(4′)　余り。8を取り去り、3でおきかえる。35が残る。

(4″)　余り補助数　e × a = 7U × 1U = 7U、これで最終の余り = 42をえる。

これで、この割り算は終る。最終の商は181、余り42である。（経験をさらにつんだ読者用に、著者はこの割り算を「レベルによる割り算」として自著『計算術』Rechenkniffe、シュトゥットガルト刊、1953年に掲載している。この方法には驚くべき利点がある。）

黄金の割り算は、こんにちするように除数を直接に使用する。事実、これはわれわれのする割り算法である。除数は常に被除数の最高単位数と同じレベルにあらわれる。そして、商の位は前述の規則によって確定する。もう一度7825を43で割ろう。

第一割り算。

　7 ÷ 4 = 1H（a）

　1 × 4 = 4Th、余り3、7を取り除く、3を残す。

　1 × 3 = 3H、余り5、8を取り除く、5を残す。

第二割り算。除数を位一つだけ右へ動かす（b2）。

196　3. 中世初期の計算盤

	Th	H	T	U
3			4	3
b2		4	3	
1	4	3		
p	7	8	2	5
	7̸	8̸	2̸	5̸
	3	5̸	8̸	2
		3	4	
a		1	8	1

図128　黄金の割り算
$7825 \div 43 = 181$ 余り42。

$35 \div 4 = 8T$ （a）

$8 \times 4 = 32H$、余り3、35を取り除く、3を残す。

$8 \times 3 = 24T$、余り8、32を取り除く、8を残す。

第三割り算。除数43を一の位の位置に動かす（b3）。

$8 \div 4 = 1U$ （a）

$1 \times 4 = 4T$、余り4、8を取り除く、4を残す。

$1 \times 3 = 3U$、余り2、5を取り除く、2を残す。

最終の結果は、商181、余り42である。

　この割り算法は、こんにちインド数字を使って行うものと似ている。違いは除数が各ステップごとに右へ位一つずつ動いてゆくことである。位の決定を容易にするためである。

　計算盤を使う演算者にとって、一つの数の組み立ては、いまの筆記計算法の場合よりも、はるかにはっきりしていた。数は、はっきりとその百位、十位、一位の各成分に分解された。たとえば、数3000は、単位数ただ一つを持っていた。つまり3である。それは千の位の欄におかれた。もちろん、この方法は、計算盤上での数の取り扱いで、こんにちの計算法とは全く違った方法が要求された。われわれのなじむこんにちの方法は、インド式位取り表記法を用いて紙面上で計算する全く別の方法である。

　算盤による割り算には、もう一つの利点がある。もし商として小さすぎるもの、たとえば $48 \div 9 = 4$ をえらぶとすると、矛盾がたちどころに現れる。そして商は（5より）1だけはずれることになる。筆算で長い割り算をするとき、たやすく間違って（4+1でなく）41になってしまう。

　携帯用算盤では、小さい数の割り算は、連続した引き算によって行われた。つまり、被除数から除数を繰り返し引き去り、被除数がなくなるまでそれを続けた。それは丁度、ロシアの農民が、たとえば300ルーブルを35人に分配しようとするときのようにである。

消去式演算と抹消式演算

　計算盤上では、計算の終った数を繰り返し取り除くが、その代わりに、ここで著者は次の例図で示すように数を斜線で消した消去式演算を紹介しよ

う。この演算方式はヨーロッパで新しいインド数字がはじめて到来したときに使用されたもので、その後もずっと長い間使われた。さて、7825÷43 の演算は次のように始める。

```
  35              34
  7825  | 1      3582
  43              7825  | 181
   43             4333
                   44
```

そして、次のように終了する。

個々の割り算は、前に述べた方法と全く同様に行われた。ただ違いは、ここでは除数が下におかれ、余りは、ときには被除数の上で、その欄があいているときに、その中に書くことであった。(最後の余りは 42 で、その 4 はずっと一番上にあり、2 はその下にあるのとの比較のこと。このことは、右へ動く除数 43 の単位数 3 と 4 についても同様である。) その単位数は、それについての演算が済み次第消去された。こうした計算法は、ボートあるいはガレー船が帆を張っている姿に似ていることから、イタリア人はボート型割り算 divisione per batello、またはガレー船型割り算 per galea と呼んだ (図129、訳注図参照)。

　こうした消去式、斜線棒引き方式の演算法は、インド人の抹消式演算から

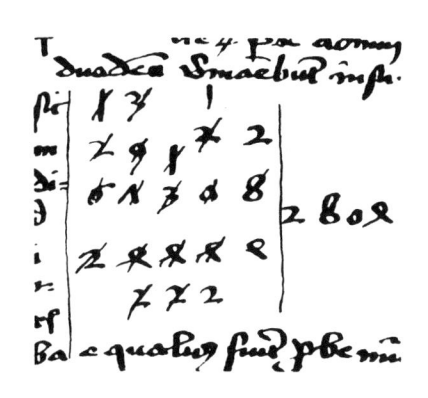

図129　消去式割り算。15世紀写本より。読者は自身で判読できるだろう。バイエルン国立図書館、ミュンヘン。

[訳注図：ガレー船型割り算；ベニスの書 (1575年頃) の写本より。965347653446÷6543218＝147534 を示す。]

導かれたものであった。そのインド式では、砂で覆った計算机を使い、計算の終った単位数は軽くこすることで完全に消すことができたので、割り算が完了した後に結果（42/181 つまり商181、余り42）のみが残されることになった。読者は、石板あるいは黒板を使ってこの計算方式をも試してみるべきだろう。そうすれば、部分計算の各ステップがどのように行われるかを知ることができるだろう。

　もう一度振りかえってみよう。算盤を使用する古い計算法と、単位数による新式演算法で、一つの演算の終わるごとに消去、あるいは抹消してみると、両者は本質的に同じであることを知って驚かされるだろう。単位数による演算では、計算盤上の各ステップを紙面上、あるいは砂板上の筆記計算に、単に書き換えているにすぎないのである。算盤と計算石を使わないが、数の筆記にゼロを導入しただけのことである。簡潔にいえば、ゼロが算盤を圧倒したといえるかもしれない。ただ、その勝利は中世初期に始まったのであるが、それには長い年月を必要とした。

　こうして、古代から始めて、算術の基本四則計算を算盤、あるいは計算盤で演算する方法を学んできた。足し算と引き算をギリシア式計算盤で（頁154）、掛け算をローマ式で（頁177）、そして割り算は中世の算盤で（頁193）、それぞれその方法をみてきた。

　中世初期に、計算盤は修道院でのみ使用されていたことを知る。その計算規則は、実用上の有用性としてではなく、学問の目的で学習され、実践されたのであった。しかし、修道僧たち、特にジェルベールは何本もの糸をもう一度むすび合わせ、ローマ帝国の没落で引き裂かれてしまっていた織物を織り続けたことについて称賛をうけるに値する。11、12世紀にジェルベール主義派 gerbertista という言葉は、算盤計算派 abacista と同じことであった。

　さて、中世後期、13世紀以降に、もう一度庶民生活にたえず利用された計算盤をみることにしよう。

4. 中世後期の計算盤

(1) 使用された証拠

　その公爵は、しばしば自身で財務室にあらわれた。彼の立会いのもと、ないしは彼の公式印章なしには計算の答えが出されることはなかった。公爵自身が机（bureau）の一方の端に坐り、他の者たちがするのと同じように計算玉を動かして（jecte）計算を行った。他の者たちの出す結果と公爵のものとには違いは全くなかった。ただし、公爵は黄金製の計算玉で計算したが、他の者たちは銀製の玉であった。

　フランス・ブルゴーニュの禿頭王シャルルの宮廷のこの興味深い一口話は、オリビエ・デ・ラ・マルシェという人物の書いたもので、1474年に著わした回顧録にでている。このように、ブルゴーニュ宮廷の管理部門に公爵がひんぱんに姿をみせていたらしい。そうすることで、公はその財務状況を極めて入念な精密さをもって、しっかりと把握していたし、しばしば、担当官に加わって、自分の手で計算を行っていた。

　公爵が一方の端に坐って、ジェクトゥ jecte（文字どおりには「投じる」）した、この机ビュロー bureau とは一体どんなものだったのだろうか。宮廷の役人の仕事場 bureau のことだろうか。いや、そうではなくて、この bureau は、その上面に計算盤として役立つような適当な区画をつけた単なる計算机のことだった。そして、ジュテ jeter という言葉は計算玉を「投げる」の意味に理解されるようになった。そして、その計算玉はもはや単なる小石ではなくて、コイン型のもの、フランス語ジェトン jetons であった。こうして、フランス語の動詞ジュテ jeter（投げる）は、丁度ギリシア語の psēphízein、ラテン語の calculare と同じように、数える、計算するを意味するようになった（頁175参照）。

　算盤はこうして修道院の僧房を後にして、広い世界へともどって行った。いつごろのことだったのだろうか。算盤が修道院の外で使われたという最も古い証拠は間接的なものでしかない。13世紀の年代のフランス製の計算玉である（図173参照）。

こうした計算玉の最初のものは、フランス王朝ルイ九世（サン・ルイ、1251年没）の母でカスティユの女帝ブランシュの王室から出たものと考えられている。そのあとすぐに、こうした計算玉のあらゆる種類のものが現れるので、ほぼこの時期にフランス王室財務庁が、計算玉を計算に使用していたことを示している。そうして、算盤が貴族たちに採用されて、それぞれの財産の管理と計算に用いられた。さらに、貴族たちから、算盤は徐々に庶民一般の使用へと広がって行った。そして、計算玉を使用する習慣はフランスから周辺各国すべてへと伝わった。

計算玉が修道院の外で最初に使われたのがフランスであったということは、ランスなどの町で修道院学舎を、この点での卓越したレベルにまで向上させたジェルベールとその一派に負うものであった。さらに10世紀の古文書が示すように、フランス北東部のロレーヌ地方の住民たちは、つねに計算の技術にたけていたとの評判をもっていた。

フランスの計算玉ジェトンのあるところには、当然のことながら計算盤もあった。この時期の計算玉は何千と手にするのに、計算盤でいまなお残っているものは、文字通り両手の指で数えられる程度の少なさである。その理由は、残念ながらはっきりしている。計算玉は、もともと無用のもので卑金属で作られていたので、使用の時期を過ぎても生きのび、溶融釜に投げ込まれることもなく生き残った。しかし、計算机の方は木製であった。計算道具として使い古されてしまっても、それはなお普通の机として用がたせた。最後には、暖炉でその寿命を終えた。とはいえ計算机は15世紀末まで、つまり現存する最古の中世期の計算机の時代まで継続して使用された。その時代以降は、印刷された書物の中に、計算机の挿図や、それについての記述をたくさんみることができる。

計算盤は家財目録や遺言書にしきりに現れる。たとえば、1330年建立のイギリスのある修道院の部屋の一つに、

　　計算用の四角いテーブル（mensa）のある部屋があった。

ある修道院の1491年付の財産目録には、次のように書かれている。
　　プライアー卿の部屋には、赤い絹の布で覆われた計算机（cownter カウ

ンター）がある。

　ある染物師が1493年に遺言で、妻に彼の計算机を譲ること、そして妻は娘に8シリング相当の別の机を買いあたえるように明記している。これは、計算机が娘の嫁入り道具の一つであったかのようにおもわせる。

　　余は、また余の居間にある計算机（countour）を次の条件のもとに妻に遺贈する。すなわち、妻は娘アンに8シリングの価値の別の計算机を買いあたえること。

　事実、250年ほど後に、あるフランス人男性は、計算盤の使える技能をある程度もつことは、婚期の娘の資格の一つであると述べている。この意見はさらに、あるイギリスの長老議員の遺言によっても裏付けられる。すなわち、

　　余は、家督相続人である息子クリストファー・ネルソンに広間にある大きな計算机（cownter）をあたえ、息子ウイリアム・ネルソンには居間にある計算机をあたえる。……リチャードには寝室にある計算机をあたえる。

この老議員は、このように計算机を実にたくさん所有していたわけで、おそらく彼も相続財産として手に入れたものだったのだろう。丁度、彼がいま息子たちにそれらを引き渡すようにである。とにかく、15世紀のその当時以来、計算盤は相続人に譲りあたえるだけの価値があった。この事実から知られるように、計算盤を使っての計算能力は、教養ある資産家の素養として重要な部分をしめていた。同様のことが、1433年に書かれたある低地ドイツ人の遺言にもみられる。

　　項目：余はハンス・ブルネスに、ランベルト・アイケイの家に置いてある余の計算机（kuntore）をあたえる。

　計算盤には、計算玉がつきものであった。1556年の財産目録でその持ち主はいう。「私の個室に栗材製の計算盤がある。5シリングの値打ちがある。また、小さい袋に一組の計算玉（a cast of counters）があり、2ペンス（$ij\,d$）の価値である。」計算に必要な道具としては、さらに、一組（正しくは「投げ

入れ」)のコイン、つまり計算玉があった。それは丁度、天秤ばかりにいろいろな分銅が一組ついていたのと同じようにである。(計算玉を入れる袋は図139、図163に示してある。)

目をみはる習慣として、1556年の次の引用文をみてみよう。

> 女王(メアリー・チューダー)にサートン氏が献上した新年の贈り物の中に、一対の計算机、計算玉(compters)を入れる銀製の箱3個と40個の計算玉があった(図174参照)。

このように、計算机と計算玉は、女王への新年の贈り物の中にあった。これら特別の計算玉は貴金属で作られていたに違いなく、女王はそれを計算に使うことなどはほとんどなかったであろう。しかし、計算盤が贈り物にされるということは、それが当時の普通の習慣になっていて、実際の計算に由来していたことを示している。この贈り物からおもいおこされることは、フランスでの逆の習慣である。フランスでは、王が新年にあたって王室につかえる高官たちに袋一杯の計算玉をあたえていた(頁264参照)。

活版印刷術の発明(1450年頃)によって、いままで高価で一般に手のとどかなかった手書き筆写本の中にかくされていたあらゆる人文学と科学が、いまや大きな流れとなって世の中に現れてきた。そして、計算盤が実在し、使用されたことの直接の証拠もまた、その数をどんどん増していった。

算術の教科書

算術の教科書は、計算が行われたということを示すだけでなしに、どのような方法で、どのように計算盤が仕立てられていたかをも示している。これらの計算の教科書は、一般向けの印刷本としては最初のものの中にあったが、16世紀には、あらゆる国で多数出版された。著者は、その中で最もよく知られるもの一、二冊についてのみ述べることにする。

最古のものはイタリアの算術教科書で、1478年イタリア北東部のトレヴィゾで出版されてものである(図130)。ドイツの最古の算術教科書としては、残念なことにただの一頁しか残っていない。それはニュルンベルクの教師ウルリッヒ・ヴァーグナーが書き、1482年にバンベルクで印刷されたものであ

第 5 章　算盤　203

図130　最古の印刷算術教科書の最初の頁。1478年トレヴィゾにて刊行。最上三行に、「一般に算盤術としてよく知られる商売の術を学びたいと願うすべての人たちへの、非常にすぐれた、有用な教習書がここに始まる」とある。

図131　バンベルクの算術教科書。1483年。ニュルンベルクの計算師匠ウルリッヒ・ヴァグナー著。本書は完全に保存された算術のドイツ印刷本の最古のものである。数字を用いる計算術を77頁にわたって教える。図152、図223を参照のこと。しめくくりの文章を再現すると「西暦1483年5月1日の前17日目、すなわち4月15日……」である。大きさ約 11×11 cm。

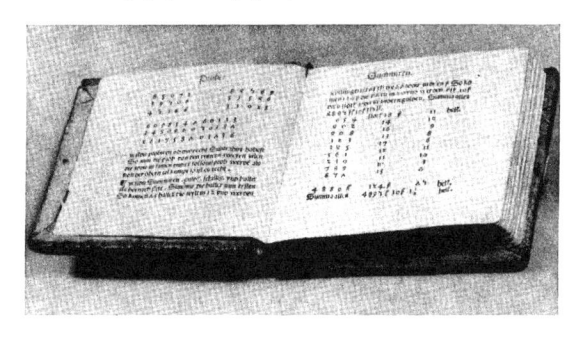

図132　バンベルク算術教科書のアウクスブルク写本。最初の三頁は失われ、四頁目から始まる。

204　4. 中世後期の計算盤

る。しかし、また別の同様な計算術の教科書が、同じ人物によって1483年に書かれ（彼の名はそこに記されてはいないが）、同じくバンベルクで印刷されており、いま三部（多分これで全部）が現存している。（ドイツのアウクスブルクとツビッカウに一冊ずつ、そしてJ.J.ブルクカート氏の親切なしらせによると、もう一冊はスイスのチューリッヒにある。）そういうわけで、この書を現存する最古のドイツ算術教科書と正当にいうことができよう（図131、132）。しかし、また1470年のバンベルク木版刷り本があり、これはさらに古い貴重

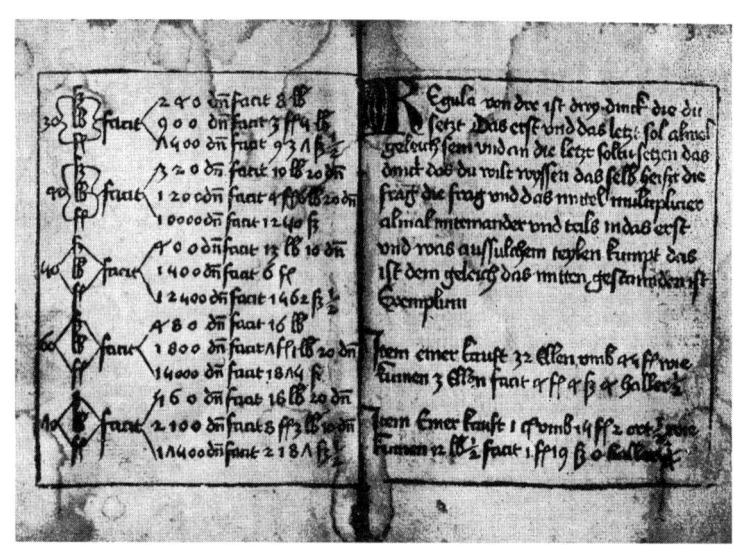

図133　バンベルク木版刷り本。15世紀後半のもの。活版印刷ではなく、各頁ごとに一枚の木板から（極めて美しく）彫ったもので14枚ある。大きさ9×10 cm。国立図書館、バンベルク。
左頁：シリング s、ポンド lb、ギルダー f をペニー dn に変換する表（図にある語 *facit* は「…になる」の意味）。
最上三行：　　シリング　　　　240ペニース、すなわち　　8ポンド
　　　　　　30ポンドはなる　　900ペニース、すなわち　　3ギルダー5ポンド
　　　　　　ギルダー　　　　7500ペニース、すなわち　　937$\frac{1}{2}$シリングなど
右頁：三の法則の最初の部分。
　　　　三の法則は三つのもの（大きさ）である。
それを使って…
　　　　問題：32エルスの長さの布を45ギルダーで買う。3エルスはいくらになるか。4ギルダー4シリング4$\frac{1}{2}$ヘラーになる。

な宝である（図133）。

　バンベルク木版刷り本では、一個ずつ可動あるいは交換可能な活字を使った印刷ではなしに、各頁全体が一つの木片に彫られている。(この木版刷り本は、その発見者であり、解読者であるミュンヘン在のK.フォーゲル氏の多大の好意によって著者に知らされたものである。)

　これら最古の算術教科書は、数字を用いる新しい筆記計算術のみにすべてをあてており、アウクスブルクの古い市会計簿にみたように、1470年頃ドイツの官庁に導入されたものであることを最もよく示している（頁137参照）。それより後になって、おそらく1500年頃に、初めて一般向けの算術教科書が世にあらわれてきた。それらは、むかしながらの、よく親しまれた算盤を用いる「線上の計算法」のみを教えるものであり、またそれも含めて教えるも

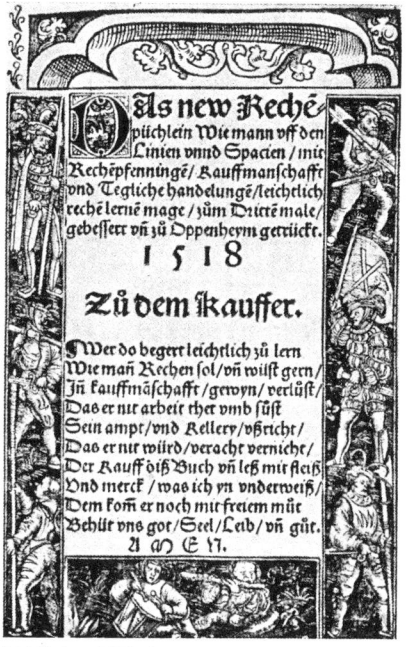

図134（左）　ヤコブ・ケーベルの算術教科書。標題頁。H.S.ベーハイムによるこの木版画は他の算術書にも利用された。1544年版。
図135（右）　ケーベルのもう一つの算術教科書の標題頁。当時習慣として（潜在）読者への著者の推薦文をのせた。それがみられる。

ので、通常「暗号数字（インド・アラビア数字）による」新しい筆記計算法の入門書であった。たとえば、ドイツ中部のオッペンハイムの町役場の書記ヤコブ・ケーベル（1470-1533、図134、135）が著わし、広く読まれた教科書がそれである。このケーベルの書の中味は、その標題から知ることができる。当時の一つの特色は、その本の潜在購入読者たちに向けて、著者が韻を踏んだ自己宣伝文を書くことであった。

算術教科書で最も一般的に使用されたものとしてはアダム・リーゼのものがあった（頁349参照）。全部で三種類あり、1518年、1522年、1550年にそれぞれ印刷された。ここに示すものは二番目のもの（後期の版本）（図138）と、最後のもの（図220）の標題の頁である。

イギリスのカルトゥジオ修道会の修道院長グレゴール・ライッシュが、1503年自著の百科全書『哲学宝典』Margarita Philosophica マルガリータ・フィロソフィカ で述べた自由七科［訳注：文法、論理、修辞、算術、幾何、音楽、天文］の一つは算術であった（図136）。

ドイツのライプツィヒで1490年『線（盤）上の計算法の書』Algorithmus linealis アルゴリスムス・リネアリスが印刷、出版された。

イギリスで人気が高く、広く読まれたものに1541年の『技術の基礎』The Ground of Arts があった。数学者ロバート・レコードがいろいろな話題の中で算数計算術を扱ったものである。また別に、イギリスでよく知られたものにセント・アルバンス計算術書1537年『ペンと計算玉を用いる計算法の学習入門』Introduction for to Lerne to Recken with the Pen or with the Counters があった。

さらに早期の15世紀の終わりには、フランスの算術教科書がリヨンで出版された。著者は不明である。これは『計算玉の書』Liure des Getz、すなわち Livre des jets (jetons) といった。この書からの計算玉を入れる袋の絵を図163に示した。これについては、さらに詳しく後述する。フランス人ドクター・クリシトヴァエウス（1543年没）の著『計算玉と数字の双方による計算法』Ars supputandi tam per calculos quam per notas arithmeticas は、その題名が示すように、ドイツ本と同じく既知の二つの計算法の入門書である。

算術の書『アリスメティカ』Arithmetica はまたラテン語で1513年にヨハネス・マルティヌス・シリシウスの書（シリシウス＝小石、砂利石）によっ

第 5 章　算盤　　207

図136　グレゴール・ライッシュ著の百科全書『哲学宝典』の標題頁。1503年。円の中で三つの頭をもつ人物をとり囲んでいるのが自由七科である。擬人化された算術（女性）が算盤をもって中央に坐っている。［訳注：円周の下半分に自由七科が記され、それぞれの人物に対応させてある。Logica 論理、Rhetorica 修辞、Grama-ca 文法、Aritmetica 算術、Musica 音楽、Geometria 幾何、Astrono- 天文］

て著された。この人物はスペイン人でフィリップ二世の指導教師であり、後にトレドの大司教になり、最終的に枢機卿になった。ペレス・デ・モヤという人物が『数学書』Tratado de Mathematicas を1573年スペインのアルカラで出版したが、これはスペインのアダム・リーゼ（必携書）であった。

　こうしたいくつもの計算術の教科書は、他の国々でもみることができる。

図137　計算机を示す計算玉。
上列：ニュルンベルクの学校用計算玉。右は計算布を示す。
下列：左は聖マルコ（ベニス）を表す翼をもつライオン。聖書の代わりに計算盤を足の爪でつかんでいるらしい。これが果して計算玉なのか、あるいは何か別の記章なのかは不明。下の中央は、上の列の真ん中の計算玉の裏面。アルファベット文字を記す。下の右はドイツの計算玉。1691年。計算盤上の線にローマ数字が記されていて、数1051を示している。計算玉の直径は上下両列の中央のもので 27 mm。A. ケーニッヒのコレクション、フランクフルト・マイン。

図138　アダム・リーゼの計算第二書の標題頁。『線上と羽軸ペンによる計算法』1529年版。旧式法と新式法の競合、線上の計算法と羽軸ペンによる計算法の競合をほのめかしている。［訳注：「羽軸ペンによる計算法」とはインド数字を用いる筆記計算法をさす］

たとえば、オランダ（ゲンマ・フリジウス著）、デンマーク（ニールス・ミケルソン著）や、他の国々のものである。それらはすべて、計算盤の知識をすべての人たちに知らしめようというしっかりした目的で書かれたものであった（図156参照）。

　計算盤が使用されたことをはっきりと示す証拠資料として現存するものの中には、中世のたくさんの計算玉がある。その中に計算机が描かれており、中には計算人が演算中の姿を写したものさえもある（図137）。これらはいずれも、ダリウスの壺のギリシア人会計係やエトルリアのカメオにある計算人の中世西洋の子孫たちである（図95、96、97参照）。

(2) 新式計算盤
互いに直角に交わる欄と線

　すぐ前に述べた書物のうちのいくつかで、計算玉カルクリ calculi とジェトン jetons について明確に説明されていた。したがって、計算玉と計算盤との関係については、これ以上の考察をしなくとも明らかである。とはいえ、ドイツ人算術家アダム・リーゼとヤコブ・ケーベルもまた、『線上と羽軸ペンによる計算法』Rechnung auff der Linihen vn Federn（図138）について述べている。この意味は何であろうか。「羽軸ペンによる計算」は、もちろん当時一般によく知られるようになってきたインド数字を用いた筆記計算法をさしている。しかし、「線上の計算」についてはどうであろうか。この図が手がかりをあたえてくれる。標題の頁の絵で、一人の男が奥の方で縦横の線模様を前にして坐っている。そこでは、計算玉が線の上と線の間におかれている。これら二つの計算方法の違いは、ライシュの『哲学宝典』の図（図145）で、さらに一層はっきりとみてとれる。しかし、読者がもしも、これが古い中世初期の縦の平行欄のある修道院算盤であると考えるなら、それは誤解である。すぐ前にあげた六種類ほどの図を見直してみると、ジェルベールとその一派の時代以来、縦の欄をもつ古い計算盤は四分の一回転させて横の線、または線条になっていたことがよくはっきりと示されている（図139）。では、それはいつ起こったのか。よくわからないが、この変化が金属製の計算玉が使われ始めたころに起こったと推定するのが正しいとすれば、多分13世紀のことであろう。横線をもった計算盤は、確かに16世紀までにすでに長く使用され

てきていた。なぜなら、当時の書物も絵柄もすべて欄を横向きに示していて、縦式の修道院算盤については一言もふれていないからである。

　ではなぜ、方向転換が起こったのだろうか。多分、計算玉は横に「読む」方がより一層楽であったからであろう。長い横の列の方が、長い縦欄より「把握する」のがより容易である。12世紀頃の貿易の復活と、大拡大（いろいろの理由の中でも特に十字軍とハンザ同盟の結果）によって、通貨交換の需要が桁はずれに増大した。通常の日々の計算は、修道院算盤の時代には、ほんの僅かなものに縮小してしまっていて、それ自身、日常に使用されるよりは、学者の学問の対象になっていたのだったが、それがいまや大きな流れとなって再びあふれ出したのであった。貿易商人や小売商人たち、また役人たちも、おそらく修道院算盤を採用していただろう。あるいは、それによって教えられていただろう。とにかく、彼らはそれを改善し、より扱いやすいものにしていった。そうした中で、横向きの位置への転換も起こったのだろう。

　その大きな便利さはさしおいても、計算盤上で新しい横向きの配列が起こったことのありえそうな別の理由を二つ指摘することができるだろう。11世紀にイタリア中部のアレッツォのグイドは、横線引きを考案した。それは、こんにちなお音楽の楽譜に用いられている。これは、計算盤の平行線と全く同類のものである。グイドの横線は音階をたやすくあらわす方法をつくりだした。音符の表記は、まさに位取り表記法の一つの方式なのである。なるほど、音符は長さに違いがあることから計算盤上の計算石とすべて同じように

図139　計算用コインの特定の列をもつ計算机（コイン盤、あるいは数の机と呼ばれた）。この木版画はおそらくストラスブール由来のもの。

は使用されない。そうではなくして、むしろある方法によって、丁度アペックスのようにグループ化されている。

　新式計算盤の横線は、修道院算盤そのものが示唆していたのかもしれない。修道院算盤はアペックスを使った。705420といった数は、縦の欄を横切って横線に並べられ、そして次の数もまたその下に横の列におかれただろう。そして、その順が続いたのだろう（図123参照）。このようにして算盤は、横棒で区分された。こうした列の並びは、古写本類のあちこちに実際にみられている。

　しかし、貿易商人や両替人は、古い画一的な計算石をもう一度取り上げて、ジェルベールの創造した、非画一的な値のついたアペックスを採用することはしなかった。そういうわけで、数4を示すのに、もはや4の数字のある一個の計算玉をもってするのではなくて、またまた同じ価値の四個の玉をおくことによって示したのである。ありきたりの材料、たとえば骨、木、金属などで計算玉は作られたが、それに加えて、また13世紀以降、押印した、あるいは打ち出した計算玉がみられるようになる。そうしたものには、貨幣価値はもちろんなかった。この新しい習慣は、計算盤が日常生活にどれほど重要になってきたかを何にもまして明らかに示している。

　横線のある計算机には二種の型が存在した。一つは、不特定の値の線があり、その上と間に計算玉をおいた線盤で、もう一つは、特定したコインの列があって、それぞれに特定の単位がついていた。そして、古い修道院算盤の欄の中におくように、その中に計算玉をおいた（コイン盤、あるいは数の机、図139参照）。

　計算盤の後者のものは、金額の合計にかかわる計算、主として収入と支出（税、経費）の足し算（そして引き算）と、一つの貨幣単位から他の単位への換算にのみ使用された。たとえば、ヘラー、あるいはファージングからペニー、シリング、ポンド、ギルダーへといった両替に用いられた。これは、正真正銘の数の机であった。線盤の方はこれと違って、抽象的、無名数による真の計算がその目的であった。そして、また掛け算や割り算にも使用できた。線盤による金額の計算は、単一の貨幣単位でだけ可能であった——たとえば、ギルダーに限ってである。その理由をこれから示そう。

　古い計算机で、こんにちなお残っているものがあるだろうか。わずかなが

4. 中世後期の計算盤

ら保存されている。著者がその所在をつきとめることができたものは公用コイン盤で、ディンケルスビュールとバーゼルの市役所のものと、ストラスブールの大聖堂のものである。

　バーゼルの二台の計算机のそれぞれの上面には三つの計算領域があり、線と文字には濃い、あるいは淡い色の木片がはめ込んである。飾りのたくさんある方がより新しいものである。そこには、二つの計算領域が並んでいて、一つだけが直角になっている。それはまた、端が盛り上がっていて計算玉が落ちないようにしてある。このバーゼルの計算机は、両方ともに引き出しがあり、計算玉をしまうためのものである。その二つのうちの古い方には、ただ三つの簡単な、単純な計算面があるだけである。新しい方のものは、縦線

図140　バーゼル三首長の計算机。それぞれの計算机にはコインの列のついた、三つの区分された計算域がある。下の後期の計算机では二つの区画に区分される。線とコインの記号は違った色をつけた木片をはめこんである（d はペンス、s はシリング、lb、lib はポンド、X、C、Mポンド）。計算玉は引き出しにしまわれている。下の図の計算机は端が盛り上がっていて、計算玉が何かの拍子にこぼれ落ちないようにしてある。両計算机の大きさは、それぞれ 130×98 cm と 209×85 cm である。印のついた領域は、上のものでは 75×45 cm、下のものでは 62×43 cm である。歴史博物館、バーゼル。

が真ん中に引いてあって、二つの分野に区分されている。

　バーゼルの三首長は、こうした計算盤を使って事務をとっていた。1798年の反乱までは、市の財政管理と市税、硬貨鋳造の監督をしていた。彼らの代理役たちは、生産と売買の各分野を担当していた。たとえば、ブドウ酒担当主任は、ワインの商売からあがる税金を正しく徴収することを監督していた。その役所は14世紀にまでさかのぼるものであった。ここにみるバーゼル計算机（図140）は、16ないし17世紀のものである。

　コインの種々の貨幣単位を示す文字は、下から上へ向かって d がペニー（denarius デナリウス）、ひげ飾り付きの s はシリング（solidus ソリドゥス）、lb または lib はポンド（libra リブラ）、そのあとに続いて X、C、M がそれぞれ、10、100、1000ポンドを示している。この三人の首長は同じ計算を同時に行い、誤りと不正行為のないようにした。

　ディンケルスビュールの三台の計算机は16世紀のもので、著者が知る限りドイツのものはこれだけである。これらはまたコイン机である。そのうちの一つは初めてここに示すものである（図141）。この三つはどれも二つの計算域をもち、二つの違った貨幣単位の区域を表面に深く刻んである。バーゼルの計算机と違って、これは二つの違った貨幣単位の目盛りをもつ。左のものはポンド計算用である。hl ヘラー、d' ペニー、X 10ペニー、lb ポンド、そして10、100、1000、10000ポンドである。右にあるもう一つの方はギルダーを用いる計算用で、中世の終わりにはポンド計算と並んで行われた。d は半オルト（八分の一ギルダー、ラテン語 d-imidium「半分」から）、O はオルト（四分の一ギルダー）、d は半ギルダー、f ギルダー、線は10、100、1000、10000ギルダーをあらわす。いままでに、すでにアウクスブルク市会計簿でギルダーとポンドの両者で金額が同時に示されているのをみてきた。ディンケルスビュールの計算机は、それらとよく一致して矛盾がない。

通貨の基準

　ドイツのフランケン地方では、14世紀に人たちは30ペニーの「小」ポンドという単位を使い始めた。これは、ディンケルスビュールの勘定や計算にもあらわれた。カロリング王朝の通貨尺度による1ポンドは240ペニーに相当した。理論的には1ギルダーもまた同じ価値をもっているはずであった。し

214　4. 中世後期の計算盤

かし、ニュルンベルクでは、それは 252 ペニース、ヴュルツブルクとアウクスブルクでは 168 ペニース価値であった。 1 オルトは四分の一ギルダーに等しく、 1 ヘラーは二分の一ペニーであった。

　ポンドとシリングは計算の単位であって、実際の金銭価値ではなかった。いいかえると、ポンド貨、シリング貨というものはなく、両者は数の単位で、その中にペニーがグループにして入れられていた（それで数のポンドと数のシリングであった。頁138参照）。

　また別の16世紀末の非常に立派な計算机がある。ストラスブールの聖母マ

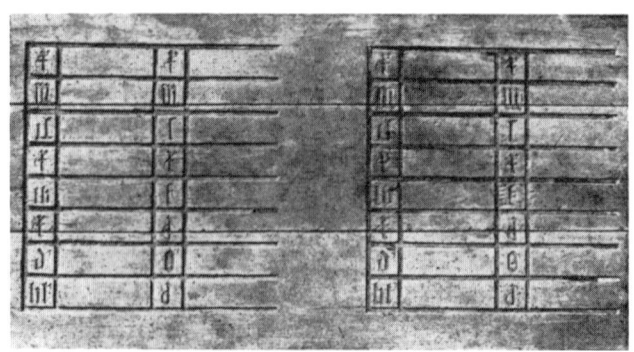

図141　現存、既知のドイツ計算机三台のうちの一つ。ディンケルスビュールよりのもの（現在、その地の博物館が所蔵）。両計算領域はともに計算机の上面に刻まれている。それぞれ計算領域を二つもつ。左はポンド(lb)用、右はギルダー(f)用（下から四番目の横列をみよ）。P.ハンマーリッヒ撮影。

第5章　算盤　215

リア基金の会計検査官は、これを用いてその機関の所有する家屋の賃貸収入、僧院所有の森林からの木材の販売収入、さらにまた大聖堂建築同業組合への支払いなどを計算したものであった。その計算机は、いまなお、そのままの姿でもとの場所、すなわち現在のノートルダム寺院博物館に置かれている（図142）。その机は栗材でできており、上面は端が盛り上がっていて、象牙

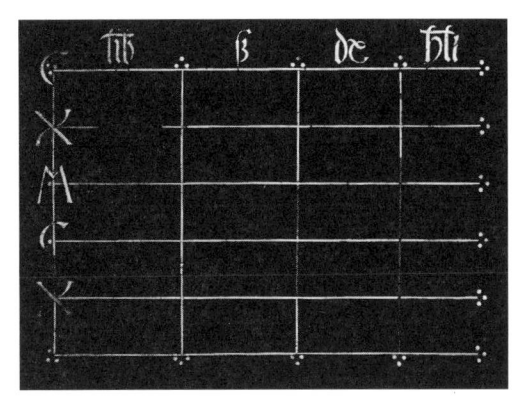

図142　別々のコイン用の四つの欄をもつストラスブール計算机の線盤。この計算机にはこうした線盤が二つある。その大聖堂教務院の管理者は、これを使って勘定計算を行った。1600年頃のもの。机の大きさ 153×98 cm、線盤部分 65×47 cm。ノートルダム寺院博物館、ストラスブール。

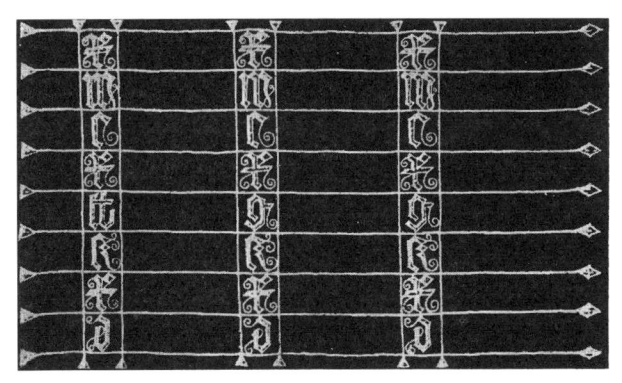

図143　ババリアの計算布。ポンドとギルダーによる計算を行う三つの計算領域をもつ。州の全地域の自治財務計算を監督した検査官が計算に用いた種類のもの。淡黄色の線と黄色の記号が緑色の布に刺繍されている。大きさ 71×41 cm。国立博物館、ミュンヘン。

で象眼した二つの計算盤がある。バーゼル盤、ディンケルスビュール盤とは対照的に、そこには横の帯はなく、左側の記号が示すように線盤がある。二つの線盤のおのおのは、ポンド、シリング、ペニー、ヘラー用の四つの縦の欄をもつ（四つのバンキールス banckirs、図150による）。

　同じくポンド単位、ギルダー単位への分割と、その端数が二種のババリア計算布にみることができる（図143）。それはディンケルスビュールの計算机と同様であるが、計算用に三つに分かれた領域がある（ポンドとギルダー）。これらの計算は、管轄地区（州）にあるすべての町や他の行政センターの主長が行った計算をチェックすることを職務とする役人たちが、たやすく行ったものであった。こうした計算布は、おそらく1700年頃に使用されたものであろう。これらの布の上には、横長のスペースがあって、下から上へ向かって1と10ペニー（d）、30ペニー相当のシリング（ひげ飾り付きのs）、8シリング相当のポンド（lb）、あるいは7シリング相当のギルダー（g）にあてられ、さらに10、100、1000、10000の、これら最終の単位にあてられた。

　これらの計算布とともに、それらの正確な使用法を非常にはっきりと示す、その時代の資料がある。

　　通知：この計算布は以前、その管区の財務監査官らによって使用されたものである。この計算布は年度査察に際して用いられ、黒色の計算玉を用いてギルダー、ポンド、シリング、ペニーの単位によって、あらゆるものが次のように計算された。市長がその金額を読み取り、大声で数を読みあげた。たとえば、10ギルダー、5シリングと2ペニーといった具合だった。一等騎士、あるいは二等騎士がその計算布と銀製の計算玉をのせた深皿を自分の前に置いた。市長が金額を読みあげると、騎士は銀の計算玉一個を10ギルダーと記されたスペースに置き、五個の玉をシリング用のスペースに、また二個の玉をペニー用のスペースに置いたであろう。こうして、彼らは、この方式を進めた。しかし、10ギルダーのスペースに10タレント（計算玉、頁274参照）入ると、それらをもう一度取り去り、100と記号のついたスペースに一個を置いた。しかし、もし、シリングのスペースに7タレントがあったとすると、これらもまた取り除かれて、一個の計算玉で1ギルダーに変換された。そして、それ

は常に数10、100、あるいは1000を掛けることができたものである。同じことが、ペニーについても行われた。そうしてペニーのスペースに30の計算玉が一緒にあるごとに、それは1シリングとされ、また、シリングから同様に1ギルダーとされた。二等騎士は自分の検査の証明書、ないしは証拠書類を手にしていた。しかし、高位の聖職者は、二番目の項目を読みあげた。また、低地地方からのもののように、簡単なものであった場合には、最終の計算結果を読みあげた。合計額の置かれたスペースが完結すると、騎士はただちに計算布上の状況と、そのそれぞれのスペースに収まっている計算玉をみて、そのように述べた。しかし、その結果が記録された勘定と一致するかどうかを確かめるのは市長の役目であった。

この通知は、計算玉を用いて計算が実際に行われた様子を書き残しており、はかり知れない価値のあるものである。これは、古い時代には計算はローマ数字をもって行われたという考え —— 読者の中にも、なおそう考えている人があるかもしれないように —— そういう考えを否定する、争う余地のない証拠を示している。

この種のもので、こんにちなお保存されているものの中に、スイスの四つの計算机がある（チューリッヒ、トゥン、シヨン城、デックス城にある——コリン・マルティン氏の懇篤な知らせによる）。必要な線は、たいてい一時的に計算机の上面に描かれていただけなので（たとえば、アダム・リーゼはいう。「自分で何本か線を引きたまえ。」）、古い時代の計算机が希少価値であることは容易に理解できる。こんにちまで保存されてきたもの、そしてたぶん遺産の中にでてくるものも（頁201参照）、いろいろなコインの単位の記された横長のスペースをもつ種類のものであった。ただ一つの例外は、ストラスブールの計算机で、これは種々のコイン用の欄をもった線盤である。こんにちの会計原簿や銀行通帳では、アメリカでは＄と¢、イギリスでは£、s、dと書くが、これらはむかしの横長のスペースと縦の欄にいろいろなコインで印をつけたものに由来していることにおそらく間違いないようである。

（3）計算盤の種々の名称

　計算盤のいろいろな名称は、その発展の経過を極めてよく示している。それらは、ある程度その意味を変えながらも、こんにち生き続けている。

　いままでに、すでに、ブルゴーニュ公爵のビュロー bureau が計算机であることをみてきた（頁199参照）。しかし、これはこの語のもとの意味ではなかった。フランス語 bure は「粗い目の羊毛の布」である。イタリア語 burato はラテン語 burra「羊毛の塊、集まり」に由来することを参考のこと。この語の複数形 burrae はローマ人によって「いたずら、ふざけ」の意味に用いられた。それから後に、その指小形 burrula となり、最終的に同じ意味のイタリア語 burlesco になった。粗い目の羊毛の布は、多分そのころ計算机を覆うものとして用いられたのだろう。イギリスで「赤い絹」と呼ばれた（頁200参照）のと同様にである。こうして、台の覆いが bureau と呼ばれるようになったのだろう（この語形は bure から burel を経た指小形である）。ここに意味の不思議な変化がみられる。布が作られた材料の名称が、まず計算机の覆い布の呼び名となり、次に計算机そのものの意味に変わった。それから、その机の置かれた部屋のことになり、さらに会計計算室ないしは事務所となり、最終的にそこの職員や役人自身を bureau というようになった。中東でこれに対比されるものがある。トルコ・アラビア語 divan で、そのさし示すところが「記録、収集、（詩集）」（ゲーテの西東詩篇 West-östlicher Diwan のように）から徐々に拡大されて、役人の執務室、特に税関事務所（これからイタリア語 dogana、フランス語 douane）となり、さらに、その中の家具（英語の divan 長椅子、ソファー）、そして最後にオスマン帝国政府の行政全体（Divan）をさすことになった。

　Exchequer という語は、イギリス政府の大蔵省をさすが、これも同じような語源をもっている。この名称はヘンリー二世（12世紀）の時代にさかのぼる。この王の治世時にフランスの半分は英国王の支配下にあった。そこで、イギリス国家金庫さえもフランス語で échiquier と呼んだ。この語はラテン語 scaccarium チェッカー盤由来で、これはペルシア語 šah 王（シャー）をラテン語に翻訳したものであった。東方でのチェスゲームで王は第一位の駒であり、チェック（格子）模様の盤上でそれが動かされたからであった。これから、現代英語の chess チェス、check チェック、フランス語 échec エシ

ェックが来ている。

　それではチェッカー盤がイギリスの国庫とどういう関係にあるのだろうか。国家の歳入・歳出の管理を担当した官吏たちは、一つの机のまわりに集まるのが常であった。その机は格子模様に、十字に罫を引いた羊毛の布で覆われていた。1186年の『チェッカー盤の対話』Dialogus de Scaccario は、符木との関連ですでにみてきたところである（頁68参照）。そこでいうには

> 計算盤上に、どんな布であってもよいというのではなしに、等間隔に平行線を引いた模様の黒い布がおかれていた。… 線と線の間の空間（スペース）に計算玉が規則にしたがって置かれた。

右から左への欄の順位はペンス、シリング、1ポンド、20ポンド、（1スコアー・ポンド）、100ポンド、1000ポンドで、丁度それは、これらの数値を刻み目として符木に彫り込んだのと同様であった。この格子模様の布は、14世紀以来イギリスの図柄にあらわれるもので、これが (Ex)chequer の名称の由来である（図144）。

　文化発展の長い歴史は、こうした、ただ一つの言葉の意味の変遷の中に具体的に示されている。チェッカー計算盤は、国庫金の金額の記録された符木とともに使用された。こうして、計算盤と符木を比較対照する作業が to check チェックすると呼ばれた。そして、それから最終的に check チェックが銀行為替手形の意味をもつようになった（頁61参照）。

　イギリスの格子模様の計算布では、それぞれのスペースにイギリス・コインの四種の単位があたえられていた。

　　1ポンド ＝ 20シリング、　1シリング ＝ 12ペンス、
　　1ペニー ＝ 4ファージング

図144で、これらの（小さい正方形の）スペースはインド数字で印がつけられている。上部の11スペースはペニー用、その下に19スペースがあってシリング用、そして一番右の3スペースはファージング用である。ポンド用には9列が上下に順にあり、これらはまた (I)、X、C、M、$\dot{X}$、……、$\ddot{X}$ などの印の欄に並べられている。商人は7ペンス＋8ペンスの足し算をこの計算盤を使い、次のように行う。

220   4. 中世後期の計算盤

　ペニーの列の一から七までのスペースに七個の計算玉を並べる。それからさらに八個の玉を置く。しかし、八個のうちの四個を置き終わると、その前の七個の玉とで十一個になり、ペニーの列は一杯になる。そこで、次の五個目の玉をシリングの最初のスペースに置き、ペニーのスペースにある玉を全部取り除く。なぜなら、12ペンスは1リングだからである。つぎに、残りの三個の玉を置くだけになる。3ペンスである。　こうして7ペンス＋8ペンス＝1シリング3ペンスとなる。その他の貨幣単位についても同じように行われた。ポンドの場合は次のとおりである。9ポンドの計算玉までは、最後の、つまり一番右端にある一から九の単位数の欄に置いた。十番目のポンド

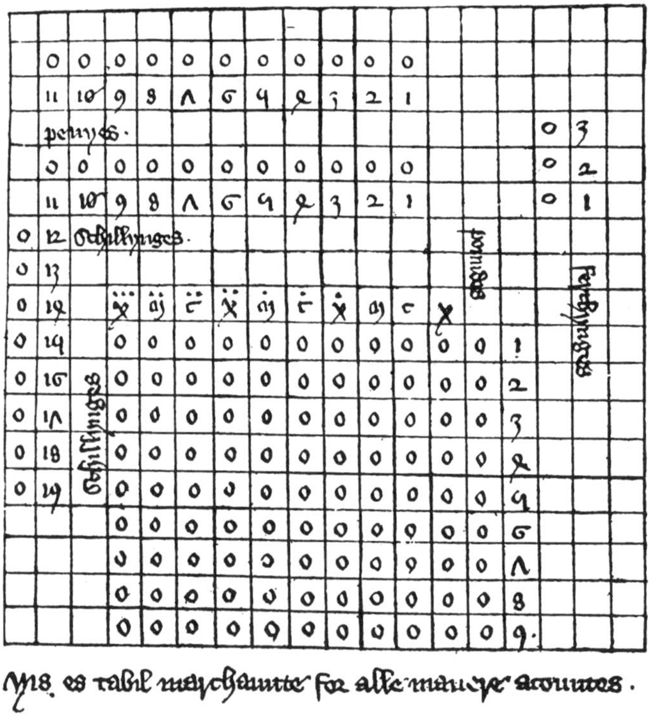

図144　チェッカー計算盤。14世紀のイギリス筆写本にある図。線は赤インキで、数と文字は黒色で画かれている。丸は盤上のおかれた計算玉を示す。計算玉のないチェッカー様の印のところは格子模様の布を示す。図の下に書かれている文は「あらゆる計算法に用いられる商人用の計算表」である。

はＸ欄の最初のスペースにくる。そして一から九の単位数の欄の九個の玉を取り除いた。

イギリスの貨幣体系は十進法ではなくて、不便な数 4、12、20 にもとづいて作られていたので、金額を計算する者は各貨幣単位に対するスペースにインド数字で印を入れることによって誤りをおかすことを防いでいた。そして、小さい正方形は一つ一つのスペースとしては最も適した形であったので、その結果がチェッカー模様の計算布となり、これからイギリスの大蔵省 Royal Exchequer の名称が生まれた。

第三の例をあげよう。イギリス王室の会計計算室で使用された計算机を覆う布は、赤い絹の代わりに緑色のものであった（頁200参照）。おそらく、計算布も緑色であったのだろう。それは、すでにみたババリアの計算布と同様であったろう。このことから、この計算事務所は、非公式に緑布院 Court of Green Cloth として知られた。このことから思いだされるのは、ドイツ語の緑の机 Grünen Tisch（役所、会議室）という表現である。これも同じように計算机に関連しているのだろう。また、バーゼルの三人の首長は、市の住民から徴収する税額の査定を、彼らの机の上で ── つまり彼らの計算によって ── 決定したのであった。

フランスである場面で、官吏の comptouers のための計算玉（gettours）という言葉が使われた。この comptouers は、もちろん計算盤のことである（頁202参照）。もし、この古語を後代の語 comptoir で置き換えるなら、ドイツ語の関連語 Kontor（事務所）を知ることになる。Kontor 会計計算所、計算室（ラテン語 computatorium 由来）は、計算机のある部屋、あるいは小室であって、もともとは計算机そのものをさしていた。英語の counter は、このもとの意味（勘定台）を残している。しかし、また計算盤上に置かれた小さい円形の計算玉の意味にも用いられた。

Bureau、Kontor、counter、これらの語の背景に中世の計算机があることを誰が想像できようか。

ドイツでの計算盤の古名は Rechenbank であった（これから Bankier 銀行家が生まれた）。ババリア地方では方言で、Rrait-brett（raiten は rechnen 計算する）とも呼ばれた（頁271参照、また頁48の Raitholz も参照）。この語は Rate 割合、分割払い込み金と関連する（ラテン語 ratio 計算）。古い語 abacus

4. 中世後期の計算盤

図145 計算盤と筆記数字を使用している計算人たち。
擬人化されたアリスメティック（算術）の女性像の左にピタゴラスが線盤を前にして坐っている。盤上に 1241 と 82 の数が作られている。アリスメティックの右側にはボエティウスがインド数字で計算をしている。中世の人たちは、この二人（ピタゴラスとボエティウス）がそれぞれの計算方式を発明したと間違って信じていた（算術の女性の衣服の上に二つの等比数列 1—2—4—8 1—3—9—27 がみられる）。グレゴール・ライッシュ『哲学宝典』1503 年より（図136）。

はラテン語の計算書に生き続けた。ドイツ語では、計算盤はほとんど全く言及されず、「線上の計算」と呼ばれるにすぎなかった。

(4) 線上の計算法
線盤

四本の平行した横線が計算盤、あるいは計算机に引かれ、真ん中に縦線を引いて二つの欄、つまり bankire に区分された（図145、146、147）。四本の横線の最も上にあるものは、真ん中に X の印をつけて示された。コインの単位を割りつけたスペースをもつ計算盤とは違って、この場合は計算玉はじかにその線上に置かれた。これらの線は特定されていなかった。それは計算盤の歴史の上で、初めてのことであった。計算玉に、抽象的十進法の位置の価値のみをあたえていたからである。それは特定の貨幣や重量の体系とは無関係であった。最も下の線の上に置かれた計算玉は、一の位をもっていた。二番目の線は十の位、三番目の線は百の位、そして一番上の線は X の印で示されていて千の位であった。さて、ドイツ東北部ヴィッテンベルクの算術家ヨハン・アルブレッヒトが、そのむかし『線上の計算術に関する小著』Rechenbüchlein auff der linien の中でいったことに耳を傾けよう。

　　こうして、それらの線が知られよう。これらは次のように記号がつけられる。一番と呼ばれる線は一、その上の次の線は十、三番目は百、そして

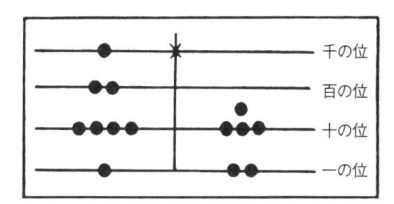

図146　線盤の基本形（図145による）。

図147　ある計算机。壁にかかっている計算盤には四つの欄がある。16世紀の計算書より。

四番目は千。この線に小さい十字の印を入れる。そして、同一線上のものを数え集める（最初の線上のもの）。まず一、その上の二番目のものを十、三番目を百、そして四番目を千として数える。しかし、これに小さい十字の印をつける。そして、最初の小さい十字から始めて、各線ごとに千と呼ばなければならない。千、万、十万、千掛ける千、さらにあるだけの数の小十字について、それだけの千があることを常にいわなければならない。また、知らなければならないことは、どのスペースも、そのすぐ下の線（それに帰属する）より五倍多いということを意味することである。そして、最初の線の下のスペースの意味するところは半分……。

　図146の線盤の左の欄に、1241 の数が示されている。線と線の間のスペースは spatium と呼ばれるが、その下の線の単位を五のグループに集める。すなわち、図146の線盤の右半分に置かれた数は82 である。一番下の線の下に置かれる玉は、二分の一を示す。いくつかの例で、千の位を示す X の印が間違った位置に置かれている（図138のように）。

　この極めて簡単な方法によって、五つずつのグループ化による五進法の助けをかりた、より一層巧妙な数の表現が再び導入された。五進法は、一度は数をつけたアペックスを用いる中世初期の算盤のために放棄されたものであった。

　古代ローマの計算盤では、一つの上にまた一つを乗せることによってのみ、いくつかの数を作ることができたが、中世後期の計算盤では、欄あるいは Bankire をもつことによって、いくつもの数を並べて形作ることができた。いまや、演算する者は真の意味で数を手にしたのである。それは欄の有利さであり、また以前のような縦線ではなしに、横に線を引くことの基本的な理由でもあった。ところがここで、こうした数とインド数字との類似性が、また放棄されてしまった。中世ヨーロッパで位取り数表記法の考案に失敗したことを非難する立場の人たちにとっては、これは一歩後退であった。

　いままでに示してきた図にあった計算盤には、一般に二つの欄が並べられていた。ところが、ある計算書の標題の頁にあった図147では、その計算机に演算個所が一つしかない。ところが、壁にかかっている計算盤には四つの欄がある。このことから、特定の問題を解くために縦線を必要なだけ引いて

計算盤を区分していたことがわかる。そして、チョークを使って一本、あるいは何本かの線を引くことで簡単に行うことができたのである。

ではこれから、この新しい計算盤を使って実際に計算をしてみよう。当時の多くの教科書は、算術の次のような種類、または演算をあげている。すなわち、数の配置（計算盤上に数を配置すること）、足し算、引き算、二倍算、二分算（すなわち、数を二倍、あるいは半分にすること）、掛け算、割り算である。さらに、これら各演算とともに、「格上げ」（フランス語 déjeter）、あるいは「純化」というものがあった。これは、ある単位のものをグループに集めて、それより高位の単位の小さい数にすることであった。そして、引き算ではまた、分解、あるいは高位の単位を低位に「解グループ化」（グループを解くこと）が行われた。両演算は合わせて還元化（既約化）の演算を構成していた。

足し算
3507 と 7249 の和は何か。
1. 数の配置：両数を計算玉で盤上に配置する（図148）。
2. 格上げ

　　一つのスペースに二つの玉があるところをみよ
　　その二つを取り上げ、一つを置け
　　その上の次の線の上に
　　同様に、もし五個の玉が
　　一つの線の上にあるなら、注目せよ
　　そして、一つをその上のスペースに移せ

図148 足し算 3507 + 7249 = 10756 の演算を線上で行ったもの。縦線がつらぬく計算玉（φ）は ○ に格上げされた。

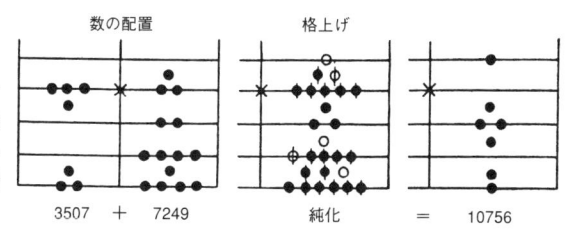

4. 中世後期の計算盤

読者は、この問題を自分で線盤上で解いてみることをすすめる。試してみれば、真の意味での計算を実際に行うことは全くなしに、演算を目でみて容易に把握できることに驚くだろう。

二つ以上の数を合算する場合には、まず最初の二つの数を合わせることから始める。そして、その二つの数の和に第三の数を加える。そして、これを続ける。つまり、各ステップで途中にえられる和に、さらにもう一つ数を加えてゆくわけで、加算計算機でするのと同じことである。もしも商人がいくつもの金額の和を線計算机の上で求める場合、たとえば 123 ギルダー 17 グロッシェン 9 ペニースと 234 ギルダー 18 グロッシェン 7 ペニースを加えるような場合（図 149）、アダム・リーゼはその演算方法を次のように述べている。

> 足し算は一つに合わせるということで、ギルダー、グロッシェン、ペニー、ヘラーと多くの違った数を、一つの和に集める方法である。それは、次のようにする。算盤に線を引いて、貨幣の種類の違いだけの数の区域に区分する。ギルダーは別に置く。グロッシェンはそれだけを、またペニーも同じくそれだけを置く。そして、ヘラーとペニーをグロッシェンに

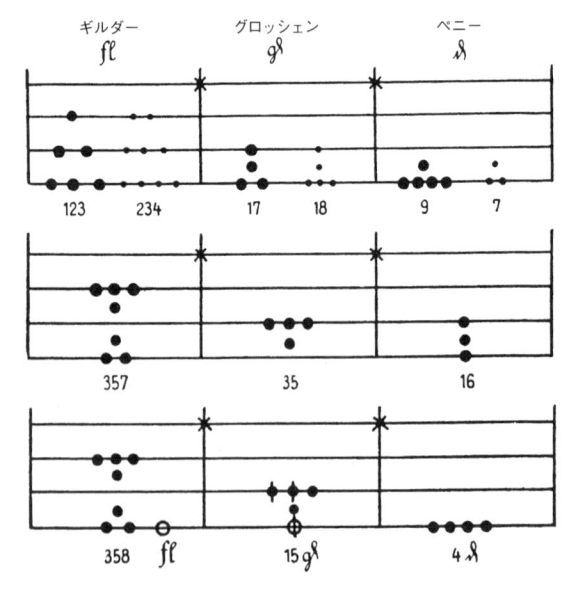

図 149 種々の貨幣単位の欄をもつ線盤。123 ギルダー 17 グロッシェン 9 ペニースに 234 ギルダー 18 グロッシェン 7 ペニースを加える。1 ギルダーは 21 グロッシェン、1 グロッシェンは 12 ペニースである。
アダム・リーゼによる（図 150）。

換算する。そして、その結果をすでにあるグロッシェンに加える。それから、すべてのグロッシェンをギルダーに変換し、それを他のギルダーに加える。どこの地でも行われるとおりである。

アダム・リーゼは計算の例として、いくつかの数を合算し、その合計 1344 ギルダー 19 グロッシェン 3 ペニースを線計算盤の上に示している（図 150）。

このようにして、計算面を、指定された欄に区分し、各貨幣単位をその欄に置いて合算する。ペニーをグロッシェンに変換し、グロッシェンを集めてギルダーにする。この手続きをとるわけは、貨幣の記数法が十進段階法にもとづいていないことによる。アダム・リーゼの例では、1 ギルダーは 21 グロッシェン相当、1 グロッシェンは 12 ペニースであった。この巧妙な方法によって、貨幣単位のいろいろ違った金額のからむ計算を、別々の貨幣用の指定スペースをもつ計算盤と同じように、抽象的な線計算盤上で容易に行うことができた。ストラスブールの計算机は、この種のものの一例である。

ここで、貨幣単位の記号 f, g, d と計算机上の記号 s、lb についての命名法についての簡単な説明が必要であろう。

コインの名称とその略称と記号

これから検討することによって、こんにちなお生き続けている、いくつかの特色のある用法の由来が明らかになろう。

古代ローマでは、合法的な購入方法でものを手に入れたとき、その取引額のすぐ隣に「青銅と天秤による」（per aes et libra）と明記した。初期の貨幣体系では、含有金属の価値より一般に大きな額面金額を刻印した鋳造コイン、または打刻コインをつくることはなかった。そうではなしに、純粋の

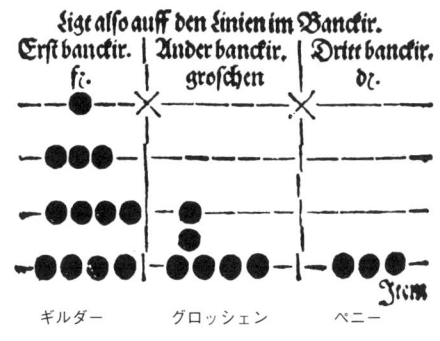

図150　金銭計算用の線盤。アダム・リーゼの図示による。

金属（銅、銀、青銅など）の相当量を秤量することでまにあわせていた。

　古代ローマの青銅貨による貨幣体系は、アス as を基本単位として作られた。1アスは288スクループルであった。これは、もともと as liberalis「秤量したもの」と呼ばれ、また solidum「全体」（ solidas 純粋な、混ぜもののない、生粋の）、あるいは libra とも呼ばれた。このリブラはまさに天秤のことで、のちにポンドを意味するようになった。ポンドの意味は、ローマ人のいう libra pondo に由来し、pondo は「重量に従って」を意味した。それで libra pondo は文字通りには重量の秤のことで、これから正しく秤量されたという意味になった。

　当時、ゲルマン人たちが西暦1世紀のあるころ、ローマ人から借用したものは libra の語ではなく、分詞形の pondo （ポンド）であった。ただ、記号としては libra の省略形 lib あるいは lb を用いた。これらは各種の計算機やアウクスブルクの会計帳簿などにみられる通りである（図83-87、141-143参照）。そして、カール大帝（シャルルマーニュ皇帝）の制定した通貨計数体系によって、最終的に通貨用語が確立された。たとえば、こんにちみるイギリス・ポンド（スターリング）と、その略記号 £ がそれである。他方、libra からフランス語 livre 、イタリア語 lira になった。その省略形はドイツでのポンドの略号 ℔ （アボアドゥパア）に生き続けている。これは筆記体の lb をひげ飾りで横に切ったものである。丁度イギリスの £ の横線のようなひげ飾りである。金銭を重量で秤り（1ポンド銀、またはスターリング）、それをさらに分割（240ペニーへ）する古代の習慣から、ポンドは第三の意味を持つようになった。つまり、重量ポンド（1ポンドの小麦粉というように）であったり、数のポンド（ペニー貨1ポンド＝240個のペニー貨）のこともあり、またあるいは通貨単位のポンド（1イギリス・ポンド・スターリング。銀行券あるいはコインのように。一般にソヴリン）でもある。ドイツでプント Pfund はアメリカでのポンドのように重量単位にのみ使用されている。

　貨幣は常に世界を支配してきた。全くの最初から、そして他の物品と同じように未加工金属のまま秤量されたときから、確実に世界支配をなしとげてきた。こんにちなお使用されている多くの語句や表現が、金属を通貨に使用するために秤量した習慣にまでさかのぼれるものである。（ラテン語の pendere は「さおばかりにつるす」ことで、これから「秤量する」）となった。

それでドイツ語の Pensum（課業、宿題）は実際には請負って「考量した」仕事のことであり、フランス語、英語の pension は秤り分けること、あるいは一定の金額の支払いをさしている。ローマの兵士たちは、その給料を stipendium と呼んだ（ラテン語 stips 一定額の金銭）。これがこんにちのドイツ語、英語では奨学資金の形で提供される一定の金額を意味するようになっている。Pensionat（寄宿学校）はもともと寄宿舎のことで、食料が秤り分けられ寄宿者に分配されたのであった。

　ラテン語 ex-pendere（秤り分ける、割り当てる、支払う）から驚くような一群の語が由来している。中世ラテン語で短縮され接頭辞がとれて spendere となり、各種の言語のうち、現代ドイツ語の spenden（費やす、分配する、英語 spend）、spendieren（誰かに何かを贈る、浪費する）はともに、もとは金銭を分配する、贈るの意味であった。さらに、また別の語源がみられる。ドイツ語では spind は兵士の小型トランクのことであるが、オランダの spind は食品棚に特定している。これは中世ラテン語 spenda 食料貯蔵室、食器と食料の貯蔵室に由来している。しかし、なぜこの種の貯蔵庫のことに限られるのだろうか。修道院では、かつて貧者への施し物を計り分けて支払った（spendere）。しかし、彼らが計り分けた（spesa）贈り物は金銭ではなくて、人たちが金で買うもの、すなわち食料であった。こうして、spesa はドイツ語 Speise（食品、食料）、また Spesen（料金、費用、出費）になった。もとの意味は食事の費用であった。この語は、それ自体、交易や銀行業と関連しての他のいろいろな語とともに1500年頃（頁338参照）ドイツ語に入ってきた。

　計り分けられた金銭は、また peso に生きている。古いスペインのコインのことで、こんにちではメキシコと南アメリカの基本通貨単位になっている。他方、その母国では、その指小辞のついた peseta に甘んじている。なるほど、なおそこに重量を見分けることができるが、それはラテン語 pensare、フランス語 penser（考える）では、すっかりかくされてしまっている。しかし、「考量する、考慮する」の同義語を思いおこしてみると、それはまたふたたび明るみにでてくるであろう〔訳注：ドイツ語 erwägen 考慮する、Wage 秤〕。

　新約聖書・ルカによる福音書（19：13）の寓話として、主人の留守に（金銭）1ポンドを10ポンドに増やした下僕と、同じ1ポンドを布に包んで大事に、

しまい込んで増やすことのなかった下僕の話がある。これからドイツ語の表現 mit seinem Pfund wuchern（金を高利貸しなみの金利で貸す）は「才能、財力を活用する」、sein Pfund begraben（ポンド、つまり金銭を埋める）は「才能を埋もれさす」の意味が生まれた。

　同じ発想は、さらに知的、精神的世界にまで拡大されている。人は神から与えられた才能を使い、それを発展させるものとされる。全く同じ意味の拡大が古代ギリシアの重量単位、通貨単位 talent にみられる。Talent はドイツ語、英語で人の心的な才能、あるいは能力の意味のタレントになっている。

　マルティン・ルターは mnâ という語を聖書の原文からうまく翻訳してプント Pfund とした。その原文は eis dedit decem mnas で、mina（ミナ）はギリシアの重量単位であるので、この部分を「そして彼らに 10 ポンドを渡した」と訳した。これはマタイによる福音書（25:15）の寓話と同じものである。ルターはギリシア語 tálanton を Zentner（ツェントネル、ハンドレッドウエイト）とし、et uni dedit quinque talenta を「そして、一人には 5 タレントをあたえた」と訳した（頁 113 参照）。

　ではこれから、ポンドに向かおう。重量ポンドのドイツの記号は ℔ で、これは筆記体の u に伸ばしたひげ飾りを横切らせたものである。この形の中で、libra の古い略号 lb にペンの最後の一画を横切らせたものであるとみることになんのむずかしさもないはずである。英語のポンド・スターリングの省略記号 £ と同じく、奇妙な形である（図 84、85、87 の lb に付いたひげ飾りと比較のこと）。

　このように横切る線は、ローマの perscriptio（記入、書記）であるが、これは筆記生、あるいは写字生がつけた単なる飾りの印にその端を発していると考える人がいるかもしれない。しかし、そうではない。それはローマ時代のコインの記号にまでさかのぼる。当初はローマのコインはただ一つアス、すなわち 12 ウンキア（オンス）だけであったので、たとえば数 XXV が法律上の何らかの違反に対する罰金を表すものとして使用された場合、何の単位確認の必要もなかった。というのは、その 25 は 25 アス以外の何ものでもないと理解できるものであった。X は 10 アスで、1 デナリウスであった。しかし、くだって（西暦前 268 年）ローマ人は銀貨制度を採用し、1 デナリウスは 10 アス（後には 16 アス）の価値のコインになった。数字 I は 1 アスの意味では

なく、1デナリウスのこととなった。誤解をさけるために、金銭記号としてのX（＝10）が前置された。そして、古い青銅貨制度ではなく新しい銀貨による制度では、それが10アスを意味するために、それをつき通して横線を一本引いた。すなわち、

ローマ・コインの記号

✕　　　✕V　　　HSV

デナリウス　　5デナリ　　5セステルティウス

こうして、もとの10アス記号のXは、いまや数字としてではなく、貨幣の単位の記号として用いられた（こんにちの ＄ 記号のように）。それは必ず金額の前に置かれた（上例の5デナリと5セステルティウスのように）。そして、さらに後年のセステルティウスを基礎とした貨幣制度では、基本単位は1セステルティウスで、$2\frac{1}{2}$アスの価値であった。これを IIS と略記した。そして金銭記号として十字に線を通し（図151参照）、その金額を示す数字の前に置かれた（ラテン語 $2\frac{1}{2}$＝セステルティウス sestertius ← semis-tertius、三番目の半分）。

　ローマ式の十字の線は、コイン、ないしは貨幣単位のほとんどすべての記号において、中世を通して続けられた。しかし、ただ単なるひげ飾りとしてだけで、そのもとの意味はもはや理解されなかった。いままでみてきた計算机は、そのすぐれた例を示してくれる。図140の一番下の列、スペースにひげ飾りの付いた *d* がみえる。ペンスの略号として用いられたデナリウスは、こんにちなお、ひげ飾り付きの *d* で書かれている。イギリス人もペニーの略号として *d* を用いている。横線はポンドの略号 *lb*, *lib* にはっきりとみられる。ゴシック文字の長い ʃ にひげ飾りの付いたものは、ソリドゥスの綴りの最初の文字（ *s* ）を取っていることはもちろんで、これがシリングの標準略号となった（図142参照）。ギルダーを示す *g* もまた計算布上の飾

図151　ローマのセステルティウス・コイン。西暦前36年。

り形である（図143参照）。アダム・リーゼは、しばしば、丁度ペニーの d のようにグロッシェン g にひげ飾りを引いて書いていた。また、ギルダーの略号を習慣的にひげ飾りをつけた f に（l ではない。図150参照）にした。では f がギルダーとどのような関係があるのだろうか。

フィレンツェで1252年に鋳造された金貨は、市の紋章のユリがついていた。このコインは fiorino d'oro（イタリア語 fiore 花、oro 金）と呼ばれ、中世ラテン語 florenus となり、フランス語、英語の florin（フロリン）となった。このユリの花のあるフロリン硬貨は、14世紀にはアルプスを越えて北の多くの鋳造所で打刻された。その中には、ライン地方の四公国、マインツ、ケルン、トリア、パルツが合同して貨幣統一を果たした、その鋳造所も含まれていた。彼らのコインは、しかし、ユリの記章をもはや付けていなかったので、ラインの黄金ギルダーと呼ばれ、短縮してギルダー［訳注：グールデン金の→ギルダー］、または金のシリングと呼ばれた。しかし、略号として、ひげ飾り付きの長い f はそのまま使われた。というのは、ライン・ギルダーの略号は rf で、オランダではこんにちにいたるまで fl である（図77、88参照）。ポンド、シリング、ペニーと同様に、ドイツ名、フランス名は外来の記号で示された。

算術家ウルリッヒ・ヴァグナーは、その著バンベルク計算書の末尾に付録として、銀の種々の標準重量の価値表を付け加えている（図152）。そこに、重量とコインを示す一連の興味ある古い記号が含まれている。各地の支配者によって鋳造され、違った体系に属する種々のコインが、あり余るほどあふれていた。そこに混乱と不信が起こったので、しばしば「コインつぶし」が必要であった。つまり、種々のコインを溶融して金属棒とし、その中に含まれる純銀の量によって、その棒の価値をあらわした。したがって、商人たちにとって、このような銀重量と価値の一覧表は必須のものであった。ヴァグナーの表では、重量は、1ロットが4クエント、1クエントは4ペニーで、16ロット相当の1マルク（$=\frac{1}{2}$ ポンド）のスケールにしたがって計算して、マルク（mr）からペニーウエート（dn）へと半ステップずつ増加している。$j = \frac{1}{2}$ は半分にした I であった（図79参照）。順に続く各行の重量と価値は、常にその前の行のものの半分である。

行1　左：$\frac{1}{2}$ マルク（$=8$ ロット）は6ギルダー16シリング3ヘラー

行2（行1の半分値）：4ロットは3ギルダー8シリング$1\frac{1}{2}$ヘラー

金銭の記号として、ギルダー（f）は20シリング（s）の価値があり、1シリングは12ヘラー（h'）の価値、そして、ある時点で1オルト（＝$\frac{1}{4}$ギルダー、右の上から五番目の行）であることがわかる。読者は、これら計算のいくつかを、分数の線（分母の上の横棒）のない、非省略の分数に注意を払って、自分でチェックしてもらいたい。そうすることで、中世の金銭計算の非常に教訓的な例を知ることになるだろう。

　シリングはゲルマン語である。Skilling、skild-ling つまり Schild-ling ［訳注：Schild 盾、-ling 名詞語尾］はゲルマン族が東ローマ帝国の黄金のソリドゥスに対してあたえた名で、彼らは、それを最初は装飾品として身につけていた（フランス語 écu 金銭、財貨はラテン語 scutum 盾に由来することの比較

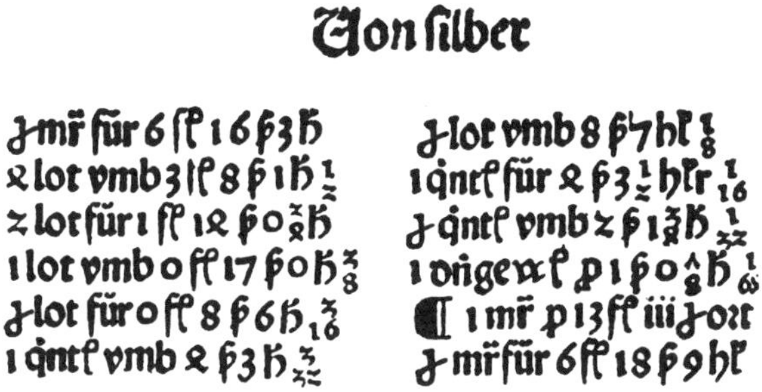

図152　銀の種々の重量の価値表。バンベルク計算書より。1483年（図131、132参照）。

重量は半ステップずつあがる。そのつど、それぞれの銀の確定基本価格にしたがって1マルクから1ペニー・ウエイトまであがる。表は次のように書かれている。

$\frac{1}{2}$マルク（銀）は6ギルダー16シリング3ヘラー
4ロット（重量）は3ギルダー8シリング$1\frac{1}{2}$ヘラー、など。
異なる基本価格は右の下から二番目の線で始まる。
1マルクは13ギルダー$3\frac{1}{2}$オルト
$\frac{1}{2}$マルクは6ギルダー18シリング9ヘラー、など。
重量は　mr　マルク、ロット（オンス）、qnt　クエント、$dnge$　ペニー・ウエイト。
金銭の単位は　f　ギルダー、s　シリング、h　ヘラーとオルト。
注意：jは$\frac{1}{2}$を示す。分数は省略せず、分数を示す線なしに、常に金銭記号のうしろにおく。

をすること)。ペニーのもとの意味はわからない。この語はすでにゴート語 penniggs にみられているので、通常 Pfännchen（小さい丸い平鍋、天秤皿）からきたものとされるのは正しくない。平たい皿の形の孔のあいたコインは Brakteates として知られているが、これは12世紀までは姿をみせなかった。マルクはそれそのとおりである。マーク、あるいは記号、つまり銀の延べ棒に押された公認記号で、最終的にその棒の特定の重量（$\frac{1}{2}$ポンド）となった。貨幣、硬貨の標準が全般的にその品位を低下したために、非常に古いむかしと同様に、銀を計り分けることが再び中世の長い期間にわたって続けられた。ごくわずかの量の場合は、秤量されたものから分割しなければならなかった（つまり Hacksilber 小さく切った銀）。ロシアのルーブル（ロシア語 rubitj 切り刻む、切る）は、この習慣からその名を取ったものである（頁48参照）。そして、ロシアの銀行や金融機関の人たちは、こんにちなお、「金銭を切る」という。こうして、切り取られた小さいかけらは、ドイツ語で Deut と呼ばれた。（古期ノルド語 þveita 切りきざむ。これからオランダ語 duit、英語 doit が生まれた。）

　グロッシェン、または「厚いペニー」はボヘミア人の表現で、イタリア語 grosso（太った、厚い）由来である。また、ドゥカット ducat もよそ者起源である。ドゥカットとして知られる金貨は、1284年ベニスで初めて鋳造されて、その上に刻印された言葉からその名がついた。

　　主キリストのおさめられるこの公国（ducatus）が主にとって神聖なものでありますように。

ドゥカットはまた、ときにツェッキーノ zecchino と呼ばれた。ベニスの La Zecca として知られた鋳造所からの命名である。そして、この名はアラビア語 sekkah（コイン）からきている。

　ヘラーの名称は、ドイツ南西部シュヴァーベンの町ハルに由来する。赤髭王フリードリッヒ・バルバロッサの治世（1152-90）に、そこの帝室造幣局で初めて鋳造されたので、その名がある。最初のヨアヒムスタル・グルデングロッシェンは1519年に、チェコスロバキアと旧東ドイツの国境のエルツ山脈のヨアヒムスタル渓谷で採掘された銀を用いて打刻された。ヨアヒムスター

ラーは短縮してターラー（taler、thaler）となり、その地からヨーロッパ各地に移動、拡散して行った。こんにち、その子孫がアメリカン・ダラー（米ドル）としてなお世界中で知られている。

　ドル貨幣の注目すべき省略記号 $ の歴史については、カジョリが1912年に「ポピュラー・サイエンス・マンスリー」誌に発表した論文「ドル記号の進化」によって、こんにちよく知られている。スペインの新世界征服者たちが、16世紀に、その地にペソ peso（スペイン・ターラー）をもたらした。この通貨が北アメリカを含めたスペイン植民地で使用される主通貨となった。金額を表示するために、最初はその語 pesos をそのまま書き綴った。あるいは最初の文字 p に複数語尾のs を上の方につけて、p^s のように省略した。省略記号で、最終文字を上にあげて書くことは、中世を通じて行われていた（たとえば c^o、図78と比較のこと）。略号 p^s は最初二つの別々の文字として書かれていたが、そのうちに一つの文字として、それにひげ飾りが付き、あとの文字 s が退化した形になった。イギリス系アメリカ人たちが1780年頃、スペイン系アメリカ人たちと（メキシコで）接触し、商売が行われるようになって、彼ら英系米人はスペイン・ターラー貨をモデルにして、自分のダラー（ドル）を基本通貨とするようになった。そして同時に、スペイン語の省略記号 p^s をも採用し、あとの方のSを先に書いて、それにPを単に二本の縦線として通し書きにした。こうしてドル記号＄が生まれた。この記号＄、＄は印刷物には1717年に初めてあらわれた。このようにして、ドルに外国のペソ記号が用いられたことは、商業史の興味ある一幕を示すものである（図153）。

　クロイツァーの名で知られるコインがある。それは、最初、南ティロル地方で13世紀に打刻されて、その上に打印された十字の刻印（クロイツ）からその名がつけられた。こうした一連の古いコインの考察は、さらにいくらでも続けることはできるのではあるが、最後として シェルフライン（Scherflein）をあげて終ろう。これは、マルコの福音書（12：42）からのマルティン・ルターの翻訳に由来する。

　　ところが、一人の貧しい寡婦がきて、二枚のマイト銅貨（シェルフライン）、すなわち、一ファージング（ヘラー）を投げいれた。

236　4. 中世後期の計算盤

ラテン語の原本は「小さい二片、それは（ローマの）1クォドランスになる」duo minuta quod est quadrans（参考図11）である。1480年以来、ドイツのエアフルト（ルターが新約聖書のドイツ語訳を行った山城ヴァルトブルクのあるところ）での最小硬貨はシェルフ Scherf であった。その名は古期高地ドイツ語 scarbon、あるいはオランダ語 scharven（切り分ける、彫刻する）由来である。そして、このゲルマン語の表記はおそらく、周辺に鋸歯状のぎざぎざの入ったローマ銀貨にまでさらにさかのぼれよう。それはタキトゥスによれば、誰よりもゲルマン部族によって好まれたものであったそうである（図30参照）。特に戦時にはローマ人は品位の低い、核が銅で外を銀で覆った

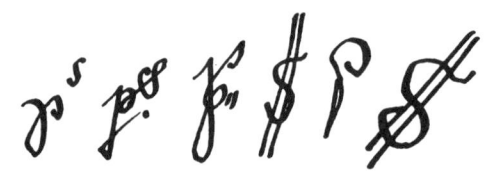

図153（上）　ペソの省略記号 p^s から作りだされたドル記号。ペソはスペイン系アメリカ人の使用したターラーであった。ここに示す記号は、左から右へ筆写体のそれぞれ1672、1768、1778、1778、1793、1796年のものからとったものである。

参考図11（左）　イタリアのある町で発行されたクォドランス青銅貨。$\frac{1}{4}$（$= \frac{3}{12}$）アス＝3ウンキア（オンス）。クォドランス、つまり四分の一アスは話し言葉では分数であったが、計算上の金銭価値では整数（3オンス）をあらわした。直径4.5 cm。市立貨幣コレクション、ミュンヘン。

　　425　－　279　　　　分解した形　　　＝　146

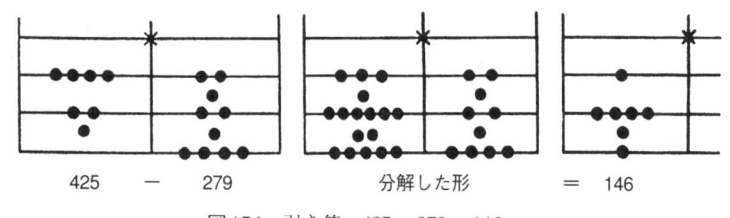

図154　引き算　425－279＝146

「包み込んだ」コインをしばしば支払いに使った。ゲルマン部族たちは当然、そうしたものは気にいらず、セラートゥス（銀歯貨）として知られたコインを入手することを非常に望んだ。なぜなら、そのような鋸歯のついたコインでは内部の中心核部分と銀の被覆部分とは容易に見分けることができたからである。

さて、コインの歴史への周遊を終えて、これから線盤による計算法に戻らなければならない。

引き算

計算盤上で 425−279 の引き算を行うことに、もはや何のむずかしさもないはずである（図154）。

(a) 数の配置：数を二つの区分に配置する。

(b) 分解：数 425 の「分解」、あるいは「解グループ化」。

(c) 引き算：右の区分の数と同じだけ多くの計算玉を左の区分にある数から「引き離す」。

線と線の間の第二のスペースに、右と左の両側に計算玉が一つずつある（＝50）。そこで、これを取り除いて、そのスペースを空にする。この手続からドイツ語の演算の表現「5−5を取り上げる」（キャンセルする。［訳注：差し引きゼロになる。］）が生まれた。多分、その数を分解する前に、計算者はまず盤上をかたづけるために、できるだけすべての計算玉を「取り上げる」。そして、そうしないではもはや引き算ができないところにきて、はじめて「解グループ化」する。図では、この問題で、できる限りすべての計算玉をまず取り上げた後には、部分問題 200−54 のみを解くことが残されることを示している。

二倍化と二分化

二倍化と二分化の演算は、ドミニコ修道会総会長のヨルダヌス・ネモラリウス（1236年頃没）によって、単独に独立した演算法として初めて紹介されたものであった。その時代を過ぎてから、この両演算は、しばしば算術の書にあらわれるようになった。16世紀になって初めて、それらは掛け算と割り算、それぞれの中の特定の問題であると一般に認められるようになった。

4. 中世後期の計算盤

　計算盤では二倍化と二分化の演算は直接に進められる。なぜなら、これらの手続きは計算の演算を全くすることなしに行うことができるからである。ただ単に定められた規則どおりに計算玉を加えたり、除いたりすればよいだけである。二分化の方法を学ぶためには、ここでまた、算術家の頭領アダム・リーゼの説くところを聞くことにしよう（図155）。

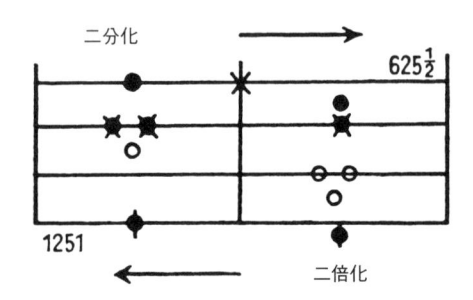

図155　二倍化と二分化

　常に二個の計算玉 ✹ のあるところでは、うち一つを隣の場に移し、そして指をおいている線の上におく（三番目の線、人指し指は常に演算をしている線の上においていること。図156参照）。そして、一個の計算玉 ●、❶ だけのところでは、一つを指をおいている線の下の、次のスペースにおく（四番目と一番目の線）。しかし、計算玉のないところでは、移動させるものはない。そして、二分化はこれで終わる。

リーゼがいっていないことは、間のスペースにある一個の玉 ○ (50) は、（二分化すると）下の線上で二個 (20) と、その次の下のスペースに一個 (5) 入るということである。二倍化の手続はもちろん、丁度これの逆さである。

　二倍化と二分化は、初歩的な演算であって、掛け算と割り算の初期の形式をあらわしている。これらの演算は古代エジプトの計算術にさえあらわれている（頁40参照）。そして、こんにちなおロシアの農民たちの間で使われているとみられる。字の書けない人たちは 56×83 といったむずかしい掛け算は、当然やすい足し算でおきかえて、両方の数を順に二倍化し、また二分化して解を求める。その結果は非常に奇妙な計算になる。

```
        56 × 83
上の半分 28 × 上の二倍 166
         14 × 332
          7 × 664-
          3 × 1328-
          1 × 2656-
         ─────────
             4648
```

奇数を二分化にするには、1の余りを無視する。すなわち $\frac{7}{2} = 3$ である。この二分化をずっと1に至るまで行ったのちに、二倍化した数すべてのうち、奇数の乗数をもつもの（ハイフンで示した）を加え合わせると4648。

この手続は因数が2の冪のみであるとき、たとえば $64 = 2^6$ ではただちに理解できるようになる。そこでは、最後の1以外は、奇数は一つもない。すなわち、最後の二倍化が直接解（5312）をあたえてくれる。たとえば 64×83 では、

```
二分  64   32   16    8     4    2     1
二倍  83  166  332  664  1328  2656  5312
```

掛け算の最初の例 56×83 での手続は、次のようにしてえられる。各回ごとに余りの1は棄てる。その次の数を加える。

$$14 \times 332 = 7 \times 664 = 3 \times (2 \times 664) + 1 \times 664$$
$$= 1 \times (2 \times 1328) + 1 \times 1328 + 1 \times 664 \, (= 4648)$$

これらの余りの数は、この順ぐりの二分化の間に失われるので、もう一度全部をひろい集める必要がある。継続する一連の半分化は、すべて1で終わる。したがって、最後の二倍数、ここでは 1×2656（2×1328）を加えなければならない。

掛け算
アダム・リーゼは三つステップで掛け算を教える。読者は自身でそれを線盤上で演算してみることをすすめる。

(a) 乗数は一桁の数とする。たとえば 28×6 である。二つの数を掛けあわせることを知ること。その一つは乗じられるもの（被乗数）で、常に線の上にある（盤におくと、数 28 ＝ (3＋5)＋20 は 3－(1)－2 のようにみえる。すなわち一番下にある一番目の線の上に計算玉三個があり、二番目の線上には計算玉二個、そして、その両線の間のスペースに計算玉一個がある）。掛け算をするもう一つの数（乗数）は、書きとどめる（あるいは、別の計算盤に配置しておく）。さて、一つの単位の数（ここでは6）で掛け算をするとき、上の線（二番目）をとる。そこには一個あるいはそれ以上の計算玉がおかれている。そして、書きとどめておいた数を同じ線上にある計算玉と同数回だけおく（6×2＝12、盤上で二番目の線から始めておいて 2－1 である）。しかし、スペースの中に計算玉がおかれているところでは、そのスペースの上の次の線をとり、書きとどめておいた数の半分だけをそこにおく（6×(1) の代わりに 3×(1) ＝3 のみを二番目の線上につくる。そこで、解決すべき問題は 6×8＝48＝4－(1)－3 である。それで、最終の解として 1－(1)－1－(1)－3＝168 がえられる）［訳注： (1)－1＝6； (1)－3＝8］。

　(b) 乗数、つまり第二の因数が二桁の数である場合、たとえば 28×34 のときである。もし、ある数を二桁の数で掛け算したいとき、計算玉の上の別の線をとる（次の一つ高い線）。そして、書きとどめておいた数のもう一つの単位の数を、その一つ下の線上の計算玉の数と同じ回数だけ（3回）おく。それから、計算玉のおかれている線をとり、書きとめた数の最初の単位の数を線上にある計算玉と同数回（4回）形にする。

　「別の線をとる」という表現は、計算者が、あいている方の手の人差し指を、より一つ高い線の上におくことを意味する（図147、156の演算者の仕事の様子をみること）。なぜなら、ここでの仕事は 28×34 から積 20×30＝600 を下におくことである。2 は二番目の線上にある。したがって、6 は三番目にゆく。こうして位取りの法則を、このような簡単な方法の中にみることができる。一般的にいうと、一桁の数は、同一の「最初の」線上にゆく。もし、十の位のものであるなら、二番目の線上に

ゆくし、千の位のものなら上の三番目の線上へという具合に進む。これは、リーゼが次の法則でいっていることそのものである。

(c) 第二の因数が二つ以上の単位の数、三桁またはそれ以上の数である場合。たとえば 28×354 のときである。三・四・五、そしてそれ以上の単位の数で進めること。書きとめた数の五番目の単位の数は常に計算玉ののっている線から数えて五番目の線上にくるように行う。そして、この線上に指をおいて計算を開始する。四番目の数を四番目の線上におく。これを下の線まで続ける。しかし、スペースについては二倍化計算のときに示したように進めること。

これに続いて重要な警告がくる。特に掛け算表を習得すること。そして、できるだけ速やかにそれを暗誦することである。

> 掛け算表の習得に十分心かけよそうすれば、あらゆる計算をマスターすることができるだろう。

もし、掛け算の第二の因数も計算機に書きおくのなら、五進法の五つごとのグループ化によって、掛け算表は 4×4 までを覚えておけばよい。

最終の解の位取り、あるいは桁は、人差し指を使って、その指が正しい線を「手放さないでいる」ことで極めて巧妙に特定することができる。その線は常に単位の数の線、一桁の線となる。もう一度確かめておこう。28のような数は 3−(1)−2 の計算

図156 計算机にむかう計算人たち。左に坐る人物は目下演算をしている線をその指でさしている。グラマテウスの算術書より。1518年。

玉に分解される。そして、もはやそれは一つの数とはみられなくなる。このように、いくつものステップに分けられた数では、計算のそれぞれのステップは、こんにちの演算に比べて、はるかにやすやすと見失われてしまうことになる。中世の計算法を行う場合には、このことを常に心にとどめておかなければならない。こうして、計算盤を使う計算者がインド数字について持つむずかしさ、また要求される全く新しい手続のむずかしさが、どれほどのものであったかを理解することができる。

割り算

さて割り算 $42 \div 2$ を線計算盤上で一度に行うとすれば、この算術の大先生の言葉をより一層たやすく理解することができる。

> 左手の指を上の一番上の線におく。そして、割ろうとする数（除数）をとりあげることができるかどうかの印をつける。もしも、とりあげることができなければ、その指をもう一つ別の線の上におく。そして、割ろうとする数（除数）をとりあげることができるまで、この手続を繰り返す。それから、同じ数を取り除く（すなわち、それらの計算玉を除去する）。それを、その指（正しい線を指差している指）のところに計算玉を一つおくことを、割ろうとする数（除数）をとることができなくなるまで、繰り返し行う。そして、その指の隣に残っているものが、取り除いた数の部分である。

この計算の解を十分理解するために、数 $42 = 2-4$ を線盤の上においてみよう。二番目の線上で除数 2 を二回 4 からとることができる。こうして 2 が同じ線上にくる。そして、それに対応して 1 は一つ下の線上にゆく。解は $1-2 \, (=21)$ である。こうして読者は $32 \div 2$ あるいは $462 \, (=2-1-(1)-4) \div 3$ のような問題を容易に解くことができるはずである。

こうして、通常の線上の計算が、町の住民や小商人によって一家の勘定に用いられているさまを垣間見ることができた。また、ケーベルや他の算術家たちは、通貨の両替や、さらには立方根の開方といった、より複雑でむずかしい算盤上の計算を教授した。

第5章 算盤　243

しかし、庶民の間で計算盤が大きな人気をはくした理由は、それが目によくみえて、しかも簡単であることであった。では、計算盤が庶民の生活でどのような役目を果たしたのかを、しっかりとみることにしよう。

(5) 日常生活の中の計算盤

財産目録と遺言書について、少し後にさらに詳しく述べるが（頁260以降）、それによって計算盤が非常にいろいろな場所で使用されたことがわかる。すなわち、修道院、国の大蔵省、市役所の事務所、商家の会計事務室などであった。フランスで発刊された『計算玉の書』Livre de Getz は、その本の内容を知ることが緊急に必要であると述べている。「なぜなら、多くの商人たちは、読むことも書くこともできないが、計算の方法を十分に知らなければならないからである。」

とはいえ、状況は常にそれほどひどいものではなかった。当時の絵図には、商人の机の上にペンとインクがおかれていて、その人物が会計帳簿の頁をくっている姿が描かれている（図157、158）。図157の机の右端に計算盤がおか

図157（左）　商人が計算盤と会計帳簿をもって計算をしているところ。
図158（右）　計算机と会計簿を使う事務員。図157、図158は、ダリウスの壺のギリシア人会計係（図96）とエトルリアのカメオの計算人（図97）に対応する西洋の商人たちが、計算机上で筆記数をどのように計算したかをはっきりと示している。両木版画はアウクスブルクのハンス・ヴァイディッツによる。1539年と1531年の作。

れている。その計算盤には、いくつものスペースに各種の貨幣単位用に印がつけてあり、先に行なった計算の計算玉が、なおかれたままになっているのがみられる。その商人は、倉庫の中で自分の計算机に坐って商品にとりまかれて筆記し、計算している。外では使用人たちが、商品を梱包して荷車に積んでいる。

　もう一つの図（図158）は、商人が計算机の上の会計簿に記入された数を、どのようにして二重に検証するかを、まさに見事に示している。そして、中世において数の筆記がどのように計算から分離されていたかを示している。

　商人と両替人にとって好ましくない人物は高利貸しであった。図に示すように、コインの袋と計算盤から、その職業をみてとることができる（図159）。

　　私はユダヤ人のあなたに教えてもらいたい、
　　あなたの料金（利息）はいくらかを。
　　借金に対しては、保証人か、担保かを。

図159（左）　ユダヤ人の金貸し業者。ヨルク・ブロイ（1537年没）の木版画。

図160（右）　マルティン・ルター著のドイツ語による教理問答書（1530年）の挿画。ヴァイディッツによる。1539年と1531年の作。

アウクスブルクで1531年に刊行された『恥と真実の書』Buch vom Schimpf und Ernst からの木版画にこのように書かれている。その金貸しがユダヤ人であることは、彼の外衣の縁(へり)にヘブライ文字が書かれていることから判別できる。当時は金銭に関しての喧嘩や口論がたえなかったので、ルターはドイツ語による教理問答書1530年（章4）で、次のような文章を書く必要があった。「なぜなら、われわれは生の姿で生きており、古いアダム［訳注：原罪を負う者としての弱さ］を常にもち歩いている。その古いアダムは、日々わが隣人を惑わし欺くように、われわれを誘惑し、気をかき立たせるのである。」次にあげた図160では金をだまし取られた哀れな男が、金持ちの金貸しに文句をつけている姿がみてとれる。その金貸しの助手が計算盤上に「正しい」借金の額を示しており、貸主は自分の貸しつけ帳簿から、その数を読みあげている。家の外では、その悪人は男が神に告白しないようにさせようとしている。

ウルス・グラーフ（1528年没）は、ドイツ軍人の肖像画を描くことでよく知られる人物であるが、1515年に印刷、出版されたある説教書（図161）で、彼は「不正な管理人の寓話」（ルカによる福音書、章16）を非常に興味深く絵にしている。キリストは、その門弟たちに、自分の執事にだまされた金持ちの物語を話した。その金持ちの主人は詰問する。「おまえに聞いているそのことはどうなのか。おまえの会計人の報告書を出したまえ。」（図の下から五行目）。この図は

図161　不正な管理人の寓話（ルカによる福音書、章16）。バーゼル説教書（1515年）にあるウルス・グラーフの木版画。

246　4. 中世後期の計算盤

その執事が会計勘定を計算机の上に示している姿をあらわしている（中世の硬貨単位で記されている）。

　それでは、この例に続いて、非常に大きな壁掛けの綴れ織りの中で、アリスメティック（算術）を擬人化した女性が、フランス風に見事にあらわされている絵をみてみよう（図162）。自由七科の一つである算術としての女性が計算机の席についている。そこで彼女は貴族の生徒たちに、ある書物からとりだした数の形をつくるのに、計算玉をどのように使用するかを教示している。この画で、おそらく年数とおもわれる数1520が二回読みとれる。特に目につくことは、机の上の布に線が引かれていないことである。しかし、このような線なしの計算布は、この後すぐに示すように（図163）実在していた。

図162　擬人化された算術の女性が、貴族の生徒たちに計算玉による計算法を教示しているところ。開かれた書物に 数1520がみえる。これはおそらくこのタペストリーの製作年を示すものであろう。一番下に刺繍で書かれた銘文は数の術を称賛している。フランス製タペストリー、約3×3m。クルニー博物館、パリ。

計算盤に人気があったことは、文献にもしばしば書かれている。とはいえ、述べられているのは主として計算玉であり、それらは実際のものとして、あるいは象徴的に描かれている。シェークスピアはしばしば、それら計算玉に言及している。『冬物語』(幕4、場3) に見事な文章がある。それは若い羊飼いが金額の合計をしなければならない場面である。

> さてと、羊11匹から取れる毛の目方は1トッドだ。それを金になおすと1ポンドシリングと少々だ。では羊1500匹の毛を刈るといくらになるかな。
> そして絶望的に叫ぶ。計算玉なしには計算できないよ。

ここに、計算の補助具としての計算玉の正しい役割りをみることができる。同じく計算玉の用途についてマルティン・ルターは、彼の生彩ある言葉の中でこういっている。「こうしてユダヤ人たちは、カナン人が何人いるか、そしてイスラエル人の数の何と少ないかを計算玉を線の上において計算した。」

> 父の比類ない無限の価値を
> 計算玉で総計して判断しようというのですか。

シェークスピアは『トロイラスとクレシダ』(幕2、場2) でこのように問う。そしてイアーゴーはキャシオーを軽蔑して「計算玉をはじく野郎」と呼ぶ(『オセロ』幕1、場1)。シェークスピアの作品には計算玉はしばしば、ほんの少しの価値しかないものの象徴としてあらわれる。『ユリウス・シーザー』(幕4、場3) にある。

> もしも、マーカス・ブルータスが強欲になって、
> そんなわずかの金 (計算玉) も友人たちに用立てしないのなら、
> 神々よ、お願いします……

王の廷臣は計算玉のように、地位によってその価値が左右されるという、ギリシアの歴史家ポリュビオスの古い直喩 (頁152参照) は、いまや、もう

一度いろいろな形で西洋にその姿をあらわす。ルターの言葉によると「計算術の頭領にとって、計算玉はみな同等であり、それらの価値はそれをどこにおくかにかかっている。それは丁度、人は神の前では皆平等であるが、神が人たちを配置する場所によって平等ではなくなる」のと同じことである。

また別の16世紀の著述家は、やや違った風にいう。

> この短命の世の生命と、その中のすべての人間は、まるで計算玉のようなものである。計算玉は、その乗っている線と、それが示す合計に従って、どれだけの価値があるか（あるいはないか）が決まる。さて、それは一番上の線の上にある。なぜ言葉を無駄にするのか。見回す前に計算人は何度も繰り返しその計算玉を取り除く。その玉は単にもう一つの玉にすぎない。単なる一片の真鍮にすぎない。

そして突然、われわれは再びむかしの隠喩にでくわす。それは18世紀中頃のフランスの衣裳にみられる。

> 廷臣たちは、ただの計算玉である
> その者たちの価値は、位次第
> 恩寵があれば何百万の価値
> 恥辱をうければ無になろう。

この詩文の作者として、いろいろの名があがっているが、プロイセンのフリードリッヒ大王ともいわれている。

マルティン・ルターは計算盤に新しい表現をみつけた。ある機会に彼は大声でいった。「彼らは、おかしな計算法を使っている。順序に従わずに百を千に投げ入れる。」また別の場面で「悪魔が怒り狂っていて、百を千に投げ込む。それで、どう考えたらよいか誰にもわからないような混乱を引き起こしている。」

ルターのいう「百を千に投げ入れる」das Hundert ins Tausend werfen とはどういうことだろうか。この表現は、こんにちなおドイツで使われている。一つの計算石を、それが帰属するはずの百の位の線の上におかずに、千の位

の線の上におくことは、順序を無視していて、混乱を引き起こす。線盤は、それをはっきりと説明してくれる。ルターは、その生き生きとした説教で、しばしば計算盤の比喩を利用した。彼は、庶民が計算盤に日常親しんでいるさまの申し分のない目撃者である。

　証人としてさらに有名人を名ざしするとすれば、ドイツの文豪ゲーテを忘れてはならない。ここに、オーストリア出身の英国小説家ベッティナ・フォン・アルニムの書簡の一節がある。「彼（ゲーテ）の父の計算盤ほど彼を魅了した玩具はほかになかった。彼はその盤上に計算玉を使って星座の配列を再現したのだった。」この時期はすでに18世紀に入ってしばらくたっていたが、それでも市会議員であったゲーテの父は、大事な計算にはなお計算盤を使用していた。とはいえ、彼の息子こと偉大な文筆家こそは、計算盤を詩の世界に持ち込んだ人物であった。『ファウスト』（第2部）で、富みを象徴する神プルートンは、その財宝を庶民に分けあたえていた。暴徒たちが貪欲に略奪しようとして気づいたことは、それらはすべて（おろか者が金と見誤る）黄鉄鉱、黄銅鉱だということだった。司会者は告げた。

　　おまえたちは、本物の貨幣や物品をもらえると思ったのか
　　このゲームでは、一文の価値もない計算玉ですら
　　おまえたちには結構すぎるのだ。

そして最後に、われわれすべてにふりかかってくる。ドイツ南部シュヴァーベン地方のある人物がいう。「われわれは神の法廷において怒り狂った計算盤上で自分自身の釈明をしなければならないだろう。」

(6) 計算盤と筆記数字
数の筆記に計算玉を使う

　さて、これから計算盤そのものの発達にたち戻って、二つの注目すべき形を検討することにしよう。一つは筆記数体系を精巧なものにするのに刺激をあたえたものである。

　「数の木」arbre de numération ―― 1753年出版のフランスの算術教科書ではなおそのように呼ばれていた ―― は、15世紀の古い『計算玉の書』（頁206

250　4. 中世後期の計算盤

参照）にさかのぼってまで出てくる（図163）。

　その計算人は、計算机にむかって左端に計算玉をおいていて、玉は縦の列、「木」（柱）の形に上へ上へと並べている。計算机の前に立つ人物はそれを指さしている。これは計算の用意として考えられる限り最も簡単なものである。なぜなら、それぞれのコイン、または計算玉は線をあらわしていて、特定の計算机の位置におかれている（図164）。このような「数の木」は、算術を擬人化したフランスの絵にみられる（図162）。ただし、その画家は線無しの計算用布を描くことで、その数の木の存在を単に示唆しているにすぎない。

　また別にイギリスに、計算盤上で計算玉の置き場所によって位を示す特別の方法があった。これは16世紀にイギリスの政府官庁で（計算盤と平行的に）ひろく用いられるようになったものである。この方式では、横線を引き、それぞれを縦線によって、それぞれ £ 20（20ポンド）、£（ポンド）、s（シリング）、d（ペニー）を示す欄、あるいは区画に分けた計算盤を使用した（図165）。

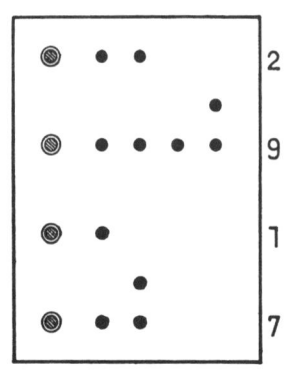

図163（左）　「数の木」は計算盤上の線にとってかわった。計算玉の縦の列からなり、固定されていて、再度動かすものではなかった。これらは線がもともとどこにあったかの位置を示した。この「数の木」は主としてフランスの算術教科書にみられた。『計算玉の書』より。15世紀。

図164（右）　計算盤上に形つくった 数2917。従来の線は位置を示す計算玉、あるいはコインでとってかわられている。

第5章　算盤　251

　20ポンドから1ポンドへの変換、またポンドからシリングへの変換の係数は20であるが、シリングからペニーへの係数は12である。したがって、最初の上部の三つの区画は計算玉十九個までをおくことができ、最後の区画には十一個までをおくことができた。この計算盤の形では、それ自身では十進法、あるいは五進法のグループ化の規定はない。これらは、計算玉そのものを特定方法でおくことによって、非常に巧妙に仕組まれたものであった。個々の計算玉一個（○）を区画の左端で他の玉の上におくとき、それは10を意味した。同様に、右端で上に一つ玉をおくと、5の意味であった。ただし、例外として、d の区画では、6をあらわした。こうして、一つのスペースの中のコイン、または計算玉の数が5（または6）より大きいときにのみグループ化がおこり、五個の計算玉が並べられた。

　この位取りの配列によって、計算玉は実際上数記号そのものの形をつくった。これらの「計算玉数字」は、実際に計算盤から直接に取りだされたもので、17世紀に入ってもなお、紙の上に筆記されていた。その使用方法は、あるイギリスでの計算の例で示されている（図166）。

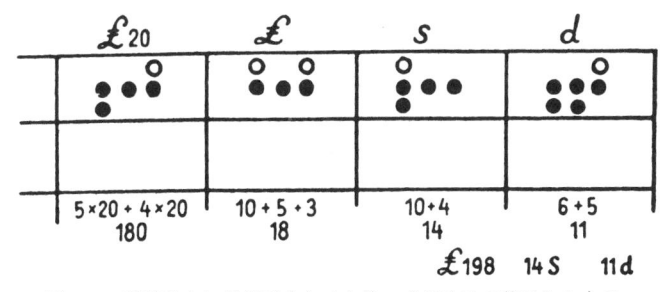

図165　計算盤上に計算玉をおく方法。イギリスで普及したもの。

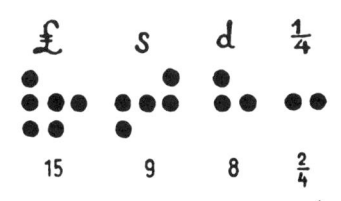

図166　金額の合計 (15ポンド9シリング8$\frac{1}{2}$ペンス)。イギリス式の計算玉の数字によって示されている。

計算盤から導かれたこの筆記数字の体系は、初期の、または素朴な体系と考えられる。なぜなら、そこでは序列化と束ねのグループ化の法則だけが用いられているからである。他方、それは位取りの配列によってグループ化を成し遂げている。この特色は、成熟した位取り記数法にいたるまでの発達の中間段階を示すものとして、極めて興味深いものである。しかし、イギリスにおいてさえ、これらの筆記「計算玉数字」は普遍的に使用されることはなかった。いくぶん広く認められ、一部では公認されていたとはいえ、これは本質的には「農民の数字」の部類に入るものであった。

中国の算木数字

筆記に使われる数の歴史をみると、計算盤から導かれた数字体系が、普遍的な正当性と認知をかちとったことの一つの例が示されている。中国では、こんにちの算盤 suan pan が生まれるはるか以前に、竹製、あるいは木製の小さい棒が計算用具 chou（籌）として計算盤上で用いられていた。そして同じく算盤 suan pan と呼ばれた。西暦600年頃、日本人は計算盤のこの形式を採用した（算木、または算籌と呼んだ）。そして、ごく最近まで普通の計算にだけでなく、代数方程式を解くことにまでも使用されてきた。これらの細い棒が計算に使用されたことを実証する最古の文献は、西暦紀元前にまでさかのぼる。「計算する」を意味する古い漢字祘（サン）は、ここにみるように、これら算木の姿をあらわしている（図167）。

図167 Suan サン。計算を意味する。算木をあらわす中国漢字。

日本の18世紀末の教科書には、これらが、どのように使用されたかが示されている（図168）。高位の

図168 一人の計算人が計算盤上で算木を使って計算している。1795年の日本の書より。

身分の人物の面前で、一人の計算人が床にひざまづき、チェッカー盤のような算木板の上に算木を並べているのがみてとれる。算木は、桜の木で作られていて、長さは4センチくらい、断面の幅は0.6センチくらいの四角、あるいは三角形である。そういうわけで、これは旧式の台所マッチに似たものであった。むかしは、それよりずっと長いものであった。こうした算木の一組は二百本からなっていて、もしもより高等な計算に使用するときには、正の数を扱う百本の赤い算木と、負の数に用いる百本の黒い算木に区別された。

筆者は、これら算木の本物の例を示す絵さえも入手することができないでいる。日本のある友人が、そうした標品、あるいは絵を手に入れようと大いに努力してくれたが、こんにちでは、そうしたものの記憶さえ消えてしまっているようだ、といってきている。

これらの算木を使用した計算盤には、十本の記号付き、ないしは記号なしの縦の欄があった（図169参照）。ここで、左から右へ千、百、十、一のそれぞれの欄がみられる。これらの欄に加えて、十進法の分数 $\frac{1}{10}$（分）、$\frac{1}{100}$（厘）などがある。このように、各々の四角の中に算木九本までをおくことができ

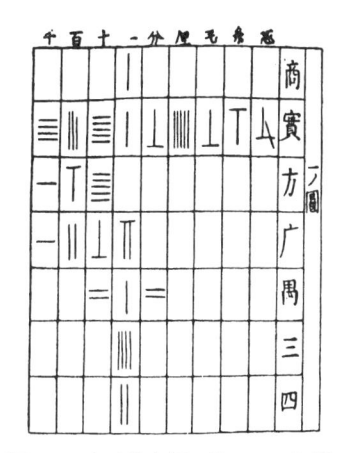

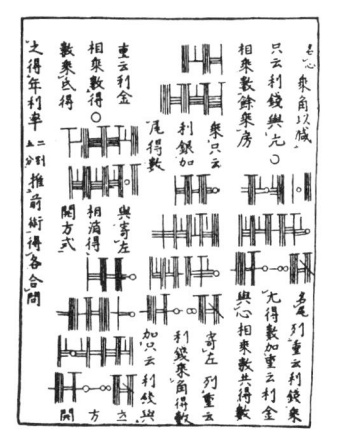

図169　左は算木板。印のついた縦の欄があり、その欄の中で算木によって数が示されている。ゼロ記号（空欄）とともに、これらは右図のように発展した。右は真の算木数字である。それによってあらゆる数を位取り表記法で「書く」ことができた。これは計算盤と筆記数字との本来そなわっている関連性を示す非常に貴重な例である。18世紀の日本の書より。

た。しかし、ここでやはり、計算人は一から九の単位の数を読むことをよりたやすくするために、算木の配置の仕方によって五つの束ね、グループ化を採用した。それらの算木は、二つの方向におくことができた。垂直方向と水平方向、または横向きと縦向きである（図170）。数五は、なお五本の算木を縦に並べることで示された。しかし、それより大きい数は、縦の棒を一本、あるいはそれ以上の横棒につけることで形つくられた。五つの束ね、グループ化であった。

　一つの数の形をつくる場合、単位の数の配置は順に並ぶ欄の中で変えられた。一の位、百の位、一万の位は縦におかれ、十の位と千の位は横向きであった（図170、171）。このようにして、大きな数でも容易に読むことができた。図169の左の図に示したように、計算盤の上から下へ向かって、次の数を、驚くほどたやすく読みとれることができる（それぞれ左から右へ）。1、4351.65666、1650、1267、21.2、4、2である。

　印をつけた欄をもつ算木盤では、このような方向の交互の変換が不必要なことは明らかである。したがって、これらの方式はより古い時代に、丁度中世のヨーロッパの数の木のように、計算を線のない計算板で行ったことを証明するものと考えられる。

　この形の計算盤の上で行われた計算法の一例として、日本式で 43×25 の掛け算をためしてみよう（図171）。読者はマッチ棒、あるいは爪楊枝を使って自分でこの演算をしてもらいたい。

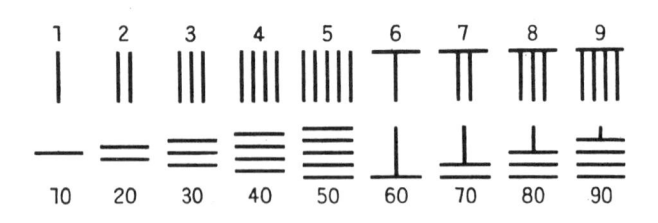

図170　縦横二方向に棒をならべた算木数字。一つの数の中で方向は交互になる。一の位の数は常に平行させて並べる。5で一つの束ねにしていることに注意。

数をあらわす全方式は、筆記体のあらわし方をたすける。なぜなら、算木は段階的に配列されるのではなく、序列化、グループ化されているとはいえ、一から九の単位数で形をつくる方法だからである。空位のインド記号 O が知られ、それが空のスペースに採用されるや否や、算木で示す数はただちに計算盤から離れることができて、絵文字体、あるいは筆記体としてあらわされるようになった。個々の単位数をつくるのに、算木、あるいは短い一画の線の方向を交互に変更するという方式は特に都合がよいものである。それで、

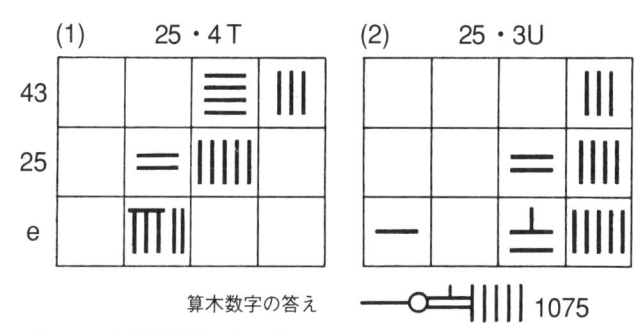

図171　算木による計算問題　43×25
(1a) 数43と25の形をつくる。一の位の数5(|||||) (25の5)を、位置の原理を十分に明らかにするために、もう一つ高い位4 (≡) (40の4)の下におく。
(1b) 掛け算　4×2＝8、4×5＝20　これで数4は使用したので除去する。
　　下で8＋2が合わされて10になる（(2)のe列の左端）。
(2a) 25を右へ3の下にもどす。
(2b) 掛け算　3×2＝6、3×5＝15　　結果 e＝1075
（図の説明）左枠上の (1) 25・4T は 25×40 の計算を示すもの (1000)
　　　　　　右枠上の (2) 25・3U は 25×3 の計算を示すもの (75)
　　　　　　算木数字の答え　(1000＋75＝1075)

[訳者説明]
(1b) 4×2＝8、4×5＝20の説明
　　これは因数43の40に、25を分解した20と5を掛ける計算で、
　　40×20＝800、40×5＝200
　　8＋2＝10 は 800＋200＝1000
(2b) 3×2＝6、3×5＝15の説明
　　これは因数43の3に、25を分解した20と5を掛ける計算で、
　　3×20＝60、3×5＝15
(1b)の 800＋200＝1000と(2b)の60＋15＝75の合計1000＋75＝1075が答えとなる。
（最右の縦行の中の ||||| は |||||の誤りとみられる。）

たとえば、図169の右側に示した日本の教科書からの頁で、大した苦労もなしに上から下へ次の数を読むことができる。46,431；5,399,856；614,585,664；295,949,808などである。

仏教が5世紀から6世紀にかけて中国、日本に大波となって押し寄せ、その教義がそれぞれの国語に翻訳されて、インドと極東の間に絶えることのないコミュニケーションが行われた。中国でゼロは13世紀の中頃にあらわれた。

これら中国の線の数、あるいは算木の数は、未熟な筆記数と成熟したものとの単なる混合体をあらわすもので、文化史上知られているところである。一から九の単位数そのものは、序列化とグループ化の原理にもっぱらその基礎をおいていたが、その後、位取り表記法の中で合わされて数を形つくることになった。

この配列は計算盤に由来したものである。もしも、筆記数字のこの数体系の中で、ゼロ記号が中国人自身によって発明されていたならば、これは十進法による計算盤の明確な段階的配置が成熟し、完全に発達しきった位取り表記法の中に具現化されていることを、人類文化の全歴史の中でみることができるただ一つの事例となっていたことだろう。このことは、まさに事実として起こったことである。ただ、それは中国ではなくて、インドであった。しかし、その発達の過程全体は暗闇の中に隠されたままになってきている。とはいえ算木数字の存在はまず間違いない。このことからまた、位取り表記法の発達が、単位数の欠落を示す記号、すなわちゼロ記号の発明に依存したことをも知る。ゼロ記号なしには、位取りの原理は——それははっきりと、たやすく計算盤上で目にすることができるが——抽象的筆記数字の体系の混乱の中に埋没してしまっていただろう。

計算盤と計算法

ではここで、いままで越し来た道を簡単にふりかえってみることにしよう。極東で用いられた算木の単位数による計算盤が、計算盤の古典時代の発達と放浪の過程でつくられた多くの形のうちの最後のものであることをみてきた（図172）。それらの間には、みかけ上に大きな違いがあるが、すべてが基本的に驚くほど似ていることがわかる。そうした類似性がみられるのは次の三つの場合である。すなわち、完全に明確な位取りの表記法においてであり、

第 5 章　算盤　257

また数 10 を基礎とした段階法においてである。そこでのただ一つの例外は、イギリスの場合のように、非十進法の体系に特別に適合させた計算盤であった。そして最後に、なるほど重要性では少々劣りはするが、修道院算盤から導かれた五つのグループ化、つまりロシア算盤シュチェット以外のすべての計算盤が保有する五つのグループ化においてである。

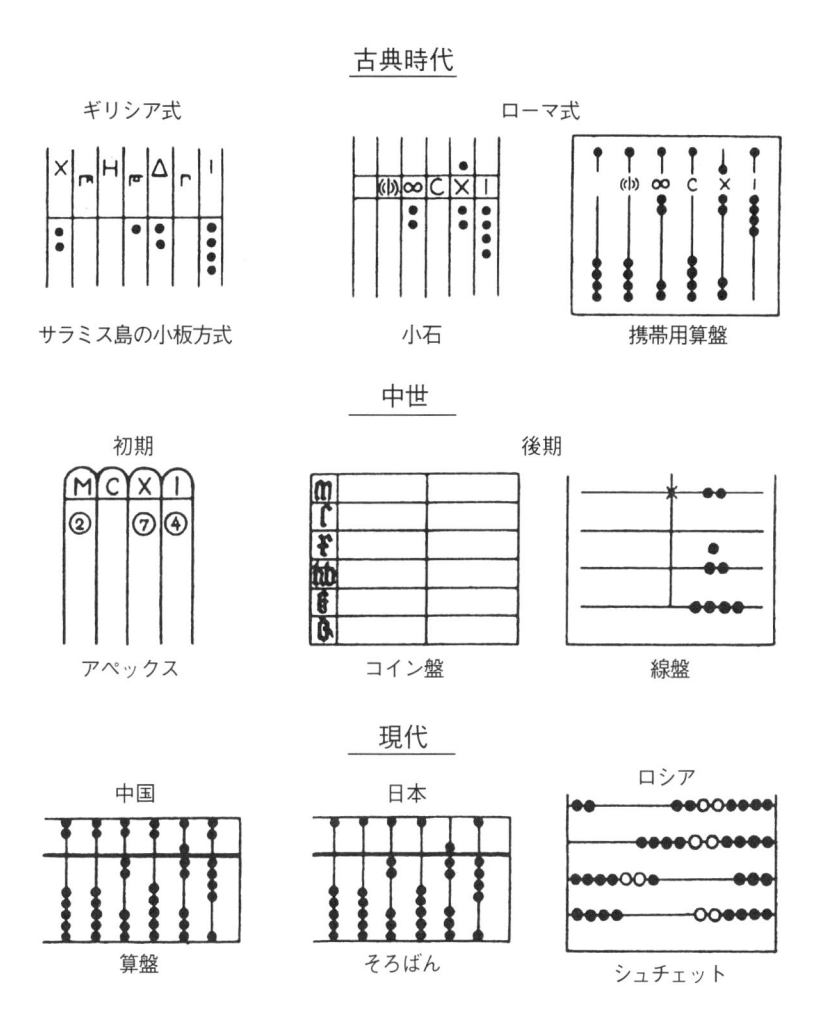

古典時代

ギリシア式
サラミス島の小板方式

ローマ式
小石　　　携帯用算盤

中世

初期
アペックス

後期
コイン盤　　線盤

現代

中国
算盤

日本
そろばん

ロシア
シュチェット

図172　歴史を通してみられる種々の計算盤の形式。数 2074 をすべての方式で示してある。

4. 中世後期の計算盤

　中世後期に西ヨーロッパ人は、縦線、ないしは縦欄ではなく横にした独特の形の計算盤を発達させた。他のすべての人たちによる、他のあらゆる時代に発明された計算盤は、すべて縦の欄をもつものであった。

　十進法の位取り表記法は、十進段階法に続いておこったものである。その十進段階法は、計算盤を発明し、それを使用したすべての人たちの話し言葉としての数の中に存在していたものであった。とはいえ、古代ヨーロッパでも、中世ヨーロッパでも、同じような位取りの原理にもとづく筆記数字の体系は生まれてこなかった。それが生まれなかったということは、計算と、数の筆記、表記との間に深く大きな違いの溝があったことを、何にもまして明らかにする。インド数字を使うわれわれはこの違いの溝を完全に忘れ去ってしまっている。しかし、同じように明らかなことがある。それは、算盤の歴史について学んだことであって、古代文化も中世の文化と同じく、その筆記数字が面倒で未発達なものであったとはいえ、計算盤を通して、こんにち同様に十分に発達した算術演算法をもっていたということである。図91から図171までのすべての挿図をさっと見渡してみれば、全世界にわたって計算盤が持っていた、そして、こんにちなおある程度持ち続けている重要さがはっきりと理解できるに違いない。

　各種の言語も同様なことを明かにしてくれる。「計算する」という語の語源の意味にまでさかのぼってみると、最も古い計算具にでくわすことになるだろう。それは、符木と手の指である。

　では、ドイツ語 rechnen、英語の reckon はどうだろうか。いろいろな類縁語をみてみよう。現代ドイツ語 rechnen、中期高地ドイツ語 rechenen、古期高地ドイツ語 rehhanon、ゴート語 ra*þ*jan、アングロ・サクソン語 ge-recenian。それから rechnen、reckon である。これらすべての語は、「計算する」という意味であり、さらに、「考える、信ずる」という意味もある。そして、フリースランド語 rekon「順序正しい」は、ラテン語 rex、regis「王」から、そしてギリシア語 arégo「助ける」に由来する。このように、インド・ヨーロッパ語根 reg は、「命令する、整頓する」の意味であったとおもわれる。ドイツ語の aus-recken「伸ばす、手足を伸ばす」にそれがはっきりとみてとれる。また、おそらくゲルマン語根 rek と関連しているだろう。この rek から

Rechen「熊手、架、幕」になった。計算盤上の小石や木切れを、（熊手で）一つに集めることで、混沌から秩序をつくりだすのである。これこそ、最も早い時期の素朴な「計算」方法であった。なぜなら、あらゆる計算法の母体は足し算であり、合わせることである。このことについては、すでに古代、中世の算術演算の基礎として、いろいろとみてきたところである（頁38、238参照）。

こうして、人類が数えることを最初に始めたときに使った棒切れや小石をもってする計算法は、計算盤上で何百年もの間に文化の要請、人たちの要求に満足に答える高度に発達した効果的な方法へと発展していった。古い計算石でさえも、西ヨーロッパでは前例のないほどの花を咲かせたのだった。次の項では、それがどのようにして起こったかをみることにしよう。

言語	語	原義	由来
ギリシア語	pempazein	五にする	指による数え方、あるいは多分五つのグループ化による計算盤
	pséphizein	小石を動かす	計算盤
ラテン語	computare supputare calculos ponere	切る 石を置く	刻み目を入れた符木 計算盤
中世ラテン語	calculare	小石を動かす	計算盤
フランス語	jeter compter calculer	投げる ←ラテン語 　computare	計算盤
英語	to cast to count	投げる ←ラテン語 　computare	計算盤

5. 計算玉

「OI. VOI. TES」
「聞き、見、そして黙せよ。」
（古いフランスの計算玉にある言葉）

フランス起源の計算玉

ローマの calculi は石、ガラス、または金属でつくられていて、それが計算玉であると認めることができるような、何の記号も、表記もされていなかった（図119参照）。他方、ジェルベールは、自分の小さい角製(つの)の計算玉にアペックスという記号をつけた。そして、13世紀には、計算玉は初めて小さいコイン状の金属の円盤で、その上に模様を押印した姿であらわれた。そして、計算玉はそれより高貴な（貨幣の）仲間たちと同じく、計算盤のみならず、たびたびその時代全般の文化史を反映し始めた。

計算玉にコインのように押印する習慣はフランスで始まった。これらの計算盤用の「ペニー」（小銭）は、以後ずっと金属だけでつくられていたが、もちろん本物の貨幣ではなかった。しかし、それらは容易に貨幣とみ誤られ、ときとしては金銭として通用さえした。そういうわけで、多くのものには警告がしるしてあった。警告はしばしば、なぞめいた表現でなされていた。すなわち「私は真鍮でできていて銀製ではない」と。

ここでまた、よくあるごまかしについて、マルティン・ルターにお出ましを願うことにする。「私は、あたかもギルダーの代わりに計算玉でだまされるような子供か愚か者であるかのように……」。

中世の最古のものとされる計算玉は、13世紀中頃のもので、フランスの王室行政府の財務局に由来するものである（図173）。

これらの計算玉に銘文はないが、フランスのユリの花がその由来をはっきりと示している。それら計算玉の一つに天秤ばかりがあるが、これは王室鋳造所の記号であり、鍵はフランス王室金庫をあらわしている。他の例でも同様に明らかなことは、フランス宮廷につかえる官吏たち、たとえば王室厩舎主任、狩猟担当主任、主庭園師、料理人頭などはみな、彼らの「王室」計算玉を所持していたということである。それから、ヴァロア公爵領、アンジュー公国、アルトア州などの封建領主や王の親族たちは、押印付きの計算

玉を慣習的に使用することを、自分の領地、領土の行政管理に導入した。そして、計算玉はさらに町役場の事務室や商人の勘定所へと伝わっていった。文人セヴィニェ夫人は、1671年に娘に次のような手紙を送っている。

> これらの計算玉は大変有用なもので、これを使って私の少しばかりの遺産をすべて計算すると、財産は530,000リーヴルになりました。

パリ市の紋章をもつ計算玉がある。それには帆船が帆をたたんで錨をおろしているのがみえる（図182参照）。その銘文は「ヘンリー（四世）の統治下で（パリが）繁栄することを願う、1599年」と翻訳できよう。

フランスの貨幣体系は、1266年ルイ九世の勅令で定められたが、それはヨーロッパの多くの国で模範とされ、押印のある金属製計算玉の使用は、まもなく低地域の国々（いまのベルギー、オランダ、ルクセンブルク）（図178）、

図173　最古の計算玉はフランス由来で13世紀に作られた。
上列：（左）計算玉がカスティユの女帝ブランシュの紋章のユリの花とリスで飾られている。（中）天秤のある計算玉で王室鋳造所で使用された。（右）王室金庫の鍵のある計算玉。
下列：上の計算玉の裏面で、（左）四つの花と四つの輪の間に城塞がある。（中）三つのユリの花、フランス王の紋章。（右）フランスの計算玉によくみられる型の十文字がある。
左の計算玉の直径 20 mm 。A. ケーニッヒのコレクションより、フランクフルト・マイン。

イギリス、そしてドイツ（図180、181）へと広がっていった。ただ一つの重要な例外はイタリアであった。だが、イタリアでもベニス・聖マルコのライオンを示す像をもつコインがあって、これが計算玉であった公算が高いが（図137参照）、あるいは何か別の用途のもの tessera で、計算盤とは全く縁のないものであったかもしれない。とにかく、イタリアでは、計算玉は上掲の国々ほどには確実に、またそれほどの量では出まわらなかった。その理由については、後に考えよう（頁332）。ヨーロッパの多くの大銀行を支配した当時のフィレンツェの諸家の紋章をもつ、いくつかの計算玉がある。しかし、これらのイタリアの計算玉は、おそらくイタリアで使用されたのではなくて、イタリアの諸銀行の外国支店で使用されたのであろう。したがって、たとえばベニスの聖マルコのライオン紋章をつけたニュルンベルクの計算玉があり、これはイタリア在住のドイツ商人たちが使用するためにつくられたものに、まず間違いなかろう（頁274参照）。

　フランスは鋳造型の金属製計算玉の発祥の地であり、その発展の主導的な役割を果たし続けた。長年にわたって王室鋳造所のみが、こうした計算玉を生産することが許されていた。王子や貴族たちは、自分の計算玉をもちたいときには、造幣院 Cour de Monnaie の許可をもらう必要があった。同院は1531年に、フェラーラ地方の公爵夫人に「彼女の計算室の事務官の使用のため」のいくつかの計算玉をもつことを許可している。また、1457年、シャルル七世の妻のアンジュー公国マルガレートは、彼女の厨房職員が使用する100個のジェトン gectouers（計算玉）に対してトゥール銀貨で5スウを支払っている。

　フランスの鋳造所と同様に、ヘント（ベルギー）にあったフラマン鋳造所でも、注文に応じて計算玉を打刻していた。同所は1334年、銀製計算玉120個をフランダースの収税吏に10シリング8グロッシェンで売り渡している。

　　　フランダースの収税吏ニコライ・ギドゥシェに、銀製計算玉 VI^{xx}
　　　（$6 \times 20 = 120$）を、$x(10)$ ソル $viij(8)$ 大デナリオであたえる。

この取引は、本書の立場からみて極めて重要なものである。なぜなら、二十で束ねた二十進法のグループ化と、「大きな百」（120）の両者が使用されたこ

とを証拠として残しているからである。その前者は、また次の極めてはっきりした請求書にもみられる。これは、1413年、当時ブルゴーニュ公国の支配下にあったオランダの造幣局がブルゴーニュ公爵に出したものである。

> ジャン・ゴブレー、(おそらく) ヘント鋳造所所長へ：本人によってリール市の会計事務所にとどけられた299個、ij^c (200) $iiij^{xx}$ (4×20) xix (19)、の銀製計算玉に対して——鋳造用に、そして公爵閣下の事業の出納勘定用に——総重量4マルク6オンス12スターリング、総価362シリング5ペンス。

この記帳は、ブルゴーニュ公爵自身が行った計算についての、先に述べたところ (頁199参照) を見事に補完してくれる。非常に古いイギリスの1290年のものに次のようにある。

> 同時に、女王の官吏たちの会計事務所用に計算玉と鉢一個を11シリングで購入。

これらすべての資料から、王子たちは自身の官吏に使用させるために必要な計算玉をたしかに入手していたことは全く明らかである。時がたつにつれて、そうした計算玉は摩滅するので、ペンやインクのように補充する必要があった。

> 計算玉100個、インク壺1個、筆記具に10ペンス3ヘラーを支払った。

これは、フランクフルト市の1399年の会計簿の記帳にみられるものである。
チェコのボヘミアでの1608年の布告は次のように述べる。

> プラハ市、ならびにボヘミアの他の地のコイン製造所に対して定める。毎年初に、各所は2000ないし3000個の銅製計算玉を製造し、それらを会計事務所と財務室に引き渡すこと。この命令は無条件で従うものとする。

金製、銀製の計算玉

　これらの法規則は、個々の会計事務所に対して必要なものであって、まもなく、フランスでは王が新年にあたって鋳造所や、王室行政府の他のすべての部署の主任たちに、一袋あるいは一箱の計算玉をあたえることが習慣となった。これらの人たちは、計算盤を前にして多くの時間を費やすことなどないに違いない人たちだった。そして、もちろん、こうした下賜品の計算玉は、もはや銅製ではなくて、銀、ないしは金でつくられたものであった。これらは当然、計算に使用されることはなく、貨幣としての額面価値がなかったので、大部分は溶融されてしまった。これら新年の贈り物（おとし玉）jetons d'étrennes はルイ十四世の時代に最もさかんであった。当時の計算玉リストをみれば、その範囲と王室のこの習慣に要した費用についての、およその見当がつかめよう。

対象		
王室金庫	金製 800 個	銀製 2600 個
女王の王室		6100
雑収入(?)	100	3500
海軍本部		4500
高級船員		2800
建設事務所		1600
合計	金製 900 個	銀製 44500 個

　何と金製計算玉900個、銀製品44,500個とは。これら新年の贈り物は、もともとローマで strenae（おとし玉）と呼ばれた習慣からきたもので、フランス王室金庫にとっては少なからぬ出費であった（ strenae からフランス語 étrennes おとし玉）。

　しかし、その見返りに、王もまた、新年に高官たちから金製、銀製の計算玉を受けとっていた。おそらく、この習慣はもともと、官吏たちが、遠まわしに、執務に清廉潔白であることを示すものであったのだろう。その意味するところは「陛下はわれわれの勘定をご信用ください。すべて順調です」ということであった。しかし、後年になって、これは決してそのとおりではな

くなった。どちらかといえば、その反対が真実になった。17世紀初期のフランス財務担当相であったスュリーは、その回顧録でいう。「毎年元旦に主人である王に金製の計算玉を献上品としてさしだした。そして、ある年には病床の二人の陛下に接見が許された。」この習慣は15世紀にはすでにできあがっていた。というのは、ルイ十二世はトゥールに入ったとき、その市から六十個の金製計算玉 gettoirs d'or を贈られたことが知られている。ルイ十五世は毎年多数の金製計算玉を受けとったので、それらを溶融して六枚の金製の大皿をつくることができた。同時代のある人物がいうには、王はすでに、そのような大皿を四十二枚ももっていたとのことであった。

　イギリスがこの習慣をフランスから取り入れたことを先にみてきた（頁202参照）。スコットランドのメアリー・スチュアートが1585年、チャートレイに幽閉されたとき、彼女の所持品のリストには、いろいろある中に、

　　女王の紋章のついた銀製の計算玉が一杯入った緑色ベルベット製のいくつかの財布。

　オランダでも、15世紀末という古いころから、装飾のついた銀製の容器に入った銀製、銅製の計算玉を、公金を使って政府役人に贈り物にする習慣が始まっている。図174は、そうした円筒形の容器三個を示している。それぞれに一組の計算玉（英語 cast、set、フランス語 jet）が入っている。

図174　装飾用計算玉の容器。左の二本は銅製、右の一本は銀製。高さ 12 cm 、直径 3 cm 。

時代を映しだす計算玉

　これらの念入りに仕上げられた贈り物用の計算玉は、貨幣の発達に大きな影響をあたえた。鋳造はますます精巧になり、モチーフもいろいろ違ったものがとりあげられた。新年の贈り物としての計算玉は、統治する王子の肖像に加えて、支配者や王室を賛美する目的で、前の年、あるいは直近の過去の出来事や業績を示すものが出始めた。こうして、それら計算玉はひろく記念メダルへと発展していった。その価値は、もとの目的は別として、なお含有する金属の価値と芸術品としての価値によって評価された。Jetons は、いまや記念メダルをさすものとして、ひろく用いられることになり、計算盤から完全に絶縁してしまった。フランスでは、18世紀の中頃でさえ、もはや官庁で会計処理にどんな計算盤も使用することがなくなったのに、なお新年にあたっての贈り物とされていた。

　贈り物用の計算玉はまた、計算盤上に残って、つつましやかに使用されている従兄弟たちに、種々さまざまな姿をもたせるように働いた。そして、計算玉もまた同時代の出来事を反映するようになり始めた。オランダで特にそうであった。たとえば、ブリュッセルで悪疫が猛威をふるった1488年には、片方の腕に棺桶をかかえた死神が片面に示された計算玉があらわれた。

　　ああ、なんじは、何ゆえに喜ぶのか。終末はもうそこまで来ているぞ。

図175　新年の贈り物の計算玉(おとし玉計算玉)。
左：円周に沿って「カロルス六世（1711 - 1740）神聖ローマ皇帝ブラバント公爵フランダース伯爵」と刻まれている。
右：上縁に（商船団は）「再建され、保護されている」とあり、下縁には「新年の贈り物1722年」とある。

しかし裏面には、全く違った言葉がある。

笑いによって、なんじは、死の悲しみの時をやわらげられることが出来よう。

　スペイン占領下のオランダでは、計算玉は政治色をもつパンフレットと同じ役目をもつようになった。皇帝カール

五世の退位とともに、オランダはカール王の息子スペイン国フィリップ二世の領地となった。この土地は太古の時代から大きな権利と特典を享受してきたところで、宗教裁判による異端者の迫害に抗議し、またスペインの占領そのものに反抗して、武器をもって立ち上がった。この謀反を鎮圧するために、アルバ公爵は二万のスペイン軍を率いてオランダに進攻し、その恐怖支配を開始した。1568年、エグモント伯爵とホールン公爵が処刑された。アルバ公は、結局は1573年に召還されたが、すでに時おそく、以後、その後継者のパルマ公爵アレッサンドロ・ファルネーゼは、南部のカトリック地区（こんにちのベルギー地区）に平静を徐々に取り戻すことができたにすぎなかった。北部のプロテスタント地区は、1579年に合体してユトレヒト同盟を結成して、スペインからの独立を宣言した。イギリスはその最大の敵スペインに対抗して、この反乱に荷担した。イギリスの干渉をこらしめようと、フィリップ二世は1588年、スペイン大艦隊を北方に向かわせたが、イギリス艦隊は暴風雨の助けをかりてこれを撃破し、その壊滅に成功した。フィリップ二世は十年後に没し、スペイン帝国は、その後継者たちのもとで衰退へとむかった。そして、オランダの完全独立は、ついに1648年ウェストファリア条約によって正式に承認されることになった。

　スペインの占領時代、そして、その間のオランダ人たちの抗争の間、民衆が圧制者に反抗して奮起し続けるよう、長期間にわたって、その抗争心を鼓舞することが必要であった。特別の図柄の計算玉が民衆の間に流布されて、彼らの立場を感動的、持続的に銘記させる役目を果した。

　アルバ公爵のオランダ到来は、記念の計算玉の発行によって迎えられた。それは図176の左のもので、蛇に囲まれた死神が大鎌をもって満開の花を切り落している姿が描かれている。

図176　政治的に意図をもった記念計算玉。1568年のアルバ公爵のオランダ到来をあらわす。
左：オランダ側の発行した計算玉。「不実が誕生し、信仰は抗争のうちに敗北した」とある。
右：スペイン側の出した計算玉。「ヘルダーラントにある女王陛下の会計所発行」とあり、フィリップ二世の像がある。

　　正義は打ち殺され、真実は苦

悩の中にある。

不実が誕生し、信仰は抗争のうちに敗北した。

しかし、スペインの支配者たちは、同じ政治的手段を利用した。ヘルダーラントにある女王陛下の会計所発行の計算玉には、フィリップ二世の頭部と上半身が描かれ（図176右）、裏面に次の警告文が書かれている。

わが王室に手向かう者たちに災いを。

アルバ公爵の到来に続いて、同年エグモント公とホールン公の処刑が行われた。オランダ人たちは、この暴虐を決して許すことはなかった。十一年後、一つの記念計算玉があらわれる。そこには両公爵が、いまなお生存しているかのように扱われていた（図177の右側の計算玉）。図177の上の右は、スペイン人に対するオランダ人の戦いをあらわしている。馬に乗り（上）、あるいは徒歩で（下）ある。裏面にあるのは、指導者であった両伯爵が殺害された

図177　政治的に意図された記念計算玉。スペイン領オランダにて。左は、1580年スペイン人によるオランダ人の宗教的迫害の機会に打刻されたもの。中は、1588年スペイン艦隊撃破のときのもの。右は、1579年エグモント、ホールン両公爵の処刑の際のもので、直径3cm。A. ケーニッヒのコレクションより、フランクフルト・マイン。
右上：「自らの国のために戦う方が、」
右下：「偽りの平和に騙されるより良い。1579年。」

断頭死体で、その頭部は公衆にさらすために柱につりさげられている。その刻文はいう。

　　自らの国のために戦う方が、偽りの平和に騙されるより良い。

　図177の最初の計算玉は宗教裁判をねらっていた。表面で台座に立つのは宗教裁判そのもので、ベルギーのライオンが首に巻かれた輪の鎖によって柱につながれている。そこに、inqui (sitio)（宗教裁判）と刻まれている。一匹の小さいマウスがライオンを放つために輪をかみ切っている。ライオンとマウスの寓話をあらわしている。マウスはオラニエ王子を象徴している。この王子は、1579年のユトレヒト同盟によって北部の七地方が統合された後に、オランダの最初の統治者になった人物である。裏面にはローマ教皇グレゴリウス十三世とスペイン王フィリップ二世が前景のベルギーの象徴のライオンとともに示されている（図177の左下）。その王は右手で平和の掌をさしだしているが、左手には、うしろに宗教裁判の首輪をかくし持っている。これは、当時ドイツのケルンでおこなわれた和平交渉をあらわしている。刻文はいう。

　　マウスのおかげで、バラで飾った鎖からときほどされた。
　　ライオンは再び鎖につながれることを拒否する。

　このメダルは1580年にドールドゥレッヒトで打刻されたものである。その八年後、オランダの同盟国イギリスを征伐するために送られたスペイン艦隊は、その目的を果すことなく完全に撃破された。そのとき、オランダ人たちは神の救いの手が彼らの側にあることを知ったのだった。ここに示した計算玉（中央）では、一隻の大きな船が暴雨風によって難破し、水兵たちが腕をあげて、むなしく天の神に救いを求めている姿がみてとれる。

　　スペイン人たちは敗走し、死滅する。
　　彼らを救うものは一人もいない。

裏面は、あるオランダ人一家の父、母、息子、娘がひざまずいて、神に喜び

の感謝をささげている。

> その人物はもくろむ。
> しかし、神は決着をつける。
> ［訳注：Homo proponit, deus dispouit. と韻をふむ。］

なんと恐ろしいフィリップ二世と神の対比の表明であることか。

計算玉の名称

オランダ以外は他のどの国でも、計算玉は地味な隔離された状態から抜け出して、そのもとの役割に加えて政治的意見表明の役目を果すというようなことはなかった。フランスの計算玉のように、玉がそこに示されるいろいろな像や姿を単にあらわすだけでないような場合には、銘刻はしばしば宗教的な表現、たとえばアベ・マリア（聖母マリア万歳）やグラチア・プレナ（満ち充ちた恩恵を）、あるいは「もし汝が平和な暮らしを望むなら、聞き、見、そして黙せよ」Oi voi tes si tu veus vivre en pes といった標語になることがよくあった。また、別の場合には、銘刻は計算を示していた。たとえば、「借金をかかえる者は、めったに心安らかでない」。この句はティロルからの計算玉にあったものである（図180）。また、「正しく計算する方法を知らない者は、ひきおこす誤りだけの代償を支払わなければならない」。さらに、「正しく置き、正しく取り除き、その数を正しく読め。ならば答えは正しくでるであろう」。これらに見合うものとしてはフランスで次のようにある。「上手に投げる（計算する）者は、正しい答えもみつけるはずである。」この表現の意味が、こんにちの諺に反映されている。つまり、「ベッドを整えたなら、それに寝なければならない」［訳注：自業自得の報いをうける。蒔いた種は刈らねばならない］。また、ときには計算玉はスペイン領オランダで発行されたフィリップ二世の計算玉のように、単に標識をつけたり、見分けることができるようにしただけのものもあった（図178）。「王の財務事務所の計算玉」に1577年 (I)I)LXXVII とある。

同様に、とはいえ非常に違った様式で、ティロルからの別の計算玉は、調子をとり韻を踏んだ次の文を示している（図184参照）。

第5章　算盤　271

　　私は計算玉と呼ばれる。(-genannt,)
　　私は名誉と不名誉の双方を明らかにする。(-schand,)
　[訳注：Recen・Pfenning　計算玉]
この例で、やっと計算玉のドイツ名 Recen-pfenning（計算ペニー）が実際の計算玉に押印されているのをみることができる。計算玉を示す別のドイツ名は Raitpfenni(n)g、Zahlpfennig、またボヘミアでは Raitgroschen である。オランダ語、フラマン語では、計算玉は telpenning、reckenghelde と呼ばれる。しかし、もっともしばしば、投げるという語 werfen から worpgelt、leggeld（図176参照）、あるいは legpenning とされる。イギリスでは計算玉は counters と呼ばれる。シェークスピアからの引用ですでにみたところである（頁247以降）。英語表現の to cast accounts は計算することを意味し、計算盤上に計算玉を投げるという、むかしの考え方をいまに残している。スペイン語では contos（あるいは contador）と giton の両者を使った。Giton はフランス語 jeton をスペイン語式にしたものである。むかしのラテン語の書物では、計算玉を不正確な表現で jactator（文字上は「投げる人」）とするか、あるいは正しく projectile（「投げつけた、投げた」より）としている。これらの名称は、すでによく知られた名称 calculus（図179）、denaruius、そして

図178（左）　スペイン領オランダのフィリップ二世の計算玉。
上：「王の財務事務所の計算玉」
下：「(I)I)LXXⅧ」(1577)
図179（右）　フランスの1659年の計算玉。「計算玉は間違いのないように。」ここでは一本の手が計算机（あるいは計算布）の上に計算玉を「投げ」ている。図162 参照。帳簿と計算机を神の目がみつめている。

ある時には abaculus などに加えて使われていた。

ドイツの計算玉

フランクフルト市の1399年の勘定書（頁263参照）によって、ドイツではすでに14世紀に計算玉が使用されていたことがわかっている。しかし、オーストリアでは皇帝マクシミリアン一世の在位（1493-1519）になって、初めて地方や都市の財務官庁のために製造された、鋳造、または押印の金属製計算玉を目にすることができる。皇帝マクシミリアンは、その妻、ブルゴーニュのマリアの領地での計算玉を使う習慣を知って、その地から自身の行政管理にそれを導入したことは、まず間違いのないところである。ティロルの計算玉二個については、すでに述べたが、それらはマクシミリアン時代に作られたものであった。図180に示したものには、冠をのせた M があり、その下に金羊皮勲位 das Goldene Vlies の勲章がみられる。裏面には、ティロルの鷲

図180 ティロルの計算玉。皇帝マクシミリアン一世の時代のもの。1500年頃。直径22 mm。「借金をかかえる者は、めったに心安らかでない。」

図181 ドイツの最古の計算玉。(14)58年とある。A. ケーニッヒのコレクションより、フランクフルト・マイン。

がある。

　南ドイツでは、鋳造された計算玉は1450年頃以降、確実にみることができる。ヴュルツブルクの鋳造所の所長のものとして、おそらく現存する最古のドイツの計算玉がある（図181）。片方の面にその鋳造所の印があり、他面には三つ葉模様の中に、三つにわかれた星があり、銘刻は次のとおりである。

　　　計算は非常に正確にし、
　　　そして、現金で(14)58年に支払うこと。

この年数は、ドイツのコインにあらわれるものでは、インド数字で書かれた最も初期のヨーロッパ数の一つである（頁354参照）。また、記録文書によって、金属製の計算玉が15世紀の初めにニュルンベルクで鋳造されたことが知られている。

　しかし、ドイツの計算玉は、フランスのものほどの高貴な（宮廷の）地位にまで達することは決してなかった。計算玉を新年の贈り物として人に贈る習慣は、あちこちで時たまみられたようではあるが、間違いなく、それが記録に値するものであるとはみられなかった。当時のドイツは比較的貧困で、まだ三十年戦争（1618-48）の傷からの回復の途上にあった。同じころフランスでは、太陽王ルイ十四世（1638-1715）が王自身の、そしてその王国の光輝と栄光を、それ以上にさらにたかめるのに十分なだけの豪勢な事業を考えることはほとんどできないほどの絶頂期にあった。ドイツは、何百という大小さまざまな独立国に分かれていて、それらが一様に承認するような統一権力に欠けていたこと、そしてまた、ドイツ全体が貧困であったことのために、オランダと対比できるような何らかの大きな政治的な成功を収めることはなかった。ドイツでは新しい計算玉は、単に古い金型を使って押印するのが普通であった。ウィーンの財務総局の帳簿の1569年の記帳によると、

　　さらに、11月29日に、印章彫版工ニコラス・アイニグルに対して、ここに、鋳造所の手持ちのものと同様な一般用の計算玉の切断と調整について、その二回目と三回目について、添付した受領証をもって四ギルダーを支払った。

とにかく、特別に免許をえた鋳造所で、個々の顧客や事務所（たとえば鉱山局）の個人的使用につくられた半公式の計算玉は、はるかに多くの種類があった。それでも、ドイツは、かつては計算玉の製造の先導役を果たしていた。それは公用の計算玉ではなくて、商売用につくられたものであった。

フランスに計算玉が導入されたとき、政府はただちに法令を発して、王室鋳造所のみが計算玉を製造することを公認されるとした（頁262参照）。さらに1672年以降は、フランスでの合法的製造はルーヴルの鋳造所に限られることになった。この法令の理由ははっきりしている。公認の計算玉を製造できる道具と材料をもつものなら誰でも、それを使ってやすやすと偽造貨幣をつくることができたからである。

計算玉製造のこの独占体制は、当然のこととしてその価格を上昇させた。そのためフラマンの町々でつくられた計算玉、また特にニュルンベルクのものが、ひろく一般に求められることになった。ニュルンベルク製の計算玉は、16世紀から19世紀にかけてヨーロッパにみちあふれた。この氾濫は最初、低地諸国（こんにちのベルギー、オランダ、ルクセンブルク）でおこった。そこでは、ニュルンベルクの商人たちが、特別の交易特権をブリュージュやヘントといった町々で享受していたからであった。その後、すぐに、莫大な量のニュルンベルク計算玉がフランスにもたらされた。フランスでは計算玉の需要が非常に大きく、また習慣的に無銘の計算玉を使うことを嫌ってはいたが、フランス製計算玉が高価であったために、やむをえずニュルンベルク製を使わなければならなかった。政府はもちろん、金、銀、銅製の計算玉の輸入を禁止した。それで、ニュルンベルクの商人たちは、真鍮で計算玉をつくった。とにかく、輸入禁止はめったに強制されなかった。後にフランスの計算玉市場は、いくらか衰えをみせ、イギリスがすぐにとってかわり、それ以上のものになった。イギリスでは押印した計算玉が非常に好まれ、貨幣としてさえ使用された。そして、ところによっては、17世紀や18世紀の年数のある古いものが、19世紀に入ってまでさえ継続的に使用された。ドイツ全体は、もちろん、ニュルンベルク計算玉の市場であった。ロシアとポーランドもまたニュルンベルクの「ダンテ」Dantes を使用した。（ダンテの名称は、ミュンヘンの計算布でみたところである。この語そのものはラテン語 tantum（そ

れほど多くの）からきていて、中世の商用語となった。たとえば、スペイン語の名詞 tanto（価格）である。中期高地ドイツ語の表現に uf den tant（信用貸しで）があり、これは後に意味が落ちて、賭金となり、とうとう価値のないものというだけのことになってしまった。）後年、西ヨーロッパで計算玉の使用が完全に終焉したときにも、ニュルンベルクの計算玉は、なおトルコにその活路を開いた。ただし、そこでは衣服の装飾用の安物円盤にまでなりさがってしまった。というのは、そうした計算玉は（真鍮製であったので）一見金貨にみまちがうものであったからである。フランスの計算玉と全く同じように、記念メダル類は、計算用の通常の計算玉の高貴な親族であった。賭金に使用される擬似コインは、その通俗の、退化した子孫であった。ニュルンベルクは装飾的な押印計算玉の製造のむかしからの伝統をもち続け、こんにちなお、こうした計算玉の主要な生産地である。

では、なぜまさにニュルンベルクだったのか。「ニュルンベルク製品はあらゆる国でみられる」といわれた。強力で、ますます繁栄するこの帝都は、世

図182 フランス製計算玉（上列）、ニュルンベルク製計算玉（下列）。
（上左）フランスものの原型。その下に（下左）ニュルンベルクの模造品がある。人の上半身の下にH.クラヴィン（ケル）の押印。（上中、上右）フランスの計算玉。パリ市の紋章をもつ船の絵と、フランスとナバラの紋章がある。（下中）ニュルンベルクの模造品。別のフランスのモデルから模写した船の絵もある。（下右）別のニュルンベルク計算玉。市場の橋が画かれている。
下中の計算玉の直径は33 mm。A.ケーニッヒのコレクションより、フランクフルト・マイン。

界のあらゆるところと活発な交易関係をもっており、忙しく働く多数の職人をかかえていた。そして、各地を回る商人たちは、やがて計算玉がよい商売になる、特に西方でよいことに気づいた。Spenglers（板金職）、つまりSpangen（留め金、締め金）の生産者たちと真鍮職人がまず最初に輸出貿易用に、そうした計算玉を生産した。

しかし、誰よりも安い値段であって初めて自分の商品を外国で売ることができる。これをニュルンベルクの人たちは三つの方法で実現した。まず、銅と真鍮といった価値の低い卑金属を用い、その使用量を減らして、より薄い計算玉をつくった。また、フランス人やオランダ人がしたような入念な押印はしなかった。それらの比較を図182に示してある。パリ製の豪華に飾られたフランス計算玉と、ニュルンベルク製のフランス・モデルの模造品（下の中）で、両者の違いが著しいことがわかる。ニュルンベルクのものでは、表面の仕上げの念の入れ方がはるかに少ないことが写真であってさえもただちにみてとれる。第二に、ニュルンベルクの貿易商人たちは、わずかの例外はあるが、当然のこととして自分自身のデザインをつくらなかった（下の右）。たいていの場合、外国の本物の模倣であった。こうして、彼らは一石で二鳥を落した。デザインに費用は全くかからなかった。そして、買い手は、おかしな見なれない商品をつかまされるわけでもなかった。このことで、売上が伸びないわけはなかった。こうしたものの多数の実物が知られている中から、図にあげたものは、アンリ四世（上の左）の半身像のある計算玉の原型と、その下の、それにもとづくニュルンベルクの模造品である。ニュルンベルクで最も早くつくられた計算玉として知られているものでさえ、オランダのある原型にさかのぼるし、いわゆる計算頭領用の計算玉、あるいは学校用の計算玉（図137参照）でも同じである。おそらく、これらは実際に学校で計算に使用されたものであろう。この絵は、それをほのめかしている。そして、裏面に押印されたアルファベット文字は実際に記憶のためのモデルとしての役目を果すことができたのであろう（図137の下の中）。同じようにオランダ計算玉の忠実なニュルンベルク模造品が多数に存在する（図177参照）。第三に、ニュルンベルク計算玉の値段の安さは、その町で支払われる工賃の低さに大いにその原因があった。ニュルンベルクの職人たちは非常に勤勉で、早朝から深夜まで忙しく働き続けた。

商売が確実に繁盛し始めて、計算玉メーカーたちの正規の同業者組合ギルドがニュルンベルクで結成された。他のあらゆるギルドと同じように、厳格な規約があって、ニュルンベルク市の名誉議会の監督の下におかれた。市議会は特に厳しいまなざしで、このギルドそのものを監視した。なぜなら、その組合員たちが、その気になりさえすれば、貨幣や計算玉を偽造することができるという危険性が常にあったからである。組合員制は非公開で、非会員は誰も計算玉を製造することは許されなかった。そして、公認の計算玉メーカーたちは、さらにその町を離れることは許されなかった。こうして、市議会は多数の法令によって、一般人たちが、貨幣に似た打刻器を所有することと、計算玉を打刻することを常に禁止していた（図183）。

　ニュルンベルク市議会は1616年に次の法令を発した。

図183　コインと計算玉の打刻法。
ヨースト・アマン（1591年没）の木版画。
ハンス・ザックスによる詩句。
　　　コイン作りの頭領：
　　　わたしが仕事場で打つのは本物の
　　　コインで、中味も重さも信頼できる。
　　　ギルダー、クラウン、ターレル、ペニース
　　　彫刻は素晴らしく芸術品の値打ちがある。
　　　半ペニース、ペンス、ファージング。
　　　さらに、古き良き細工物、あらゆる人たちに
　　　役にたつ、真の時価で
　　　だから誰もだまされることはない。

さらに、職人の頭領は誰も、フランス式、あるいは他の方式の打刻術を用いて、自分の仕事場から、いかなる計算玉をも発行してはならない。ただし、本人の洗礼名と家名を略さずに、また「計算玉」の文字を、省略なしに、十分に浮き彫りにして示す場合はこの限りではない。違反の罰金は10ギルダーである。

事実、ニュルンベルク模造計算玉（図182の左下）で、フランス王の上半身の下に、文化史のある皮肉がみてとれる。正直者のドイツ人コイン製作者の名前H.クラウヴィンケルがあらわれている。算術頭領用計算玉にも彼のフル・ネームがニュルンベルク市の名とともに示されている（図137参照）。ハンス・クラウヴィンケルの弟のエギディウスに対して、前述の市議会は1583年に次の指令を送っている。

計算玉彫刻人エギディウス・クラウヴィンケルに対して命令し、本人を叱責する。それは、本人が新しく打刻したフランス紋章と王の肖像のある計算玉についてである。本人が、その手元からこれ以上、その計算玉を出すことを禁止する。高位の君主に類似するもの、またはそうしたコインに類似する他のいかなるものをも彫刻することを禁止する。名誉議会に罰金を支払うこと。そして、その行為は禁止される。

しかし、この警告の効果はあまりなかった。そうした像は、その後も押印し続けられた。フランスのルイ十四世に類似したもののあるニュルンベルク製の計算玉は多量に販売された。とはいえ、市当局の監督が厳格で効果的であったことのみならず、この特に誘惑的な仕事にある職人が実直であったことについて次の事実が多くのことをもの語っている。つまり、悪への強い誘惑にもかかわらず、計算玉メーカーたちが仕事に精を出した4世紀以上にわたる期間に、偽造によって絞首刑にかけられたのは1692年のただ一人のみであったということである。

その商売は利益が非常に大きいものであるに違いなかった。なぜなら、計算玉製造業者のすべての家系で、その職が次々と引き継がれていったからである。ラウファー、クラウヴィンケル、シュルテスなどの家系があった。な

かでも、最高、最大の成功者はハンス・クラウヴィンケルで、この人物にはすでにお目にかかった。彼の計算玉の一つに、その高い誇りが述べられている。

　私ハンス・クラウヴィンケルは、よく知られている
　フランスで、そしてまたオランダでも。

　計算玉のメーカーたちは、必ずしも常に自分で、その製品を販売するわけではなかった。多くのメーカーは、その計算玉を代理業者を通じて販売した。他方、ラウファー家のように、自分の工房で生産し、自分で販売するものもあった。新作見本はフランクフルトとライプツィッヒの見本市で売りだされた。ニュルンベルクの計算玉は、こんにち頻々としてフランクフルト近辺のマイン川の堤防沿いの砂地でみつけられる。計算玉はフランクフルトの市場を経て同市の商人たちの手に入った。その後、それらが摩滅したり、旧式になってしまうと、子供たちの手に渡って、おもちゃとなり、最後には砂地に消えていった。

　ドイツ計算玉の最後は、ハルツ山脈の鉱山局からのもので、そこの人たちは18世紀の初めまで計算盤を仕事に使用していた。

　通常の計算玉の1ハンドレッドウエイトは1748年には78ギルダーの値打ちがあった。

　計算玉メーカーの同業組合は、もう長らく計算玉が使用されていなかったにもかかわらず、19世紀の中頃まで存在し続けた。200年以上にわたって、

図184　ティロルの計算玉。計算盤 (321; 3260?) とインド数字（割り算 $178 \div 2 = 89$）を示す。直径 22 mm。A. ケーニッヒのコレクションより、フランクフルト・マイン。

ニュルンベルクの計算玉はヨーロッパのいたるところで支配的な役割を果した。しかし、計算盤がその姿を消して、計算玉もまた終わりを告げることになった。意識されていない歴史上の皮肉がある。その皮肉とは、あるティロルの計算玉（図184）は、一端に計算玉をおいた計算盤の絵をあらわしており、裏面にはなんと、心の敵であるインド数字と新式計算問題 $178 \div 2 = 89$ がでているのである。フランスでは、革命が計算玉にとどめの一撃を加えた。計算玉は、間違いなく旧制度アンシアン・レジームの遺物とみなされた。しかし、ナポレオンのもとで、記念計算玉の類は、もう一度、そして最後の高く盛大な地位をとり戻した。

　計算石 calculi の消滅とともに、計算盤と算盤の検討もとうとうその終末にたどりついた。長い旅であった。その道のりは闇に包まれ、予期しないものであったが、文化の歴史の素晴らしくも、珍しい姿を豊かに観察することができた。計算盤はそれ自身のローマ数字とともに、長い間インド数字の侵入に頑固に抵抗を続けた。

　しかし、インド数字の苦闘と、その最終の勝利を理解するためには、われわれは、まずもう一度過去に戻らなければならない。

第6章　西欧の数字

1. 位取り数表記法

> 「しかし、このすべては、
> 　インド人の運算法と比べて誤りだと私は考えた。」
> 　　　　　　　ピサのレオナルド（フィボナッチ）、1202年

　1 2 3 4 5 6 7 8 9 および 0、これら十個の記号は、こんにち誰もが数を表記するときに使うものであり、一つの観念が世界を制覇していることを象徴している。この地上に普遍的なものはそれほど多くない。人類が創りだすことに成功した普遍的な慣習は、さらに少ない。しかし、人類が誇りとすることができるものがある。それは新しくヨーロッパに入ったインド数字が、まさに普遍的であるということである。

　これまでに、ローマ数字と中世の計算盤についての考察を終えたところである。そして、いま突如として新しい筆記数と面とむかっていることに気づく。何が起こったのだろうか。

　筆記数字の古い体系を支配した序列化と束ねのグループ化が段階化に道をゆずったのである。九つの単位の数のステップが最初の位を上に向かって順にあがってゆく。そして21、22、23から29へ、さらに31、32から39へと。そしてさらに上へとである（参考図12）。最初の位の各レベルは単位ステップをふんで、下から上へ（底から頂上へ）次の第二の位に登る。そして、それが続けられる。こうして、筆記数字の構成は、二種の「数」、すなわち単位の数と位をもつ話し言葉の数の構成に最終的に対応することになった。位に数をあたえるのが一から九の単位の数である。

　初期の筆記数字の体系、たとえばギリシア方式（図60参照）、エジプト方式、あるいはローマ方式（参考図1参照）は、どんな構造のものだったのだ

282　1. 位取り数表記法

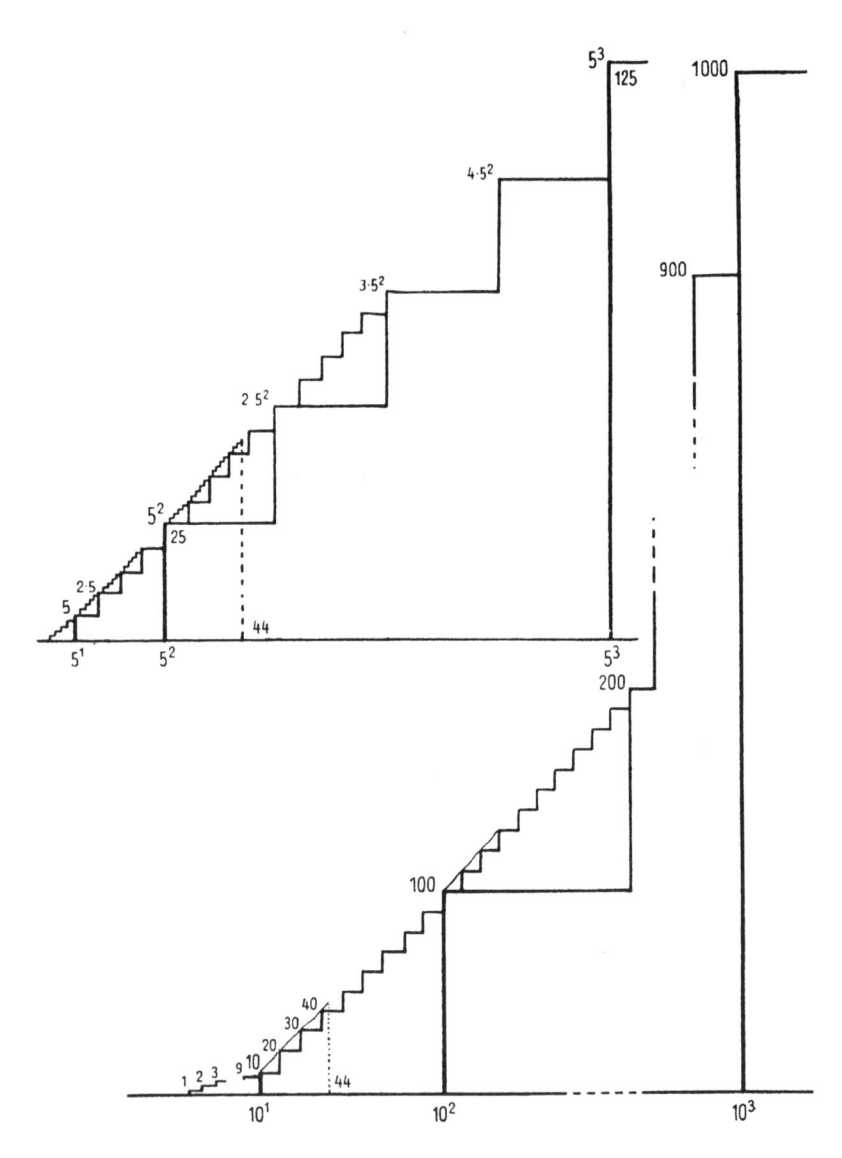

参考図12　5と10のレベルによる数体系。
5^1、5^2、5^3と10^1、10^2、10^3の位は「踊り場」に乗る。各レベルで直前の位のステップはまた上方へと続く。数44が二つの方式であらわされている。
$1 \times 5^2 + 3 \times 5 + 4 = 44$（上図）；$4 \times 10 + 4 = 44$（下図）。

ろうか。そこでは、I、X、あるいは C といった一種類の記号のみであった。それらは位取り、つまり段階化のみに用いられた。これらの数字は基本的には、束ね、グループ化の記号であり、一から九の単位数によって数えられるのではなく、それら自身を、順に並べることで数えられた。たとえば、CCCXXIIII = 324である。

ところが中国では、一から九の単位数の記号と、位、つまり段階の記号とは別のものであった。中国人は、ここではインド数字とローマ数字で中国の表意文字を代用すると、CCCXXIIII とは書かず、3C2X4（三百二十四）と書く。インド数字を使用する西洋の数体系では、これとは対照的に単位数だけを並べて324とする。位は実際は書き示さず、それぞれの数の位置によってあらわされる。

このように、筆記数字のインド式と中国式の両体系は本質的には違いはない。ともに、数を段階的に並べ、ともに単位数を数の位とはっきり区別する。もし、ある数字の位置が位を示すまた一つ別の方法であると考えるなら、両者はともに、段階式記数法、あるいは位取り記数法の形式をとっている。中国式は名称付きで具体的であり、インド式は抽象的な位取り記数法である。前者は位（すなわち段階）を特定して具体的に名称を付けるが、後者にはそれがない。この高度に発達した二つの数体系は、すでに述べたとおり、原始的な数字とは基本的に異なるものである。原始型ではすべて、位、あるいは段階（つまりグループ化）のみを認識し、その数を示すのに、その前、あるいは後に、ある数字を置くのではなく、単に順に並べて求める数とする（または、次の高位にグループ化する）のである。

こんにち、中国でも日本でも、数は抽象的位取り法でも表記されている。縦書き、または横書きである（図238参照）。しかし、驚いたことに、この方式が百までについては、非常に古い中国の農具形硬貨（布貨・尖足布）にみられる（図185）。

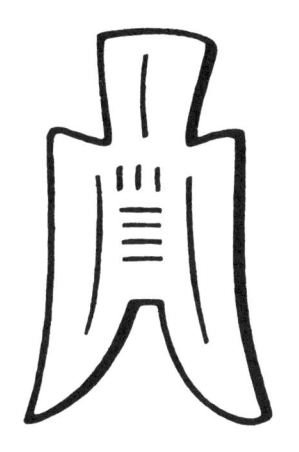

図185　中国の農具形の布貨（尖足布）。抽象的位取り記数法で数34が記されている。西暦20年頃。

位の違いに何の記号も用いない抽象的位取り記数法のみが、ゼロの導入を必要とする。それは、見えない位を示すための記号である。位は、全く書き表されないために、書き表されないある位を何とかして示さなければならない。ここで、非常に教訓的な例をおもいおこそう。

$$\mathrm{I \cdot V^c \cdot V} \quad (1 \cdot 5 \times 100 \cdot 5 = 1505)$$

中世ヨーロッパの筆写生はすでに「新しい」位取り表記法を耳にしていて、それをローマ数字に試してみようとしたことが、ここにはっきりと示されている。その筆写生には、ゼロの意味がまだ十分に理解されていなかったので、つまり IVOV ＝ 1505 の理解がなかったので、彼は決定的な点で譲歩して、具体的位取り表記法［訳注：小さいＣ］に逃げ込んだのであった。

中世ヨーロッパでは、具体的ないし明示的な論理的位取り表記方式を決して実現することはなかった。その表記方式は、計算盤上に目にみえる形で表されていたのみならず、話し言葉の数系列でも、毎日常に耳にしていたものであった。にもかかわらず実現できなかった。われわれ現代人はいま優位な立場にあるから、これは精神的ブロック、つまり思考が遮断された奇妙な姿のようにみえる。構想を先に進めることが不思議にもできなかったことについては、すでに述べたところである（頁149参照）。もちろん、この事実は数の発達の歴史の中で変則的なこととして止まっている。

話し言葉の数は、筆記数より古いが、それはまた計算盤に対して概念上のモデルの役割を果した。それ以外のどこから、算盤はその基本パターンを作りだすことができただろうか。ほとんどすべての文化で、何らかの方法で、話し言葉の数を計算盤上に簡単にわかる形式で再現することに成功した。しかし、それを具体的位取り記数法で筆記型で表すことに成功したのは中国人のみであった。そして、抽象的位取り数記法に成功したのはインド人だけであった。

さて、これから、そのインドの筆記数字による数体系の発生と、文化史を通しての、その移動、拡散を検討しよう。

2. 西欧の数字の祖先

　インドの数の歴史は、その大部分が、こんにちわれわれが知ることの限界をこえるものである。とはいえ、少なくとも、その最も重要な点についてはよく知られているはずである。それで、インドが最終的に現代筆記数字の発達に偉大な貢献をしたのは、エジプトやバビロニア、さらにギリシアと比較して、どれくらいあとのことであるかを十分に認識することができるだろう。

　インダス平野に文化が開花したのは、西暦前3000年紀の中頃のことであった。（インダス川西岸の）モヘンジョダロ文明の廃墟は、ごく最近になって初めて発掘されたが、そこから、前ヒンドゥー期の書記体が発見された。ただ、こんにちなお、その解読はなされておらず、数字についても何ら意味のあるものは知られていない。

　それから千年ばかりくだって、西暦前1500年頃、インド・ヨーロッパ語族のアーリア人たちが、ガンジス川流域に北西方向から侵入してきた。そして、土着の人たちを駆逐し、また、それらの人たちを最下級の奴隷カーストへ強制的に押し込めた。支配者たちのみが、貴族・武士のカースト（クシャトリア）と司祭のカースト（ブラーフマン、バラモン）の構成メンバーとなった。そして、後者の聖職者たちが、すべての知識・学問の守護者となり、学識・教養が一滴たりとも庶民に漏れこぼれることのないようにした。アーリア人の言語サンスクリットは、一時期インドを支配したが、やがて一般日常語としては死滅し、こんにちまで学問用の神秘な言語としてのみ生きのびてきている。バラモン者たちが、排他独占的であったことが、書き言葉に反対することの原因になった。そして、ヴェーダ教の教歌は、大部分口述で代々伝えられてきた。記憶を容易にし、また変容を防ぐために、韻文によって作られ、すでにみたように（頁120参照）、数もまた、その中に組み込まれることになった。この状況に付言するとすれば、インド人自身は歴史について何らの意識も持ち合わせていなかったことが、最近まで政治的独立ができなかったことの重要な原因であったといえよう。したがって、インド自体でのヒンドゥー文化の発達について、こんにち、ほんのわずかしか知られないことの訳がわかるというものである。エジプト人とは何と対照的なことだろうか。エジプト人は、歴史上の事件や日常生活のありのままを、微に入り細にわたって記

録することなしには、一つの寺院も、一つの記念塔も、埋葬墓所も建設することはなかった。

　西暦前6世紀に仏教が始まる。バラモンたちの排他性に抵抗して生まれた庶民のための宗教であった。こうして、やっと文献が豊かにその姿をあらわす。釈迦（前560-483）の一生の記述に始まり、歴史的事件の信用できる記録がインドに残されてゆくことになった。

　仏教は、西暦前250年頃、盛大な公式宗教として、その絶頂期に達した。それは、インドのほぼ全土にまたがる大帝国を築いたアショーカ大王（前273-232）の統治下のことであった。この王の宣言、布告を記した記念碑は、あらゆるところで見られる。

　数の歴史で決してないがしろにできないことは、インド北西部（ガンダーラ地方）が、西暦前6世紀からペルシア帝国の領土であったという事実である。なぜなら、アレクサンダー大王が西暦前327年から325年にかけて、ペルシア征服の途次この地を侵略し荒廃させたとき、ペルシア文化のみならず、（数学、天文学を含む）ギリシア文化もがインドに避難してきた。その結果起こった東と西の融合は、5世紀にまでわたって繁栄し続けた、いわゆるガンダーラ芸術の中に最もよくみることができる。このルートをはじめ、いろいろな道筋によってインドはエジプト人、バビロニア人、アッシリア人たちのものの考え方に接することになった。

　インド文化は4世紀から9世紀にわたる間に最高の域に達した。サンスクリットの戯曲『シャクンターラ』を書いた詩聖カーリダーサは5世紀の人である。

　それに続く時期に、インドの知的社会に決定的な影響を与えた二つの事件が起こった。仏教は8世紀以降、ヒンドゥー教と復活したバラモン教にその道を譲り、最終的には712年にアラブの侵略者がインドにもたらしイスラーム教にその道をあけた。仏教は1200年頃までには、その生誕地からほとんど全くその姿を消してしまっていた。

(1) カローシュティー数字

　ヒンドゥーの筆記数字は、6世紀から8世紀の時期に初めてその姿をあらわす。その起源について、どれほどのことが知られているだろうか。一般に次

の通りである。インドには二種類の筆記体があった。カローシュティー Kharosthi は北西部で生まれ、西暦前5世紀から西暦3世紀にわたってのみ使用された。それより重要なものはバラモン筆記体 Brahmi である。これは（200種類もある）すべてのインド文字の母体であり、その中にはこんにち最も広く使用されている（デヴァ）ナガリー文字（図206参照）も含まれる。サンスクリットの詩歌は11世紀以後、一般にデヴァナガリー文字で書かれた。

　カローシュティーで書かれたものは右から左へ読んでゆくが、バラモン文では左から右へ読む。前者は特に筆写人と商人の文字であり、アラム語からペルシア語を通って発達してきたものであった。バラモン筆記文字の起源については、なお争いがある。インド人の見方では、土着のものであるとするが、北方のセム系（おそらくフェニキア系）の文字群から発達してきたものということの方が、よりありえそうな見方である（図57参照）。アショーカ王の法令は大部分（図189に示すグヴァリオールの碑文を含む）バラモン文字で書かれていた。

　数字は両書体であらわれる。ただ、両者は性質上全く違ったものである。こうして、インドの筆記数字には本質的に三種類があったことになる。カローシュティー数字、バラモン数字、そして三番目に、こんにち使用されてよく知られる、ゼロ記号をもつ位取り記数法のものである。この三番目はバラモン数字を使って、それから直接に発達してきたものである。

　ではこれから、これらのインドの筆記数を詳細にみてみよう。カローシュティーの数については、前に数系列の形成を論じたところで述べた。そのわけは、特異な四単位ごとのグループ化のうえに十進法と二十進法のグループ分けをするものであったからである（参考図5参照）。記号20は、こんにちの3に似ているが、10の記号二つからなっている。百位の数の数え方は順をつけない（CCではなく2C）。これは古くは計算の限度が100であったことの証拠である。

（2）バラモン数字

　カローシュティー数字は、こんにちの西洋数字の祖先の中にはないが、バラモン数字はその中にある。アショーカ王の時代（前3世紀）から、バラモ

2. 西欧の数字の祖先

ン文字の碑文はインド全土にわたって多く発見されてきている。それは銅板、寺院の壁面や岩の表面にみられ、それぞれの数字は個別にあらわれる。この広い全地域にわたり、千年もの長い期間を通して、その数字は本質的に同じ字体を保ってきた。それ以上に重要なことは、これら筆記数の構成が一定しているということである。その底流にある原理は、もはや序列化でも束ねのグループ化でもない。いまや、一から九までの単位数は一つずつ、独自、個別の記号をもつ。すなわち、単位数字である。それは丁度、話し言葉でそれぞれの数が固有の数名称をもつのと同じことである（図186）。

筆記数字が成熟した体系になるまでの長い道のりは、すべて明らかになっている。しかし、非常に初期のころ、この大きな進展を部分的に無にするような何かが発生した。十の位の数、20、30、40、50、60、70、80、90 もまた「暗号化」され、一つずつが独自、個別の記号ももつことになった（図186の第二行を参照）。これは、おそらく言語そのものの欠陥であったのだろう。一の位と十の位の間の関連を、一の位と百の位の関係ほど明確にあらわさなかったのである。百の位と千の位の場合は、バラモン字体は十の位の数と一の位の数を用いた真の具体的位取り記数法の形式をとっていた。筆記数字の体系が、一歩一歩と徐々に進化してきたことを示す、全く見事な例である。図の最後に示した数（70千＝70,000）は、明確な計算の限度が1,000（千）であったことを具体的にあらわしている（図186、最下行を参照）。

筆記数字の歴史は、さらに一層著しい数の暗号化の例をみせてくれる。それは、エジプトの神官文字であり、石碑に刻まれた象形ヒエログリフ文字から発達したものである（図187）。多くの数字、たとえば、20、60、90 などは、それ以前に使用された序列化した象形文字数字の単なる省略形であるこ

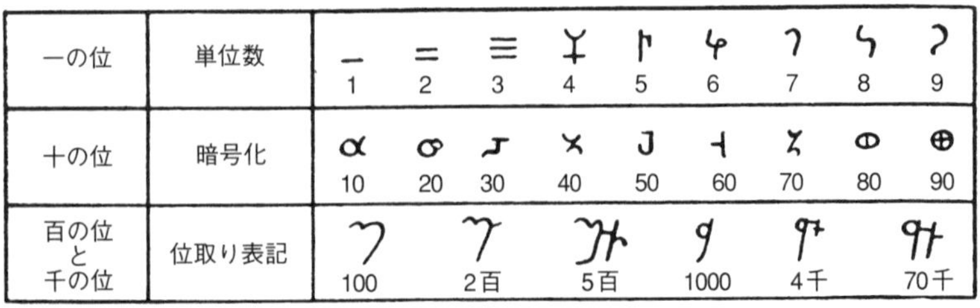

一の位	単位数	1	2	3	4	5	6	7	8	9
十の位	暗号化	10	20	30	40	50	60	70	80	90
百の位と千の位	位取り表記	100	2百	5百	1000	4千	70千			

図186　インド・バラモン数字。

第 6 章 西欧の数字　289

とが容易にみてとれるだろう。数字の発達という立場からして、これは非常に教訓的な例である。というのは、エジプト人の数学に対する限界感があったために、彼らは、少な過ぎる序列化、グループ化の原則から、多すぎる「暗号化」に直接移ったのである。

　エジプトの神官文字そのものは 数 9,000 までしか単位の数を使用しなかった。その先の 10,000 から 40,000 の間は、突然序列化に逆戻りし、50,000 から先は具体的位取り表記をしたのである。筆記数字の発達の経過の中の前進と後退の珍しい事例である。それは先に話し言葉の数でもみてきたものである（図188）。

　同じ発展段階は（ギリシア語のような）数文字や、シヤク文字にもみられる。これらでも、各単位数が一位、十位、百位、千位のすべてに割り当て

序列化	∩	∩∩	∩∩∩	∩∩∩∩	∩∩∩∩∩	∩∩∩∩∩∩	∩∩∩∩∩∩∩	∩∩∩∩∩∩∩∩	∩∩∩∩∩∩∩∩∩
暗号化	∧	⋏	’	⌒	┐	⫼	⋽	⫼	⫼
	10	20	30	40	50	60	70	80	90

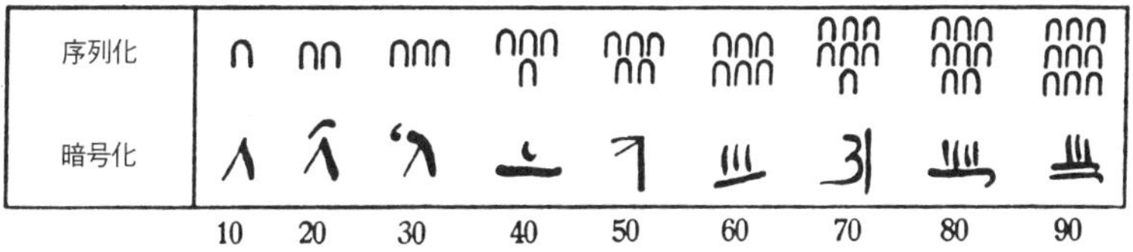

図187　エジプトの序列化した象形文字数字（上）と暗号化文字数字（下）。

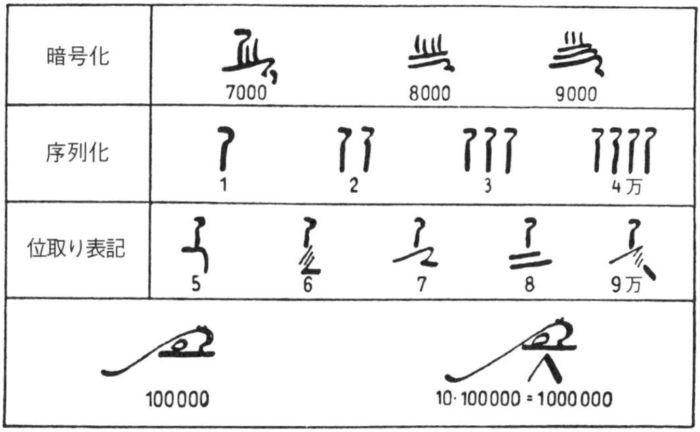

図188　神官文字と呼ばれるものによるエジプトの筆記数字。
パピルスの巻物にみられるもの（参考図 2、3 にあるような、石碑に用いられる象形文字とは区別される）。

れている（頁115の表と図72を参照）。

(3) 位取り表記法

位置をもとにする原則への飛躍台は、序列化でもグループ化でもなく、暗号化であった。すなわち、各単位数を最初の九つの数の一つ一つに割り当てたことである。インド数字とエジプト数字はともに、この標的を打ち越してしまった。エジプト方式は、それに先だつヒエログリフ文字がモデルの役を果たすような一組の数字をすでにもっていたので、手前で停止してしまったのに対し、インド方式は、単に初期の段階、さらに発展しうる最初の生育段階であった。100はすでに大きな数であった。そして、そこから数体系を支配する原則が、位取り表記法へと変容していった。100においてもまた、数の位がはっきりとあらわれた。この考えが、10であらわされる位にレベルを一つだけ戻るやいなや、具体的位取り表記法が誕生したのである。

そして、まさにそのとおりのことが起こった。西暦600年頃、ある数字体系があらわれた。それは、バラモン数字の最初の九つの単位数だけを使ったもの、すなわち、一の位にバラモン数字の単位数だけを使ったものであった。この新体系では、九百三十三は、もはやバラモン方式（図186に示した記号を使用したもの）の900'30'3ではなく、グヴァリオールの碑文にある933のような位取り表記での単位数のみであった（図189）。この段階をもって、抽

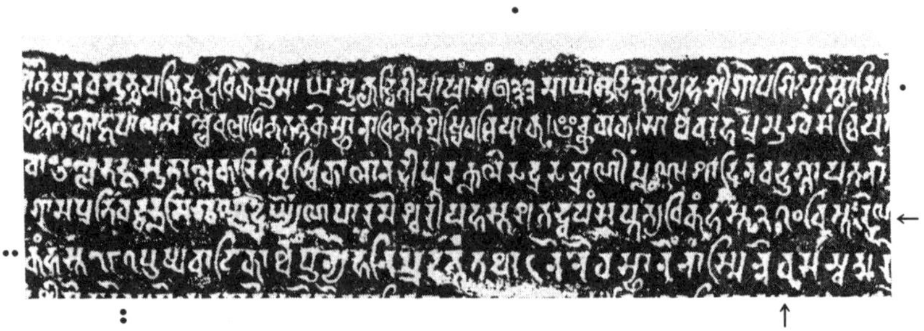

図189　グヴァリオールの碑文。書かれたゼロとして既知の最古のものがある。上から四行目（二つの↑←印の交差するところ）に数270が位取り表記法で書かれている。最上行（上と横の・印の交差するところ）に年数933（西暦870年に相当）があり、五行目（‥の交差するところ）に数187がある。

象的位取り数表記法への移行は完成した。そして、いまバラモン数字の最初の九つの数字を西洋の単位数の最古の先祖としてもつのである（図186の最上行）。これから先の違いは、ただ、これらの数字がこんにちの姿に最終的に落ち着くまでに、インド人、アラブ人、西洋人など多くの人たちの手を経たことで、その形が不可避的に変化したことによる違いだけのことである（頁321に示す）。

では、どのようにして位取り数表記法に変化したのだろうか。それがインドで起こったという事実に争いはない。インドの研究者たちは、位取り表記法は西暦前200年頃のあるとき、インドで、外部からのそれ以上の刺激なしに生まれたと信じている。しかし、インド以外の学者たちは、この発達の背後に外部の刺激があったとみるに十分な根拠があるとする。いずれの考えが正しいかの決定的な証拠はない。これからも、おそらく出てこないだろう。ただ、インド仮説と外来仮説のそれぞれを支持する種々の視点を並べて、互いに比較考量することができるだけである。

インドの数の塔は、西暦前5世紀の時代にさかのぼり、数の位の「階」を一階ずつ次のものの上に置いて、それぞれに独自の名称をもつものであるが、この塔は、多くの階層からなる高層建築物をつくる方式にしたがって、数がつくられていることが明らかである（参考図13）。そこで、彼らは数を「名をつけた」具体的位取り表記法の形式で「書き留める」。

26431 = 2 ayuta 6 sahasra 4 śata 3 dasa 2　である

［訳注：$2 \cdot 10^4 / 6 \cdot 10^3 / 4 \cdot 10^2 / 3 \cdot 10 / 2$］

さらに一層の刺激が計算盤からもたらされた。計算盤の欄は正確に、この言葉による形式を映している。これは、位取り表記法で数をあらわすことに非常に近くまできている。つまり、この形式で数を「把握する」ことに近づいている。ローマ人は数の塔は建てなかったが、なるほど算盤はもっていた。しかし、インド人のように数に強く魅せられた人たちは、算盤と位取り表記法の緊密な関係をまちがいなく感知したのである。

インド人は、薄い砂の膜でおおった小さい板を使って計算を行った。それは文献で知られるだけでなく、次のことからもよくわかる。それは、インド人の言葉ドゥリ・カルマ dhuli-karma は、文字上の意味が「砂仕事」であるが、この表現が「高度の計算」を意味するのに使用されたという事実からで

ある。さらにもっと目立ってみられることは、「抹消演算」があったことである。すでにみたように、中世ヨーロッパでは、これから消去演算に発展したものであった（頁196参照）。しかし、計算板の上では欄は砂の上に引かれていたから、線を消してしまうことなしに計算玉を前後に動かすことは、まずできなかった。したがって、インドの計算者は、足し算をする二つの数、たとえば1803と271をおそらく計算板にバラモン数字で書いたのであろう。それを加え合わせた和2074は、各単位数を消して書きなおすことで容易に得ることができたであろう。

では、その結果の2074はどのように記録されたのだろうか。それは、言葉か、あるいは記号のいずれかで書き記された。同じように、ありそうなこととしては、砂板で計算をしたときに使ったバラモン数字と同じ数字で書き記したであろう。この目的には、見えない場所を示す何らかの記号があったに違いない。それは、たとえば点として2·74であっただろう。

したがって、一から九の単位数を使った位取りの表記法の発明を可能にしたのは、あの有名なゼロではなく、単位数そのものだったのである。これらのことは、この新発明の最も重要な側面をつくりあげている。ゼロはなるほど確かに、初めて単位数を計算盤から解放し、それが一人立ちすることを可能にしたものではあった。

最後に、西暦600年頃にあらわれた、象徴的な物でもって数をあらわす奇妙な方法に戻らなければならない。この象徴的な方法では、一と二はそれぞれ「月」と「翼」であらわされ、そうすることで物ごとや概念が単位数に変換された。これらの象徴数は、ついで一緒に合わされ、左から右へ向かって桁数が増大する順序にして抽象的位取り表記で数が形成された（次の例に示すとおり）。

例： 数1021

	1	2	0	1
インド数	śaši	paksa	kha	eka
	月	翼	空、孔	一

最初の九つの数だけでなく、ほぼ50の数がすべて彼ら自身の個別の象徴文字記号であらわされた（たとえば32は「歯」で表現された）。この方式は、初期のバラモン数字のものと同様に徹底的な「暗号化」に近づいてきていた。

（たとえば321は「月-歯」と記された。）

　このように、位取り数表記法は、すでに存在していた。しかし、桁の順序が逆であったし、自身の単位数で示される一位の数だけではなく、それよりも多いものであった。数をあらわすこの方法は、「名を付けない」抽象的位取り表記法への基礎を整えたとはいえ、またそれは、さらなる発展を阻害するものでもあった。

　では、外部からの刺激があったという仮説を考えてみよう。これについても相当有力な主張がなされている。アレクサンダー大王の遠征に続く世紀に、ギリシア文化が東方の最遠隔地に、そしてインドの奥深くにまでゆき渡り、バビロニアの天文学書がインド天文学に大きな影響を及ぼしたとされる、そういう記録上の証拠がある。これら後期バビロニア時代の出典では、数はもはやスライド方式で書かれるのではなく、一定の桁の順をもって書かれていた。そこでは、数と数の間の空間だけでなく、数の末尾の空間を指示するのにもゼロ記号がすでに用いられていた。（たとえば三万四百は古バビロニア方式の３　４　ではなく、30400とされていた。）この後期バビロニア時代の記数法は、まさに成熟した位取り表記法そのものであり、またインド数字と同等のものであった。ただ、一つだけの違いは、インドの数体系での基本数は10であったが、バビロニアの体系では60であったということであった。ただ、このバビロニア式記数法は、天文学でのみ使用され、数学の記数には用いられなかった（おそらく、数を読むときの混乱を避けるためだったのだろう）。そして、インドでの研究者たちの検討結果によると、そのバビロニア方式は、バラモン式位取り数字がインドに初めて出現した西暦前200年頃の時期より後になって、やっと使用されたのである。インドの学者たちは、考え方や表現方法をこれらのバビロニア・ギリシアの出典から借用したのに、どうして、さらにバビロニア方式をモデルとして、バラモン単位数を使う位取り表記法も発達させることができなかったのだろうか。

　ゼロに関する限り、ギリシアの天文学者プトレマイオスは0の記号にはなじんでいた。それはギリシア語ouden（何もない）の略号であった。その記号は見えない場所を示すものとして、またバビロニアの六十進法の小数、たとえば $\overline{\mu\alpha}o\overline{\iota\eta}$ 41°00′18″ や $o\overline{\lambda\gamma}\delta$ 0°33′04″ を表記するものとしてなじんでいた。こうして0の記号は、小数部分の中の欠落を示すのみならず、整数

（等級）の欠落をも示した。このことが意味するところは、ギリシア・バビロニア様式はすでにゼロの記号を持っていたということで、それがインドの数体系でゼロが創造される刺激となりえたということである。きっと、インドでのゼロの字体にさえも影響をあたえたであろう。というのは、後年ゼロはインドで、点ではなしに小さい丸で書かれたからである。

　以上述べたところが事実の集積であり、相互に考量されるべきものである。どの文化でも、内部的に受け入れの用意のできていないところに、外からの概念を取り入れたということはいままでにない。文化の歴史は、このことを繰り返し示している。たとえば、中世初期の修道院で使用された算盤でのアペックスが、結局実を結ばずに終わったことにみられる。インド数学は、位取り数表記法への準備がととのっていた。計算盤が使用されていたことで、この数学に熟達した人たちは、まっすぐに位取り数表記法の入り口にまで達したに違いない。それは個別の単位数がつくりだされ、それが最初の九つの数、つまり一の位の数に割り当てられるやいなやのことであった。この仮説に対する、はっきりした反論としては、話し言葉の象徴数字体系では、桁の順序が逆であるということである。すなわち、これが示すところは、算盤から位取り数表記法への最後のステップは、まだ踏み出されてはいなかったということである。数の表記では、古い慣習がそれを破る新しい考え方を妨害した。したがって、インドの位取り表記法の発達の最後の推進力が、ギリシア・バビロニアのモデルから来たということは、十分考えられることである。インド人にとって、このステップは、それほど大きなものではなかったであろう。

　以上のように、インド方式がどのようにして起こりえたかを示した。この「起こりえた」という表現で、われわれは満足しなければならない。過去の霧の中からこれ以上はっきりした絵を描くことはほとんど期待できないだろう。しかし、われわれは、まもなく、もう一度より確固とした地面に立つことになるだろう。ゼロの採用によって、インドは遂に抽象的位取り数表記法を達成した。そして、最も成熟し、高度に発達した数字形態として、世界制覇の旅に、まさに出立しようとしていた。

3. インド数字の西方への移動

> 「さて、おまえは数なしのゼロだ。」
> 道化、リア王へ

(1) ゼロ

　インド数字は移動、拡散することによって、どのようになって行っただろうか。われわれはあるユニークな状況にすぐに出会う。ある数の中のゼロは、たとえば 1505 のような場合、計算盤上での空欄としてギリシア人、ローマ人、また中世ヨーロッパの修道僧たちに、早い時期から親しみのあるものであった。しかし、それは邪魔者であって、これらの国々のだれもが、数字の欄のない体系で、それを克服することができずに、そのままの状態が続いた。観念上の困難は、こういうことであったあろう。すなわち、そこに何もないというためには、ゼロはそこになければならない何かなのだということである。そして、初期の計算人が計算盤で 20 を、10 が二回出るから二つの 10 、すなわち XX としてあらわしたように、この人物は「何もない」ことを空のスペース、あるいは空の欄をもってあらわすのが常であった。そこには何もなかったからである。そこへ、位取りの法則があらわれた。安全のために、まず非常にはっきりみえる例 $I・V^c・V = 1505$ のような「名を付けた」具体的な体系を作らなければならなかった。素朴な計算人にとっては、数は常に「ある一つの数」つまり「ある一つの量」であり、数のみが記号をもつことができるのである。したがって、西洋の中世の算術家にとって、ゼロが何と大きな障害になったかということは容易に想像がつく。彼らが古くからの序列化、グループ化の法則を放棄することは何とも難しいことであった。その古い法則では、一の位の数が、それぞれ独自の記号をもち、その一の位の数が存在するときにあらわれ、存在しないときにはあらわれないという法則であった。

　話し言葉では、ゼロによってひきおこされるこの観念上の難しさは、全くみごとに回避できた。つまり、インド数字の全体系はゼロの後もその名称を持ち続けた。そればかりではない。一の位の数のそれぞれの名称が、一つの文化から次の文化へと受け渡されてゆく間に変化をうけたので、そうした変化の中に、東から西へ移動したその動きの全体を道標を一つ一つたどるように追うことができるのである。

3. インド数字の西方への移動

　この長途の旅は、まず知られる限り最も古い、真のゼロを含むインドの碑文から始まる（図189）。この有名な文面は、グヴァリオール（中央インドのラシュカール付近）の近辺の小さい寺院の壁に彫られたもので、年数 933（こんにちの計算では 870 年）を初めて名称と、バラモン数字で示している。そして、さらに続けて、ある寺院への四つの贈り物を列記している。その中には「縦 270 正規ハスタ、横 187 正規ハスタ」の面積の土地「を荘園のために」というものも含まれる。ここにある数 270 では、ゼロがまず小さい丸としてあらわれる（図の上から四行目）。その碑文の二十行目に、もう一度「50 の花輪」という表現の中にあらわれる。これは庭師たちが神をたたえてその花輪を永久に捧げる約束をするものである。

　ゼロの放浪を空間と時間を経て追うことにしよう。それには、ファウストからの次の引用以上により適したものはあまりなかろう。「ご主人様たち、あなた様たちの場合、物事の本質は普通は、その名から読みとることができます。」ゼロはもちろん悪魔ではない。しかし、中世ではゼロは、しばしば悪魔の創造物とみなされた。ここでは、その名称から推論できるものは、ゼロの本質ではなくて、東から西への移動で旅した国々である。

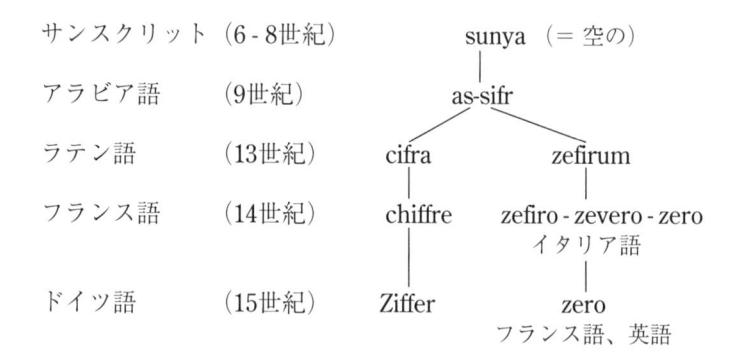

```
サンスクリット　（6 - 8世紀）　　　sunya （= 空の）
アラビア語　　　（9世紀）　　　　as-sifr
ラテン語　　　　（13世紀）　　　cifra　　　　zefirum
フランス語　　　（14世紀）　　　chiffre　　　zefiro - zevero - zero
　　　　　　　　　　　　　　　　　　　　　　イタリア語
ドイツ語　　　　（15世紀）　　　Ziffer　　　　zero
　　　　　　　　　　　　　　　　　　　　フランス語、英語
```

　サンスクリットのゼロは、それ自体の意味から sunya 空虚の（また sunya-bindu 空の点）と呼ばれた。すなわち、その位置（もともと計算盤上で）は空である。こんにちの慣習で、詩文で見えない語や行を示すのに点を並べるが、これは、このインドの方式にまでさかのぼる。

　インドと西洋の中間にアラブ人があった。彼らが9世紀にゼロを知るよう

になったとき、インドの名称 sunya を文字通りアラビア語に翻訳して as‐sifr（空のもの）とした（より正確なアラビア語への転写は aṣ‐ṣifr である。ここで ṣ の発音は、舌が上列の歯に触れるのではなく、口蓋の前部に触れるものである。単純子音 s はアラビア語では別の意味になる）。

　西洋が、この新しい単位名を知るようになったとき、その名称を翻訳することなく、その記号と名称を、そのままアラビア語から取り入れた。そして、名称は学識者用のラテン語形 cifra と cephirum に変形した（ピサのレオナルドが記したとおり。頁334参照）。そして、さらにギリシア語では $\tau\zeta\iota\varphi\rho\alpha$ である（マキシム・プラヌデスによる。これからゼロの省略形が τ となった。頁135に例示）。

　この二つのラテン語名称（cifra、cephirum / zefirum）は、徐々に日常語に食い込んでいった。イタリア語では、第二の語形は変化して zefiro、zefro、あるいは zevero となり、ベニス方言で短縮されえて zero ゼロとなった（libraから livra、そして lira リラになったのと同様）。

　フランス語では le chiffre という語ができたが、イタリア語の zero をも取り入れたので、ゼロについて二つの違った名称ができた。そのうちの第一のものは、やがて一から九までの記号を含む名称に広がり、単位数全体を意味するようになった（cipher 参照）。商人用のフランスの算術教科書で1485年のものは次のようにいう。

　　単位数は十の違った数字以上にはない。そのうち九つは価値がある。十番目のものは（それ自体には）価値はないが、他のものに（より高い）価値をあたえる。そして、ゼロ zero、または シフル chiffre と呼ばれる。

　一物（ゼロ）に二名称があり、そして、二物（ゼロそのものと、数値と位置の値とをもつ単位数）に同一名称（シフル chiffre）がついている。中世の人たちの心の中にゼロが生んだこの混乱と不自由の症状は、好ましいものではありえなかった。このことは、イタリア語の cifra と zero、英語の cipher と zero にも同じように明らかにみられる。Cipher の語からイギリスの学生たちの使う ciphering という語が「計算」の意味で生まれた。

　しかし、ドイツ語では数字は全般的に Figuren と呼ばれたので、cifra の語

はゼロの意味に限られ、ずっと後のドイツの数学者ガウス（1777 - 1855）の時代まで、学者用ラテン語で使い続けられた。ドイツの算術家ケーベルは1514年、九つの「重要な数 Figuren」と一つの「ゼロ Zeiffer」（cifra） について述べている。

このことは、13世紀に庶民が普通にもっていた区別をあらわしている。1240年頃、1206年創設のパリ大学の最も有名な教職者の一人であり学者であったヨハネス・ドゥ・サクロボスコは、新しいインド数字とその算術計算法、いわゆる「アルゴリズムス」[訳注：インド・アラビア数字を用いる計算法] についての入門書を著わした。この著作は西ヨーロッパでひろく使用されるようになり、17世紀にいたるまで手書きの写本がつくり続けられた。この書で著者サクロボスコは次のように新しい数字を示した（図190)。

一の位の九つの単位数 digitos に対応して九つの数 figure の記号があることを知ること。それは次のとおりである。

0 9 8 7 6 5 4 3 2 1

十番目を theca（ギリシア語で「空の茶碗」)、circulus（円)、あるいは cifra、または figura nihili と呼ぶ。なぜなら「無」nihil をあらわすからで

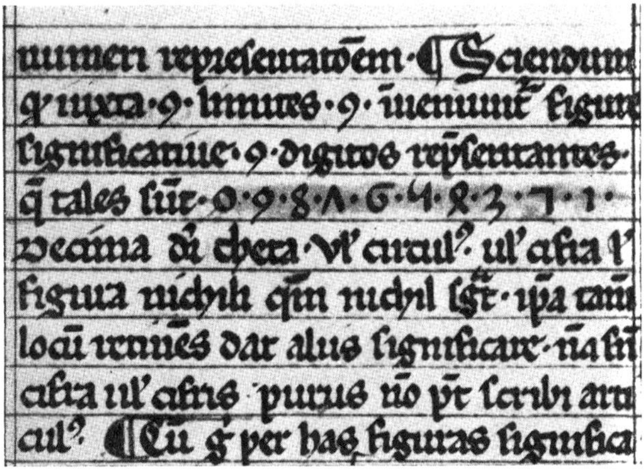
numeri representationem. ¶ Sciendum
quod iuxta .9. limites .9. inveniuntur figure
significative .9. digitos representantes.
que tales sunt .0.9.8.7.6.5.4.3.2.1.
decima dicitur theca vel circulus vel cifra vel
figura nichili quoniam nichil significat. ipsa tamen
locum tenens dat aliis significare. nam sine
cifra vel cifris purus non potest scribi arti-
culus. ¶ Cum igitur per has figuras significa

図190　インド数字とゼロ。サクロボスコ（1256年没）の著『アルゴリズムス』Algorismus に示されたもの。ゼロの中世の名称が上から五行目（ cifra ）と六行目（ figura nihili ）にある。数字自身は赤インキで書かれた15世紀の美しい写本である。ヘッセン州立図書館、ダルムシュタット。

ある。とはいえ、適切な位置におくと、それは他に（より高い）価値をあたえる。純関節数（articulus 数、10で割り切れる数）は一つ、あるいはいくつかのゼロなしには書くことができない。

ここに引用した一節は、数の歴史にとって多くの面で重要な意味をもっている。アペックスの衰退の後に、もう一度西洋に数字を紹介した、重要な文書の数少ない一つであるという事実はそれとして、さらにこの文書は13世紀に9つのインド単位数字が figurae と呼ばれていたことの文献上の証拠なのである。この名称は英語とフランス語に残されたが、ドイツ語では残らなかった。さらに、どのようにしてゼロが null 無という名を獲得したかを知ることができる［訳注：空から無への観念の進化］。それは、無の形である。したがって、数字ではない。Figure 姿がない。それでラテン語で nulla figura（どんな記号でもない）である。Nulla の語は、1484年イタリアの算術教科書に、おそらく初めて名詞としてあらわれたとみられる。

ゼロにあたえられたその他の名称は、その形をあらわしている。Theca は、中世に有罪犯人の頬、または額（ひたい）に焼き入れた円形の丸い烙印であった。ラテン語 circulus「小さい円」については、算術の大家ケーベルはゼロを「小さい輪 0 はツィファ Ziffer と呼び何も意味しない」とした。

ゼロの名称はこのようであった。文化の歴史の中での、おそらく千年にもおよんだ移動と変容を反映しているものである。それを、これから詳細にたどってみることにする。

ゼロの記号として、インド人は点を使用した［訳注：中国・唐の西暦720年に成立したとされる大唐開元占経に「天竺の算法は、九個字をもって乗除し、その字はみな一挙札にして成り、九数より十にいたると、進んで前位に入る。空位のところは常に一点を置き‥‥連算にも眼に便ず」とある。これがゼロの記号に関するもっとも古い文献であるらしい］。そして、後になって円を使い、また、たびたび十字も用いた。彼らは、まだ終えていない仕事を仕上げる誓約に習慣的に点を用いた。おそらく、これがゼロ記号の形に影響をおよぼしたのだろう。その小さい丸は、バラモン数字の10（図186参照）、あるいは多分ギリシア語の oudén「何も無い」から示唆をうけたのかもしれない。

詩人や哲学者たちはともに、ゼロ自身は何も無いにもかかわらず、数値を

不思議に変化させ、魔法を生み出すことに魅了された。それ自身は何も無いものであったにもかかわらずである。そういうわけで、インドの諺にいう。

　十人のうちの一人が上に立つことを許すような生活を十人でしている。この一人なくしては、ゼロと同じく彼らはあまり意味がなくなる（彼らが「一」によって先導されるのでなければ）。

リヤ王が自暴自棄であることを、道化が次の言葉で彼にはっきりさせる。

　さて、おまえは、数なしのゼロだ。いま、わしは、おまえよりましだ。わしはつまらん道化だが、おまえは何も無しだ。

他の文化圏におけるゼロ

西暦前2世紀以降、後期バビロニアの数体系には、数の中の見えない位のための記号があった。その記号は、二つの小さい斜めの楔からなっていた（図191参照）。それは、一つの数の中間でのみ見えない位を示すことができたが、桁そのものを示すのではなかった。それで、バビロニア人は304を（彼らの数字で）書くことができたが、340、または3400は書けなかった。したがって、六十進法で

$$46{,}821 = 13 \times 60^2 + 0 \times 60 + 21 = 13'\,0'\,21 \quad （図191参照）$$

であった。

ペルシアのシヤク文字で見えない数を示す記号は、バビロニアのものに似ている（図72参照）。これについては、おそらく確かな歴史的理由があるのだろう。なぜなら、ペルシア人はアラブ人の出現以前は楔形文字を使用していたからである。筆写生や商人が使用した見えない数を示す古い記号は、この時代からずっと保存されてきたものであったのかもしれない。

そして、古代ギリシア語 oudén（何もない）の語頭の文字が o であった。これがインドのゼロの形に影響をあたえたことは十分にありうるだろう（頁293参照）。

図191　バビロニアの空位の記号。左から 10 - 3 - 0 - 20 - 1 を表す。

さて、旧世界の諸文明から全く隔絶した一つの文化で使用された見えない数記号にたどりつく。それはマヤ文明の人たちのものである。彼らは20の段階化をもとにした独特の数系列を用いていた。

[マヤの二十進法]
$20 = 1 \times 20$、$30 = 2 \times 20 - 10$、$40 = 2 \times 20$、$50 = 3 \times 20 - 10$、$60 = 3 \times 20$、$70 = 4 \times 20 - 10$、$80 = 4 \times 20$、$90 = 5 \times 20 - 10$、$100 = 5 \times 20$、$120 = 6 \times 20$、$200 = 10 \times 20$、$300 = 5 \times 20 + 10 \times 20$、$360 = 18 \times 20$、$400 = 360 + 2 \times 20$、$500 = 360 + 7 \times 20$、$7200 = 360 \times 20$、$144000 = 360 \times 20 \times 20$.

彼らの記念碑や文書類に、こんにちみられる計算は、もっぱら暦法に関連したものである。マヤの一年は18ヶ月に分けられ、一月は20日ずつで、この方式の太陽年との隔たりをうめるために、あと5日が加えられた。$18 \times 20 + 5 = 365$ であった。その暦の計算では、マヤの神官たちは二種の形の数字を使用した。一つは、記念碑上に彫られた極めて奇妙な絵数字で、もう一つはより古いもので、序列化とグループ化にもとづいた一組の数字であった。後者は、ほとんどすべてが20による段階化にもとづき、ゼロをもった抽象的位取りの数表記法という点でユニークなものであった。

一年の再区分（18ヶ月）に合わせて、マヤの二十進法の位取りは次のようであった。1、20、18×20（$= 360$）、360×20、$360 \times 20 \times 20$。これは暦法に合わせるための人為的な考案で、位の第二レベルを（20の規則から）逸脱させること（すなわち18）で作られた。したがって、これは数系列に順応していない。記念碑や建造物に刻まれた数の位は、グロテスクな頭の形をした絵文字で示された。しかし、計算は1から19までの19個の数字、つまり単位数によって行われた（図192）。これらは全く簡単で、1、2、3、4は、それぞれの個数の点であらわされ、五つずつグループに束ねられて、横棒であらわされる。たとえば、$\overset{..}{=} = 7$、$\overset{...}{\underset{=}{=}} = 13$である。

これら初期の数字は、奇妙な頭の形の数の左側にみることができる。この絵文字は次のように読む（Rは位）。

9×4番目の R $(20^3 \times 18) = 1{,}296{,}000 \ (= 9 \times 8000 \times 18)$

14×3番目の R $(20^2 \times 18) = 100{,}800 \ (= 14 \times 400 \times 18)$

12×2番目の R $(360) = 4{,}320 \ (= 12 \times 360)$

$4 \times$最初の R $(20) = 80 \ (= 4 \times 20)$

17×0の R $(1) = 17 \ (= 17 \times 1)$

図の右下の12と5の二つの数は年と月の名称に組み合わされる。

もとの数字は点と短い線を組み合わせたもので、これらは合成されたものでも、学識者の作ったものでもなくて、庶民の間から生まれたものであることに疑いはない。彼らの用いた20までの五によるグループ化は、古代アステカ語の話し言葉の数系列と驚くほどよく合致している。それで、それらの数は近隣地域のどこかにその源があったとみてよかろう。

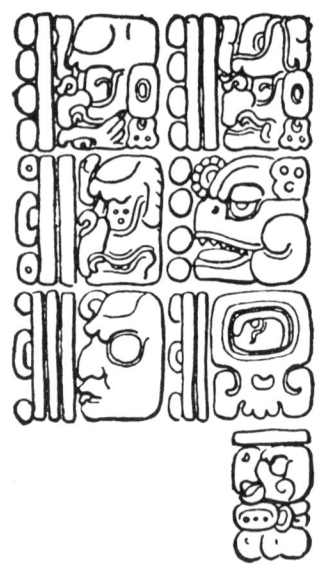

図192 マヤの具体的位取り数表記法。頭は位のレベルを示し、1から19までの単位数で数がつけられる。縦の柱は 五 のグループを示す。不思議なことに 十ごとのグループ化がなかった。

[アステカの数系列]

1、2、3、4、5、$6 = 5+1$、$7 = 5+2$、$8 = 5+3$、$9 = 5+4$、10、$11 = 10+1$、$12 = 10+2$、$13 = 10+3$、$14 = 10+4$、15、$16 = 15+1$、$17 = 15+2$、$18 = 15+3$、$19 = 15+4$、$20 = 1 \times 20$、$30 = 20+10$、$40 = 2 \times 20$、……$10 = 5 \times 20$.

マヤの筆写本にみられるこれら初期の数字は、全般的に神官の秘数字との関連を失っており、具体的位取り記数法(図192に示したもの)から、ゼロ記号をもった抽象的位取り記数法へと進んでゆく(図193)。ただ、二十進法の段階化で、二番目の位の逸脱を残している(20^2でなしに 18×20)。そのパターンは、また暦にもみられた。そうした暦は、神官たちだけが理解し、計算に用いられたものであった。この数表記法は、一般の人たち

には決して使用されなかった。それで、そこに文化史上の謎がみられる。数20を基本にした、ゼロをもつ抽象的位取り表記法が、明らかに隔絶の彼方の新世界で起こっていたのである。現地の人たちの発明であろうか。インドからの間接的な借用であろうか。あるいは、直接の借用か。絶滅したマヤ文明は6世紀から11世紀にわたる時期が、その最盛期であったから、仲介者として中国は除外できるだろう。ゼロ記号がインドから中国に初めて招来されたのは13世紀の中頃だったからである。

　要約すると、マヤの数字は、一般に使用されるために作者不明で作られたものではなかった。それは、むしろ暦の計算を目的として人為的に作られた特別な体系であった。それは神官たちのみがもつ神秘な「聖なる」数体系であった。それは、マヤの言語で20のレベルを基本にした「聖なる数の塔」といえるものであった［訳注：マヤの数系列には$20^4 = 160,000$に至る大数があった。こうした大数は暦の計算に必要であったとはいえ、もっと別の存在理由があった。人たちは神をあがめ、少しでも神に近づくことを願った。それが数体系で、段階を順に踏んで上へ昇る、神に近づく「聖なる数の塔」として大数が作られた。インドの仏教数体系でも十進法による$10^7 \sim 10^{53} \sim 10^{421}$といった巨大な数があり、そうし

図193 マヤの抽象的位取り数表記法。新世界最古のゼロを含む。ゼロ記号はかたつむりの殻に似ている。単位数は初期の数字であって五つのグループ化がなされている。数の位はない。図の三つのマヤの数は、上から下へ次のように読む。
左：マヤ式　　820 = 8×(20×18) + 2×20 + 0 ＝インド式 2920
中：マヤ式　(16)40 = 16×(20×18) + 4×20 + 0 ＝インド式 5840
右：マヤ式　9(10)502 = 9×(20^3×18) + 10×(20^2×18) + 5×(20×18)
　　　　　　　　　　　+ 0.20 + 2 ＝インド式 1,369,802

た大数は石を順に積み重ねて作る塔「聖なる数の塔」と考えられた（参考図13）］。同じように、点と線からなり、五のグループ化を基礎にした単純な単位数字は、日常使用される低い数の成り立ちを示している。

さて、これから旧世界に戻り、インド数字がその発祥地インドから西洋へと移動、拡散してゆく姿を追ってみよう。

(2) アレクサンドリア

地中海に面する国々の地図を眺めると（図194）、東方の端で、エジプト人、バビロニア人、ギリシア人の古代帝国らによって、肥沃な文化の土壌がつくられたことがみてとれる。西暦前4世紀の終わりに近づくころ、アレクサンダー大王は、メソポタミアを越えてイランへ、そしてはるかインドにまで進攻し、それらすべての国々に足跡を残した。それまでは、これらの国々とは交易によるわずかな接触しかなかったが、いまや知的、文化的所産の活発な交流へとふくれあがっていった。エジプトでは、ナイル河口に築かれた都市アレクサンドリアがギリシアの学問と文明の中心となった。この都市の最も

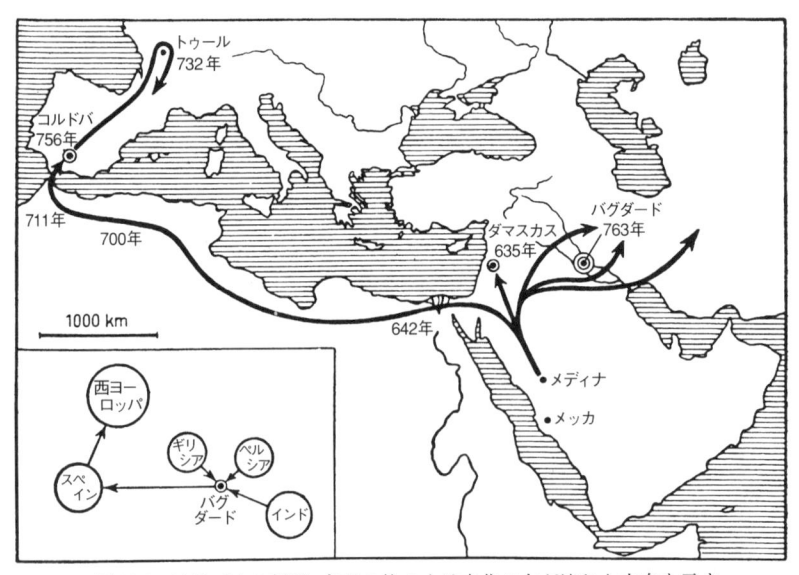

図194 アラブ人の征服。左下の枠の中は文化の力が流れた方向を示す。

初期の支配者たちですら、かの有名な図書館とムゼイオン Museion を設立し、そこでは学者たちや、ギリシア人のみならず外国人もが、国の支援をえて知識の向上に専念した。西暦前3世紀に、そこに数学者ユークリッド、エラトステネス、アポロニオス、アリスタルコスをみる。かの有名な天文学者クラウディウス・プトレマイオスは150年頃、数学、天文学の知識を集成した大書『大コンペンディウム』Hē Megálē Sýntaxis を著わした。これはアラビア語の書名『アルマゲスト』Almagest によって最もよく知られた。プトレマイオスは、中世のコペルニクス以前の宇宙論の基礎を築いた。アラビア語 (al)-magest はギリシア語 hè megistē に由来し、「最も偉大な編纂物」を意味した。プトレマイオスのこの偉大な総論への入門書となったアレクサンドリアの科学者たちによる「些細な」編纂物と区別するためにそのように名付けられた。

　インドとの活発な交易があったことから、最初のインド数字が、その発明の直後の5世紀頃にアレクサンドリアで知られるようになった。このことは、十分にありうることである。とにかく、その数字はインドからエジプトへは科学の宝として到来したのではなかった。むしろ、異国の人たちの使う筆記数字として到来し、外国の産品が輸入され、取り引きされる貿易港のいたるところで知られるようになったものであった。プトレマイオスが分数の表記に採用したバビロニアの六十進法の段階化などとは違って、そうしたインド数字は科学書には全くその姿をみせなかった。しかし、アレクサンドリアの商人たちはインドのこれら九つの数字をおそらく熟知していたであろう。もちろん、ゼロなくしては、きっと目新しいものとは全く考えられなかったであろう。そして、それらの数字は、オリエントから到着したのと同じようにして、そこアレクサンドリアからさらに西方へと浸透していった。

　そうはいうものの、アレクサンドリアを経由したこの西への道筋は、全く不明のままなのである。当時、エジプトでインド数字が使用されたことを示す文書上の証拠は一片たりとも存在しない。ただ非常にありうることと推測できるだけである。この時代のアレクサンドリアは経済的、文化的に極めて重要なところであったこと、また10世紀にスペインで使用された「アラビア数字」が東方でアラブ人によって後に書かれたものとは、いく分異なった形のものであったことからして、そのように推測されるのである。

(3) アラブ人の手に入ったインド数字

アラブ人の歴史を簡単にみてみるだけで、彼らが西洋の文化にとって重要であったことがわかる。以前は歴史的に日の当たらないところにあったアラブ人が、ある一連の異常な出来事によって、わずか一世紀の間に世界の大帝国の支配者にまでのしあがった。

アラビア半島では、いくつかの肥沃な地域が広大な砂漠の不毛の土地によって寸断されており、住民たちは互いに孤立した部族にわかれていた。その中の少数のものは農耕によって生計をたてていたが、大部分は牧草地を次々とさすらう生活であった。牧草地と水源を奪い合う激しい争いから、アラブ人の小さい部族たちは、互いに敵対しあい、そのために国家としての統一がさまたげられた。一般に認容されるただ一つの結束集団は、部族と家族であった。しかし、それらの仲間うちでさえ、アラブ人たちは誰にも服従することを承服しなかった。アラビア半島の南西端のイエメンは、アラブ文化の最古の地域で、貿易によって裕福に繁栄をきわめた。

5世紀に、アラブ人の最も近い隣人はビザンティン（東ローマ）帝国とペルシア帝国であった。小アジア、シリア、エジプトは前者、つまりビザンティウムに属し、後者はメソポタミアを含んでアラビア半島の側面と境を接していた。したがって、この二大勢力は、シリア砂漠の楔（くさび）のみによって分離されていた。両者のいずれがアラビア半島を支配するかの彼らの抗争の結末は、時間の問題にすぎないようにおもわれた。

そして、アラビア半島の主要都市メッカに一人の予言者があらわれ、唯一神の教義を宣言し、神はすべての信仰者を他のものから守るであろうとの教えを説いた。その教義の最初の部分はアラブ人にとっては生活をともにしていたユダヤ人やキリスト教徒たちからなじんでいたことであって、特に新規なものではなかった。しかし、第二の部分、すなわち、信仰者と異端者の間の戦いの考え方は、アラブ人のもつ観念と性格を革命的に変化させた。個人の忠節と服従を求めるのは、もはや単に家族にではなくて、部族や氏族をはるかに超越した、すべての信仰者たちの共同体であった。

こうした信仰教義をもってマホメットは、アラブ人の政治的支配圏に、最初で最も確固とした基石をすえた。彼の宗教的信条と政略の賢明な組み合わ

せによって、その教えは、それまで分断されてきていたアラブ人たちの間に足がかりを築くことができたばかりか、その教えは一世紀という信じがたいほどの短期間に、彼ら自身をトルキスタンからスペインにいたる、すべての民族の支配者にするような高度のエネルギーをもたらすことになった。

　マホメットは622年、彼の企図が敵意をもってむかえられたため、誇り高き町メッカからメディナへと逃避した。イスラーム教の出現はこの逃避の年をもって紀元とする。ヒジュラ紀元である。マホメットはすべての戦いを聖戦と化した、彼の軍隊は、天国を求めて死も恐れないことを教え説かれ、メッカを打ち負かして最初の勝利を祝福した。ほとんどすべてのアラブ人は、イスラーム教の緑の旗の下にあった。そうして、歴史に例をみない征服活動が次々と展開された（図194参照）。予言者マホメットは、新しい信仰のもとにアラブの諸部族を統一し、好戦気風を鼓舞した。彼は632年に没した。ビザンティウムの征服の企て自体は失敗に終ったが、ビザンティンの一軍は635年に敗北し、二年後の637年ペルシア人勢力が破れ、ササン帝国は終焉した。642年、それまで東ローマ帝国に属してきたエジプトはアラブの支配下に入った。その世紀が終わりに近づくころ、北アフリカの征服が完了し、711年アラブの司令官タリークはジブラルタル海峡を渡った（その名 Djibel-al-Tariq はタリークの山を意味する）。同じ年、西ゴート族の首長ロデリックの軍隊は、数にかけてはるかに優勢であったにもかかわらず、スペインのヘレス・デ・ラ・フロンテラでイスラーム教徒に敗北し、西ゴート王国は崩壊した。そして、アラブ人はピレネー山脈を越えて西洋世界に深く侵攻した。その前進を阻止したのはフランク王国の首領シャルル・マルテルで732年のことであった。マホメットの没後ちょうど百年がたっていた。

　アラブ人による征服は、その素早さにおいて目を見張るものであったが、同じくらいユニークなことは、その征服の西洋文化史にとっての根本的な重大さであった。老化し死に瀕した古代世界の諸文化は、若くはつらつとしたアラブ人たちの猛攻撃に太刀打ちすることはもはや不可能であった。しかし、征服者たちは破壊者としてあらわれたのではなく、文化の保護者としてであった。征服した諸都市の輝きを喜び、彼らの中で死にたえつつあった知的生命を再び燃えあがらせた。635年マホメットの後継者カリフ・オマールは、その首都を遠隔の地メッカから、東西文化交流の中心地ダマスカスに移した。

そして、そこはイスラーム世界の輝かしい中心となった。この地で支配王朝ウマイヤ朝（661-750）は、そのアラブ支配を世界帝国にまで変容させた。ユダヤ人もキリスト教徒も、イスラーム教徒と同様に唯一神を信仰し、それぞれの宗教の自由を享受した。しかし、それ以外の異教徒たちは、無条件にイスラーム教に改宗することを強要された。イスラーム教徒は、コーランをアラビア語以外の言語で読むことを禁じられていたので、彼らは、そのことによって「アラブ人」となった。この禁止は宗教を使って部族や種族たちの間の相克を排除する効果があったが、アラブ国家の政治的分裂を自身の中に潜ませることになった。なぜなら、こうして成立したアラブ国家は単一の統一民族からなるわけでもなく、また統一的に支持されているのでもなかったからである。しかし、文化の交流という立場からすれば、それははかり知れない重要な意義をもっていた。言語上の障害がすべて取り除かれてしまったからである。そうして、ウマイヤ朝のカリフたち、そして後のアッバース朝のカリフたちはさらに一層、各種の学問をあらゆる方法で奨励し支援することになった。そのアッバース朝は763年、古代バビロニア文化の地に伝説的な都市バグダードを建設した。このことは、アラブ人が世界歴史の中で演じた文化の仲介者としての役割の背後にあった最も重要な要因の一つであった。

　アラブ人はその征服活動によって莫大な富を手にした。アッバース朝の支配者のもとで、バグダードはビザンティウムと文明世界の主都としての地位を競い合った。バグダードはティグリス河畔という位置にあることで、ペルシア湾への出口をもつ港でもあった。それを通して中国やインドの産品が、さらにはロシアやヨーロッパの物品もが往来した。アラブ人は中国人から紙の製法を学んだ。知識の伝播のための紙製造の重要さは、インド数字の計算法とともに、どれほど大きく評価しても過大になることはありえない成果であった。アラブ人の知的欲求心は世界をめぐる彼らの貿易活動とともに膨張していった。コーランの学習をはるかに越えて、アラブ人はギリシア、ペルシア、インドの人たちが知的に達成したものを、わがものにすることを欲した。初期のアッバース朝のカリフたち、特にハールーン＝アル-ラシードの息子アル＝マムン（813-833）の下で、多数の学術書の翻訳がバグダードにあらわれ始めた。アラブ人の強い知的好奇心の気性にとってアリストテレスはプラトンより以上によく適していたので、アリストテレスはアラブ人たちの最

も偉大な教育者となった。それは丁度、アリストテレスが中世ヨーロッパの教師になるはずであったのと同じことであった。ユークリッドの数学書、プトレマイオスの天文学書は熱烈に迎えられた。アラビア語起源の言葉や名称が、こんにちなお天文学で使用されており、アラブ人がこの分野に重要な貢献をしたことをはっきりと示している。Zenith（天頂）、nadir（天底）、azimuth（方位角）、Betelgeuze（ベテルギウス星）、Algol（アルゴール星）などがある。

そうしたことから、当時インドが提供する豊富な学問の贈り物が、アラブ人によって何らかの変形をうけなかったとすれば、それはむしろ異常なことであったといえよう。特に、アラブ人たちは712年以来インドの地に地歩を固めてきていたからである。だが、インド数字のイスラーム教国土での命運を追う前に、まずムーア人のスペインについてみることにしよう。

砂漠の部族たちが先祖から受け継いできた古く恐ろしい遺産、すなわち家族間の確執は、征服活動のあとまたすぐに燃えあがった。ウマイヤ朝のもとでさえそうであった。この王朝は750年に転覆され、ほとんど完全に破壊されてしまった。例外的に残ったのは王朝一族のうちの一分家だけで、彼らは西洋に逃避した。そして、新しい支配者たちからはるかに離れたスペインのコルドバで、756年自身のカリフ統治区を築いた。バグダードのアッバース朝のもとでと同じように、この西洋のアラブ人の国土もまた、意外な知的、科学的な開花をみることになった。アラブ人の帝国は三百年間繁栄した。バグダードとコルドバは、東と西のアラブのカリフ統治区であり、互いに政治的に敵対していたが、それでも巨大な大陸間体制の二つの終端点のようなものであった。そして、両者の間で、古く疲弊した諸文化から勝ち取り、単一のアラビア語という超伝導ケーブル線を通して東から西へ流れて息を吹き返した知的な電流が、あらゆる土地で感じとられた。その流れは、東から西へ向かった。隠喩を続けるなら、全般的にオリエントは発信者であり、西洋はその受信者であったからである。

とはいえ、他のヨーロッパ地域にとっては、アラブのスペインはずっと長い期間にわたって文化の供給者であった。8、9世紀、さらに10世紀は西洋が徐々にその形を整え始めた時期であったが、その時代のフランス、ドイツの何処に豊かな蔵書を備えた図書館、つまり文書の製造元があっただろうか。

フランスが政治的に重要になり、ローマ教皇の承認をえたのは、732年にキリスト教世界の大敵イスラーム教徒に対して勝利をえたことが大きな要因であった。しかし、フランスは皮肉なことにその大敵のイスラーム教徒から同時に知的に深く恩恵をこうむっていたのであった。なぜなら、コルドバの諸学校で、そして1000年頃彼らが転覆された後は、セビリャやトレドなどの学習院で、西洋の僧侶たちはギリシアやオリエントの精神的豊かさを学んだのであった。第一千年紀の終わり頃、当時同じものを繰り返し収集し複写することだけで無気力に沈滞の中に徐々に落ち込んでいたヨーロッパの修道院に向けて、ムーア人のスペインから新鮮なそよ風が吹き込まれた。西ヨーロッパは、アレクサンドリアからローマへ、そして西洋へという継承の流れによってユークリッドをものにしたのでは決してなかった。このギリシアの数学家ユークリッドの業績は、(多分バグダードで) アラビア語に翻訳され、長い西方への道のりを経てスペインにいたり、そこでもう一度、一人の僧侶によってラテン語に翻訳されてからヨーロッパに紹介されたのであった。

同じように、ギリシア、ペルシア、インドの文化の財宝は、アラビアの衣をまとい、西洋への道を進み、そこでラテンの衣裳に衣替えしてヨーロッパ全域に拡散したのだった (図194の中枠を参照)。歴史を通じての文化移動について先に (図121参照) 簡単な概観を行った。それに戻るとすると、その略図で第一千年紀に右側のアラブの下方の三つのブロックがなぜそれほど高いのかを理解することができよう。

バグダードは1258年、モンゴル族の手に落ちた。1492年にはスペインでのムーア人の最後の砦グラナダがフェルディナンドとイザベラに攻略された。アラブの政治的支配はその終止符をうった。とはいえ、イスラーム教はスペインを除いて古い政治大国にとってかわった。そして、それとともにアラビア文字が到来した。アラビア文字の到来は、筆記が先導者たちの信仰の告白のしるしであるという、文化史上の顕著な事実を示す最も傑出した例の一つである。読者はこれ以外の例については自分で探してもらいたい。というのは、本論はこれからまた、筆記数字の発達に戻るからである。

固有のアラビア数字

アラビア人は何か固有の数字をもちあわせていただろうか。否である。す

くなくとも、彼らが非常に急速に樹立した世界帝国を統治するために使えるような数字はもたなかった。そのために、征服した土地にすでに存在していた、それぞれの国の管理体制の仕事はそのまま続けて行うことを許した。ギリシア人、ペルシア人は、彼らの会計帳簿をギリシア語でつけ、ギリシア文字の数字で書き記していた（頁115参照）。

征服者が人民にだす布告は、最初はアラビア語とギリシア語の二言語にする必要があったが、アラビア文の中の数は言葉で書きあらわされ、ギリシア語文も同様であった。しかし、そこでは数はまたギリシア文字の数字でくりかえされた。

アラブ人がその言語の伝播をどれほど重要視していたかはすでにみたところである。それで、カリフ・ワリッド一世が706年に、財務局の管理業務ではアラビア語を選んでギリシア語の使用を禁止した。しかし、数の記載にはギリシア文字を用いなければならないと命じた。この命令は非常に意義深いものがある。なぜなら、当時インド数字はまだダマスカスまでは浸透してきていなかったことを示すからである。

ギリシア式がおそらくモデルになって、アラブ人は彼ら自身のアルファベット文字（セム系の前駆を直接基礎にしたもの）に数値を割り当てることをするようになったのであろう。こうして、彼らは、アルファベット数字に到達した。それはすでに先に述べたとおりである（図75参照）。しかし、これらのアルファベット数字とともに、アラブ人が数学書においてさえも数を言葉で書きあらわす習慣は、新しい方式のインド数字が突然目の前にあらわれるまでは、何世紀にもわたって続けられた。

アル＝フワリズミーとアルゴリスム：773年バグダードのカリフ、アル＝マンスールの宮廷にインドから一人の男が姿をみせた。彼は同国人ブラーフマグプタ（盛期600年頃）の著わした天文学（シドゥハンタ Siddhanta）に関する書をたずさえてきていた。アル＝マンスールは、その本をサンスクリットからアラビア語に翻訳させた（シンドヒンド Sindhind として知られるようになった）。それは、すみやかに流布され、アラブ人学者たちの天文学の研究を推進する役目を果たした。

それらの人たちの一人にアブ・ジャファール・ムハマッド・イブン・ムサ・アル＝フワリズミーという人物がいた。「モハメット、ジャファールの父、

ムサの息子、フワリズミア人」（アラル海南方のペルシアのフオレスム州より。ギリシア人はその地をフオラッズミアーと呼んだ）である。この人物は、おそらくその時代の最も偉大な数学者であっただろう。彼はいろいろな著書を出した中で、算術に関する短編の教科書を書き、その中で新しいインド数字の使い方を説明した。おそらく彼自身はそれをインドの書物から学んだものであったろう。820年頃のことであった。

　ムハマッド・イブン・ムサ・アル＝フワリズミーはまた、方程式や日常生活でおこる問題の解き方を示す書の著者でもあった。その書は『補整と平衡による算法の書』Hisab aljabr w'almuqābala という題名であった［訳注：『整形と対合による算法の書』、『完全化と対置による算法の書』とも訳されている。アル・ジャブル補整・整形・完全化は、現代式にいうと「方程式の両辺に等しいものを加えて負の項を消去すること」であり、アル・ムカバラ平衡・対合・対置は「左辺と右辺で同類項を対照させて整理すること」である。──「　」の中は、志賀浩二『数の大航海』日本評論社、1999年を参照した］。それは12世紀にラテン語に訳されて Algebra et Almucabala となり、最終的にこの名が代数学 algebra アルジェブラの名称を生むことになった。

　アル＝フワリズミーの算術書の原典は失われてしまったが、それはこんにちの数字の歴史の中で、なお重要な位置をしめている［訳注：オックスフォードのボドリ図書館にアラビア語原典が収められている（伊藤俊太郎『十二世紀ルネサンス』岩波書店、1993年）］。なぜなら、いままでみてきたような道のりをへてスペインに到達して、12世紀の初頭にスペインで「数学を読んだ」チェスターのイギリス人ロバートによって、そこでラテン語に翻訳されたのである。また別のラテン語本がスペイン系ユダヤ人セビリャのヨハネスによって作られた［訳注：クレモナのゲラルドのラテン語訳本の写本がパリの国立図書館にある。この書にはじめて algebra の語が登場する（伊藤俊太郎、前掲書）］。ロバートの翻訳は、インド数字を西洋に紹介したものとして知られるものの中で最も古いものである。19世紀にその写本が発見された。次のような（神への賛辞の）言葉で始まる。

　　アルゴリスムは述べた。ありがたきことよ。主よ。守護者よ。

ほぼ同じころ（1143年頃）この書の要約が著わされ、こんにちウィーンの帝室図書館に所蔵されている。図212の引例は、その本からとったものである。サレム修道院の古写本も残っていて、これはヨーロッパのゲルマン地域にアル＝フワリズミーの著書が存在したことの最古の証拠の一つである。その起源は1200年頃とされてきている。このサレムの古写本は（非常に省略されたラテン語で、図195）書き始められている。

　ここにアルゴリズムの書が始まる。あらゆる知恵と知識はわが主、神からもたらされる。書かれたとおりである（旧約聖書・伝道の書1:7を引用して）。すべてを包むものは知恵に満ちている。そして、さらに神はすべてのものを長さと重さと数によって安定させた。

しかし、アル＝フワリズミー（彼はラテン語でアルゴリズムとして知られていた）は語られただけでなく、その新しい計算法に彼自身の名がつけられた。「アルゴリズムの歌」Carmen de Algorismo（図196）によってそれとわかる。

　ここにアルゴリズムは始まる
　この新法はアルゴリズムと呼ばれる。その中にある
　5の二倍の数字　0 9 8 7 6 5 4 3 2 1
　はインド人のもので、そこからわれわれは大きな利益を導き出す

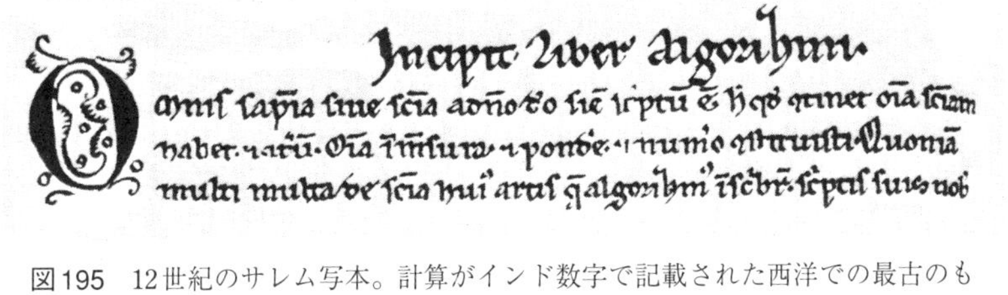

図195　12世紀のサレム写本。計算がインド数字で記載された西洋での最古のものの一つ。15頁からなる。ハイデルベルク大学図書館。三行は次のように読める。
「ここにアルゴリズムの書が始まる」「あらゆる知恵と知識はわが主、神からもたらされる。」「書かれたとおりである。」「すべてを包むものは知恵に満ちている。」

フランシスコ会派修道士のフランス人アレクサンドゥル・ド・ヴィラ・デイは1240年頃パリで教職にあり、新しい数字による計算法を長短短格(強弱弱格)の六歩格詩文の二四四行を使って教授した。その詩文は広く読まれはしたが、必ずしも良いものとはいえなかった。彼によると、アルゴールと呼ばれるインドの王が新しい「術」の発明者として描写されていて、その術そのものがアルゴリズムと呼ばれている。このように「アルゴリズム」という語は曲がり曲がってモハメットの姓アル=フワリズミーから導かれた。そして、こんにちにいたるまで算術計算の意味に用いられ続けている。

西アラビアと東アラビアのインド数字

アル=フワリズミーは、これらの数字を詳細に記述した。ゼロに関しては、彼は(ラテン語本で)次のように説いた。

(引き算で)残りがないときには小さい丸を書く。それによって、その位

図196 フランス人僧侶アレクサンドゥル・ド・ヴィラ・デイによるアルゴリズムスの歌 Carmen de Algorismo は、数字による新しい計算法を詩の形で示した。11世紀に由来する写本。ヘッセン州立図書館、ダルムシュタット。上四行の詩文:「ここにアルゴリズムは始まる」「この新法はアルゴリズムと呼ばれる。その中に」「インド人のものである5の二倍の数字」「0 9 8 7 6 5 4 3 2 1」

置 differentia（特異点）は空でなく、その丸印がそこになければならない。それで、そこが空位でも位の数は減ることはなく、二番目が一番目と誤解されることはない。

数記号の書体についてアル＝フワリズミーは、新数字、特に5、6、7、8は、いろんな人たちによって違った書き方がされるが、そうしたことは、それらの数字を位取り表記法に使うときに邪魔にはならないと述べている。

アル＝フワリズミーは、心の中では少しの違いしか考えていなかったのであろう。しかし、またインド数字の二つの違ったアラビア式の書き方を区別しようとしていたらしい。それらは後に地理的に西アラビア数字と東アラビア数字に区別されることになるものである。その両者はこんにちなお使用されている（図197）。

東アラビア数字はアラビア文字を書く東方のすべての人たち（エジプト人、シリア人、トルコ人、ペルシア人）によって使用されている。そして、その地では「インドもの」huruf hindayyah として知られている。西アラビア数字は、こんにちの西洋数字の直接の祖先であった。俗に「アラビアもの」と呼ばれる。モロッコの西アラブ人はこんにちなお、東アラビア数字ではなく、こちらの数字を使用している。

図202に示した数字の系統図をみると、ゼロをもつ九つの単位数は「解読された」バラモン数字の最初の九つの数字に由来することがわかる。バラモン数字は非常に初期にインドでグヴァリオールの碑文にあらわれるものである（図189参照）。これらの数字は、それが作られてすぐにアラブ商人の知るところとなったのであろう。西アラビア式の筆記文字は海路を直接に西洋に渡ったであろうが、東アラビア式のものはカーブル（現アフガニスタン首都）からペルシアへと陸路を行くうちに、おそらく変形したのであろう。数字5、

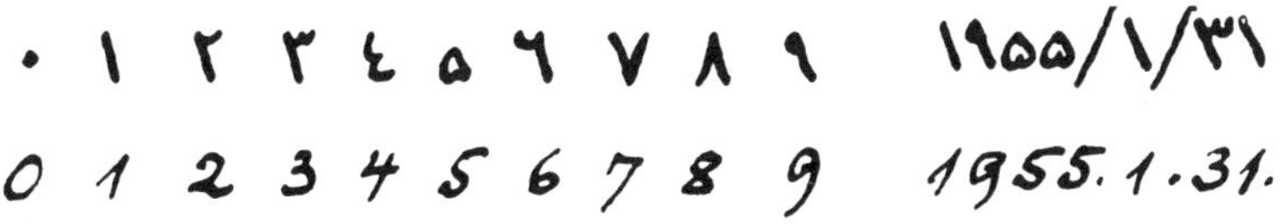

図197 東アラビア数字（上列）、ならびに西アラビア数字から導かれたこんにちの西洋数字（下列）。

6、7、8は確かに大きく分かれてしまっている。

　東アラビア数字1、2、3は主として縦の線から成り立っている。西アラビアの対応するものと比較すると、円の四分の一だけ回転している。したがって、2と3は「あお向けに寝ている」。4は、こんにちのエジプトの三種の郵便切手にみられるように、現代アラブ人によって縮められている（図198と図201をも参照）。東アラビア数字の5は、小さい丸のようであるために（まぎらわしさを避けて）ゼロはまた点になった。数字6では、二つの形の間の類似性をみることができる。東アラビア数字の6は、解けた尾が下向きの線になった。そのため、こんにちでは、ほとんど7にみえる。バラモン数字から両者が分岐したことを容易にみることができる。数字7は双方で同じ形である。ただ違いは、東アラビア数字の7で、こんにちの見方からすれば、上下さかさであることである。西アラビア数字と東アラビア数字の8の形の違いだけは説明がつかない。これらの数字が受けた形の変化については、より包括的にもう少し後に論じることにしよう（頁323参照）。

　インド数字であらわされた最古のアラビア数は、知られる限りでは873年にエジプトのパピルスに書かれた年数 2)゜ ＝260 である。アル＝フワリズミーが自分の時代の数字について述べたように、一つの数に西（ 2 ＝2）と東（) ＝6と・＝0）の数が、なお一緒にあらわれている。

　次にあげる二つの例では、トルコの古い二個のコイン（図199）の東アラビア数字と、現代エジプトの算術教科書にある掛け算表（図200）に出る東アラビア数字とを、読者はこんにちの数字に書き換えてみるのがよかろう。

　他方、同じ算術教科書からとった東アラビア数字による問題 435－389＝46（図201）では、一度横書きで示し、もう一度縦に示している。数字は一つが他の上にかさねてあり、文化史の一つの特異さに注意をひきつけている。これはインド、アラビア、西洋の各方式での数を筆記するときの、桁の配列の仕方をあらわしている。アラビア式は右から左へ読む。もし、その数の中の

図198　エジプトの郵便切手。東西両アラビア数字がある。東アラビア数字のゼロは点で、こんにちの西洋のゼロは東アラビア数字で5である。

図199 東アラビア数字を用いるトルコのコイン。最下行は通常そのとき王位にあるサルタン君主の即位の年を示す。下のコインには1203、上のものには1223とある（ヒジュラ紀元によった年で、西暦では1788年と1808年にあたる）。最上行の10と15の数字はそのサルタンの在位年数である。東アラビア人は5をゼロと書き、ゼロを点にする。バーデン貨幣陳列館、カールスルーエ。

$$\frac{12\times 7}{84} \quad \frac{11\times 7}{77} \quad \frac{10\times 7}{70} \quad \frac{9\times 7}{63} \quad \frac{8\times 7}{56} \quad \frac{7\times 7}{49}$$

$$\frac{12\times 8}{96} \quad \frac{11\times 8}{88} \quad \frac{10\times 8}{80} \quad \frac{9\times 8}{72} \quad \frac{8\times 8}{64}$$

$$\frac{12\times 9}{108} \quad \frac{11\times 9}{99} \quad \frac{10\times 9}{90} \quad \frac{9\times 9}{81}$$

$$\frac{12\times 10}{120} \quad \frac{11\times 10}{110} \quad \frac{10\times 10}{100}$$

$$\frac{12\times 11}{132} \quad \frac{11\times 11}{121}$$

$$\frac{12\times 12}{144}$$

図200 現代算術教科書の掛け算表。カイロより。
この表は1×1から始まり12×12に至る。各列は同一因数の積をもって始まる（したがって最初の線は、右から左へ読んで7×7であり、1×7ではない）。

$$\frac{12\times 7}{84} \cdots\cdots\cdots\cdots\cdots\cdots\cdots\cdots \frac{8\times 7}{56} \quad \frac{7\times 7}{49}$$

$$\cdots\cdots\cdots\cdots\cdots\cdots\cdots\cdots\cdots\cdots \frac{12\times 12}{144}$$

西洋人にとって特に異常と目にうつるのは、各行は右から左へ読むのに、数字そのものは左から右へ書くことである。

単位数も右から左に読むとすると、何と 534 − 983 = 64 ［訳注：実は435 − 389 = 46］となる。このような不都合が生じることから、左から右へ桁が小さくなってゆく数自身は、外国からの借用としてアラビア文の筆記に組み込まれたに違いないことが、すぐにみてとれる。左から右に読むインドの筆記法では、単位数の桁もまた左から右へと矛盾なく小さくなってゆく。しかし、アラビアのアルファベット文字のように右から左へ書く方式では、数の桁も右から左へと小さくならなければならない。アラビアのアルファベット文字でアルファベット数を書くときの位もまた同じである（図75参照）。

そこで、左から右へ読む西洋人がアラビア数字を採用したとき、位の順はもう一度インド式に整合し、読み書きの方向に一致させた。本当なら、文字の書き方が逆の順であったのだから、位取りも（アラブ式と）逆の順序を取り入れるべきだった。しかし、アラブ人が当時した以上には、そうはしなかった。初心者の多くは、最初これらの奇妙な数字を理解しようとしたときに、単位数をこの方式にひっくりかえそうと試みたものだった。

九から一への数字の順序のこの奇妙な逆転は、初期の中世のアルゴリズムで示されたように（サクロボスコのもの、図190、アレクサンドゥル・ド・ヴィラ・デイ、図196、またサレム古写本、図195などのように）、アラビア語の原型にまでさかのぼる。なぜなら、アラブ人は、こんにち西洋人がするように、確かに低い方から高い方へと、1、2、3、4、5、6、7、8、9と数え

そして、ここで演算を次のように行う。	ولذا يجري العمل هكذا :_
（横計算の）残り 46 = 389 − 435	الباقي ٤٦ = ٣٨٩ - ٤٣٥
被減数 435	المطروح منه ٤٣٥
減数 389	المطروح ٣٨٩
（縦計算の）引き算の残り 046	باق الطرح ٠٤٦

図201　引き算　435 − 389 = 46。図200のアラビアの教科書より。

た。しかし、数字を書くときには彼らのアルファベット文字にしたがって、右から左へと書いた。しかし、初期の西洋の翻訳者たちは、明らかにこの点を見過していた。

　これまでのところ、主として東アラビアの単位数を扱ってきた。これから、アラブ人自身が huruf al gubar（グバール数字）と呼ぶ西アラビア数字に移らなければならない。

グバール数字

　グバール数字、すなわち「砂ほこりの数字」は、アラビア語 gubar（砂ほこり）に由来し、形の上からも歴史上も、こんにち西洋で使用されている数字の直接の先祖である。

　では、どうして、このような奇妙な名がついたのだろうか。この名は、インドで使用された計算板の上に砂を敷いたことをさしている。その計算板は14世紀のヨーロッパではインドのものとみられていた（マキシムス・プラヌデスによる。頁153参照）。もちろん、砂、あるいは砂ぼりに引かれた欄には、計算玉は置かず、代わりに数字が記入された（頁291参照）。したがって、ゼロは必要でなかった。そして、事実、砂ぼこりの数字はゼロをもたなかった（少なくとも当初はなかった。図202参照）。そして、それらの数字が手書き本にあらわれるときには、常に次のような簡単でよく考えられた方法で記された。

$$\overset{\cdot\cdot}{4}\overset{\cdot}{5}6\ (=456) \quad \overset{\cdot\cdot}{4}\overset{\cdot}{5}\ (=450) \quad \overset{\cdot\cdot}{4}6\ (=406)$$

単位数の上にのせた点は、位、桁を示した。一つの点は十の位、点二つは百の位、三つは千の位と進む。この方式は、いまの用語では、具体的位取り記数法であり、406は記号的に 4 C 6 ［訳注：四百六］であらわされるが、位は単位数の上の点の数によって示されている。アラビアのアルファベットでは普通、各文字に点がつけ加えられるので、その慣習が数字にまでおよんだ。

　こうして、グバール（砂ぼこり）数字は、外形的にはインドのものであるが、それでいてインドのものではない。そこでは位取り体系の本質的な利点が無視されてしまっており、代わりにインド式でない別の構成原理を使用している。グバール数字はインド数字の独特の特徴を欠いている。それはゼロである。

3. インド数字の西方への移動

　さらに、歴史的にみて、それらはムーア人のスペイン以外のどこの土地にもみられないという謎を含んでいる。それらの数字がインドから移動してきたということを示す証拠がない。しかし、この点に関して、それらの数字が非常に早い時期に、学問的な学者用の書物を通してではなく、事務を扱う商人や実務家によって広く用いられたということは、極めて重要なことである。商売や物資の交換、また直接の接触（おそらく特にアレクサンドリアで）が行われているうちに、これらの数字は西に向かって人手を渡って伝わっていった。体系化された新しい原理、すなわちゼロをもつ位取り記数法は理解されなかった。しかし、だれもが、その他の特徴的な利便、数を素早く、はっきりと書くことができるという利便を認めた。そのうえ、アラブ人は自分の数字をもたなかった。点を加えることによって、彼らは新しいインド式の記号を採用し、それを自分のものとした。つまり、容易に読みとれる具体的位取り記数法に変形させたのだった。後に、真の抽象的位取り記数法が、ついに東アラビア世界から到達したとき、彼らがしなければならなかったことといえば、すでに使用していた九つの単位数にゼロを加え、上にのせた点をやめることだけであった。そうはいうものの、数字の上につけた点は、その後も長く生き続け、15世紀のビザンティンの写本にさえあらわれていた。

　一般に、西洋文化は東洋におくれをとっていた。バグダードあたりでは、それ自身豊かな文化的土壌に位置していたが、学問の源は最も近い隣人たちで、そこから直接に流れ込んでいた。他方、スペインのコルドバでは、文化も人たちもまだ未熟で、国土それ自体も細分され、互いに隔離されていた。アラブ人の母国とのつながりは弱く、稀薄なものであった。こうした西洋で、高度の学問を修める最初の学問所が976年に設立された。バグダードの最隆盛期からほとんど二世紀のちのことであった。紙は東洋で作られてから350年ほどたって初めて（西洋で）作られるようになった。こうしたことから、古くからの一組の数字、ずっと後になるまでゼロが加えられなかった数字が、長くその寿命を保ったであろうことは、容易に理解できるところである。

　グバール数字は、ジェルベールがスペインを訪れて初めて知り、それを持ちかえって、複雑なアペックスの形で修道院の計算盤の計算玉に記したのであった（頁189と図125参照）。こうして、この書体をもってインド数字は西暦1000年頃西洋への初めての、ためらいながらの遠出を開始した。しかし、

ヨーロッパではまだ、それを受け入れる素地はできていなかった。その本質も利点についても理解されることなく、一般の使用に生き残ることができずに、やがて学僧たちの僧房にしまい込まれてしまった。

それから200年の後に、インド数字は（いまやゼロをともなって）アルゴリズムのアラビア語からの翻訳本の中に、またサクロボスコやヴィラ・デイなど大学の学者たちの学術論文の中に入って、スペインからもう一度北の方へと運ばれていった（頁298、314参照）。それでもなお、この新しい数字は日常に使用されることにはならなかった。13世紀以来、「上から」の道が開かれる用意ができたとはいえ、当分は秘密のものとしてとどまった。第三の「下から」の道によって、大きな抵抗を克服しながらも、こんにち普遍的に使用される数字になった。貿易商人や小売商人によって徐々に受け入れられ、計算家や算術家の著わした教科書によって普及した。

この第三の、「低い」道は、次章で取り扱うことになるが、その前に、こ

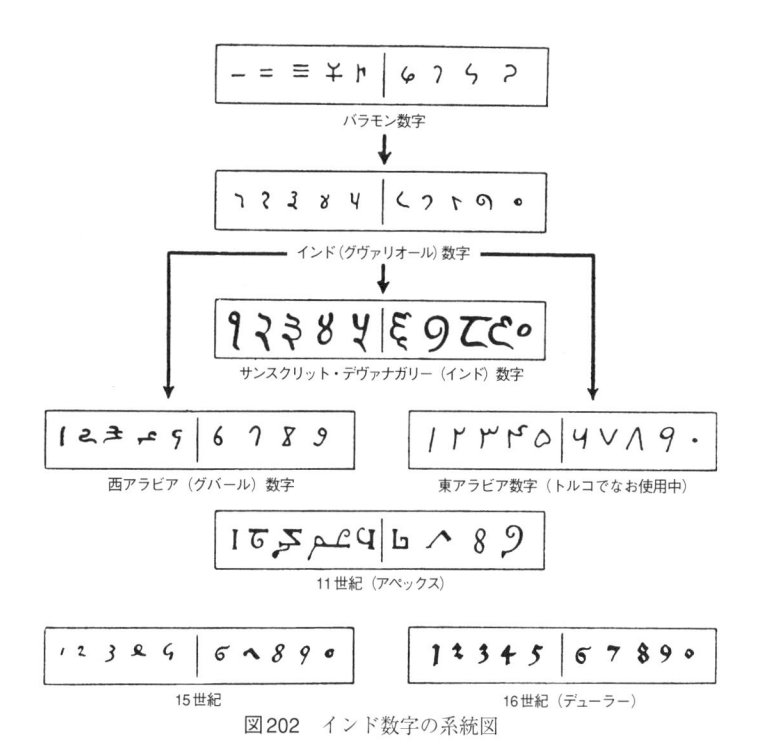

図202 インド数字の系統図

んにちの数字がインドで最初に始まってから発達し伝播してきた模様について、もう一度眺めることにしよう。

(4) インド数字の系統図

インドのバラモン数字から、最終的に東アラビア数字と西アラビア数字が発達した。そして、後者からアペックスの短いエピソードを経て、順を追ってわれわれ自身の現代の数字が生まれた。バラモン数字はまた、インドでの多くの土着の数字自体の祖先でもあった。たとえば、チベット、ベンガル、その他の地方で使用された数字で、中でもデヴァナガリー数字が最も重要である。それらは、ほとんどすべてのインド人によって、こんにちも使用されている。丁度アラビア数字が、同族の西方の枝分かれをあらわしているように、インドのデヴァナガリーや他の多くの種類の数字は、バラモン数字の東方の子孫である。

それらの数字の重要さについては、説明不要の最初の三つを別にすると、具体的な証拠に極めてとぼしい。バラモン数字の祖先を中国、フェニキア、バビロニア、あるいはエジプトに求めようとすることは無意味なことである。初期のギリシアの序列数字のように(図60参照)それぞれの数詞の最初の文字によってそれが始まった、あるいはペルシアのシヤク数字(図72参照)のような短縮形に由来したということが、よりはるかにありうることである。あるいは、ひょっとして、最初から純粋に抽象的な数字として考案されたのではなかろうか。もしそうなら、これは文化史上前代未聞の例となるだろう。というのは、数字がアルファベット文字による筆記法が生まれてから後に発

図203 ヤコブ・ロイポルトによるインド数字の起源の空想的な説明。
図中の一行文：「指の形のようにラテン数字を文字で示したもの。」

生したということになるからである。

　数字が決してそのように発生したのではないことを示すものとして18世紀のある「説明」がある（図203）。この図例は、こんにちのものからもってくることも十分にできるものである。なぜなら。専門家たちが求めながら失敗に終わってきている不思議を解く鍵を、手にしたいという欲望は、歴史のあらゆる時期に生き続けているのである。

インド数字の書体の一貫性

　何世紀もかけて、一つの文化から次の文化へと長い移動、拡散をしてゆく間、インド数字の書体は驚くほど一定のままであった。初めてそれに出くわした人たちにとって、どれほど新鮮で、神秘的にみえたであろうか。その数字はもとの書体と似たままだったのである。バラモン数字（B）から、現代の数字（M）へと移行する間に少しの変化はおこった。デヴァナガリー書体（D）へ、また東アラビア書体（E）へも同様であった。それらの比較を容易にするために、一括して図204にあげる。その変化をみると、主な線の短縮

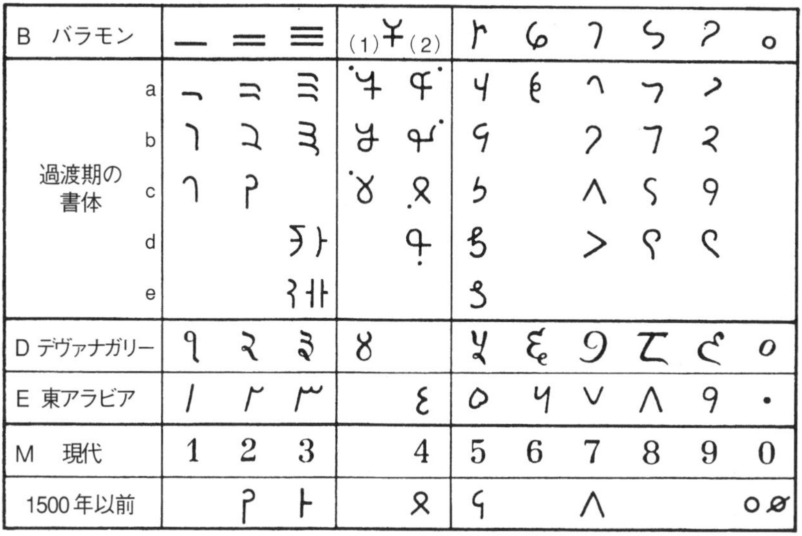

図204　インド数字の変遷。バラモン数字からデヴァナガリー数字、東アラビア数字、そして現代数字。

化、不鮮明化をでるものではないし（2と3のように）、縦、あるいは横の軸の回転（1、2、3、7の場合）、右から左へ書く、あるいは左から右へ書くもの（4のように。この場合、ペンで線を書き始めるところを点で示している）である。読者は、これらの書体の変形を自分で、紙と鉛筆を使ってなぞらえてみてもらいたい。そうすれば、バラモン数字から現代数字への変容を、これ以上説明しなくとも、たどることができるに違いない。

数字1 ─ Bでは横線、E、D、Mでは縦線であるが、これはコンマのような形を早く書くときに生まれたものである。

数字2 ─ 湾曲し、二つの線がつながってDとMになった。縦の線をつないで、右から左へ書いてEになった。ドイツでは、数字2は石に刻まれた碑文で、しばしばZの形をとった（図81、さらに図152、223参照。バンベルク計算書より）。2の古書体については、2cと図210（の726、727）に示されるものを参照のこと。

数字3 ─ 三本の横線の曲がった端をつないでD、Mになった。それを右から左へ書いてEになった。12世紀の古写本では、奇妙な形の3がみられる。おそらく古数字2に線を加えて、さらに回転させたものであろう（2cから3eが発達。図210参照）。このこと（3d）は、図125（左の上から三番目）にみられるように、明らかにアペックスの時代にすでにおこっていた。

数字4 ─ Bの内に向かって曲げた省略によって、図204の（1）と（2）の両書体ができた。上の曲線が「下」へと曲折するか（1）、「上」へと曲折するか（2）によって両書体になった。（1）は左から右へと書き、上部の鈎を除いて4cとDになった。（2）を右から左へアラビア式に書いて東、西アラビアの両古書体2bになった。水平の主線をもつが、こんにちそれを省略してEになっている。西ヨーロッパでは、この書体は左から右へ書くように引きまわされ、そのため、うしろから輪で始まり「アラビア」の頭を失ってしまった。これは中世の書体2cになった。1500年になって、単位数4が年数に書きあらわされなくなったときに［訳注：1400年代から1500年代に入った］、現代の単位数のように角張った書体になり、九十度回転して2dをつくり出した。この変形への道の一里塚は、バンベルクの木版印刷本（図133参照）であった。ただ、バンベルク計算書は両方の変形を並べて使用した（図223参照）。数字4はまた、ドイツの画家アルブレヒト・デューラーの作品に草書体でみられる（図205）。

第6章　西欧の数字　325

figure 205　ドイツの画家アルブレヒト・デューラーの書いた年数。デューラーは1495年頃の年数を書くことで数字4のこんにちの書体への変遷をえがいている。彼のデッサン三点にある連続年数より。

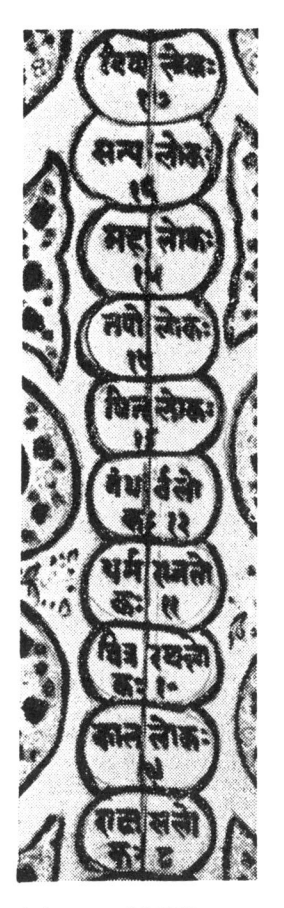

図206（右）　デヴァナガリー数字。18世紀。カシミールからのヨーガ修練指導書にあるもの。インド数字の下に、8から17までの数字が読みとれる（下から上へ）。民族誌学博物館、ミュンヘン。

図207（左下）　シャムからの歳入を徴収する中国官吏の象牙の印章。馬が見事な姿で彫られ赤く着色されており、上に所持者の名が漢字で記されている（三興）。下には細長い方形で囲まれて1218年（西暦1856年）がある。この数はインド式の位取り表記法で記されているが、独特のシャム式の単位数が使われている。この印章は、異文化の相互関係が数によって明らかにできることを示す顕著な例である。直径4.3 cm。民族誌学博物館、ミュンヘン。

数字 5 ―5a の記号は B を単にさかさにしただけである。そうして 5b ができる。5b をもう一度さかさに回し、ひねって変形させて D と M になった。古書体 5b は 1500 年以前には支配的で、たとえばバンベルク木版印刷本とバンベルク計算書にみられる。数字 5 の E での円形は、おそらくアラビア文字の数字から導かれたのであろう。五番目の文字が 多少とも円形をしていて、5 の数値をもっていた（図75参照）のである。

数字 6 ―D は B の書体の二つの曲線を引き伸ばしている。E は輪をおさえて、二番目の曲折をなくしてしまった。

数字 7 ―回転することで M と E の違いになっている。D は 7b の頭からつくられる。古書体7c は、ドイツでは1500年頃まで用いられた（図223参照）。

数字 8 ―M を作るのは、B の書体を引き伸ばして 8 とした。短くすると D と E になった。

数字 9 ―E と M の書体は、B の書体の頭を伸ばしたものである。D は、9b と 9c を回し、奇妙な 3 の形の数字 9 になった。

ゼロ ―E では、ゼロはなお点である。それから小さい円になり、M の場合、最初はしばしば、その中に斜線を通した。

バンベルク計算書では、数 4、5 の古書体と新書体が、一つの計算問題に互換的にでてくる（図223参照）。

さて、インド数字の書体の変化を記号で追った歴史的考察を、次の二つの証拠をもって終えることにしよう。一つは、東洋からのもので、カシミールからのヨーガ修練のある指導書がある。それは18世紀に書かれたものである（図206）。その中の単位数は、デヴァナガリー数字に非常によく似ている。また、シャム国の歳入を集める中国人収税吏の個人印章（図207、208）や、シリアからの小さい里程標（80キロメートル地点）（図209）ともよく似ている。もう一つは西洋で、フーゴ・フォン・レルヒェンフェルトのレーゲンスブルク年記といわれるものがある。中世ヨーロッパの写本に用いられたインド数字の、おそらく最古の例がその中にみられる。726年から744年にいたる歴史上の重要な記載（図210）に加えて、1002年と1056年の記載もまた（図211）、12世紀のこの写字生がゼロをもつこの新しい数字の系列を正しく理解していたという驚くべき事実を明かにしてみせる。これらはヨーロッパの、おそらく最古のアルゴリズム写本（1143年）（図212）からの掛け算表と比較

第6章　西欧の数字　327

図208（左）　　印章。図207と同じ。高さ 9.5 cm。
図209（右）　　アレッポ・ラタキア街道沿いの80キロメートル地点
を示す里程標。D.ダブスによる写真。

```
726 Karolus sarracenos uicit.
727 Odolonomicog. dur se ac suos gem Bonifacii uisitare roguit
    fide temp Karol poppone duce Freca. Heinric ano d dcc viii.
731 Beda prbr obiit.
732 Caubald asco bonifacio ratisponensib ordinat eps.
734 Post gregorios rome pntulat Zacharia pp.
737 Karolus saxones uicit.
744 Karol morit z parisio sepelit. cui carlomanus z pippinus
748 succed i regna. Carloman i castino monach effect.
```

図210　レーゲンスブルク年代記録の記帳。バイエルン国立図書館、ミュンヘン。
726年　カール（大帝）がサラセン（アラブ人）と戦った。……727年……
731年　司祭ビード死す。（尊者ビードに同じ。この人物の指のしぐさについては
　　　　先にみた。頁14参照。）……732年……734年……
737年　カールがサクソン人と戦った。
744年　カールが死し、パリに葬られた。

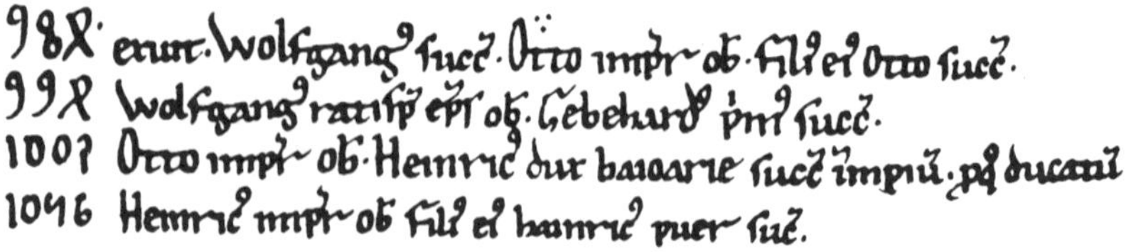

3. インド数字の西方への移動

> 988. erur. Wolfgang9 succ. Otto impr~ ob. fil¨ el Otto succ.
> 998. Wolfgang ratisp ept ob. Gebehard pnr succ.
> 1002. Otto impr~ ob. Heinric dux baioarie succ impii. pq ducanr
> 1056. Heinric impr~ ob. fil el hainric puer sue.

図211 レーゲンスブルク年代記録のその後の記帳。バイエルン国立図書館、ミュンヘン。

984年 ……皇帝オットー二世が死し、その息子オットーが後を継いだ。

994年 レーゲンスブルクの司教ボルフガンクが死し……

1002年 皇帝オットー三世が死した。(この皇帝はジェルベールを教皇に指名した人物。頁187参照。)……

1056年 皇帝ハインリッヒ三世が死し、弟息子ハインリッヒが後を継いだ。……

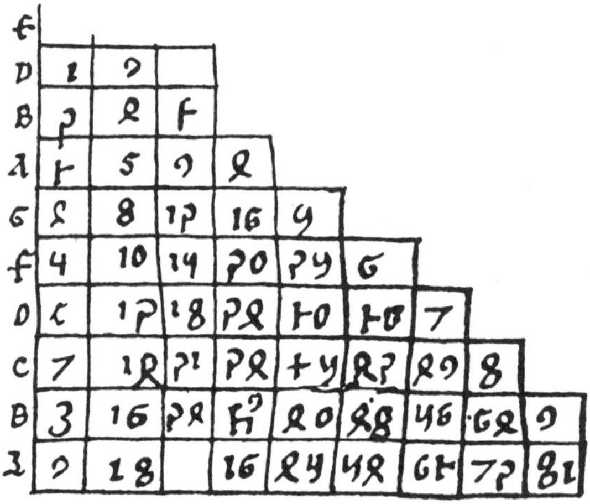

図212 掛け算表。1×1から9×9まで。12世紀のドイツ最古のアルゴリズム写本の一つより。

4. 西ヨーロッパのインド数字

初期の二回の出会い

　インド数字は、すでにみてきたように、1000年頃のジェルベールの時代にアペックス（ゼロなし）の形で、最初の短い役割を果した。それらの数字は、しばらくの間、修道院の写本にその姿をあらわした（図125参照）。それから12、13世紀に向けて、アル＝フワリズミーの算術書の翻訳の結果として、ラテン語文書が再びその同じ数字を紹介したとき、アペックスはその姿を消した。そうした数字はサレム・アルゴリズム、サクロボスコのアルゴリズム（図190）、アレクサンダドゥル・ド・ヴィラ・デイのアルゴリズム（図196）などのラテン文の中で紹介された。これらアルゴリズムの書は、学識者用の学術書であり、基本的に古数字と並べて新数字を記録したものであった。したがって、庶民にまで降りてくることは決してなかった。庶民は日常の実計算を、いままでからずっと持っていたもので行っていた。そういうわけで、計算盤派とアルゴリスム派は、長期間にわたって互いに対立する陣営を築いていた。
　こんにちでは、中世初期のこの新数字に対する頑固な抵抗をもはや理解することはできないし、面倒なローマ数字よりはるかに容易に扱うことができるとおもえる。しかし、これまでに検討してきたことから、計算盤は、なるほど扱いがゆっくりではあるが、本質的に同等で、とりわけ極めてはっきりと目にみえる計算方法として、中世ヨーロッパで役に立っていたことは明らかである。それとは対照的に、新しい数字による計算法は、たしかに目でみることではそれほど容易ではなかった。しかし、最も重要なこととして、インド数字は西洋に入っての当初二、三世紀の間はほとんど克服されなかった知的な障害物を内蔵していたことであった。それはゼロであった。この話題については、すでに言及してきたところである（頁295参照）。

再度ゼロについて

　全く何の意味もないゼロは、何とおかしな記号であることだろう。ゼロは単位数なのか。そうではないのか。1、2、3、4、5、6、7、8、9 はみな数をあらわし、誰でも理解でき会得できる。しかし、ゼロはどうなのか。もし、何もないのなら、何もないはずである。それが、ときには何もなく、またあるときには何かなのである。3＋0＝3、3－0＝3。なるほど、ここではゼロは無である。ゼロはあらわされていない。そしてゼロを、ある数の前に置いても、その数は変わらない。03＝3 である。だから、ゼロはなお無である。**Nulla figura** である。ところが、そのゼロをある数の後ろに書くと、途端にその数を十倍することになる。30＝3×10。だから、ここでゼロは何かである。何であるか理解できないが、しかし有力なものである。少しばかりの無が、ある小さい数を、計算できないほどの大きな数にもちあげることができるほど有力なのである。こういうことを誰が理解できただろうか。そして、むかしからの簡単な（計算盤上で）一つの場所を占める数3000は、いまや長い無の尾をひいた四つの場所をとる数になる。つまり、ゼロは何もないが、しかし、混乱と困難を引き起こす記号なのである。それは15世紀のあるフランスの作家が「一つのシフル chiffre が難儀をあたえる」といったとおりである。

　計算に計算盤を使う人たちがインド数字に対して示した抵抗は、二つの形であらわれた。悪魔の作りものとみなす人があれば、また、ふざけ、あざけり笑う人もいた。

> 縫いぐるみ人形が鷲になりたい、ロバがライオンに、サルが女王になりたいのと同じように、ゼロ cifra は気取って数のふりをしている。

フランスのある教養人は15世紀になっても、なおこのように書いていた。また別のフランスからの話しでは、「アルゴリズムの数字」はばか者というに等しい罵倒の言葉である。とはいえ、占星術師たちは喜んでこの新しい数字を採用した。あらゆる秘密の筆記書体と同じように、新数字は彼らの地位を向上させる助けとなった。サレム修道院のアルゴリズムは、この新しい数字を正しく理解して計算に使用した。それでも、なお、ある著者はその心に混乱

をひきおこして、次のような神秘的な解釈を書き添えた。

> あらあゆる数は一から始まる。そして、一はさらにゼロから始まる。ここに偉大な神秘が存在する。それそのものは、初めも終わりもないことで象徴される。そして、ゼロが別の数への加減によってその数は増減しないのと同じように、それそのものは増えも減りもしない。ゼロが、それを後ろに置かれた数を十倍するように、それそのものも十倍ではなしに千倍する。いや、より正確にいうならそれそのものは無からすべての有を創出し、保存し、支配する。

このようにゼロは深大な意義を獲得し、何かをあらわすことを始めた。

しかし、学識者もまた、ゼロは記号なのか、数字なのか、そうでないのか確かではなかった。ゼロにあたえられた名称 null からすると、それは数ではない。それで中世の書記家は九つの単位数にもう一つを加えて示し、それは cifra と呼ばれた。

> （一から九の）単位数を使って計算を学習したい者は、まず、それら単位数の形を知ることから始めなければならない。それから、それらの単位数がおかれる位置にともなう価値の効力と意味を学ぶ。そして、価値の意味をもつ九つの形がある。それら以外のもう一つの形のものがあり、null、O と呼ばれ、それ自身に価値はない。しかし、他の数の価値をたかめる。

このような混乱と不安があったということは、ゼロにあたえられた多くの名称によっても明らかであった（頁297参照）。古くから信頼してきた計算盤を捨てて、矛盾が一杯のなにものかでとってかえることの意味は何であったのか。それは、ほんの一握りの学識者だけが理解でき、その人たちでさえ、なんとかやっとというものなのであった。こんにちでさえ、フランス語で「それをアルゴリズムでする」 faire par algorisme という表現は「誤算する」という意味に使われている。

庶民が、この新しい数字を使うことに気のりがしなかったために、これら

の奇妙な新しい概念、つまりゼロと位取りの原則を、詩の形で示して理解させようとする企てが試みられた。アレクサンドゥル・ド・ヴィラ・デイはゼロについていう（頁314参照）。

> ゼロは価値をもたない。しかし、（それより高位の）隣の単位数に価値をあたえる。

そうして、彼は、位置の価値、位取りを次のように説明した（その最初と最後の部分のみを引用する）。

> 第一（の位置）を（そこにある単位数の価値を）一位とする。第二は十位、第三は百位、第四は千位、第五は万位 ⋯⋯ となる。ゼロはそれ自身何でもない。しかし、それに続く単位数に（より大きな）価値をもたせる。

こうしたもろもろのことから推察されることは、この新しい数字は中世初期に採用されたが、それは位取り表記法の便利さを考えたからではなくて、単に新しい異国の記数法ということであったからということである。インド数字は、計算盤上に確立されてきた数の省略形以外の何ものでもないと考えられた。人びとは、序列化と束ねのグループ化によるローマ数字に強く縛られていたので、ほんのわずかの人たちしか位取りの原則の意味を把握しなかった。その原則とは、位はもはや目にみえた形ではなく、単位数の位置によってあらわされ、本来内包しているものではない何かによってあらわされるものであった。位取り記数法は、自然に徐々に理解されるようになったが、もしも外部からの強力な刺激がなかったら、そうした理解はもっとゆっくりとしか進まなかったことであろう。その刺激は、古典学者や科学者によるものではなく、商人たちからのものであった。

(1) イタリア

第一千年紀の終わりになって、西洋の地固めができ、そのエネルギーがいまや知性の成熟化を助けることに放出された。アラビア語からの翻訳書によ

って、識者たちの動きが火の消えた場所から解放された。十字軍の精神がヨーロッパ人の想像力に火をつけた。いままで夢にもみなかった新しい世界が、北方の暗く狭い地域に突如として花を開いた。ドイツ皇帝たちのローマへの旅は、南方への扉を押し開いた。そして、その扉を通して北方の人たちは、地中海地域のより古い文化の地にある世俗的で洗練された生活を驚きの目をもって見つめた。フェニキア人やギリシア人はイタリアに定住地を確保していて、何世紀にもわたって、オリエントと西洋の貿易のネットワークをつくりあげてきていた。ローマ人たちは、そのネットワークを強化し、自身の首都をその中心とした。アラブ人はシシリー島と本土のアマルフィに貿易の前進拠点をもち、9世紀にいたるまで通商活動を維持してきた。このようにしてイタリアは、その自然と地形のおかげで、活気にあふれて文化的生活を営み、物心両面で豊かに発展した。

　こうして中世の盛期に、イタリアは海洋貿易の最も強力な国となった。イタリアの諸都市は十字軍を聖地に運ぶ船舶を提供し、イタリアの銀行家たちは資金を貸し付け、十字軍によってもたらされる貿易と商取引はすべてイタリア人の手を経ることになった。西から東へ、また東から西へと三百年にわたって行き来した交易を一手に握ったのである。ベニス、ジェノヴァ、ピサはみな富みを蓄え、勢力をたかめた。（十字軍の）神聖な船舶によって開拓された海路は、宗教心にとぼしい商業用船舶によって利用された。彼らは全地中海沿岸に通商用の植民地を建設し、そのルート上の戦略地点を支配した。

(2) ピサのレオナルド

　アルジェリアのブギアにあったピサの貿易拠点の総督は、中世最大、最多作の数学者ピサのレオナルドの父であった。レオナルドは1180年から1250年頃まで生存し、ホーエンシュタウフェン皇帝（神聖ローマ皇帝）フリードリッヒ二世（1194-1250）と同時代の人物であった。レオナルドの父の名は知られていない。そのニックネーム、ボナッチオ Bonaccio（善良な人物）を知るのみである。息子（figlio）のレオナルドは、またフィボナッチ Fibonacci としても知られた。自著の最初の部分で彼自身がいうように、父はレオナルドに計算技法 studium abaci を学ぶためにブギアに旅することを許した。彼は続けていう。

その地で、私は素晴らしい教育者（おそらくアラブ人教師）に、九つのインド数字による計算の技術の指導をうけた。

彼はさらにいう。この計算術は、彼がエジプト、シリア、ギリシア、プロヴァンスを旅行して回った際に学んだ他のどの計算法よりも、はるかに大きく彼の心をひきつけた。

しかし、アルゴリスムやピタゴラスのアーチなどのすべては、インド人の方法に比べて誤りだと私は考えた。

何と決定的で実り多い判断であったことか。レオナルドは、この新しい計算法を単にまた一つ別の方法というだけの表面的な取り組みをしたのではなかった。それを徹底的に研究し、それが非常に大きく改良されたものであると判断するようになった。その意気をもって、彼は1202年に偉大な『算盤の書』Liber Abaci を著わした。この書によって、西洋でインド数字が広い範囲にわたって採用され、新しい演算が行われることの基礎が固められた。

彼は、その新しい数字を次のような言葉で紹介した。

インド人の九つの数字は 9 8 7 6 5 4 3 2 1 である。これらの数字と、この 0 記号をもって、求めるあらゆる数を書きあらわすことができる。この記号 0 はアラビア語で cephirum と呼ばれるものである。

この『算盤の書』は計算術の必携書で、459頁からなっていた。1228年の第二版のみが写本で現存している。その書は皇帝フリードリッヒ二世の目にとまった。この皇帝が書いた鷹狩の書については、指による数え方に関連して述べたところである。この皇帝の宮廷占星術師ミハエル・スコトゥスもこの算盤の書を読んでいた。彼はアラビア語に通じた大学者で、レオナルドはその著作の第二版を彼に献呈している。

レオナルドの著書のタイトル『算盤の書』は誤解をまねく。それは新しい数字を用いる計算方法の入門書であった。その計算法を西洋ではアルゴリス

ム algorithm と呼んだが、彼はこの語を避けていた。彼はピタゴラスのアーチをも、修道院の算盤（頁187参照）をも拒否したが、それでも自身の著作を『算盤の書』と名付けた。このように言葉上の多少の混乱がある。本来イタリア語では ars abaci （算盤術）という語は、方法に関係なく一般に計算をさした。では、アルゴリスムは何を意味したのだろうか。おそらくサクロボスコやヴィラ・デイの労作のような新しい数字に関する学術論文のことであったのだろう。ところが、レオナルドはインド式計算法を日常の商売に使用した最初の人物であった。

　レオナルドはインド数字そのものを紹介した後、指による数の数え方（左手で始める。頁15以降を参照）、四則演算、また分数の演算を説明した。分数演算では彼はアラビア方式にしたがい、分数を整数の後ではなく前においた。$2\frac{1}{2}$ ではなく $\frac{1}{2}2$ であった。このあと、重要な商用算術の章へと続いた。それは中世では practica （実用算術）として知られたもので、三の法則と連鎖法則について、その実用的利用のすべてを述べた（アダム・リーゼの著書、図214参照）。こうして、ドイツの通貨交換問題とまさに対応するものがそこに示された（頁339参照）。それに次いで、組み合わせと混合の諸問題（合金と、種々の貴金属の含量）がきた。そのあと、高等数学の長い一連の問題集が続いた（級数、不定方程式、二次方程式、平方根、立方根など）。このような数学概論書は、それまで全く存在しなかった。レオナルドの時代の数学知識の事実上のすべてを集大成しており、アラビア科学の多くをも含むものであった。そして、これらすべての事項について独自の解釈をあたえ、それまで夢想だにしなかった知識レベルへと門戸を開くことになった。こうして、『算盤の書』は何世紀にもわたって規範として、また原典として長く伝えられた。その知識の広さ、すぐれた提示の仕方、そしてその実用性からして、同時期に北ヨーロッパで著わされたアルゴリスム（サレム・アルゴリスム、サクロボスコなど）とは本質的に異なったものであった。

簿記に使用された新数字

　十字軍によって生みだされ活気づけられた大貿易商や大銀行で用いられた会計簿では、記載はなおローマ数字で行われていた。見落しのないように金額を記載し、正しく計上されているかを確認するために、なんらかの規則正

4. 西ヨーロッパのインド数字

しい、平行的な記載方式が必要であった（図158参照）。15世紀になって初めて、何百、何千という数字が時として縦に分割され重なり合った形で書き込まれ始めた。それは、すでにアウクスブルク市の会計簿（図83-88）でみてきたとおりである。これと対照的に、新しい数字で種々の金額を記帳することは、はるかに簡単なことであった。

　ところが、大敵が突如として予期しなかった方角からあらわれた。いくつかのイタリアの貿易商家で、新しいインド数字によって数が記載されるようになって、フィレンツェ市議会は1299年、財務取り扱いに適用する法令「計算法に関する法令」を発布した。この法令は、会計簿に金額を数字で記入すること、またそれら金額を記帳文言から分け離すことは違法であるとし、20ソリディの罰金を課した。そして金額は従前通り文字で（per literam）記載し、記帳自体の中におくことを命じた。何故そうしたのか。不正を防ぐためだった。簿記に関する古いベニスの書に次のように説明されている。

　　‥‥古い数字だけを使用すること。なぜなら、それらは新しい計算術のようには簡単に変造することができないからである。新方式では一つの数を別のものにたやすく変えることができる。たとえば、ゼロは6や9にできるし、同じようにして、いくつもの数も変造することができる。

　また、この理由から、古い数字を使うにあたっては、善良な簿記係りは

　　字体を注意して筆記し、鎖の輪のようにそれらを繋ぎ、筆記は常に素早くし、ペン先を紙面から離すことのないように

しなければならなかった。

　この最後の点については、ドイツで書かれたローマ数字の例ですでに確認したところである（図77参照）。なるほど金額は記帳文から離されていたが、数の変造を防ぐために、線は一筆で終わらされていた。同様に、ローマ数字の末尾の単位数（ⅰ）はｊに変形させて、ここでも不正な変更から防護するようにしていた（図85）。

　それでも人びとはなお、新しい数字には不安であった。その書体になじみ

がないというだけでなく、筆記の仕方にもなじめなかった。「さらに主任計算人は、単位数で計算しないこと」と1494年のフランクフルト市長公室会計簿（市長帳簿）は命じている。記入者が時に新しい数字を用いることがあったからである。百年後に、算術と新しい数字に関するある書物が、印刷許可を求めてアントワープの大聖堂の助祭職に提出された。その決定はいう。

　　計算と問題の解を求めるために、これらの規則と手続きは、商人にとって文句無しに有用である。したがって、印刷の許可をあたえる。しかし、彼ら（商人たち）は、不法金利、あるいは他の違法な商取引や通貨交換を行わないよう責任をもたなければならない。

つまり、新しい数字は許可なしには取引きには使用するものではないということである。長い間、ドイツのみならずイタリアにおいても、ローマ数字で書かれた文書は、法廷ではより大きな重要さをもっていた。

　こうして、13世紀の間に、新法による計算、新数字を用いる計算は、商社、貿易会社でなじみ深いものになっていった。ときには、請求書から会計簿への転記にさえ用いられた。とはいえ、簿記はなお、むかしからの方式で続けられた。

　このことは、当然インド数字の伝播には重大な障害であった。さらに次のような事情が加わった。計算を終えたあと捨ててもよいだけ安い値段で計算用紙が手に入りにくかった。また、計算演算が未開発の状態であって、長い割り算では、演算が進むにつれて、たえず線を引いて数字を消さなければならなかった（図128、145参照）。それに反して、蝋や砂で覆われた計算盤では容易に消去できるし、旧式の計算盤では計算玉をとりあげることによって簡単に除去できることなどの事情があった。さらに特に、ほとんどの人がゼロの観念について理解することがむずかしかったことを考えれば、抽象的位取り記数法が、イタリアにおいてすら、一般に使用されることになるまでに、どうしてそれほど長い時間がかかったかということを理解することができるだろう。

商人たちの教場としてのイタリア

こうした、あらゆる困難にもかかわらず、イタリアは北ヨーロッパよりははるかに先を進んでいた。アウクスブルク、ニュルンベルク、ウルム、ラーヴェンスブルクなど南ドイツの商人たちにとって、ベニスは14世紀以降、教育の試験場であった。イタリアで印刷された最古の算術教科書は『商業術』Arte de la Mercadantia と呼ぶ。これは簿記、計算や異国の取引き慣習を含むものであった（図130参照）。商人の子弟にとってベニス以上によりよく学習できるところは、他のどこにもなかった。ニュルンベルクの市民なら、その息子をベニスに送って、何にもまして三つのことをするようにしむけた。早起きすること、規則正しく教会にゆくこと、そして、算術教師のいうことに注意を集中することであった。こうして、若い商人が故郷に戻ってくるときには、あらゆる最新の手法とともに、イタリア語ももって帰ってくるのだった。Agio 分割払いの利点、利益；disagio 値引き；conto (-corrent)当座勘定；disconto とその短縮形 sconto 計算の割り引き；giro 円、現金の回転；saldo 勘定の決済、ラテン語 salidus 十分、完全より；Bilanz バランス、荷重貸借対照表；debit(o)、credit(o) 借りがある、貸しがある；ultimo 月末日；spese 支出、頁229参照；valuta 価値、特に外貨の価値；franco 無料で；posten 会計簿への記帳、イタリア語 posto 位置、場所より；Muster 標品、サンプル、イタリア語 mostra、ラテン語 monstrare 示す、展示する、見ることを許す；gross 粗い、荒れた、風袋ともの商品；netto 純粋な、清潔な、商品のみ；netto Kasse 値引きしない金額；cassa もとは金庫のこと、ラテン語 capsa 樽、大箱；per cassa の支払い、金庫への現金払い；incasso 金庫の中、集金する意味；Lombard 取引き、証券を担保にした短期借入。北イタリア（ロンバルド地方）の銀行家の慣習からこの名がある。たとえば、ユダヤ人が追放されて後のイギリスの金融業をロンバルドの銀行家が乗っ取ったことに由来する。英語に lumber-room という語が生まれた。物置部屋のことで、もともとロンバルドの人たちが高価な抵当物を保管した部屋をさした。

そして破産、ドイツ語 Bankrott、英語 bankruptcy があった。この語は文字上 banca rotta （ラテン語 rupta は「破る」rumpere から）割れた盤に由来する。市場でバンク（机）、すなわち計算台の向こう側に坐っていた両替人が、不正を働くとその盤を割って市場から逃走した。ローマ人の表現で foro fugere（市場から逃げる）は破産することをさす。加えて、（負債からの）救済逃走には、またかくれた意味 pleite 事業の失敗、破産があった（ヘブライ語 peleta より）。イタリアの商業界に由来する、もう一つの言葉にパーセントがある。記号は ％ で、これは per cento の省略形 p c° で、その c° の縮小形が ％ となった（図78参照）。さらに、複式簿記法の貸方と借方はベニスの商人の慣習によるもので、会計簿の向かい合う対頁にそれぞれの見だしをつけたものである。

  dover dare —— 支払うもの（あたえるべき）

  dover avere —— 受け取るもの（持つべき）

しかし、北ヨーロッパからの若い商売見習が故郷にもちかえるものの中で最も重要なものは、インド式位取り記数法と、日常の問題を解く生きた実地のインド数字の使用法であった。つまり、四則演算（足し算、引き算、掛け算、割り算）、黄金の三数法、連鎖法則（これらはオリエントから、そしておそらくアラビアからベニス人への贈り物であった）、そして商用算術と金銭両替の異国の手法であった（図213）。

図213　自分の「バンク」で執務する両替商。アウクスブルクのハンス・ヴァイディッツの木版画。16世紀。

ある男がウィーンでニュルンベルク通貨30ペニーをもって両替商のところへゆく。そして、彼はその両替人にいう。「この30ペニーを両替してほしい。そして、その価値に相当するだけ一杯にウィーン・ポンドをもらいたい。」その両替人はこの男にウィーン通貨をどれだけ渡すべきなのかを知らない。そこで、彼は通貨管理所へゆく。そこで担当者は両替人に伝える「7ウイーンは9リンツに相当し、9リンツは11パッサウと等価で、12パッサウは13ヴィルスホーフェンと同じ、15ヴィルスホーフェンは10レーゲンスブルクに、そして8レーゲンスブルクは18ノイマルクト、そして5ノイマルクトは4ニュルンベルク・ペニーの価値がある」。さて、30ニュルンベルク・ペニーはウィーン・ペニーにしていくらになるか。

この複雑でまわり巡る問題は、1489年のヨハネス・ヴィドマンの算術教科書にあるもので、これを解くには、計算方法をよく知る必要がある。そうすれば、30ニュルンベルク・ペニーは13ウィーン（正確には $13\frac{23}{429}$）の価値があるという解がえられる。

連鎖の法則は、いま例示したようにそれぞれの為替レートが鎖の輪のようにつながっていることから、そのように呼ばれる。アダム・リーゼによる、もっと短い問題を解いてみよう。その方法は、原理的にはピサのレオナルドが記述したもので、等価値を正しい順序に並べることである（図214）。

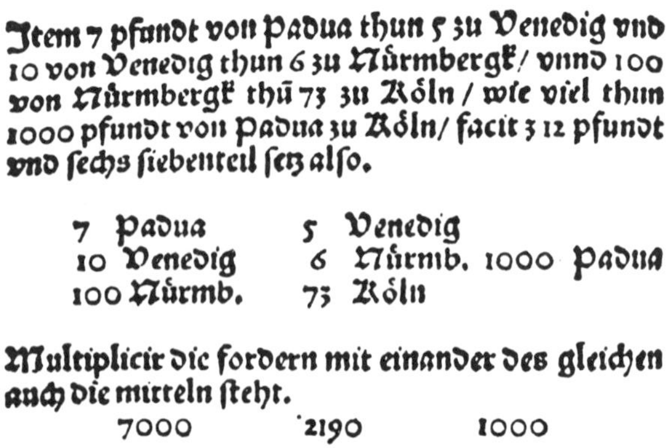
Item 7 pfundt von Padua thun 5 zu Venedig vnd 10 von Venedig thun 6 zu Nürmbergk/ vnnd 100 von Nürmbergk thū 73 zu Köln / wie viel thun 1000 pfundt von Padua zu Köln/ facit 312 pfundt vnd sechs siebenteil setz also.

7 Padua	5 Venedig	
10 Venedig	6 Nürmb.	1000 Padua
100 Nürmb.	73 Köln	

Multiplicir die fordern mit einander des gleichen auch die mitteln steht.

7000　2190　1000

図214　アダム・リーゼの第二の算術教科書にある連鎖の問題。1532年版、図220参照。

第 6 章　西欧の数字　341

問題：1000パドゥア・マルクはケルン・マルクでいくらか？
ただし、7パドゥア＝5ベニス　　- Venedig
10ベニス＝6ニュルンベルク　　- Nürmb.
100ニュルンベルク＝73ケルン　　- Köln
（xケルン＝1000パドゥア）　　- Padua

(1) ケルン・マルクの求める数 x を左に書く。そして、あたえられた値を右側に書く。つまり

　　　　xケルン　　　　1000パドゥア

これをアダム・リーゼの連鎖の最上行とする。

(2) 各個の値を一緒につなぎ合わせる（ドミノ牌のように）と、左の額は、常に右の前の額と同じになる（リーゼのするように）。

(3) 右の最終の額は、左の最初の額（xケルン）と同価になる。そして、鎖は完成する。そこで、x は分数となる。その分子は右の縦に並ぶ額の積（$5 \times 6 \times 73 = 2190$）×1000であり、分母は左の縦に並ぶ額の積（$7 \times 10 \times 100 = 7000$）である。したがって、アダム・リーゼも示したように

$$x = (1000 \cdot 5 \cdot 6 \cdot 73) / (7 \cdot 10 \cdot 100) = 312\frac{6}{7}$$

この解から、また、むずかしくはあるが、誰もが指導なしに自分でこうした問題を解くことができるだろうことがわかる。どうしてこのような、みたところ不必要な複雑な手順をふまなければならないのかを、われわれは教えられたことはない。しかし、算術の教科書には常にこの方式が理由の説明なしにのせられている。読者は、もしこの連鎖問題を最終行から一段ずつ上方へと進むなら、この方法はたやすいものだということがわかるだろう。

　ドイツの諸都市は、また13世紀に貿易によって裕福になり、その重要性を増してきた。そして、都市はまた北部のハンザ同盟や南部のアウクスブルク、ニュルンベルクのように、権力と文化の中心となった。スコラ哲学の時代の13世紀に、最初の大学がパリ、オックスフォード、パドゥア、ナポリに創設された。それらの教師たちも学生たちも、新しいインド数字の知識を生かし、その数字はアルゴリスムの諸論文によって、次の時代に広範囲に移動、拡散していった。とはいえ、北ヨーロッパでは極めて稀な場合にしか商人たちはその数字を彼らの勘定には使用しなかった。ヴィッテンベルク大学で人文主

義者メランヒトンが学生向けに行った講義は（頁346参照）その重要な証拠である。15世紀の終わりにかけて、ドイツの大都市の商家や事業所で新しい数字が日常に使用されるようになったのは、諸大学からもたらされたのではなく、イタリアからであった。

（3）ドイツの算術家たち
計算盤に対する位取り記数法

15世紀の印刷術の発明によって、人たちはみな初めて、その時代の知識を共有することができるようになった。この「魔術」のおかげで、新しい位取り記数法と古くからの計算盤との争いが、世紀の変わる1500年頃中世の霧が晴れ始めて、はっきりと見られるようになった。計算書として算術のアルゴリズム教科書は、印刷されたものの中で最初の一般人向け教習書であった。それらについては、読者はすでによく承知しているはずである。それらは各種の計算盤を用いての計算術についての重要な情報源だからである（頁202参照）。

計算の旧法と新法はグレゴール・ライシュの書に象徴的に示されている（図145参照）。自分の計算机で悲しそうに計算しているピタゴラスの隣に、機嫌のよい、おだやかな表情のボエティウスが坐っていて、新しい数字を使っての計算にじっくりとひたっている姿がある。擬人化された算術の化身は、彼女の書をもって、両者の間で宙に浮かんでいる。彼女は単位数を使う計算者の方を眺めており、その長い衣服の上にインド数字で二つの幾何級数列を示すことによって、その計算者を承認していることを示している。

アダム・リーゼの著書の標題の頁（図138）には、実際の中世の計算人の小室の眺めを絵にしてだしている。そこにいる三人は双方の計算法に懸命にふけっており、両者の利点と不便さをリーゼの考えにあわせて徹底的に判定しようとしているようにみえる。

> わたしは、若者を教育してわかったことだが、線の上で始める者の方が、数字とペンを使って計算する者よりも、より熟達し、より素早いことをみてきている。彼らは線の上で計算を終えることができるし、交易や自家商売のあらゆる場合に、確固とした足場の上に立っている。したがっ

第6章　西欧の数字　343

図215　翼をもった算術の女性化身。ここでは算術は自由七科の四番目として示されている。ニュルンベルクの彫刻家ハンス・ゼーバルト・ベーハム（1550年没）の木版画。絵の中の女性は計算盤（布製）に背を向けて、新しいインド数字のある小板をこれみよがしにさし示している。

図216　計算盤使いとアルゴリスム使いによる、計算盤と位取り数字との計算の、それぞれの長所についての争い。奥の人物はインキとペンで紙に計算している。手前右の人物はチョークを使っている。壁の文字は「神の言葉は永遠である」Verbum Domini Manet In Eternumをあらわしている。王の侍医ロバート・レコードによる自由七科についての英語の著作より。

4. 西ヨーロッパのインド数字

て、彼らはわずかの面倒さだけで、数字での計算をものにすることができるだろう。

こうした種類の争いについて、もっと生き生きとしたものがある。二人の計算人が、それぞれ自分の方法の長所を主張しているようにみえるものである（図216）。この争いに加わっていない第三の男は背景にあって静かに計算をしている。さらに加えて、第四の男はこの論争に参加している。こうした絵には、計算人の事務所にしばしば商人、役所の事務員、あるいは数に関係している他の何らかの人物がえがかれている。そうして計算人が新しいインド数字を説明し、また一つの計算法がもう一つのものよりまさっていることを誰かと議論しあっているのがみられる。

ここに、計算盤使いとアルゴリズム使い［訳注：インド・アラビア数字による計算人］の間の長年にわたる争いが鳴りひびいているのがみえる。それは16世紀を越して続き、アルゴリズムの最終的な勝利に終わる長い論争であった。この争いはスコラ哲学派の人たちの時代に始まった。13世紀にことのほか愛された騎士のロマンス『若きティトゥレル』の興味ある文章の中に、そ

図217　ドイツの16世紀のある計算所の様子。簿記係と計算係たちが仕事中である。ヨースト・アマンの木版画。

の証拠がみられる。そこでは、登場人物アルゴリズムとアバクック（算盤を示す）が計算の専門家としてあらわれる。

 そして、ここにまたあらわれる
 ノルウェーの皇子ロットが
 何百の多さなのか自分は知らない
 もしアルゴリズムが生存していたなら
 そして、アバクックが幾何学を学んでいたなら
 二人は、大いに役に立っただろう
 彼らすべての数を知るために
 （すなわち、ロットの率いる多数の騎士たちの数を数えるために）

　計算盤とローマ数字がなおどれだけ活力をもっていたかもわかっている。18世紀においてもなお、計算玉で計算できることは婚期の娘の資格の一つであると考えられていた（頁201参照）。フランスの作家モリエールが『気で病む人』Malade Imaginaireで、薬局の勘定を調べさせるのに、「彼の前にすえられた机で計算玉を使って計算する」。これは17世紀中期のフランスでは、滑稽なこととみせようと意図したものではなかった。
　しかし、計算の師匠たちは、算術教科書をもってとどめの一撃をあたえ、計算盤の息の根をとめた。ただ、計算盤はその後もあちこちで長らく使用し続けられはした。これら計算の師匠とは、どういう人たちだったのだろうか。マルティン・ルターの時代まで、そしてそれ以後ですら、子供たちが日常語の読み書きを学習する学校はドイツでは数少なく、その質もおそまつであった。慈善事業としての教育は教会の学校によってのみ行われており、そこではラテン語で教えられていた。とはいえ、都市や町村の勃興とともに、次第に時代の要請に答えることが強いられた。商人階級の人たちには、日常生活に必要な読み書き算術を子供たちに教えてくれる教師が必要になった。ところどころで、臨時の「ドイツ」学校が、最初の二つ、読み書きの要請に見合うように設立された。しかし、算術はそこでも教えられることはなかった。つまるところ、誰が計算の方法を知っていたのだろうか。しかも、新しい算術による計算はどうだったのだろうか。大学の学生や卒業生たちだっただろ

うか。人文主義者フィリップ・メランヒトンが1517年にヴィッテンベルク大学で学生たちにおこなった講義で何を述べたかを（ラテン語からの翻訳で）みてみよう。

> わたしは、疑う余地の全くありえない計算術の有用性について、あなた方のために論じてきたので、その計算がたやすくできるということについても、簡単に述べておくべきと考える。学生諸君はむずかしすぎるという先入観のために、この計算術からおそれ遠ざかるにちがいない。計算の原理については、すでに一般に学校で教えられ、日常生活の中で使用されているから、それがむずかしすぎると思う者は、大きな誤りをおかしている。この知識は人の心から素直に生まれてきたもので、全く明快なものである。したがって、その計算原理が不明確で理解がむずかしいということはありえない。そうではなくて、それらは全く明らかで、はっきりしていて、子供たちでさえ、それを理解することができる。一つの点から次へと、すべてが全く自然に進むからである。掛け算と割り算の規則は、たしかに、それに熟達するには、より一層の努力が必要である。しかし、それでも十分な注意を払う者は、その意味を素早く理解するだろう。もちろん、そうした技能は、どのような場合でも同じで、実践と経験によって磨かれなければならない。

算盤を習うドイツのほんの小さい子供たちですら、メランヒトンがここで自由七科を学ぶ大人の学生たちに対してしたほどには親切に扱われなかった。

　こうして、商人を志望するものは、イタリアで実地の訓練をうけなければならなかった。でなければ、計算を含む一般教育に対する都市の要求がさらに声高になるまでは、ドイツで商業施設の計算所で自分の商売を学ばなければならなかった。15世紀の終わりに近づくころにドイツ人の計算教師がいたということについての最初の証拠がある。彼はニュルンベルクのウルリッヒ・ヴァグナーで、ドイツで最初に印刷された算術教科書——すでに何回もみてきたもの（図131、152、223参照）——を著わした人物であった。16世紀になると、相当多くの都市に算術教師がいたことがわかっている。ニュルンベルクとウルムの学校は特に有名で、後者はそれほど有名であったので17

世紀にはその帝都で、次の格言があった。「ウルム人は計算上手」Ulmenses sunt mathematici。

ドイツ北東部のハンザ同盟都市ロシュトクが1627年、算術の師匠を任命した書類をみると、その人物の仕事と任務についていくつかが明らかになる。

> われわれロシュトク市の市長と市議会は、尊敬すべき学識あるイェレミアス・ベルンシュッテルツを、わが市の書記・計算の師匠職に任命したことを、ここに宣言する。そして、この文書の効力によって、彼は毎週の月、火、木、金の各曜日に一時間をついやして、ラテン学校で差別することなく、対価を請求することなく、若者の教育にあたることを命じる。また、その学校以外の者たちにも、毎週日に少年、少女の別なく、また申し出る者は誰にでも教育をさずけることを命じる。そして、彼は公正で妥当な週給、ないしは月給を受けて、ラテン語とドイツ語の筆記、計算、簿記、その他の有用な技能と、好ましい作法を教えることを公に許す。また、彼は、正直で勤勉な書記・計算師匠なら、誰でもその理解にしたがい、最大の能力をもって適切になすであろうことを行うのみならず、それ以外のあらゆることを実施することも公認する。

著者は、若い生徒を教えることを請け負う西洋の算術の師匠に加えて（図218）、それと対比できる極東の人物の絵を示したい誘惑にかられる。図219である。

ニュルンベルクには1613年、そうした計算学校が48校あった。つまり公認された教師が48人いた。それらの学校が互いに都合よく配置されていなかったので、生徒たちの授業料をねらって教師たちは激しく競っていた。そこで、ニュルンベルク市議会はとうとう命令をだし、「算術教師は、だれとてその学校を他所から近すぎるところに開設してはならない。その表札看板は少なくとも二丁離れたところにかけなければならない」とした。より大きな都市では、教師たちは他の業種の親方たちと同じように、共同して協会や同業組合ギルドを結成した。そのうちには、19世紀まで続いたものもいくつかあった。小さい町々では、特に16世紀には、算術教師は、同時にその町の役所の事務員をも兼ねていた。度量衡の監督、樽などの容器の容量の検定などと

4. 西ヨーロッパのインド数字

図218 息子を計算人のところに弟子入りさせる父親。この計算人は算盤使いの陣営にどっぷりつかった人物とみてとれる。この木版画を作成したハンス・ヴァイディッツは、これを1535年に『ペトラルカの慰めの鏡』Petrarcas Trostspiegel で不正な後見人を画くのに使用した。「このような後見人が不正を働くとき」「彼はまた自分の被後見人からも盗みを働く。」

図219 師匠からそろばんを習う日本人の生徒。ある日本の教科書に載る木版画。

いった、計算を必要とするあらゆる仕事にたずさわっていた。算術の師匠にできることが、誰にでもできるとういうわけではなかった。それで、師匠たちは大切にされ、尊敬された。彼らの書物の多くのもので、標題の頁にそれを読みとることができよう（図134、135参照）。

アダム・リーゼ

不滅の名を残した算術師匠の一人にアダム・リーゼがいる。こんにちでもドイツでは、計算の正しさを証明するときに、その名が呼ばれる。「アダム・リーゼによると 2×6 は 12 である」という具合である。彼は1492年バンベルクの近郊シュタッフェルシュタインに生まれた。三十歳のとき、エルフルトで算術師匠となり、1525年ザクセン州の町アンナベルクの鉱山局の出納記録係りとなった。つまり、彼は鉱山の収入と支出の記録をとりしきっていた。それに加えて、年代記によれば、彼は「非常に大きな、有名な（計算）学校」を経営していた。彼は1559年アンナベルクで没した。

なぜ、リーゼが特にそれほど有名になったのだろうか。彼が算術の専門家であったというだけではなく、とりわけ彼の著わした算術書が広く使用され、はっきりした教え方と、楽しい問題が追従されたからである。

> そしてまた、ダンス・パーティーに546人がいる。それをグループ分けすると、三分の一は独身の男性、四分の一は中産階級の市民、六分の一は貴族、八分の一は農民、そして四分の三は未婚の若い乙女たちである。さて、全部（の人たち）が一度に踊れるだけの数の女性がいない。六人の女性が踊るごとに、いま述べた各グループの一人は踊れないでいなければならない。そこで、質問である。各グループにはそれぞれ何人がいるだろうか。

リーゼの計算では、この催しの参加者は112（16）人の独身男性、84（12）人の中産階級市民、56（8）人の貴族、42（6）人の農民、そして252人の女性である。たいていの読者は、おそらく、このリーゼ問題を誤解するだろう。それは542の比例分割を求めるのではなく、むしろ、ある未知の人数 x からの、三分の一が独身男性、などなどであって、全部で546人になるとい

うことである。(a) x の量の大きさはいくらか。分数の和は集計すると $\frac{39}{24}$ x = 546 ($\frac{1}{3} + \frac{1}{4} + \frac{1}{6} + \frac{1}{8} + \frac{3}{4} = \frac{39}{24}$)。したがって、x = 336 となる。
(b) 各グループでそれぞれ何人が、この催しに参加しているか。リーゼの上記の数によれば、独身男性三分の一 $\frac{1}{3} \times 336 = 112$ などなどである。
(c) 実際に踊っている人たちは、残った男たちに比例して計算することになる（比例数 = $\frac{1}{7}$）。したがって、このことは $112 \times \frac{1}{7} = 16$ 人の独身男性などをいうことになる（上記のカッコ内の数字）。

アダム・リーゼは正式の教育を全く受けなかった。したがって、彼は算術教科書の学歴なしの著者の一人であった。そうした教科書はもちろん諸大学の学者たちによっても編纂されていた。おそらく、リーゼは無学歴であったことで、商人たちが扱わなければならない日常計算の本質と、その要求するところを、よりよく理解していたといえよう。彼の著書は本質的にそうした理解にもとづいていたし、また商業術 Arte de la Mercadantia にもとづいていた。それで、彼の著書は実質的にイタリア式のモデルにのっとって編成されていた。

いま知られる最古の算術書は1478年イタリアで印刷されたということ、そして同様な書物がドイツでニュルンベルクの一人の算術師匠によって初めて著わされたのが1482年であったということは、単なる偶然ではない。ドイツの最古の算術書の中には（こんにちの）ハンガリーのエゲルのヨハン・ヴィドマンの著した『あらゆる商目的のための迅速、精密、簡潔な計算法』も含まれる。それは1489年ライプツィッヒで出版され、後に繰り返し増刷されたものである。リーゼの実用算術書 Practica（図220）に収載されている諸問題の出典は、驚いたことに、15世紀半ばのレーゲンスブルクのアルゴリズムである（バンベルクの木版本の中の「三の法則」図133も参照のこと）。それら諸問題は、イタリアの算術書の方式にしたがって編纂され、ドイツで算術師匠たち（ヴィドマン、バンベルク計算書など）によって使用されたものであった。

アダム・リーゼ（Riese はまたRyse、Ries、Risと綴る）は次の書をあらわした。

(1) 計算書 1518年。計算盤の使用のみを説いた。「線上の計算法、シュタッフェルシュタインのアダム・リーゼ著、すべての算術学校で通常教えられる

基本原理から始める方法について、1518年」。1525年、1527年の版があった。

　(2) 計算書　1522年。特に数字による計算を取り扱ったもの。「線上と羽軸ペンを用いる計算法、あらゆる目的のための数、尺度、重量、シュタッフェルシュタインのアダム・リーゼ　エルフルトの算術師匠により演算され編集されたもの、1522年」。この書は八折判76枚に印刷されたもので、何回も増刷、改版された。そのうち1527年本、1529年本（本書の図138）、さらに1530、1532、1535、1544、1556、1574、1579年のものが知られている。

　(3) 彼の最大で、最も評判の高かった計算書　1550年。八ツ折判196枚に印刷された。特に実用 Practica（図220）に関したものである。「線上と羽軸ペンによる計算書、実用比例算の利点と早さについて、また暗算の徹底した教えについて詳細に述べる、アダム・リーゼ著、1550年」。この書は、その時代の最良の計算書と考えられた。新版が1611年にリーゼの孫によって作られ、新刷本が1656年に出版された。

図220　アダム・リーゼ　LVIII (58歳) 1550年。彼の第三の計算教科書の木版画より。「線（Linihen）上と羽軸ペン（Feder）による計算」

(4) アンナベルクのパンの表と呼ばれるもの、1533年。「ブッシェル、手桶、ポンド重量に関する計算小冊子、賢明にして慈悲深いザンクト・アンナベルク市議会に献呈、アダム・リーゼ著、1533年」。彼が市議会の要請で出版したこの計算表から、穀物の価格が20グロッシェンから80グロッシェン（貨幣単位）に上昇したとき、一個の（1ペニッヒの）ペニッヒ・パンの重量がいくらになるかを知ることができた。さらに、これこれの穀物価格の1ブッシェル（穀物の数量）からどれだけ多くのペニッヒ・パンを焼くことができるかも知ることができた。したがって、この書は計算法を教える教科書ではなくて、数表をもった「すでに計算された」小冊子であった。

16世紀の初期には、驚くほど多数の計算法の書籍が出版されて、そのうちのいくつかは増刷と新版をかさねた。このことは、計算技術を一般人が必要としたことのあかしである。さらにまた、この時期は、丁度新しいインド数字が初めてドイツに大規模に進入してきた時であったことを示している。たとえ、あちこちで算術書の著者が計算盤をより好み、ローマ数字を「古き良きドイツの数」と呼んで、その好みを述べていたとはいえ、そうした著者がたくさんの競争相手と同条件で戦うためには、少なくとも新しい位取り表記法、つまり「アラビア数字 die ziffern zale による記数法」についても説明しなければならなかった。この競争は、標題頁の多くにある著者の自己宣伝にみられるように極めて熾烈であった。宣伝文はいう。「これと同じものは、ドイツ語でも、あるいはいかなる国の言語でも出版されたことは、いままで決してなかった……」。あるいは「これほど巧妙に見事に編集されたものはいままで決して出版されなかった……」。著者の中には労をいとわず、その説明を詩文に組み立てる者もあった（その300年ほど前のアルゴリズムの歌のように）。

　　それで、もし一つ上の数から
　　うまく数が引けなければ
　　それを10から取りだして
　　下の線の次の数に加えよ

このようにして、算術師匠たちの同業組合は、こんにち使用する現代数字の先駆者の中の最後の人たちとなった。

（4）新規の数字

　新しい数字には、先に述べたこと以外にもいろいろと抵抗や障害があり、それを克服しなければならなかった。数字を単に筆記するだけのことでもそうであった。

　　小さい舌は「一」という。鉤は「二」の意味。
　　豚のしっぽは「三」。ソーセージ（*）は「四」。
　　曲がった鉤（？）（*）は「五」、雄羊の角は「六」の意味。
　　「七」は錠（かんぬき？）（*）。
　　鎖は「八」のこと。棍棒は「九」。
　　そして、舌のついた小さい輪は「十」の意味。
　　もしも、その舌がなければ、その輪には意味がない
　　　（*）印は数字4、5、7の旧式の書体をさす（図204の最下行を参照）

　インド数字の系統図（図202）にある一から九の単位数の書体を一つずつ検証すること、そして、どれだけ多くの数字が実際に記憶を助けるために付けた名称に似ているかを調べることは、読者自身の手にゆだねることにしよう。上掲の引用文はストラスブールの15世紀の写本にあるもので、どれほどうまく使われたとしても、それは初心者が新しい数字を正しい書体に書くだけのことが —— その数字を計算に使うことはおくとしても —— どれほどむずかしかったかを明らかに示している。そして、そこにはいつも奇妙な形をしたゼロの記号があった。それには、いつも特別の説明が必要だった。

　　9の字を書くときは気をつけよう
　　とにかく、はっきりとあらわそう
　　そして、いつも、さらに気をつけよう
　　ゼロは音なしである
　　丸く、ちょうど O のような形である
　　それで、そのように理解される
　　他のものの前（右）に書いたときに
　　それは、それを十倍にする

4. 西ヨーロッパのインド数字

こうして、正しく数をかぞえることができる
そして、すべての数字を書き終え、完成する。

これら全部を位取り表記法の考え方ともどものみ込むのは大変なことだった。それにもかかわらず、その数字はまもなく、会計簿以外にも、あらゆるところにその姿をみせ始めた。特に、年を示す数は、書籍、建物、家具類にしばしばインド数字で記すことがおこなわれた（図221）。簿記の場合と全く同じようにであった。

このことは1430年のアウクスブルク市の財務計算書にみることができる。リュッセルスハイムの役所の勘定書への記帳は、すべてローマ数字で行われているが、年数が一番先にインド式の位取り表記法で記されている（図86参照）。とにかく、一年中繰り返される数は、より容易に、そしてより目立つように新方式で記載された。本の頁数を示すために、その数字が簡便で、また特定の場所に書かれることから、まもなくこの新しい数字でも印刷されるようになった。

こんにち知られるインド数字がヨーロッパに最も早く姿をみせたのは、10、11世紀の修道院の筆写本で、アペックスとしてであった（図124参照）。こうした数字を使った最古の筆写本の中に、本書にあげた12世紀の二つの例がある（図210、211、212参照）。ヨーロッパで、新しい位取り記数法（東アラビア数字）で示される最古の年数1138（ヒジュラ紀元では533年）は、ノルマン王ロジャー二世のシシリーのコインにあらわれる。この王の治世に地中海

図221　年数1472。エバーハルト・フォン・ヴュルッテンベルクの祈祷用の腰掛けに彫刻された年数1472。ウーラッハの修道院礼拝堂にあるもの。

域のノルマン王国は、その支配力の絶頂に達していた。このコイン（図222）はまた、ノルマン王朝とアラビア世界の緊密な結びつきを示すすぐれた例でもある。

年数を新しい数字であらわすドイツ最古のコインは Plappart (blaffert) といわれ、（スイスの）ザンクト・ガレンの町で1424年に打刻された低品位の銀貨である。このスイス・ドイツ語 Plappart は $\frac{1}{26}$ ギルダー・コインの名称で、古期高地ドイツ語 bleih-faro（青白い色）にまでさかのぼり、それからフランス語 blafard をへて中世ラテン語 blaffardus（白色ペニー）が導かれた。

新計算法は、この新しい数字の最終的勝利を推進するのに役立った。（ローマ）数字による数の筆記法と、計算盤上で計算玉を用いて行う計算法との間の、古くからの中世の断絶の谷間は、その姿を消した。この新しい数字をもって、数の筆記と計算が同時にできるようになったのである。インド数字が導入された後に、どのようにして消去法と抹消法の演算が計算盤から発達してきたかを、割り算のところですでにみてきた（頁197参照）。したがって、これらの消去・抹消法は、計算盤による演算と純粋の筆記演算の間の、興味をそそる過渡的な演算方法を示している。もう一度それを $765 \times 321 =$

図222 インド数字（東アラビア数字）による最古の年数をもつコイン。
(1) ヨーロッパ全土での最古の年数はシシリー銅貨にあり、表面にキリストの頭部があり、裏面にはアラビア文字で「神の加護をえて強力で偉大なるロジャー王の命による533年」と記されている（ヒジュラ紀元の年数；東アラビア数字：直径15 mm）。
(2) ドイツ年数の最古のものは1424で、ザンクト・ガレンからの大型メダルの聖者の姿の横、左上に記されている。聖者に一匹の熊が物乞いをして立ち上がっている。直径23 mm。
コイン・メダル・コレクション株式会社、バーゼル。

245,565 の掛け算でたどってみよう。そうすることで、この新しい計算法の本来の姿と、そのもたらした影響をよりよく理解することができるだろう。読者は、これらの各段階を自身で追ってみてもらいたい。

旧式の計算法の本質は、次の事実の中にある。因数 321 は各連続ステップごとに、部分積の大きさの位を確定するために、(1 … 3) と動かさなければならなかったこと、また持ち越した数は、ただちに部分積と合わされたことの中にその本質がある。

	(A)						
		2	4	5	5	6	5
3′				1	5		
				1	0	5	
2′			1	8			
				1	2	6	
1′		2	1				
			1	4	7		
					7	6	5 (b)
1		3	2	1			(a)
2			3	2	1		
3				3	2	1	

(B)					
2	4	5	5	6	5
		1	5		
	1	8	1		
	1	1	2	0	
2	1	4	7	6	5
			7	6	5
	3	2	1	1	1
		3	2	2	
			3		

(A) まず、各ステップを一つ一つ順にたどってみよう。

1) 最初の数は a (321) と b (765) で示してある。321 の中の一の位の 1 を因数 b の最高位 7 の下におく。次にその 7 を順に 321 で掛けてゆく。1×7＝7、次に 2×7＝14、次に 3×7＝21 である。これらの各部分積を a (行 1′) からの順の因数の上におく。

2) 次に因数 321 を一つだけ場所を右へ動かす。つまり b にある 6 の下へ動かす。そして、部分積を順に求める。1×6＝6、次に (2×6＝) 12 と (3×6＝) 18 (行 2′) である。

3) 因数 321 を、もう一つ場所を右へ動かす。そして部分積 [訳注：1×5＝5、2×5＝10、3×5＝15] は行 3′ にくる。

すべてをあわせた最終の積は 245,565 である [訳注：(1′) 210000＋14700、(2′) 18000＋1260、(3′) 1500＋105．1′＋2′＋3′＝245,565]。しかし、中世の算術家は、これを違った演算方法で行った。

第6章 西欧の数字　357

(B) その数を別々の行にわけて書くことはせず、順に続く単位数を一つずつ、下の次の空間におくことから始めた。そして、行 1′ から行 3′ までの数を一番下まで押しおろして終えた。それに対応させて、「うろついている」因数 321 の各単位数を順に上に向かって動かした。

```
    (C)                          (D)
        5                   2 2 4 7 ⁶ ⁵
      4̸ 5                      3 2 1
    4 3 0̸
    2 5 9                   2 4 3 2 6 5
  2 1̸ 4 7 6 5                  3 2 1
        7 6̸ 5
    3 2 1̸ 1̸ 1               2 4 5 5 4 5
        3 2 2                      3 2 1
            3
```

(C) 斜線で消す演算法では、持ち越した数をただちに合わせ、できあがった単位数を消去する。そうすることで、最終の積 245,565 は斜線で消されなかった「頂上にある数」（各縦行の最上の数）をひろって読みとれる。

(D) 抹消方式では、単位数は（Cと同じように）斜線で消し、また因数 765 の中の順に使い果した単位数を抹消する。そうすることで三ステップの演算で残った数のみが最終結果としてえられる。

イタリアで、非常に初期の計算術教科書では別に、計算盤の痕跡を全く残さない計算法、羽軸ペンを用いる、筆記にはるかに良く適した真の計算法を教えていた。特に掛け算については、インドでながらくよく知られていた非常に多くの一連の計算法があった。

1. 十字による掛け算　multiplicare per crocetta 。ベニスで標準的に使用された方法であった。問題 $23 \times 14 = 322$。

```
  2   3
  | × |
  1   4
  3 2 2
```

同じ位の位置の数は、ただちに合わせた。一の位の $3 \times 4 = 1\underline{2}$。十字越しに十の位 $4 \times 2 + 1 \times 3 + 1 = 1\underline{2}$。百の位 $1 \times 2 + 1 = 3$。最終の結果 322 である。

この計算法では、二個の四桁の因数までが教えられた。それもバンベルク

計算書に示されている。アダム・リーゼはこれに関して「それには熟練を要する」と述べている。

2. 因数による掛け算 multiplicare per repiego 。イタリア語で分割できる数（非素数）を「ripiegoの数」という（ラテン語 plicare「折りたたむ」から）。問題 $23 \times 14 = 322$。この掛け算は、数(14)を用いるのではなくて、その因数（2と7）で行う。

$$\begin{array}{r|r} & 23 \cdot 14 \\ \cdot 2 & 46 \\ \cdot 7 & 322 \end{array}$$

3. こんにち一般に用いられている計算法を「コラムによる掛け算」multiplicare per colonna、または「西洋碁盤で」per scacchiero と呼んだ。

4. 対角格子による掛け算 multiplicare per gelosia。この文字の意味は「日よけブラインド方式」である。もう一度 $765 \times 321 = 245{,}565$ をしてみよう。正方角を再分画し、一方向に斜線を引いたものを使って行う。図224の左図に示すように、因数765（上に点をつけて示す）と 321（プライム符号を上肩につけたもの）を方形の二つの側面に沿って書きそえる。第二因数 321 は縦書きである。

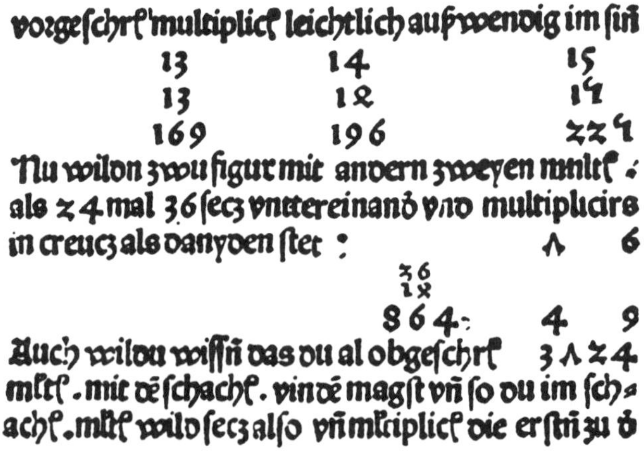

図223 十字による掛け算。バンベルク計算書（1483年）より。単位数 4 と 5 の旧型と新型が同時にこの一つの問題にあらわれている（図131、132参照）。

それぞれの単位数を、それぞれの他の単位数で掛け合わせる。そして、その結果を四角の中に書き入れる。各部分積の二桁の数字は図に示すように斜線で分ける（ $3 \times 5 = 1/5$、そして $3 \times 6 = 1/8$、$3 \times 7 = 2/1$ など）。この非常に巧妙な方法で持ち越し分は消去される。演算者は、掛け算表からその部分積を一つずつ取り出して、あたえられた空間に書きこみさえすればよい［訳注：$(300 \times 5 + 300 \times 60 + 300 \times 700) + (20 \times 5 + 20 \times 60 + 20 \times 700) + (1 \times 5 + 1 \times 60 + 1 \times 700) = 229{,}500 + 15{,}300 + 765 = 245{,}565$］。こうして、格子計算法は「ほとんど頭を使わない」でよい。同一の斜線にある単位数の途中の和は、最終の積の一つの位置をしめる。下の右から 5、次に $6 + 0 + 0 = 6$ などである。アラビアの書記生は、その第二因数を、大方形の左側におかなければならなかった。なぜなら、積 565 の最後の三つの単位数を右の斜線の中に書きあらわすことができるようにするためであった。読者は、これらの東アラビア数字を図197の助けをかりて容易に読むことができるだろう。

　一つの掛け算の演算にこうした、いろいろな計算法があるということは、新しい数字の有効性が非常に大きいことを示している。計算盤上の計算とローマ数字を用いる表記という二元性は、こうして新しいインド数字を使用する単一操作による筆記計算法によって、遂に克服された。

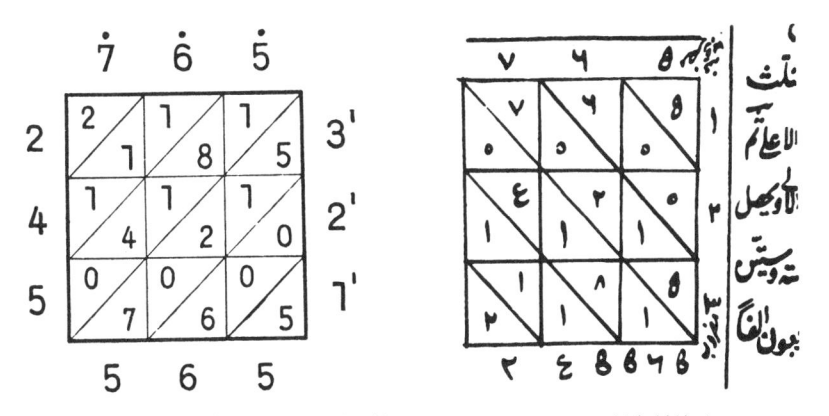

図224　対角格子による掛け算。$765 \times 321 = 245{,}565$。対角斜線は上の右から下の左へと走る。また、17世紀アラビア筆写本からの東アラビア数字を用いる例では、斜線は上の左から下の右へ向かう。バイエルン国立図書館、ミュンヘン。

これは、この新しい単位数の一つの効果にすぎなかったが、その効果は明らかで重要でもあった。しかし、また将来にかけての重要な意味をもつ別の効果もあった。それは、めったに理解されず、また考えられないものである。それは、この新数字によって、はるかに大きな計算技術が可能になったということであった。

計算の技術

インド式の単位数と位取り記数法は、また別の数学的な発展をもたらした。計算の機敏さが向上して、計算はより容易になり、計算「機械」を使ってすらすらと行えるようになった。

この新しい数字の歴史をふりかえってみよう。その数字は最終的には多くの違った人たち皆が熟知するようになるが、その数字が確立され、さらなる発展をとげるための最も豊かな土壌が「ファウスト的な」西洋文化の中にみいだされた。その数字の力が解き放たれるやいなや、ただちに、数とその所産物として生まれた議論の多い技術は、この惑星上の自然と生命を、前例のない決定的な範囲にまで変容させる方向へと動き始めた。この新しい数字が今世紀の精神と生命の形態を決定することに貢献したことは疑いのないところである。

この数字の発展の最初にもどることにしよう。数を扱う人たちが、新方式による算術の基本四演算に熟達することは稀であった。そして、貿易商人や小売商人は、めったにこの新しい実用方式を採用しなかった。しかし、当時ケプラー、ビュルギ、ネピアなど高名な科学者たちが、ほとんど奇跡的ともいえる冪指数を用いる計算法を開発したのである。それは1617年にスコットランドのネピアが最初の発明者として対数の名をつけて世界に発表したものであった。ローマ数字が独占的に使用されていた時代に、誰がこうした考えに近付こうとしただろうか。しかし、いまや、これらの新しい数字が一つの考え方としてのものから、すばやく機敏に、当然の帰着と結果にまで飛躍することができるようになって、対数が発明されたのである。それはアダム・リーゼの計算盤による計算術の最初の書が著されて（1518年）から百年の年月がたつかたたないかのことであった。対数は魔法の道具であった。たとえば、それ以前、誰がどのようにして5の7乗根を求めることができただろう

か。いまや、冪指数を使うことで、その計算は普通の長除法以上にむずかしいものではなくなった。

　対数乗法尺、または初歩的な計算尺の考え方は、1624年に発明された。ネピアが対数表を作りだしてから、わずか五年後のことで、イギリス人エドマンド・ガンターによって作られた。1657年には可動の「舌」（指針、カーソル）を備えたものがあらわれた。これは、こんにち数学、自然科学、工学に広く用いられており、もはやそれなしには過せそうにない現代型のものであった。

　こうした話はもちろん、本書の取り扱いの範囲を越えている。しかし、ここで検討するのにふさわしいことは、ネピアの骨（ネピア棒、寫算）といわれる計算機の初期の発達についてである。掛け算表は歴史のあらゆる時期に、おそらく何らかの形で存在していたであろうが、それを別にするとネピアの計算棒は、数が「あたえられる」ことによって、ひとりで計算することができた最初の「機械」であった。

　その計算棒が、対数を発明した（単独にではなかったが）のと同一の人物ネピア自身によって考案されたということは、大いに意義深いことであった。ネピアはインド数字に内在する二つの可能性について感知した。その二つとは、人の計算技術と計算能力を向上させる潜在力と、数計算をはるかに容易に行ないうる力であった。

　ネピアの「計算棒」は、考えの上からも、物の形としても簡単なものであった。それほど簡単であったので、ヨーロッパ中に、またその他の土地ででも熱狂的に使用され、強い支持者が生まれた。ババリア地方のアンデクス修道院の修道士たちは、おそらく19世紀にいたるまでずっと、それを計算に使用してきていただろう（図225）。

　これらの計算棒は驚いたことに、明らかにイタリア式の対角格子式掛け算法（頁359参照）との関連で発明されたものであった。それぞれの棒は、連続的な対角斜線で再分画されて傾斜した格子模様をつくっていて、各棒に一つの単位数に対する最初の九つの倍数が彫られていた。たとえば、4についてはは4、8、12……36であった。そして、もしたとえば479×83の計算をするときには、4、7、9の棒から因数479をつくり、左にあるIからIXまでのローマ数字をつけた案内棒をおく。そうすると造作なく部分積が読みとれる。

4. 西ヨーロッパのインド数字

38320 + 1437 = 39,757

[訳注：479×83 = (400×80 + 70×80 + 9×80) + (400×3 + 70×3 + 9×3)
= 38320 + 1437 = 39,767]

こうした棒はまた、割り算でも大いに役にたつ（たとえば1,837,625 割る479）。なぜなら、除数の倍数がただちに読みとれるからである。こうして、一本の棒の四つの辺のおのおのに一連の掛け算がある（図225）。その数を構成する単位数は最上部の四角の中に 3. 1. 7. 9. と示されている。そこで、最後に引き出した9の棒で、その左側に3の倍数が含まれ、右側には7の倍数がある（示したとおり）。そして、一番下の端に1の倍数がある。R はローマ数字をつけた案内棒のことである。

図225 計算棒。この最古の計算「機」（1617年スコットランド人ネピアの発明）は、どのような数にでも（ここでは479）ある特定の因数（ここでは5）を掛けると部分積（ここでは2395）がただちに得られるというものである。その因数はローマ数字によって左の案内棒に彫られている。それぞれの順に傾斜した列の単位数を加え合わせると結果が得られる。各棒は長さ 8 cm。ババリアのアンデクス修道院より。ドイツ博物館、ミュンヘン。

[訳者説明] 479 (I)×5 (V) の計算。

| I | 4 / 7 / 9 |
| V | 2/0 / 3/5 / 4/5 | → (2) + (0+3) + (5+4) + (5) = 2395

第 6 章　西欧の数字　363

　ネピアは、この計算棒の用途をまた他の数学演算にまで拡大した。もちろん、そこでは棒は違った数をもっていた。

　このようにして、インド数字が導入されたということは、単に数表記がむかしからのローマ数字から新式改良法に変わったということ以上に、はるかに大きなことを意味していたことがわかる。位取り法の数字 ― 対角格子式掛け算 ― 計算棒、こうして言葉を続けて並べてみると、新しい数字の効果とその成果が象徴的にあらわれてくる。それらの影響は、ただ単に発芽したというだけではなく、決定的なものであった。その種子が成育し、その効果がますます強力なものになってきて、西洋文化の本質的な特徴を変貌させることで終わりをとげた。

図 226　極東の計算棒。最も左の最初の欄は案内棒で、数字一から九がある。次いで単位数二から九の倍数がある。図にあるように、この順に掛け算表ができあがる。
例：5×7＝35 では五番目の横線が七番目の縦線と交差するところの数　三／五が積である。これら中国数字は頁 378 の表の助けをかりて読むことができる。19 世紀初期の日本の数学書より。

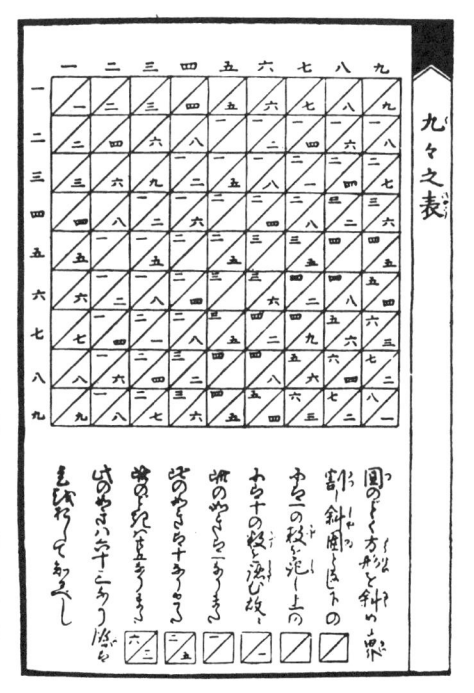

(5) 回顧

いよいよ筆記数字の歴史を通しての散策に終わりを告げることになった。インド数字の系統とその発達を示す系統図（図202）をもう一度見直してみると、時間をかけて歩んできた道のりを、まるで地図の上をなするように、たどることができるに違いない。

インド数字はインドから踊り出て、8世紀にイスラーム教の国々に到達した。その地では、こんにちなお、東アラビア書体で筆記されている。西アラビアのグバール数字から降ってアペックスとなり、それが10、11世紀に初めて新しい数字のニュースをヨーロッパにもたらした。しかし、アペックスはインド式の位取り記数法の本質を誤ってとらえ、ローマ式算盤のあとを追って忘れさられた。

他方、アル＝フワリズミーの計算術教科書の（12世紀の）翻訳によって、この位取り表記法は、理性的に真価が十分に理解されて、ヨーロッパに改めて導入された。しかし、それは中世を通じてアルゴリズムの学術論文の中に多少とも隠されたままに推移し、一般庶民の側がそれを受け入れることはなかった。

とはいえ、イタリアでは、ピサのレオナルドの『算盤の書』を通して、新しい位取り記数法が大商家の計算事務所や簿記室に入り込み、貿易業者や商人たちが、その新しい計算法をアルプスを越えて北方へと運び込んだ。計算の師匠たちは、それを教授し、また計算術指南書を著わすことによって、それが根をおろすことを助けた。こうして、16世紀以降、その発祥地から一千年の移動と拡散の旅をへて、勝利が最終的に確かなものになった。

これは異邦文化の勝利であった。しかしまた、人類精神の勝利でもあった。人類は筆記数字の長い歴史をへて、遂に成熟した抽象的位取り記数法に到達した。インド数字はわれわれ自身のものとなった。そして、いまや完全に発展を成し遂げた。

第 7 章　中国・日本における口語の数と数記号

1. 極東諸国の数体系

　さて、(オリエントから西の世界にわたる) 口語の数と筆記の数の歴史の旅を歩み終えたので、これから中国と日本の文化に目を向けてみよう。いままでのところ、算盤、計算盤の検討以外は、ほんのわずかしか触れてこなかったものである。

　中国は不思議の国である。とはいえ、エジプトの王ファラオたちがピラミッドを建設していたとき、ギリシア、ローマが繁栄し衰退していたとき、また西ヨーロッパが廃墟から勃興してきたとき、そうした時代に中国文化はすでに存在しており、実にこんにちまで栄え続けているのである。中国語と中国書記法によって築かれた障壁によって、中国は外国の侵略者から自国を守ることができた。その障壁は、国を隔離する目的の万里の長城よりもはるかに効果的であった。

　したがって、中国の会話の数と筆記の数には独自のものがある。それは非常に早い時期にあらわれたというだけでなく、その成熟度、完成度においても、人を驚かすものである。その特性と動向をこれからみることにしよう。中国文化では、古いものは、西洋との接触の結果、東洋が吸収した新しいものの横におかれて、問題にされることもなく、顧みられることさえない状態にある。

　ここに好奇心をそそることがある。日本と朝鮮半島は地理的には中国圏に位置しているにもかかわらず、ともに中国とは全く無関係な言語をもち、独自の数系列を創りだしてきた。そして、日本の数の方が朝鮮族の数よりさらに洗練されたものであったが、ともに、それを放棄して中国の数系列を採用

し、自国の言語に同化させてしまった。

　本書は、これから中国人、日本人、そして朝鮮族の人たちの話し言葉の数系列をとりあげ、そのあと中国の筆記数字をとりあげることにする。中国の筆記数字は、インド数字が姿をみせるまでは極東でひろく使用されていたただ一つの数字であった。これらの人たちの会話の数と筆記数の特徴は、本書でいままさに検討を終えた西洋での発展を背景におくことによって、より容易にみえてくるし、理解も容易になる。

2. 話し言葉の数

(1) 中国語の数の名称

　最も重要な位が四つある。それは十 (T)、百 (H)、千 (Th)、万 (TTh) である（カッコ内は英語の略称を示す）。

　十 10 shih、百 100 pai、千 1000 ch'ien、万 10,000 wan

である。最後の位の万 wan は、古くは計算の限度であったことは明らかで、さらに高い位は次のように作る（ちょうど西洋での 1,000 と同様である）。

HTh	100,000	shih-wan	（T TTh 十万）
M	1,000,000	pai-wan	（H TTh 百万）
TM	10,000,000	ch'ien-wan	（Th TTh 千万）
5 HTh	500,000	wu shih wan	（5 T TTh 五十万）
5 M	5,000,000	wu pai wan	（5 H TTh 五百万）
50 M	50,000,000	wu ch'ien wan	（5 Th TTh 五千万）

中国字の発音

　　ch　　チ　　英語 child、ドイツ語 tsch
　　sh　　シュ　英語 should、ドイツ語 sch
　　sz　　シ　　英語 see の鋭い s、ドイツ語も鋭い s　　　　[頁368へ続く]

中国語、日本語、朝鮮語＊の数系列

	1	2	3	4	5
		日本語		朝鮮語＊	
	中国語	純系	中国・日本系	純系	中国・朝鮮系
1	i^1	ヒト-ツ	イチ	hana	il
2	erh	フタ-	ニ	tul	i
3	san	ミ-	サン	sed	sam
4	szu	ヨ-	シ	ned	sa
5	wu	イツ、イ-	ゴ	tassöd	o
6	liu	ム-	ロク	yösöd	ryuk
7	ch'i	ナナ-	シチ	nilkop	tchil
8	pa	ヤ-	ハチ	yöltöp	phal
9	chiu	ココノ-	ク	ahop	ku
10	shih	ト (-ソ-)	ジュ	yöl	sip
11	shih-i		ジュ-イチ	yör-hana	sip-il
12	-erh		-ニ	-tul	-i
20	erh-shih	[ハタチ	ニ-ジュ	sümul	i-sip
30	san-	ミ-ソ-ジ	サン-	sörhün	sam-
40	szu-	ヨ-ソ-	シ-	mahün	sa-
50	wu-	イ-ソ-	ゴ-	sün	o-
60	liu-	ム-ソ-	ロク-	yesün	ryuk-
70	ch'i-	ナナ-ソ-	シチ-	nirhün	tchil-
80	pa-	ヤ-ソ-	ハチ-	yötun	phal-
90	chiu-	ココノ-ソ-	ク-	ahün	ku-
100	pai	モモ、(ホ)	ヒャク	päk	päk
1000	ch'ien	チ	セン		tchön
2000	erh-ch'ien		ニ-セン		i-tchön
10,000	wan	ヨロズ]	マン、バン		man
10^5	shih-wan		ジュ-マン		sip-man

[＊訳注：主として朝鮮半島で朝鮮族によって使用されている言語。それ以外に他意は全くない。以下同じ]

h ハ ドイツ語 ach（軟口蓋音、口の奥から出す音）
hs ヒ ドイツ語 ich（口の前部で出す音）
j ジュ フランス語 jour
w ウ 英語 would
y イ 英語 year、ドイツ語 Jahr

'印は帯気音 ch'ien は ch-hien または tsch-hien と発音する。

前記に加えて、さらに新しい位がある。

HTh 100,000 i^4 億 [訳注：億は古くは十万をさした] ただし、これは 10^{11} の数詞でもある。めったに使用されない証拠である。i^1（一）とは声調によって区別され、右肩につけた小数字によって示す（下記参照）。また

M 1,000,000 chao 兆
TM 10,000,000 ching 京
HM 100,000,000 kai 垓、oku 億（日本語）、ök（朝鮮語）

参考図13 インド寺院。明らかに一段一段と上へ積み重ねた構造である。

仏教は西暦紀元の初めころ中国に伝来したが、インドの数の塔（参考図13）でわかるように、非常に大きな数を異常に好むものであった。中国でも、固有の数の位をもった数系列で、wan（万）の位をさらに伸ばして 10^{14} にまで達した。しかし、chao（兆）と日本語の oku（億）以外は、とうとう根づかなかった。

合成した数の名称、たとえば 24,786 は十進の段階式によって作られ、例外なく、大きさの順位の規則にしたがう。すなわち、単位数 a は位を示す R の前にきて、両者を数える。そして、単位数と位文字の組み合わせ aR は桁が下がる順に並ぶ。

数記号	2-TTh	4-Th	7-H	8-T	9 (-U)
中国語	erh-wan	szu-ch'ien	ch'i-pai	pa-shih	chiu
	(二・万)	(四・千)	(七・百)	(八・十)	(九)
日本語	ニ-マン	シ-セン	シチ-ヒャク	ハチ-ジュ	キュウ

数 980,000 は中国語では chiu-shih pa wan（九-十-八-万）、日本語ではク-ジュヤ（ハチ）マン（九十八万）、つまり 9' 10' 8 TTh である。

個々の数字は文法上の変化をうけない。したがって、中国語の数字はそれ自身が、数詞形成の真に理想的なモデルである。さらに、中国語では名詞、動詞、形容詞、副詞の間に区別がない。一語、たとえば shih（十、10）は、数詞「十」として、名詞「十」として、また動詞「十を掛ける、十倍する」としての役を果たす。Pai chih は「何かを百回する」で、文字の意味は「何かを百する」である。一つの語の特定の意味は、その場合、場合の位置と文脈によって決まる。

中国語はシナ・チベット語族（日本語はこれに属さない）のどの言語とも同じように声調言語であって、すべて単音節の語から成り立っている。各語は四種の声調（ある方言では六声調）のうちの一つで発音される。そして、それぞれが全く別の意味をあらわす。第一声調は高く平板調、第二声調は高く上昇調、第三声調は低から高くあがり、第四声調は中程度の高さから急上昇する。その特定の声調を示すには、筆写のときに 1 から 4 までの数を上に書きそえる。音声上の（意味上でない）類似を示すと、ドイツ語や英語の so は、その表現によって違った調子で発音される。「あなたはそう（so）しなければならない」（第一声調 so[1]）、「そう（so）ですか？」（第三声調 so[3]）となる。

中国の数詞 shih（十）は第二声調で発音される。第一声調では「失う」という意味になり、第三声調にすると「(歴)史」、第四声調では「(都)市」になる。話し言葉の数系列では i[1]（一）と i[4]（億）は声調によってのみ区別される。そういうわけで、本書ではこの二つの語（一と億）についてのみ声調を示す。その他については本書の目的とは関係がないのではぶく。

中国語が単音節言語であることで、基本語の数が 420 語程度に絞られる。一般に一つの言語は五万程度の異なる観念や概念をあらわすが、中国語では全体として、四声調をもって 4×420 すなわち 1700 程度以上には異なった概

念をあらわすことはできない。それで、残りの四万八千ほどの概念は、二千あるいはそれ以下の音声的に異なる語に分けなければならないために、中国語の語はほとんどすべて多重の意味をもつ。たとえば、語 i は四十もの違った意味をもつ。その中には二つの数値（一と億）も含まれる。同音の語の個々の意味を区別する問題は、言い換えや、接頭辞、接尾辞との組み合わせなどを生みだすことになった。そして、このことが外国人にとって中国語を極めて難しいものにしていることの一因である。他方、中国語の筆記の場合には、一つの概念や意義は、それぞれ明確な漢字をもっている。それで、対照的に、四万五千なにがしの異なる漢字があるというむずかしさがある。一般の人が普通の目的に（たとえば新聞用に）使う中国語は二千程度の漢字を必要とするにすぎない。語の数が少なすぎ、漢字が多すぎる。この奇妙なパラドックスが、著者らのなじみ深いヨーロッパの諸言語に比べて中国語が不思議とされるゆえんである。

　さらに中国には、広大で多人口の国の全土にわたって話され、理解される統一された単一言語というものがない。中国語の方言や変形言語は非常に多く、また互いにひどく異なっている。そのため北京の出身者は何らかの仲介手段なしには広東人と意思の疎通をすることができない。そこに筆記中国語が入ってくる。一つの漢字は普遍的で、疑う余地のない一つの意味をもっている。それは丁度、4 という数字をヨーロッパ人なら誰でも、たとえその発音が vier、four、quatro、tesseres、cětyre と違っていても、同じ意味で理解するようにである。最近では（1957年）筆記中国語が音声アルファベット（発音記号）に転写されてきている。類似音の語がたくさんあって、声調だけでしか区別できないことから、それ自体なかなか困難な事業である。1955年以来、新聞は縦書きをやめ、横書きで左から右へ読む方式をとっている。

(2) 日本語の数の名称

　日本語の数の名称は、中国文化が日本に影響をおよぼしたことの明らかな証拠を示している。日本語の固有の数系列は、こんにちでは ト to (10) までしか使用されない（頁367の表の第二欄を参照）。それ以降は、全系列が中国語から取り入れた数名称（第三欄）によって成り立っている。それらの名称は、もちろん音声的には中国語とは違ったものになっている（たとえば

ch'ien はセンに)。ヒャク (100) は日本の言葉である。

　一から九の古い単位数は、こんにちなお数えごとに用いられている。日本人は 4 シ をすぐさまもとの言葉 ヨ で置き換える。なぜなら、シ は四を意味する語とは違った形で書かれるとはいえ、死を示す言葉でもあるからである。このように、「きわどい、扱いにくい」数を忌避することは、他の文化にもみられるところである (頁109)。古い数名称で 10 以上のものも、いくつかは種々の表現でいまなお使用されている。ハタチ 20 (年令)、ヨロズ 10,000 よろず屋、10,000 の家 (萬屋) は倉庫 [訳注：食料品・日用雑貨店、なんでもや] を意味する。チ 1000 はチ-シマ 千島 (クリール列島の日本名) として使われる。また、日本の国歌に「千代に八千代に」(永遠に、絶えることなく) がある。

チ-	ヨ	ニ	ヤ-	チ-	ヨ	ニ
1000-	時代	(の)	8-	1000-	時代	(の)

　この例で、八 が、たくさんという意味の不定数として用いられているのを見る。これは日本語の一つの特色である。そういうわけで、ヤ-ホ-ヤ は文字通り「8-100-家屋」で、青果店 (八百屋) をいう。その店の倉庫にはたくさんの物をしまっているからである。日本語で「すべての神」をヤ-ホ-ヨロズ ノ カミ (八百万の神)「8-100-10,000神」という。これは注目すべき表現である。ここでは数の概念が、一度はたくさんの意味から、一定の数 8、100、10,000 に特定されたのちに、もう一度意味として漠然とした「たくさん」にくずれてしまっている。8-100-10,000 (八・百・万) という数を一緒にひと塊にして、非常に大きな分量や尺度をあらわすことは、インド人やマヤ族たちが建立した聖数の塔の初期の段階のものに似ている。

　古代日本語の単位数の系列は、
　　　ヒ フ ミ ヨ イ ム ナ ヤ コノ ト

四	4	肆萬
萬	TTh	壹
一	1	仟
千	Th	玖
九	9	佰
百	H	伍
五	5	拾
十	T	柒
七	7	

図227　中国の数 41957 = 4TTh 1Th 9H 5T 7 = 四万一千九百五十七。基本数字 (左) と公用数字 (右)。

で語尾に ツ はないが、このツは一の位の数を名詞形にし、十の位では チ あるいは ヂ となって同じく名詞化する（頁367の表の第二欄を参照）。この語尾はまた「もの」という古語でもある。たとえば、数詞はそれだけで名詞になる。

　　　　ミツ　ト　ヨツ　ヲ　ヨセル　ナナツ
　　（三つと四つをよせると七つ）

しかし、数のついた目的語、あるいは動詞の前では ツ なしに形容詞、または副詞となる。諺にいう。ナナ-コロビ ヤ-オキ 七（回）転んで八（回）起きあがる。

　ヒ-ト（一）、また フ-タ（二）にある音節 -ト、-タ は文字の意味としては、ある人がいる場所をさし、それは人に対する数詞である。したがって、ヒトは実際には 一人、フタ は 二人 を意味する。とはいえ、この語形成法は、この二つだけに限られるもので、三以降には使用されない。このことは、数系列の歴史の極めて最初の一から二への一歩前進を思いおこさせる。

　古代日本語の一から九までの単位数は、アマリ（より上に、を越えて）という語によって十の位にあがった。すなわち、11 はト-アマリ-ヒ（十余り一）である。複合語のときに 10 は -ソ、100 は -オ、-ホ となる。50 は イ-ソ、500 は イ-ホ である。しかし、すでに述べたように、もともとの日本語の数は、こんにち ト 10 までに用いられるのみで、それから先は中国・日本系の名称でおきかえられている。それによって、すべての複合数名称が作られていて、そこでは中国式に位がさがる順に並べて形作られる。ここでは、イチ-ヒャク（一百）をイッピャクとするような音の省略については、これを無視しよう。

　古い時代の計算で、十が限度であったということは、また次の日本の掛け算表の特徴からもはっきり見てとれる。

　　　　ニ-ニン　ガ　シ　　2（×）2（＝）4　　しかし
　　　　シ-シ　ジュ-ロク　　4（×）4（＝）16

掛け算の積が十より大きい場合には、名詞の前につく小辞 ガ ははぶかれる。したがって、十までの数は名詞として扱われるが、それ以後は数詞ということになる。

　これに対応する特筆すべきものが古代エジプトにみられる。古代エジプト語で 4×5 の問題は、文字の意味としては 四ごとに五回まで頭を下げる（数

える、計算する）ことで表現された。因数が十以下の場合には、回数の複数形が用いられたが、因数が十より大きいときには（省略して）単数の回とされた。第一に示されるのは足し算の概念であるが、もちろん、根底には掛け算がある。

　仏教は7世紀に日本に伝来した［訳注：公式伝来538年］。その約百年後に、日本は中国の表意文字を筆記に採用した［訳注：辞書『新字』44巻685年、『古事記』712年、『日本書紀』720年］。ただ、日本語は中国語と無関係（むしろトルコ語、蒙古語などのアルタイ語族に属している）であったので、ある程度は違った使い方になった。

　日本語は中国語と違って、複数の音節からなる語をもっている。声調で語の区別をするのではなく、語に付加される接頭辞、接尾辞を多くもつ。これらの付加された音節は、母音 ア、エ、イ、オ、ウ のいずれか一つから、あるいは十五の子音の一つと母音の組み合わせ、たとえばカ、ケ、キ、コ、ク、サ、テ、ヨ、さらに -ン などから成り立っている。これらの組み合わせは $5 \times 15 + 6 = 81$ の音節を作ることができる。しかし、現実には、そのうち約五十だけが用いられている。

　これら五十の付加音節用に、日本人は五十の音節筆記記号を作り出した。それが音節文字表（かな表）五十音図である。日本人はそれを作るのに、同音、または関連した音をもつ中国漢字から導かれる記号を用いた。この五十音図によって、日本人は外国語を音声的に似たものにすることができる。たとえば、ドイツ語の Kant はカント、München はミュンヘン、Kleist はクライスト（日本語には l ェルがない）、英語の cigarette はシガレットに、MacArthur はマッカーサー、baseball はベースボール（l が無い）となる。日本人はまた、これらの音節に加えて、中国語の概念を示す漢字をたくさん採用した。たとえば、人（中国語 jen ）は日本語で ヒト と発音する。日本語のこの五十音図は、中国語とは根本的に異なるものである（頁378参照）。

(3) 朝鮮語の数の名称

　朝鮮族の言語の数名称は、日本語と同様に固有の数系列をもっており（頁367の表の第四欄）、いまでは十までの数のみが用いられている。それ以後の数はすべて借用した中国・朝鮮系列である（第五欄）。朝鮮語の十の位の数の

作り方は中国式とは根本的に違っている。朝鮮語は中国語とは全く関係がないし、日本語とも非常に遠く離れた関係にしかない。15世紀以来、朝鮮語は筆記用にある種のアルファベット文字を用いてきた。

　朝鮮語の十の位で90まではすべて接尾辞 -hün で作られている［訳注：hün は十の意味］。ただし、20だけが例外である（頁367の図の欄4を参照）。この例外はラテン語の viginti に多少とも類似した、なじみのある現象である。［訳注：20 sü-mul の sü- は tu (2) の和らいだ形、-mul はトゥングース語群の mer (10) の転であるらしい。］朝鮮語で50までが一の位の数で作られていないという事実は、より古い原始的な特徴である（個別の数の暗号化）。60以降（つまり50の後に中断がある）、十の位は対応する一の位の数をもって規則的に作られる。これは、おそらく中国式をまねたものであろう。ついで päk 100 が数の第二の位となる（50の後の中断は百の位の逆影響か）［訳注：「位の逆影響」とは、数10、100（の位）が先にあって、それから逆に9、8、7あるいは90、80、70の数詞が作られたとみられる現象をいう。例：ラテン語 10 decem、9 novem、8 octo (octem)、7 septem で語尾 -em は10の語尾由来。ゴート語 100 taihuntēhund、90 niuntēhund、80 ahtautēhund、70 sibuntēhund で hund は百。古代英語 100 hundteontig、90 hundnigontig、80 hundeahtatig、70 hundseofontig］。

(4) まとめ

　要約しておこう。いま述べた三つの国の人たちは、それぞれ自国の言語の中で、その数系列を作り出してきたことをみた。それらは古代の特徴を残しているが、朝鮮語と日本語では、後に十以降が中国式系列でおきかえられた。中国語は日本語、朝鮮語と全然無関係であるということは、しっかりと記憶しておくべきことである。つまり、仮説的な例をヨーロッパでつくるとすると、イギリス人は自身のものの代わりに、ドイツ語、あるいはフランス語の数系列のすべて、あるいはその大部分を採用したということではなくて、ハンガリー語を英語の音声にまず適合させたうえでイギリス人の自分自身のものを、おきかえたとでもいうようなものである。しかし、数系列のすべてを借用したということは西洋世界では知られていない。外国から借用した数詞が、孤立例としていくつかあるということが知られるのみである。たとえば、フィンランド語の 100 sata（アーリア語族のいずれかの satam より）、リトア

ニア語の 1000 tukstantis （ゲルマン語 þusundi より）である。

　もし、極東の諸言語でこの大規模な借用がおこることができたとすれば、中国語の筆記数字だけが世界のこの地域で用いられたとしても不思議はないはずである。しかし、その問題に入る前に、まず、これら話し言葉の数の特性のいくつかについて検討してみよう。

数量詞

　数量詞は数系列の発達の初期の段階をあらわす。中国語では、たとえば、四つのテーブルを「四机」と直接的にはいわないで、「4 chang 机」という。「四枚の机」といういい方である。ここでいう chang（張）が数量詞で、表面が広い特徴をもつものすべてを数えるときに使用される。机、鋤、紙片などである。数詞は数量詞の前におかれ、目的の語の直前にはおかない。一つの数量詞はどんな目的物や概念を数えたり、計算したりするのにも使えるわけではなく、特定の類のものに限られる。数系列が、まだ完全には抽象化されていないわけである。中国語には約百、日本語には約五十のこうした数量詞がある。朝鮮語も同じように、これを使っている。

　たいていの言語の場合と同様に、個々の数詞の意味を確実に説明することは、こんにち不可能である。数詞については、少なくともその系列中の最初の二、三の数詞は、人類の話し言葉の最古のものにみられたものであろう。ここで、日本語の二つの特色について触れておこう。

　一の位の数の接尾辞 ツ は、「手」トゥ あるいは テ（頁367の第二欄参照）に関連している。これは両手を使って数える初期の方式、習慣にさかのぼるようにおもわれる。数 5（イ）ツもまた「手」を意味する。最初の母音 イ は、それ自体に意味はない。

　また別に、稀で非常に古い日本式の数名称形成法がある。それは、ときとして原始の諸文化にも見出されるもので、1、3、4、5 の数詞をそれぞれ倍にして 2、6、8、10 の数詞を作る方法である。

　　1　ヒト　　3　ミ　　4　ヨ　　5　（イ）ツ
　　2　フタ　　6　ム　　8　ヤ　　10　ト

この二倍化方式は、母音をそのまま残し、子音を変えることによっても作ることができる。南日本のいくつかの方言では huta フタ の代わりに futa フゥ

タ になっている［訳注：日本語のハ行音の変遷を著者は知らないらしい］。

隠された数詞

　数詞が隠されている語とは、その意味が基本的に数詞に由来するものである。たとえばドイツ語 Drell、英語 drill（綾織布）で、この場合は 3- drei を隠している［訳注：三重の撚り糸で織った麻布。語源はラテン語 trilix、中高ドイツ語 drillich より］。こうした語は、しばしば数系列の歴史の中味を興味深くみせてくれる。よくみられるように、たとえばドイツ語の Samt（ビロード）の例では、語根の数 sechs（六）は、もはや認識することができないで、隠されてしまっている［訳注：六本糸で織った絹布。語源はギリシア語 hexamiton］。

　この種の語を中国語で（また日本語でも）あげてみよう。数詞が意味の基本的中核になっている語であって、言葉として偽装されておらず、あきらかに目にみえるものである。中国語には同音異義の語が数えきれないほどたくさんあることから、数を加えることで意味をはっきりさせることがよくある。そういうわけで、中国語に（そして日本語にも）数を加えた複合語が非常に多くある。たいていは百、千、万といった数を使って、たくさんの意味をあたえる。いくつかの例を次に示そう。中国語で数詞は単数で扱われる。

十口　＝　古い（十の中にあるもの＝多口）
　　　　　［訳注：「十」の字の下に「口」を書くと「古」の字になると著者は独自の解釈をしているらしい］
十全　＝　完全な
百事　＝　すべて、あらゆること（pai-shih 日本語ヒャク-ジ）
百工　＝　労働者階級
百揆　＝　百官の長、首相
百貨　＝　百貨店（倉庫）
百葉窓　＝　ベネチアン・ブラインド、巻き上げ日除け
百歳　＝　死（pai-sui、ヒャクサイ、万年と比較）
百里才　＝　小水平線（長回路）、百里は中国では長距離ではないことから［訳注：一県百里四方を治めるのに足るほどの才能。県の長官に任じうる程度の才能］

百口 ＝ 妻・子供・親族全員、親族一同
千方 ＝ 敏捷な、器用な、多才な
千古 ＝ 太古（上記の古を参照）
千秋 ＝ 誕生日（長寿を祈る）
千里鏡 ＝ 望遠鏡
千山萬水 ＝ 遠隔、遠距離
千刀萬剮 ＝ 小片に切り刻む
萬国 ＝ 世界
萬方 ＝ あらゆるところ、一般に
萬獣 ＝ 動物園
萬能 ＝ 全能の
萬里 ＝ 万里の長城
萬事休 ＝ 死
萬年 ＝ 長寿を祈る（wan sui、ばんざい、百歳＝死 を参照）
八百屋 ＝ 青果店（日本語）
八百萬神 ＝ すべての神（頁371参照）

（5）筆記数字

中国語と、それに倣った日本語では、五種類の違った数字を使用する。うち四種は東洋に固有のものである（図228参照）。(1) 基本数字、(2) 公用数字、(3) 商用数字、(4) 算木数字。それに、もう一つ (5) 極東にも徐々に浸透してきたインド数字が加わる。

基本数字は hsiao-hsieh 小写（常用字体）と呼ばれる。中国式の書記形は、西洋のような音標文字（たとえば b-a-u-m、t-r-e-e）によるものではなく、表意文字で、単一文字が全体の語 （ Baum、tree ）をあらわす（参考図14）。したがって、中国語の基本数字では、各数はまた数詞全体をさす記号であって、その逆でもある。筆記の数詞と筆記の数字は、一つで同一である。西洋文化を通じて一般にみられるような両者の区別はない。

西洋では、数 41,957 を語として書くときは、全くちがった記号を使う。つまり文字を使って

378   2. 話し言葉の数

vierzig-eins-Tausend　neun-Hundert　fünf-Zig　sieben
forty-one Thousand　nine Hundred　fif - Ty　seven
　　（40　1　1000　　　9　100　　5　10　7）

とする。これに反して中国語は、図227のように、ただ一つの方式でのみ書きあらわすことができる。というのは、中国語の筆記漢字は、数字であり同時に数詞の記号でもあるからである。

　これとは対照的に、日本語は2を数字（二）で書くのみか、その数詞をフタ-ツと三音節で書くこともできる。このことで、もう一度、中国語と日本語の筆記法の違いが注目される。

　中国語には九つの単位数 a があり、それに位 R（十T、百H、千Th、万TTh など）をつけ、上から下へ縦に書く。各頁は右の端から書き始め、次の

東東　日本　**参考図14**　中国漢字で「いたるところで」を「東・東」と書く。東は「木のうしろの太陽」である。［訳注：棘は「夜があける」の意］

	(1)	(2)	(3)	(4a)	(4b)	
i	一	壹	｜	一	｜	1
erh	二	貳	｜｜	二	｜｜	2
san	三	參	｜｜｜	三	｜｜｜	3
szu	四	肆	✕	三	｜｜｜｜	4
wu	五	伍	8	三	｜｜｜｜｜	5
liu	六	陸	⊥	丅	⊥	6
ch'i	七	柒	⊥	丅	⊥	7
pa	八	捌	⊥	丅	⊥	8
chiu	九	玖	タ	一	⊥	9
shih	十	拾	十	⊥○	｜○	10
pai	百	百	꜒	○○	一○○	100
ch'ien	千	仟	千	千		1000
wan	萬	萬	万	万		10000
ling			○	○	○	0

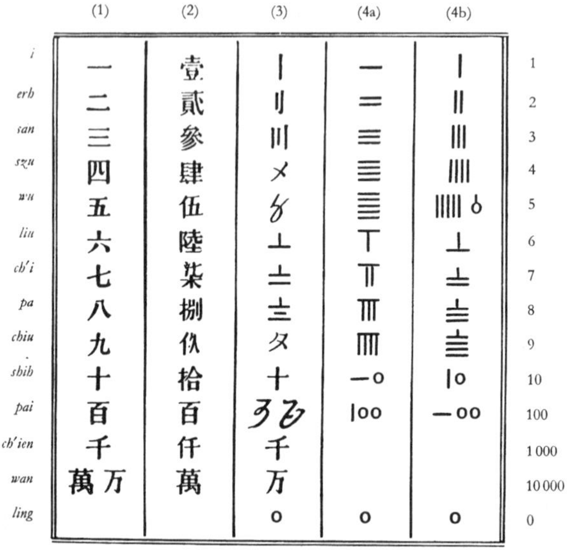

　図228　四種類の中国数字。(1) 基本数字、(2) 公用数字、(3) 商用数字、(4) 算木数字（図169参照）。

第7章　中国・日本における口語の数と数記号　379

縦の行は、最初の行の左に書く（図229）。このように、横書きでなく、縦書きにする習慣は、符木（木簡）に書きつけた古い方式の面影を残しているものであろう（頁82参照）。

　数字記号と数詞記号がこのように一致することから、中国人は非常に早い時期に、筆記の数の成熟化、完成化をなしとげた。それは、西洋ではインド数字の採用により、長い困難な発達の過程をへて、やっと達成したものであった。

　西洋では、歴史の記録が始まる前から話し言葉の数系列をもっていた。ドイツ語では アインス、ツヴァイ、ドゥライ、……、フィア・フンデルト、英語なら ワン、ツー、スリー、……、フォア ハンドレッド というものであった。しかし、ローマ式のアルファベット文字を学ぶまでは、そうした数を筆記することはできなかった。ローマ字は話される数詞をあらわすことはできたが、一つの数字の中にある数の概念をあらわすことはできなかった。当初は CCCC＝400のようなローマ数字が、その目的に使用された。しかし、段階的に進む話し言葉の数系列（四百）とは根本的に違った生成法則（序列化、百百百百）がその特徴であった。したがって、ローマ数字は話し言葉の数を反映することができず、話し言葉と書き言葉の間の数の基本的な不一致が、そのままになっていた。

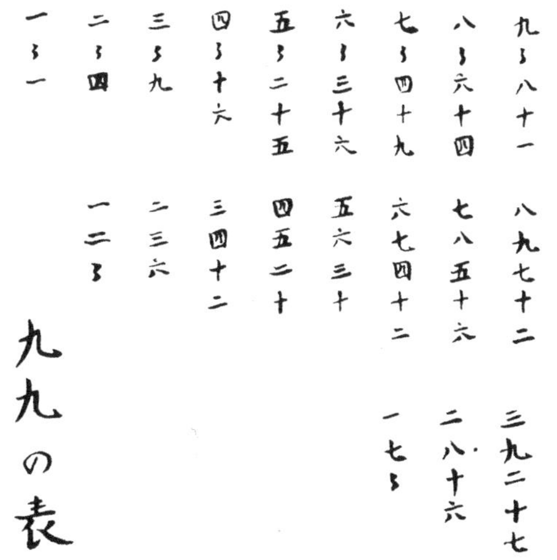

図229　中国数字の掛け算表。日本語で「九九の表」という。ドイツ語で最少の積 1×1「1掛ける1の表」というのと違って、日本では最高の数から始めるからである。日本のある婦人が毛筆で手書きにしたものの抜粋。東京在住ウォルフラム・ミュラー氏の好意による。

九九の表

九 〵 八 十 一
八 〵 六 十 四　　九 〵 七 十 二
七 〵 四 十 九　　八 〵 五 十 六　　九 〵 六 十 三
六 〵 三 十 六　　七 〵 四 十 二　　八 〵 四 十　　九 〵 五 十 四
五 〵 二 十 五　　六 〵 三 十　　七 〵 三 五　　八 〵 三 二　　九 〵 二 七
四 〵 十 六　　五 〵 二 十　　六 〵 二 四　　七 〵 二 八　　八 〵 十 六　　九 〵 二 七
三 〵 九　　四 〵 十 二　　五 〵 十 五　　六 〵 十 八　　七 〵 二 一　　八 〵 二 四　　九 〵 二 七
二 〵 四　　三 〵 六　　四 〵 八　　五 〵 十　　六 〵 十 二　　七 〵 十 四　　八 〵 十 六　　九 〵 十 八
一 〵 一　　二 〵 二　　三 〵 三　　四 〵 四　　五 〵 五　　六 〵 六　　七 〵 七　　八 〵 八　　九 〵 九

この理由で、1500年頃、記数法の新しい形、インド数字がヨーロッパで不便なローマ数字にとってかわることになった。とはいえ、新しい数字が古いものにとってかわるまでには、すでにみてきたように、長く困難な苦闘があった。

　インド数字の構造は、位の段階化をもつ話し言葉の数系列のものに相当している。41,957 ＝ 4TTh 1Th 9H 5T 7（U）（4万1千9百5十7）である。ヨーロッパでは、中国と異なり、この方式に向かっての起動力は計算盤がその役割をになった。インド式の単位数は、序列化ではなくて、位を数値化する。つまり 4H（四百）であって、H H H H（百百百百）ではない。このことにおいては、インド数字は中国数字と同様であった。しかし、両者の違いは、中国式の筆記数では位、すなわち万、千、百、十、一が明記されるのに対して、インド数字では、そうした明記はなく、単位数の位置に価値をつけること、つまり位取りで示したのである。したがって、位置を位と同等と考えるなら、中国式は位に名称が入る具体的な位取り方式であり、インド式では位に名を付けない抽象的な位取り方式である。これについては、すでに述べたところである。

　両数字体系は、話し言葉の段階的な数系列の構造を示していることにおいては基本的に類似といえる。しかし、両者の違いは、たったいま述べたように、一個所、ないしはそれ以上の個所が単位数でうまらずに放置されるような数の場合に明らかになってくる。

　　　　インド式 4 0 8 9　　中国式 4Th 8T 9U（4千8十9）

いいかえれば、インド数字ではゼロの記号を必要とし、それを備えているが、中国式ではそれが必要ではなく、またないということである。したがって、中国では、西洋の場合と違ってゼロの概念（および、その記号）に反抗する戦いは一般の人たちの心の中に決して起こらなかった。

　インド数字と中国数字に、また別の違いがある。前者では筆記による計算が可能であるが、後者では、そうはいかない。位を明示的に記さなければならないということが、計算をあまりにも煩雑なものにしてしまう。それで、中国では、計算はつねに算盤で行われた。算盤 suan pan は日本語ではそろばんといい、両者については、すでに述べたところである（図102-106参照）。

　算盤を使う計算者は、また、掛け算表を必要とする。中世ヨーロッパの掛

第 7 章　中国・日本における口語の数と数記号　381

　け算表（図76、125）や、アラブ人の掛け算表（図200）はすでにみてきたが、これに中国数字による同様な表を二種類加えることにしよう。それは日本のある婦人が一つは毛筆を使って手書きしたもので、もう一つはペンとインキで書いたものである（図229、230）。

　この東洋の掛け算表の構成には独特のものがある。縦の行が右から左へ進み、各行は同一因数の積で始まる。たとえば、$7×7$ から $1×7$ へと進む。

```
    1×1   2×2   ……   6×6   7×7   8×8   9×9  (a)
    (1)   (4)          (36)  (49)  (64)  (81)
          1×2   ……   5×6   6×7   7×8   8×9  (b)
                ……   5×7   6×8   7×9
                     ………………………………
                            1×7   2×8   3×9  (c)
                                  1×8   2×9
    9×9                                 1×9
    表
```

（a、b、c と印した三つのみを抜粋して図229に示してある。）
このように、どの特定の積 （$7×8$） でも、大きい方の因数 （8） の行にみつかることになっている。したがって、通常の掛け算表の半分だけを書き表せばよいわけである。これに対応するものとして興味ある中世ヨーロッパの通常の掛け算表を比較してみよう。そこでは、同じ因数の積（$7×7$）で始まり、そこから上の方へ（$8×7$、$9×7$、図125参照）と進む。

　図229で（上から二段目に）3に似た記号（ꝫ）があるが、これは同じということを示す一種の記号で、その上の数が繰り返されることを示している。

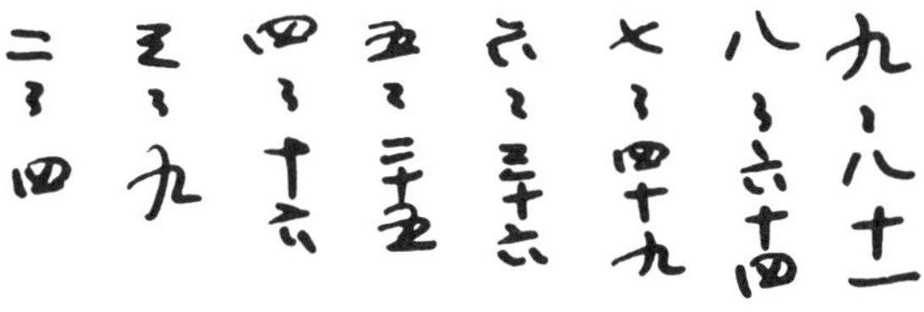

図230　掛け算表。図229の上の部分を毛筆でなくペン書きにしたもの。

したがって、9⋛8T1（九⋛八十一）は $9 \times 9 = 81$ である（前頁の表の右上すみに（a）と印したところ）。

　この掛け算表の数は、中国式にしたがって縦書きにされている。しかし、対数表（図231）の中の数を読んでみると、驚かされることに、そこにある数は横書きにされており、位取りの記号はもはや数の間に書かれていない。そして、それによって数字は具体的な名付けの記数法から、ゼロ記号をもった（インド数字のような）抽象的位取り記数法に移行しているのである。

　これで問題の鍵がつかめる。（中国の）この様式はインド方式なのである。

　中国文化がインドと接触し、書籍や数字が仏教とともに中国にもたらされた。仏教は7世紀には中国に定着し、極めて重要なものとなった。13世紀に初めてゼロ（中国語 ling 零で、間隙、空位のこと）が中国の書物にあらわれ、

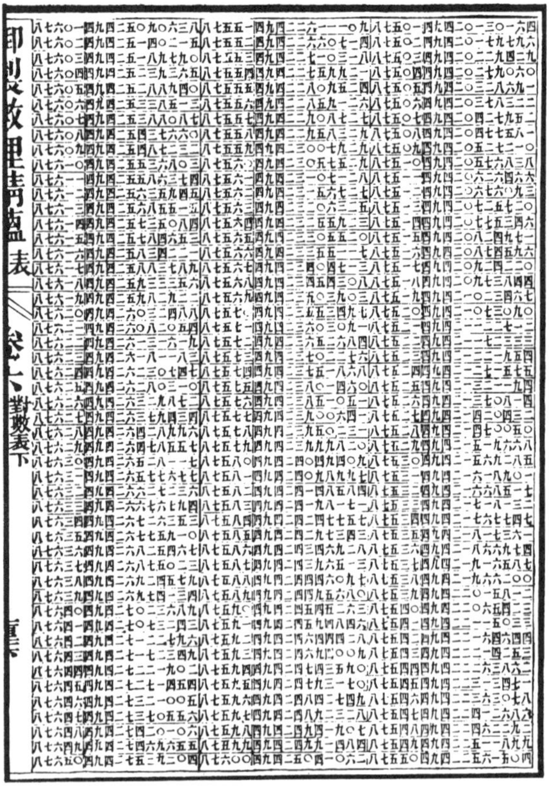

図231　中国康熙帝の十桁対数表からの一頁。1713年。中国基本数字をインド式に横書きし、位取りは示さず、ゼロが入ったもの。この頁は右上の $\log 87{,}501 = 4.9420130164$ から始まり、各欄を通って左下で $\log 87{,}650 = 4.9427529204$ にいたる。（細部抜粋の図232を参照）。全頁は木板（14×21cm）に一枚で彫られており、可動式（活版）のものではない。したがって、この対数表はバンベルク本（図133）と同様の木版刷本である。東京在住ウォルフラム・ミュラー氏の好意により送られてきたもの。

それ以後、時に応じて使用が続けられた［訳注：たとえば1250年頃の測圓海鏡に160が｜⊥○、244800が＝|||≡ㅠ○○と書かれている］。16世紀以降、中国はヨーロッパからの学識ある伝道師たちを通じて西洋数学を知るようになった。そうして、十桁の対数表は容易に理解することができた。それは、おそらくオランダ人アドリアン・フラックが1633年に作ったものにならったものであっただろう。清朝の康熙帝（1662-1722）はパトロンとして人文・自然科学を手あつく保護し、1713年に、この対数表を勅撰編纂の諸数学書集大成『御製数理精蘊』の中で公表させた。図231は、87,501 から 87,650 までの数の頁全体を示している。図232は、その部分拡大で、log 87,501 = 4.9420130164 が log の記号、ないしはそれと同等の符号なしに示されている。ただ、現代の対数表では一般に省略される特性数 4 が入っている。

　先に一度、インド数字ではなく自国固有の数字を使ったインド式の位取り記数法をみてきた。それはギリシア・ビザンティン文化において、ギリシア・アルファベットの最初の九文字が異国からの単位数の代わりをしたものであった（図68参照）。

　中国数字もこの様式で書かれて、いまやインド方式による筆記計算が中国で可能になった。その例として、1355年の丁巨 Ting Chü による「丁巨算法」に 3069×45 = 138,105 をみることができる（図233）。

　こんにちでは、インド数字もまた極東に浸透し、中国数字に代わって使用

図232　図231の対数表頁の最初の部分。Log 87,501 (=) 4(.)9420130164 など。

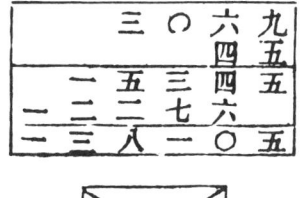

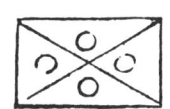

図233　インド方式による紙上計算 3069×45 = 138,105。中国基本数字九つ（とゼロ）を用いた計算である。1355年の中国のある著作より。

が盛んになってきているとはいえ、抽象的位取り表記法が移植されるための土壌は、ずっと前からすでに準備されてきていた。したがって、その記数法は中世期のヨーロッパ人の場合と違って、中国人、日本人にとっては決して驚きの新鮮さでも、不思議でもなかった。一から九の単位数の形だけが新奇であった。それらの単位数は、姿をみせるところでは異質ではあったが、それほど抵抗はなく、我慢できるもので、中国数字と気楽に並んでいるといえるようなものであった（図234）。それは、日本の学校でさえ教えられており、そろばんを使って古い非インド方式を教授するだけのために著わされた算術教科書にみたところである（図104参照）。このように、インド数字は何の障害もおこさなかった。極東の人たちは、率直にそれを学び、それでいて自己固有の数字も、その方法も放棄することはなかった（中国では1955年以来、固有の数字が公式にインド数字でおきかえられた）。

　このように数の筆記に、またインド数字の採用に、何の差別もみせなかったということは、あらためてみる極東の特色である。ここでひとつ述べておきたいことがある。中国の基本数字のうちで20と30は、こんにちなお、段階化方式の二十（2T）、三十（3T）に加えて、古くからの序列の原則にしたがったもの、十十（TT）また十十十（TTT）［訳注：廿、卅］、つまり縦線二本、三本を十字に切った数字を使っている（図240の左を参照）。これらは、すでにみたように、漢代の木簡にもあらわれていて、個々の数詞の中にはっきりとみてとれる（頁83参照）。

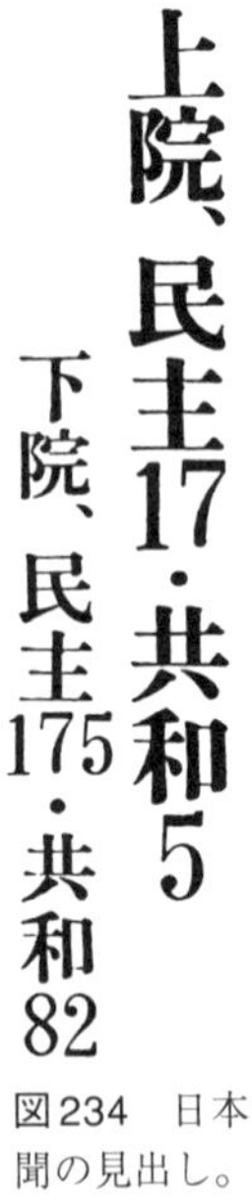

公用数字

Ta-hsieh 大写（大数字）はまた、印章（篆刻）書式として知られるもので、極めて装飾的な姿をしている（図228の欄2と図227の右）。したがって、これらは、変造から守るためのあらゆる場合に用いられる数である。銀行券、契約書、硬貨（図236）や、為替手形（図240参照）、その他で用いられる。こうした目的には、西洋では、その数を語

上院、民主17・共和5
下院、民主175・共和82

図234　日本の新聞の見出し。アメリカ合衆国の選挙の結果を発表している。紙面を節約するためにインド数字と中国漢字を組み合わせて使用している。

第 7 章　中国・日本における口語の数と数記号　385

として書く。中国人は数字を書くだけである。なぜなら、数字が語と同じだからである。基本数字のいくつかは、筆記が非常にたやすく、変形することが容易である。二を三に、三を五に、また一を七、あるいは十に、そして十を千に変えられる。したがって、基本漢字としての百と万だけが残る。一、二、三、五、七 と 千の漢字、またときには百もが追加の記号で、その安全が保たれる。

商用数字

Su-chou ma-tzu 蘇州碼字（蘇州の重量数字）は、金銭の目方をはかるのに用いられて、この名がある（図228第三欄参照）。これらの数字は、貿易商人や小売商人が、重要さのいく分低い文書に、素早く書くときに用いるものである。たとえば、値段札、簡単な貼り札などに用いられる（図237）。数字一、二、三、六、七、八 は単純な線の組み合わせであり、十、千、万と対応する基本数字と同じである。五 と 百 は基本数字の筆記体を簡略化したものである。数字 四 は古いグループ化の形とみられ、線を十字にしたものである（参考図5、インドのカローシュティー型を参照）。また、九 は五 と 四 の組み合わせである。

図235　日本の十円紙幣。左半部分の小さい丸の中に十の数がインド数字（10）で二度、中国の大（公用）数字（拾）で二度書かれている。同様に右半部分の四角い絵図でもインド式（10）と中国式（拾）が一度ずつでている。この紙幣には二種の数字が使われていてエジプトの郵便切手に見合うものである（図198参照）。

図236　中国の硬貨。1674年製。公用数字の壹（フェン）が右側にある。ハノーバー在住 R.シュレッサーのコレクション。
［訳注：壹分］

2. 話し言葉の数

　数の書き方には興味深いものがある。数字は抽象的位取り表記法によって縦に書かれる。したがって、一、二、あるいは三 は、それだけ単独のときは縦であるが、それがいくつものときには二番目の数字は、最初のものなどから区別するために横に書く。そういうわけで、31（三一）や231（二三一）といった数を容易に読むことができる（図237）。6080の中にゼロが書かれている。しかし、末尾のゼロはない。その位置には最後の単位数の位を示す記号が書かれる。608T（六〇八十）である。位取りは、また、しばしば最高位の単位数の下にもう一度おくことで示される（図237の千）。

　このように、これらの数字は具体的位取り表記法と抽象的位取り表記法の間の独特の中間段階を示している。

　金銭の合計額の場合、中国人は金額単位名（たとえば 両）を相当する単位数の下に書く。西洋でするように後にではない（図238）。

算木数字

　算木の数は、西洋の民衆や農民の使う数に対応する中国の数である。それ

図237 中国の商用数字。
上は 31、231。下は 6080 = 608T、7200 = 72 H。千の位が、(6080 と 7200の)最高単位数 6（⊥）と 7（⊥）の下に、もう一度書かれている。

図238 中国の商用数字による金額表示。（左）七十二両五銭三分二厘。（右）七二五銭三分二厘。

図239 一箱三二〇円。果物屋にあった（マンダリンミカンの）値段札。大きな店では値段は通常インド数字で書かれる。大きさ 22×8 cm。東京在住W.ミュラー氏より入手。

第 7 章　中国・日本における口語の数と数記号　387

らは五つずつ序列化、グループ分けにされる（図228の第四欄参照）。これらの数字は計算盤上に数をつくるときに用いた棒から発達してきたものであることが知られている（図169-171参照）。ひとたび計算盤から離れ、筆記によって数の形をつくったときに、ゼロ記号を採用した抽象的位取り表記法となり、単位数となった。すでに、それらがどのように交互に縦書きと横書きされるかをみてきた（図171参照）。数字 一、二、三、六、七、八 は中国の商用数字と同じである。

一つの文書に違った中国数字を同時に使用したものとしては、銀行為替手形に書かれた数に見事にみることができよう（図240）。その驚くべき特色は、違った種類の数字で書かれ、読まれて明確であり、理解が容易であるということである。それぞれの種類の数字はそれぞれ特定の目的に使用されている。

それらは、形が非常に違ってはいるが、みな段階方式をとっている。したがって、それらの内部構造はすべて一致している。中国人は古く最初から段階化の数字になじんで育ってきた。それらを、何か外来の奇妙なものとして採用し、学び、また使用するというような必要はなかった。ところが西洋では、序列に基本をおいたローマ数字になじんで後に、そのような過程をへたのであった。そのことに比べれば、中国数字が具体的位取り表記法か抽象的位取り表記法のどちらであったかということは重要なことではない。事実、中国の古代の硬貨では、中国人は自ら百以下の数について抽象的位取り表記法を発達させていたのである（図185参照）。

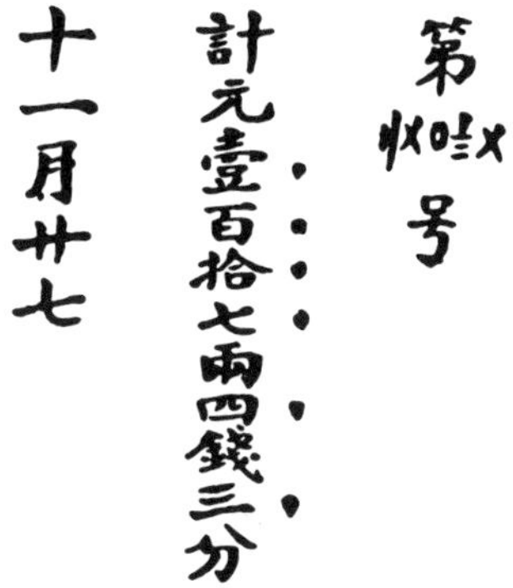

中国人は、いくつかの違った種類の数字を同時に使用してきて、決して大きな面倒を起こさなかった。それには、おそらくまた、別の理由があったのだろう。それは古代から行われてきた中国の書道である。時の

図240　中国の銀行為替手形。基本、公用、商用の三種類の数字を使用。
右：手形番号 24,084 を商用数字で示す。──抽象的位取り表記法。
中：金額 117.43 両（・）を公用数字で示す。──具体的位取り表記法。
左：基本数字で 11月27（日）。20は旧字体（廿）を使用。──具体的位取り表記法。

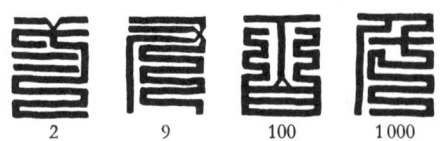

図241　尚方大篆書体による 二（貳）、九（玖）百、千。

経過の間に、三十種類以上の違った中国書体が考案されてきている。草の葉書体、おたまじゃくし書体、その他の書体がある。その結果、教養ある中国人たちは、種々の違った書体をもって一つの同じ概念を表記することになじんできた。一例として、尚方大篆書体（九畳篆書体）で二、九、百、千の数字を図241に示してある。読者は自身で、それらの基本形の解読を図228の表を使って試みてもらいたい。

基本数字の形状の意味とその変化

　筆記数字の体系の多くのもので、数1、2、3の記号は単に簡単な線であらわされる。いまの場合は横であり、西洋のものは縦である（図204参照）。記号4は四本の線からなり、人の手指のように上と下でつながれている。古代中国の硬貨にみられるとおりである（図242）。こんにち、これらの線を囲む外枠は、この数字の主な特徴とみてとれる。

　中国数字の5はおそらく最初はグループ化をあらわす形であったろう。斜めに交差した線を上下の二つの線でかこったもので、いまの数字8にいくらか似る。それがどのような形であるかが古い硬貨で示されている（図244）。こんにちの形はこれに由来している。

　中国数字の8と9は、おそらく指のしぐさを描いたものであろう（図10参照）。数字6と7の起源と意味は不明である。

　数字10は明らかにグループ化の記号である。単位数の一、または一本の線に、もう一つの線が通っている。この方式は数字20と30の古形でも同様で、漢代の数木簡（図38参照）ですでにみたところである。ごく古い硬貨では、十字の線は、ときに中空の菱形、ないしは小さい丸の形をしている（図245）。またときには、数字10の全体が一つの小さい丸で示される。疑うことを知らない学生たちは、古数字50をみて誤って、中国人はインドでゼロが発見される何百年も前からゼロをもっていたと誤解するかもしれない。

　数字の百は、たぶん特定の用途の容器の絵であろう（図243）。数字千の起

第 7 章　中国・日本における口語の数と数記号　389

源はわからない。その古形が図244のように中国の古代硬貨や魔除け札にみられる。萬の記号はサソリである。これは数を象徴する動物で、古代硬貨［訳注：吉祥銭］により自然な姿でみられる（参考図15）。

　仏教の伝来で、インドまんじ（卍字）が中国に到来した。これはかぎ状に曲がった十字で、仏陀の萬の極致を示す記号である。それ以来、この記号はまた万をあらわす数字としてあらわれる。主として図244に示したような魔除け札にみられるもので、その札をもつ者に「卍千五銖」個（図244）［訳注：重さ五銖の銅銭の千万倍の価値をいう］、いいかえると、莫大な富をもたらすものとされる。これからおもいだされることは、中国や日本で数の万は幸運を示す形であることである（万歳、頁377参照）。図228の第一欄の萬、万の記号は、おそらく卍（まんじ）の変形であろう。

　中国数字の古形をふりかえってみると、インド数字の場合と同じことがみてとれる。つまり、数字の書体は時間の経過があっても持続する傾向がある

図243　古代中国数字　十、五十、百。

図242　下に四の旧記号（目）をもつ中国の硬貨。銘刻は「重さ一両十四朱」。西暦前6世紀。原寸大。ハノーバー在住R.シュレッサーのコレクション。

図244　魔除け札、または寺院への奉納物。一万の記号としてのインドまんじ（上）と、五の旧記号（右）、千の旧記号（下）がある。この硬貨はその持ち主、あるいはその寄贈者に大きな富をもたらすものと考えれている。萬（卍）wan 千 ch'ien 五 wu 銖 shu。直径62 mm。現物の摺り写しによる。ハノーバー在住R.シュレッサーのコレクション。

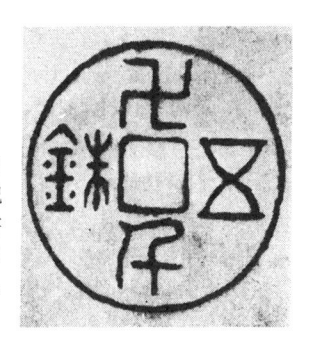

(図204参照)。そういうわけで、極めて初期に使用された数字さえ判読にそれほどの困難がない。

(6) 回顧：音声言語―表記―筆記数字

これからの文章をもって、極東で話される数と筆記される数字の考察を終えることにする。最も重要な教訓は何であろうか。些細なことにこだわらず、高所に立って学ぶものは何であろうか。中国と日本の間には言語、書記、数字に驚くほどの相互依存関係があることを知ることができた。

文化はそれぞれ言語を維持してきている。したがって、太古から少なくともアインス、ツヴァイ、ドゥライ（ワン、ツー、スリー）という数の系列の起源があった。しかし、表記法はそうではなかった。もともと、ヨーロッパ人も日本人も、その文化を構成する人たちすべてが使わなければならないような一組の種類の数字をもったわけではなかった。たいていの人たちは、それらの数字が、筆記体をもつということとは全く無関係な知的成果であることを知っていない。

参考図15 丸の中の右はさそり。6世紀のコインの表の面にある萬を示す中国の記号［訳注：歌踊萬國］。シュレッサー・コレクション、ハノーバー。

図245 中国の刀貨（反首刀）。西暦前550年。古い型の十を示す、銘刻は（縦に）「三十星」［訳注：⊙は星］と読める。長さ18.5cm。現物の摺り写しによる。シュレッサー・コレクション、ハノーバー。

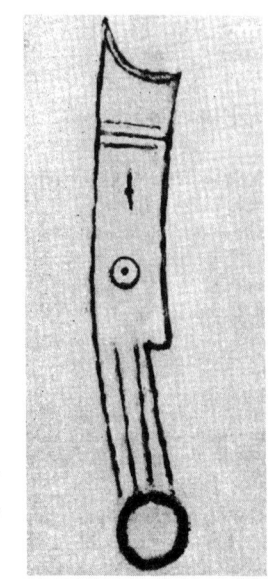

語を書きあらわすには、いろいろな形式があるが、それらは二つの基本グループにわけられる。概念が語をつくる表意文字（中国のように）と、記号が語の発音を示す表音文字である。後者はさらに、音節をあらわす記号をもつ音節表記（日本でのように、少なくとも部分的に）と、西洋のもののような、文字からなるアルファベットによる表記にわけられる。

これまで数字の二つの基本的なクラスの例をたくさんにみてきた。

(1) 序列化された数字。ローマ数字のように単位数（あるいは位）が、順序をもって並べられたもの。そして、一般には十ずつのグループに束ねられているもの。

(2) 段階的数字。九つの単位数で位に順番をつけたもの。このクラスは、さらに小グループに再分割される。

(a) 具体的段階的数字、または具体的位取り表記。中国語のように。

(b) 抽象的段階的数字、または抽象的位取り表記。インド数字のように。

もう一度この二種類の段階的数字を簡単にみてみよう。

　　　1 Th　　9 H　　6 T　　8（U）　　　1968
　　（一千　　九百　　六十　　八）

左は、具体的位取り方式、右は抽象的位取り方式である。左のものは、位を具体的に指定する名称を表記するが、右のものは、それを位置、ないしは単位数でのみ表している。

驚かされる矛盾について述べよう。バビロニア数字は傾斜的な抽象的位取り表記法であって、単位数を序列の形であらわした。そして傾斜的であった。なぜなら、数字のもとになっている基本単位は目にみえるようには示されていなかったから。[訳注：バビロニアの楔形文字の数字。バビロニアでは、758を六十進法で次のように記した。

これは $12 \times 60 + 30 \times 10 + 8 = 12{,}38$ を意味した。ここでは基本単位の60と10が目にみえるようには示されていない。12,38はこんにちの $12 \times 60 + 38 = 758$ である。

もう一例をあげると、3750 は

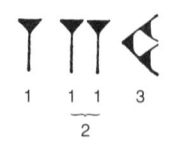

$$\underset{\underset{2}{\underbrace{1\ \ 1}}}{1}\ \ 3$$

と書いた。これは $1 \times 60^2 + 2 \times 60 + 3 \times 10 = 1,2,30$ で、基本単位 60^2、60、10 は明示されない。1,2,30 は、こんにちの $1 \times 60^2 + 2 \times 60 + 3 \times 10 = 3750$ である。]

　さらに加えて、序列化の法則にしたがって書かれた数字はすべて、そしてまた具体的段階的数字も、計算のためには計算盤、算盤を必要とする。それらは単なる数の表示であって、計算用の数字ではないわけである。計算盤や数表なしに自由に計算に使うことのできるただ一つの数字は抽象的段階的数字である。つまり、インドで生まれたもののような、九つの単位数とゼロ記号を使う抽象的位取り表記法である。このことが、インド式記数法がこんにち全世界で普遍的に使用されるようになったことの理由である。

　もう一度歴史をふりかえってみよう。このように高度に完成された数字は、たしかに西洋で大々的に使用され、高度に発達したには違いなかったが、それは西洋人の発明ではなかったということをはっきりと理解することになるだろう。そのインドでの起こりは闇に包まれており、諸文化圏を通り抜け、長い流浪の旅をへてやっとヨーロッパに到着したのであった。しかし、西洋はその全くの始まりから、その話し言葉、音声言語の数系列の中にインド数字の基本様式をもっていたのである。つまり、vier-Hundert-fünf-Zig-drei, four Hundred fif-Ty three（四・百・五・十・三）であった。ヨーロッパの話し言葉の数は段階式であって、序列式ではなかった。西洋ではこうして、音声で話す数はもったが、筆記数字はもたなかった。その結果、われわれはドイツ語、英語、またはフランス語で話すが、書くときはローマ方式を使い、また計算はインド式で行うわけである。

　この事実は、何度も繰り返して述べてきたが、いま非常にはっきりしてきた。発生源は時間と空間で共に互いにはるかにへだたっていたが、それらが西洋文化において合体して、話し方、書き方、計算の仕方が一つの流れとなってきた。中国の歴史が背景として、われわれのこの認識を強化してくれる。中国では、言語、表記、数字がすべて、一つの文化的土壌から生まれた（エ

ジプト、バビロニアも同じ)。そして、中国では筆記される数詞がまた数字でもあるわけで、これは世界の他のどこにもないことである。

　この大きく異なった二つの世界、西洋世界と中国世界は多様性と英知の相互作用の象徴としてそびえ立つ。それは、いままで長々と論じてきたことで、明らかである。世界の数字と計算法の「数の文化史」である。

年表 —— 本書で扱う事象を概観したもの

西　暦
紀元前

前3千年紀　シュメール人（ウルクの粘土板；六十進法）
　　　　　　エジプトのピラミッド建設；インダス文明（頁285）
前2000年　　バビロニア、アッシリア（539年まで；楔形文字）
　　　　　　エジプトの序列化した象形文字数字
　　　　　　アーリア人がインドへ侵入（サンスクリット、頁285）
　　　　　　インド・ヨーロッパ語族（イタリア人、ギリシア人、など）
　　　　　　エジプトのリンド・パピルス（1700年頃；暗号化象形文字数字、図187）
前1000年　　フェニキア人がアルファベット文字を発明（頁105）
　　　　　　エトルリア人
前800年　　　ギリシア・アルファベット文字（ミーレートス、頁114）
　　　　　　イタリアのギリシア人
　　　　　　ローマの建設　753年
前600年　　　ピタゴラス（500年没）
　　　　　　ペルシア帝国　331年まで
　　　　　　仏陀（560-483年）
　　　　　　中国の刀貨（図245）
前500年　　　インドの数の塔
　　　　　　繁栄するギリシア（序列数字　前1世紀まで、頁111）
　　　　　　アテネ市財務官の計算報告書　415年　図63
前400年　　　ゲルマン語子音推移（第一次　100年まで）
　　　　　　ギリシア文字数字（後15世紀まで、頁115）
　　　　　　アレクサンダー大王（323年没；ギリシア文化、アレクサンドリア
　　　　　　　　頁304、ペルシア　頁286、インド・ガンダーラ芸術　後5世紀まで）

年表　395

前300年　アショーカ王（250年頃、暗号化バラモン数字の出現、頁286）
　　　　　ダリウスの壺（図95）
　　　　　海戦記念円柱
　　　　　アルキメデス（212年没；砂計算）
前200年　中国・漢王朝時代（後200年まで、漢の木簡　図38）
　　　　　バビロニアのゼロ記号（頁300）
前100年　仏教の中国伝来
　　　　　カローシュティー数文字（頁286）
　　　　　シーザーがガリア地方を征服51年、暗殺される44年（改暦）
　　0年　　中国の算木計算（籌、算木、頁252）
　　　　　抽象的位取り記数法で数を示す中国の農具形の布貨（図185）

紀元後
　100年　プトレマイオス（165年没；著書『アルマゲスト』、頁305）
　　　　　アルファベット数字のあるヘブライのコイン（図59）
　200年　ゴート族が黒海地方に出現
　300年　ビザンティン帝国（330-1453年）
　　　　　民族大移動の開始（375年頃）
　　　　　司教ウルフィラ（383年没）がゴート語聖書を著す（銀文字写本、図55、56）
　　　　　最古のルーン文字（14世紀まで）
　　　　　ケルト族のオガム文字（図69）
　400年　フン族（匈奴）── スペインの西ゴート族 ── ブリタニアのアングル人、サクソン人
　　　　　教会神父ヒエロニムス（420年没）、アウグスティヌス（430年没；指による数、頁25）
　500年　ドイツ語（第二次）子音推移の終了
　　　　　イタリアのゴート族（テオデリック555年没）
　　　　　ボエティウス処刑される524年（頁21）
　600年　仏教の日本伝来
　　　　　バラモンの位取り数字（頁287）
　　　　　ブラーフグプタ（天文学書、頁311）

	聖遷ヒジュラ 622 年、モハメッド 632 年没； ペルシア・ササン朝倒れる 642 年、サラセンがエジプトを征服 642 年
700 年	アラビア人（711 年 ジブラルタル、712 年 インド、732 年 トゥールの戦い、756 年 コルドバ、763 年 バグダード、頁 304）
	インド数字をもつ天文学書 773 年
	アラブ支配のスペインにおけるグバール数字
	尊者ビード（735 年没；指による数、頁 14）
800 年	最古のゼロのあるグヴァリオールの碑文（図 189）
	ムハマッド・アル＝フワリズミー 820 年頃インド数字による算術教科書を著す（さらに アルジェブラ書；840 年頃没、頁 311）
	カール大帝（814 年没；貨幣制度令）
	古期高地ドイツ語（1100 年まで）
	レークからのルーン文字石碑（図 71）
1000 年	ジェルベール（1003 年没、頁 186）
	修道院の計算盤、アペックス（図 122）
	ノルマン人の侵攻
1100 年	中期高地ドイツ語（1500 年まで）
	十字軍の遠征（1096-1254 年）
	アラビア語文書の翻訳
	チェスターのロバートが 1120 年頃アル＝フワリズミーの算術書をラテン語に翻訳（アルゴリズム、頁 312）
	1138 年のシシリー銅貨にあるヨーロッパでの最古のインド数字（図 222）
	おそらく最古の筆記体数字のあるレーゲンスブルク年代記録（図 210）
	最古のアルゴリズム写本 1143 年（図 212）
	イギリス大蔵省の符木の刻み目についての『チェッカー盤の対話』1186 年頃（頁 68）
1200 年	皇帝フリードリヒ二世が 1250 年まで統治（指の数、頁 36）
	最後の十字軍 1254 年
	モンゴル軍がバグダードを侵略、破壊 1258 年
	ピサのレオナルドが 1202 年に『算盤の書』を著す（1250 年没、

年表　397

　　　　　　頁334）
　　　　　パリ大学創立 1206年
　　　　　アルゴリズム論文（1200年頃のサレム古写本、1230年頃のサクロボスコの写本、そしてアレクサンドゥル・ド・ヴィラ・デイが詩文としたもの、頁313）
　　　　　計算玉が1250年頃フランスに現れる（頁260）
　　　　　フィレンツェが1252年にギルダー貨幣を鋳造（頁232）
　　　　　中国での1250年頃の算盤とインドのゼロ（頁167、256）
1300年　　フィレンツェでの（インド）数字の使用禁止（頁336）
　　　　　マクシムス・プラヌデス（1330年ギリシアの算術書、頁153）
　　　　　ニコラス・ラーブダス（指の数、頁33）
　　　　　最古のアウクスブルク計算書 1320年（図83）
　　　　　横線の線盤
1400年　　レーゲンスブルクのアルゴリズム 1450年頃（頁350）
　　　　　バンベルクの木版刷り本 1470年頃（図133）
　　　　　書物の印刷、グーテンベルク 1468年没
　　　　　トレヴィゾの最古の印刷算術教科書 1478年（図130）
　　　　　ドイツ最古の印刷算術教科書（ウルリッヒ・ヴァグナーによる、1483年）（図131）
　　　　　ルカ・パチオーリの『算術大系』1492年（1509年没）（頁16）
　　　　　パウルスドルフの騎士の墓石（1482年）（図82）
　　　　　ドイツの最古の計算玉、年数1458を数字で示す（図181）
　　　　　年数1424を示すドイツの最古の硬貨（図222）
　　　　　アウクスブルク会計原簿にある1470年頃のインド数字（図87）
　　　　　数詞百万が現れる。
　　　　　十億、兆などがニコラス・シュケによって1484年につくられる。
　　　　　トルコが1453年ビザンティンを征圧し、東ローマ帝国滅亡。
　　　　　ギリシア・アルファベット数字が東アラビア数字にとってかわられる。
1500年　　新高地ドイツ語
　　　　　グレゴール・ライッシュの百科全書『哲学宝典』1503年（図136）
　　　　　ルター（1546年没、聖書翻訳1521、1534年）

　　　　　　リュッセルハイムの会計帳簿 1554 年（図 77）
　　　　　　ディンケルスビュールとバーゼルの計算机（図 140、141）
　　　　　　ニュルンベルクの計算玉（頁 274）
　　　　　　フランスの擬人化算術アリスメティカ（1520 年頃、図 162）
　　　　　　算術教科書が多数出版される。
　　　　　　アダム・リーゼ（1559 年没）の算術教科書 1518、1522、1550 年
　　　　　　　（頁 350）
　　　　　　ヨアヒムスターラー・ギルダーグロッシェン'ターラー'貨が鋳造
　　　　　　　される（頁 234）
　　　　　　日本のそろばん
　　　　　　メキシコ、インカ帝国が征服される（1532 年、キプ　図 50）
1600 年　　三十年戦争（1618-1648 年）
　　　　　　シェークスピア（1616 年没）
　　　　　　ネピアの計算棒 1617 年（頁 361）
　　　　　　ネピア（1614 年）とブリッグス（1617 年）の対数表
1700 年　　中国康熙帝の勅撰『数理精蘊』が上梓される（図 231）
1800 年　　ポンスレーが 1815 年ロシアのシュチェットをフランスに持ち帰る。
　　　　　　　こんにちの小学生用'計算機'（図 112）
　　　　　　イギリス大蔵省の符木が 1826 年に簿記方式によってとってかわら
　　　　　　　れる（頁 66）
1900 年　　スイスの符木がなお使用中
1950 年　　中国算盤、そろばん、シュチェットがなお使用中

参考文献

	文献番号
I 数学、計算の一般歴史	1 - 10
II 民衆の数字	
概要	11 - 17
エジプト数字、シュメール・バビロニア数字	18 - 21
ギリシア数字	22 - 28
ローマ数字	29 - 36
マヤ・インド・中国数字	37 - 40
III アルファベット数字	41 - 51
IV 指による数	52 - 61
V 民衆の数記号	
符木	62 - 72
結び目	73 - 78
VI 計算盤	
古代	79 - 84
アジア	85 - 89
西洋	90 - 94
計算玉	95 - 97
VII 現代西洋数字	
由来と歴史	98 - 109
西洋数字	110 - 121
計算師匠、算術教科書、計算	122 - 138
商人の計算、金銭	139 - 149
VIII 中国、日本の口語の数と数字	150 - 163

I 数学、計算の一般歴史

1. Cantor M., Vorlesungen über Geschichte der Mathematik. 4 巻本, うち巻 I, II. 複製本, Leipzig 1922, 1913.
2. Tropfke J., Geschichte der Elementarmathematik. 7巻, うち主として巻I. 3版, Leipzig 1930, 掲載文献参照.
3. Hankel H., Zur Geschichte der Mathematik im Altertum und Mittelalter. Leipzig 1874.
4. van der Waerden B., Erwachende Wissenschaft. オランダ語本の翻訳. 訳者 H. Habicht.

Basel 1956.
5. Becker O.-Hofmann J. E., Geschichte der Mathematik. Bonn 1950, 掲載文献参照.
6. Hofmann J, E., Geschichte der Mathematik, 巻I, 1953 (Göschen, 掲載文献参照).
7. Zeuthen H.G., Die Mathematik im Altertum und Mittelalter (Kultur der Gegenwart, P. Hinneberg出版, Leipzig 1912).
8. Smith D.E., History of Mathematics. 2巻本, うち主として巻II. 2版, Boston-London 1928-30, 掲載文献参照.
9. Karpinski L.Ch., The History of Arithmetic. Chicago 1925.
10. Neugebauer O., The exact sciences in antiquity. 2. A., Kopenhagen 1957.

II 民衆の数字
概要
11. Humboldt A.v., Über die bei verschiedenen Völkern üblichen Systeme von Zahlzeichen und über den Ursprung des Stellenwerts der indischen Ziffern (Crelles Journal 4, 1829).
12. Du Pasquier L. G., Le développement de la notation de Nombre (Mémoire de l'université de Neuchaâtel, 巻III, 1921).
13. Pihan A. P., Exposé des signes de numération usités chez les peuples orientaux anciens et modernes. Paris 1860.
14. Löffler E., Ziffern und Ziffernsysteme. 2巻本. 3版, Leipzig 1928.
15. Willers F.A., Zahlzeichen und Rechnen im Wandel der Zeit. Berlin 1950.
16. Smith D.E. und Ginsburg J., Numbers and Numerals. Washington 1937.
17. Bayley E. C., Numerals (Encyclopaedia Britannica).

エジプト数字、シュメール・バビロニア数字
18. Neugebauer O., Vorgriechische Mathematik. Berlin 1934.
19. Vogel K., Die Grundlagen der ägyptischen Arithmetik in ihrem Zusammenhang mit der 2: n-Tabelle des Papyrus Rhind. München 1929, 掲載文献参照.
20. Eisenlohr A.E., Ein mathematisches Handbuch der alten Ägypter. Leipzig 1877.
21. Chace A.B., The Rhind Mathematical Papyrus. Chicago 1927.

ギリシア数字
22. Heath Th. L., A History of Greek Mathematics. 2巻本. Cambridge 1921. 縮小本: A Manuel of Greek Mathematics. Oxford 1931.
22a. Becker O., Das mathematische Denken der Antike (Studienhefte zur Altertumswissenschaft, 3号, Göttingen 1957).

参考文献 401

23. Tod M.N., The Greek Numeral Notation (Annual of British School of Athens 18, 1913).
24. Tod M.N., The alphabetic Numeral System in Attica. (同 45, 1950).
25. Tod M.N., The Greek Numeral Systems (Journal of Hellenic Studies 33, 1913).
25a. Stoltenberg H.L., Minoische Bruchzahlzeichen und ihre Selbständigkeit (Nachrichten der Gießener Hochschulgesellschaft 25, 1956).
26. Larfeld W., Handbuch der griechischen Epigraphik. 2巻本, 3版, München 1914.
27. Merrit-Wade-Gery-McGregor, The Athenian Tribute Lists. 巻 1-4, Princeton N.J. 1939-53.
28. Boeckh A., Die Staatshaushaltung der Athence. 2巻本, 1886.
さらに文献番号 45-47.

ローマ数字

29. Corpus Inscriptionum Latinarurn. Berlin 1863ff.
30. Smith D.E., The Roman Numerals (Scientia 40, 1926).
31. Zangemeister K., Die Entstehung der römischen Zahlzeichen (Sitzungsberichte der Berliner Akademie der Wissenschaften II, 49, 1887).
32. Gardthausen V., Die römischen Zahlzeichen (Germanisch-romanische Monatsschrift 1, 1909).
33. Mommsen Th., Zahl- und Bruchzeichen (Hermes 32, 1887 および 33, 1888).
34. Voigt, Die offiziellen Bruchrechnungssysteme der Römer (Berichte über Verhandlungen der kgl. Sächs. Gesellschaft der Wissenschaften, phil.-hist. Klasse 56, 1904).
35. Nagl A., Aes excurrens – 'Das auslaufende Erzgeld' (Zur Unzenrechnung; in: Pauly-Wissowa, Encyclopädie der klassischen Altertumswissen-schaften, 補遺 3, 1918).
36. Bombelli R., Studi archeologici critici circa l'antica numerazione italica. I部, Rom 1876.
さらに文献番号 84 (Friedlein).

マヤ・インド・中国数字

37. Förstemann E., Erläuterungen zur Maya-Handschrift der Kgl. öffentlichen Bibliothek zu Dresden. Dresden 1886.
37a. Seler E., Einiges über Monumente von Copan (Zeitschrift für Ethnologie 32, 1900).
38. Morley L.G., An Introduction to the Study of the Maya Hieroglyphs. Washington 1915.
39. Satterthwaite L., Concepts and structures of Maya calendrical arithmetics. Philadelphia 1947.
40. Thompson J.E., Maya Arithrnetic (Carnegie Institution of Washington 528, 1941).
さらにインドに関して文献番号 101, 104; 中国に関して文献番号 152, 156.

III アルファベット数字

41. Jensen H., Die Schrift in Vergangenheit und Gegenwart. Glückstadt 出版年記載なし. 掲載文献参照.
42. Weule K., Vom Kerbstock zurn Alphabet. 20版, Stuttgart 出版年記載なし.
43. Thurnwald R., Schrift (Reallexikon der Vorgeschichte 11, M. Ebert 出版).
44. Codex Argenteus Upsaliensis. Jussu senatus universitatis phototypice editus O. v. Friesen und A. Grape. Uppsala 1927.
45. Vogel K., Beiträge zur griechischen Logistik (Sitzungsberichte der Bayrischen Akademic der Wissenschaften, Math.-Natw. Abteilung 1936).掲載文献参照.
46. Hallo R., Über die griechischen Zahlbuchstaben und ihre Verbreitung (Zeitschrift der deutschen Morgenländischen Gesellschaft N.F. 5, 1926).
47. Gardthausen V., Die Schrift, Unterschriften und Chronologie im byzantinischen Mittelalter. 2版, Leipzig 1913.
48. Dornseiff F., Das Alphabet in Mystik und Magie. Berlin 1922.
49. Arntz H., Die Runenschrift. Ihre Geschichte und Denkmäler. Halle 1938, 掲載文献参照.
50. Beck S., Neuzeitliche Konversations-Grammatik. Heidelberg 1914 (うちシヤク文字).
51. Fekete L., Die Siyaqatschrift in der türkischen Finanzverwaltung. 2巻本(Biblioteca Orientalis Hungarica 7, Budapest 1955).
さらにアラビア, シヤク文字は文献番号13 (Pihan).

IV 指による数

52. (ビード). Venerabilis Bedae opera quae supersunt omnia. J.A.Giles 出版, London 1843.
53. Bechtel E.A., Finger-Counting among the Romans in the fourth Century (Classical Philology 4, 1909).
54. Fröhner, Römische Spielmarken (Zeitschrift des Münchner Altertumsvereins, 1887).
55. Lepsius R., Längenmaße der Alten. Berlin 1884.
56. (皇帝フリードリッヒ二世). Frederici Romanorum imperatoris secundi De arte venandi cum avibus. C. A. Willemsen 出版. Leipzig 1942.
57. Rödiger E., Über die im Orient gebräuchliche Fingersprache für den Ausdruck der Zahlen (Jahresbericht der deutschen Morgenländischen Gesellschaft, 1845).
58. Ruska J., Über Fingerrechnen (Islam 10/11, 1920).
59. Menges J., Zeichensprache des Handels in Arabien und Ostafrika (Globus 48, 1885).
60. De Kat Angelino P., Mudras auf Bali. Handhaltungen der Priester. Hagen 1923.
61. Licht des Ostens. Die Weltanschauungen des mittleren und fernen Asiens. M.Kern 出版, Stuttgart 出版年記載なし.

V 民衆の数記号
符木
62. Peßler W., Handbuch der deutschen Volkskunde, 3巻本, Potsdam 1939.
63. Brunner K., Kerbhölzer und Kaveln (Zeitschrift des Vereins für Volkskunde 22, 1912).
64. Gmür M., Schweizerische Bauernmarken und Holzurkunden (Abhandlungen zum Schweizer Recht, Bern 1917).
65. Stebler F.G., Die Hauszeichen und Tesseln der Schweiz (Schweizerisches Archiv für Volkskunde 11, 1907).
66. Curti, Bauernzahlen (Schweizer Volkskunde 7, 1917).
67. Jenkinson C.H., Exchequer Tallies (Archaeologia 72, London 1911). さらに文献番号144 (Fehr).
68. Jenkinson C.H., Medieval Tallies (同74, 1913).
69. Hall H., The Antiquities and Curiosities of the Exchequer. London 1898.
70. (チェッカー盤の対話). De Necessariis Observantiis Scaccarii Dialogus 著者はニゲルの息子リチャード. (原著はラテン語本) ラテン語より Ch. Johnsonが翻訳し, 緒言と注釈を付加 (Medieval Classics, London 1950).
71. Schnippel E., Die englischen Kalenderstäbe (Beiträge zur Englischen Philologie 5, 1926).
72. Riegl A., Holzkalender des Mittelalters und der Renaissance. Innsbruck 1888.

結び目
73. Nordenskiöld E., The Secret of the Peruvian Quipus (Comparative ethnographical Studies 6, 1925).
74. Leland Locke L., The ancient Quipo or the Peruvian Knot Record (The American Museum of Natural History, New York 1923).
75. Hamy E. T., Le Chimpu (La Nature 21, 1892).
76. Thurnwald R., Zählen (Reallexikon der Vorgeschichte 14, M. Ebert 出版).
77. Simon E., Knotenschriften und Knotenschnüre der Riukiu-Inseln (Asia maior 1, 1924).
78. Schulenburg W. v., Die Knotenzeichen der Müller (Zeitschrift für Ethnologie 29, 1897).

VI 計算盤
古代
79. Fettweis E., Wie man einstens rechnete (Mathematisch-physikalische Bibliothek 49, Leipzig 1923).
80. (算盤). Dictionnaire des Antiquités Grecques et Romaines. 編者 Ch.Daremberg, E.Sagli, Paris 1873-77; さらに
Hultzsch F., Abacus (Pauly-Wissowa, Encyclopädie der klassischen Altertumswissenschaften),

および

Nagl A., Abacus (同上補遺巻 1918).
81. Nagl A., Die Rechentafel der Alten (Sitzungsberichte der kaiserlichen Akademie der Wissenschaften, phil.-hist, Klasse 177, Wien 1914).
82. Hultsch F., Arithmetik (Pauly-Wissowas Realenzyklopädie der klassischen Altertumswissenschaft).
83. Kretzschmer F.-Heinsius E., Über einige Darstellungen altrömischer Rechenbretter (Trierer Zeitschrift zur Geschichte und Kunst des Trierer Landes, 1951).
84. Friedlein G., Die Zahlzeichen und das elementare Rechnen der Griechen und Römer und des christlichen Abendlandes vom 7.-13. Jahrhundert. Erlangen 1869.

アジア

85. (そろばん). 相田繁『最新珠算上達法；初歩から一級まで』4版, 東京, 1954. (本文の図 104,105)
86. (そろばん). Hands down! 計算競争の報告, 頁 309 (Readers Digest 50, 1947).
87. Rohrberg A., Das Rechnen auf dem chinesischen Rechenbrett (Unterrichtsblätter für Mathematik und Naturwissenschaften 42, 1936).
88. Vissière A,. Recherches sur l'origine de l'abaque chinois. Paris 1892.
89. Fettweis E., Die Kugelrechenmaschine als Erbgut mutterrechtlicher Naturvölker (Scientia 65, 1939).
さらに文献番号 150, 151.

西洋

90. Nagl A., Gerbert und die Rechenkunst des 10. Jahrhunderts (Sitzungsberichte der kaiserl. Akademie der Wissenschaften, phil.-hist. Klasse 116, Wien 1888).
91. Friedlein G., Gerberts Regeln der Division (Zeitschrift für Mathematik und Physik 9, 1864).
92. Friedlein G., Das Rechnen mit Columnen vor dem 10. Jahrhundert (同 9, 1869).
93. Barnard F. P., The Casting-Counter and the Counting-board. A Chapter in the History of Numismatics and early Arithmetic. Oxford 1916.
94. Steck F., Die Dinkelsbühler Rechentische (Alt-Dinkelsbühl, Beilage der Fränkischen Landeszeitung 4, 1952).

計算玉

95. Nagl A., Die Rechenpfennige und die operative Arithmetik (Numismatische Zeitschrift 19, Wien 1888).

96. König A., Wesen und Verwendung der Rechenpfennige (Mitteilungen für Münzsammler, Frankfurt 1927).
97. König A., Die Nürnberger Rechenpfennigschlager (Mitteilung der Bayrischen Numismatischen Gesellschaft 53, München 1935).
さらに文献番号93 (Barnard).

VII 現代西洋数字
由来と歴史
98. Sarton G., Introduction to the History of Science; 特にⅢ: Science and Learning in the fourteenth Century. Baltimore 1947.
99. Thorndike L.. Science and Thought in the fifteenth Century. New York 1929.
100. Smith D. E.-Karpinski L.Ch., The Hindu-arabic Numerals. Boston-London 1911, 掲載文献参照.
101. Hagstroem K.G., Sagan om te tio tecknen. Stockholm 1931.
102. Bubnow N., Arithmetische Selbständigkeit der Europäischen Kultur. Berlin 1914.
103. Lattin H.P., The origins of our present system of notation according to the theories of Nicolas Bubnow (Isis 19, 1933).
104. Datta B.-Singh A.N., History of Hindu mathematics. A source book. I部: Numeral notation and arithmetic. Lahore 1935; さらに次の論評

O.Neugebauer (Quellen und Studien zur Geschichte der Mathematik, Astronomie und Physik, 巻3, Berlin 1936).
105. Bühler G., Indische Paläographie. Straßburg 1896.
106. Hultzsch E., The Inscriptions from Gwalior (Epigraphia Indica 1, Calcutta 1892).
107. The Bakshali Manuscript, R.Hoernle 出版 (Indian Antiquary 17, Bombay 1888).
108. Jacquet E., Mode d'expression symbolique des nombres employé par les Indiens, les Tibetains et les Javanais (Journal asiatique 16, 1835).
109. Gandz S., The origin of the Ghubar numerals or the Arabian abacus and the articuli (Isis 16, 1931).
さらに文献番号2, 8, 9.

西洋数字
110. (アル=フワリズミー). Boncompagni B., Trattati d'aritmetica (I : Algoritmi de nurnero Indorum, Ⅱ: Joannis Hispalensis liber Algorismi de pratica arismetrice). Rom 1857.
111. (ピサのレオナルド). Boncompagni B., Il Liber Abbaci di Leonardo Pisano (Badia Fiorentina 73, Rom 1857).

112. Ruska J., Zur ältesten arabischen Algebra und Rechenkunst (Sitzungsberichte der Akademic der Wissenschaft, phil.-hist. Klasse. Heidelberg 1917).
113. Hill G.F., Early Use of arabic numerals in Europe (Archaeologica 62, 1910). 著作: The Development of Arabic Numerals in Europe, Oxford 1915.
114. Spinelli-Tafuri, Monete Cufiche, Napoli 1844.
115. Beaujouan G., Étude palaeographique sur la 'rotation' des chiffres et l'emploi des apices du Xe au XIIe siècle (Revue d'Histoire des Sciences et de leurs Applications 1, 1948).
116. Nagl A., Über eine Algorismus-Schrift des 12. Jahrhunderts und über die Verbreitung der indisch-arabischen Rechenkunst und Zahlzeichen im christlichen Abendlande (Zeitschrift für Mathematik und Physik 34, 1889).
117. (サレム). Cantor M., Über einen Codex des Klosters Salem (Zeitschrift für Mathematik und Physik 10, 1865).
118. Friedlein G., Zur Geschichte der Zahlzeichen und unseres Ziffernsystems (Zeitschrift für Mathematik und Physik 9, 1864).
119. Jordan L., Materialien zur Geschichte der Zahlzeichen in Frankreich (Archiv für Kulturgeschichte 3, 1905).
120. Pacioli, Luca, Summa de Arithmetica, Geometria, Proportioni e Proportionalità, Venedig 1494 (2版 1523).
121. Staigmüller H., Lucas Paciuolo (Zeitschrift für Mathematik und Physik 34, 1889).
さらに文献番号1-8.

計算師匠、算術教科書、計算

122. Gundel F., Die Mathematik an den deutschen Höheren Schulen. 2巻本, うち主として巻I: Von der Zeit Karls des Großen bis zum Ende des 17. Jahrhunderts (Beihefte zur Zeitschrift für den math.-naturw. Unterricht 12, Leipzig 1928).
123. Suter H., Die Mathematik auf den Universitäten des Mittelalters. Zürich 1887.
124. Günther S., Geschichte des mathematischen Unterrichts im deutschen Mittelalter bis zum Jahre 1525 (Monumenta Germaniae Paedagogica 3, 1887).
125. Unger F., Die Methodik der praktischen Arithmetik in historischer Entwicklung vom Ausgang des Mittelalters bis auf die Gegenwart. Leipzig 1888 (掲載文献参照. その中の16, 17世紀の算術教科書).
126. (アダム・リーゼ). Falckenberg H., Adam Riese, ein deutscher Rechenmeister (Deutsche Mathematik 3, 1938). リーゼの算術教科書, 頁351.
127. 16世紀の算術教科書。Unger書(文献番号125), Hofmann書(文献番号6)を参照のこと. ドイツ語以外のものもある. さらに文献番号110, 111, 116, 117, 128, 130-134.

128. Grasse H., Historische Rechenbücher des 16. und 17. Jahrhunderts. Leipzig 1901.
129. Villicus F., Geschichte der Rechenkunst. 3版, Wien 1897.
130. Smith D.E., The first printed Arithmetic, Treviso 1478 (Isis 6, 1924).
131. Smith D.E., Rara Aritmetica. Boston-London 1908.
132. (マキシムス・プラヌデス). Gerhardt C.J., Das Rechenbuch des M.P. Halle 1865. ギリシア語本よりの翻訳. 訳者 H.Wäschke. Halle 1878.
133. Vogel K., Das älteste deutsche gedruckte Rechenbuch 1482. (Festschrift des Maximilians-Gymnasiums, München 1949/50).
134. Unger F., Das älteste deutsche Rechenbuch (Zeitschrift für Mathematik und Physik 33, 1888).
135. Treutlein P., Das Rechnen im 16. Jahrhundert (Abhandlungen zur Geschichte der Mathematik 1, 1877).
136. Bolte J., Volkstümliche Zahlzeichen und Jahreszahlrätsel (Zeitschrift des Vereins für Volkskunde 10, 1900).
137. Neper J., Rhabdologia seu numeratio per virgulas. Edinburg 1617; さらにドイツ語本 1623, イタリア語本 1623, 英語本 1627.
138. Menninger K., Rechenkniffe. Ein Lehr- und Handbuch für das tägliche Rechnen. 9版, Stuttgart 1953.
138a. Riess A., Number Readiness in research. A survey of the literature. Chicago 1947.

商人の計算、金銭

139. Vogel K., Die Practica des Algorismus Ratisbonensis. Ein Rechenbuch des Benediktinerklosters Skt. Emmeran aus der Mitte des 15. Jahrhunderts. München 1954. 掲載文献参照.
140. (ペゴロッティ). Evans A., Francesco Balducci Pegolotti, La Pratica della mercatura. Cambridge, Massachusetts 1936.
141. Sarton G., Arabic 'commercial' Arithmetic (Isis 20, 1933).
142. Brown R., A History of Accounting and Accountants. Edinburgh 1905.
143. Penndorf B., Geschichte der Buchhaltung in Deutschland. Leipzig 1913.
144. Fehr B., Die Sprache des Handels in Altengland. Skt. Gallen 1909.
145. Schirmer A., Wörterbuch der deutschen Kaufmannssprache. Straßburg 1911. 掲載文献参照.
146. Schirmer A., Vom Werden der deutschen Kaufmannssprache. Sprachund handelsgeschichtliche Betrachtungen. Leipzig 1925.
146a. Steinhausen G., Der Kaufmann in der deutschen Vergangenheit (Die deutschen Stände

in Einzeldarstellungen 2, Jena 1924).
147. Luschin von Ebengreuth A.-Buchenau H., Grundriß der Münzkunde. 2巻本, Leipzig 1918 - 20.
148. Luschin von Ebengreuth A., Allgemeine Münzkunde und Geldgeschichte des Mittelalters und der neueren Zeit. 2版, München 1926.
149. Cajori F., The Evolution of the Dollar-Mark (The Popular Science Monthly, 1912).

Ⅷ 中国、日本の口語の数と数字

150. Mikami Y., The development of mathematics in China und Japan (Abhandlungen zur Geschichte der mathematischen Wissenschaften 30, Leipzig 1913).
151. Smith D. E.-Mikami Y., History of Japanese Mathematics. Chicago 1914.
152. Gablentz G.v.d., Chinesische Grammatik. 2版, Berlin 1953.
153. Seidel A., Chinesische Konversations-Grammatik. 2版, Heidelberg 1923.
154. Plaut H., Japanische Konversations-Grammatik, 2版, Heidelberg 1936.
155. Eckhardt P. A., Koreanische Konversations-Grammatik. Heidelberg 1923.
156. Glathe A., Die chinesischen Zahlen (Deutsche Gesellschaft für Natur und Völkerkunde Ostasiens 24, Tokyo 1932).
157. Chavannes F. de, Les documents chinois decouverts par Aurel Stein. Oxford 1913.
158. Terrien de Lacouperie A., The old Numerals, the Counting Rods and the Swan-pan in China (Numismatic Chronicle Ⅲ (3), 1888).
159. Chalfant F. H., Chinese Numerals (Memoirs of the Carnegie Museum Ⅳ no. 1, 1906).
160. Conrady A., Indischer Einfluß in China (Zeitschrift der deutschen Morgenländischen Gesellschaft 60, 1906).
161. 丁巨算法, 'Die Rechenweise des Ting Chü' (丁巨), 上梓 1355. 複製本 Commercial Press, 上海 1936, 複製著作集の中より.
162. Schlösser R., Das Münzwesen Chinas (Mitteilungen für Münzsammler, Frankfurt 1928).
163. Schlösser R., Chinesische Münzen als Kunstwerke (Ostasiatische Zeitschrift, 1925).
　(算盤－そろばん) 文献番号 85 - 88 を参照のこと.

訳者あとがき

　本書の原本はドイツ語で、Karl Menninger 著 Zahlwort und Ziffer － Eine Kulturgeschichte der Zahl（改訂版 1957-58）であり、Paul Broneer によって英語訳本 Number Words and Number Symbols（The Massachusetts Institute of Technology Press 版 1969、Dover Publications,Inc. 版 1992）がだされている。原著は、巻1 Zählreihe und Zahlsprache、巻2 Zahlschrift und Rechnen の二部構成になっており、英訳本も同様に、前半 Number Sequence and Number Language、後半 Written Numerals and Computations と区分されている。日本語訳の本書は主として英語訳本をもとにし、その後半部分を訳出したものである。

　著者カール・メニンガーは 1898 年 10 月 6 日ドイツのフランクフルト・マインで、鉄道職員の父ヴィルヘルム・メニンガーと母マグダレーネの子として生まれた。1923 年ダルムシュタットでエリザベート・メルツと結婚し、一男二女をもうけた。1963 年 10 月 2 日ヘッペンハイム・アン・デア・シュトラーセで死去した。享年 65 歳。

　父の転勤によって一家はフランクフルトからダルムシュタットに移り、彼はこの地の実科高等学校に学んだ。19 歳から、ハイデルベルク大学、ダルムシュタット工科大学、ミュンヘン大学、フランクフルト大学で数学、物理学、哲学、地理学を修め、22 歳のとき、フランクフルト大学で博士号を受けた。学位論文は「ベルンハルト・ボルツァーノの数学問題」であった。その中で、彼はボルツァーノの空間と時間に関する所論に対して、その認識論的、理論的背景を論じ、数学の論理的、公理的基礎について述べ、特にボルツァーノの論考をカント哲学の観点から論じたとされている。

一年後、高等教育教師の資格試験に合格し、1923年以降、一生の大部分を過ごすヘッペンハイムで教職についた。1936年に正教員、1955年に学校長となった。彼は、この地で終始、数学、物理学を教えた。第二次大戦中はギーセン大学で客員講師として教鞭をとった。

　メニンガーは、専門向け、一般向けの多数の著作をだして、その名が知られた。そのいくつかは、英語、オランダ語、ハンガリー語、さらに日本語にも翻訳されている。

　1920年代に数学と文化史についてのラジオ番組の企画を手がけ、そこから生まれた『計算のこつ、楽しく役立つ計算法』(1931) は、数学の理論をわかりやすく説明したもので、改訂版が繰り返し出版されて必携書となった。

　日本語訳の本書のもとになった『数詞と数字』はメニンガーの最大作で、初版が1934年で、1979年版まで続いた。言葉の数、数字、計算法の包括的な文化史を取り扱った学問的レベルの高いものである。言語学、民族学にもとづく詳細な分析にあふれ、それらの分野の専門家や数学者にとっても有用な権威書となった。

　日本ではいままでに、彼の『アリ・ババと39匹のラクダ ― 数と人間の愉快な物語』(1964)、『数学のプロムナード』(1967) が翻訳、出版されている。

　メニンガーは最後の十年間も多産な著述を続けてた。彼は一生を通じて教育に真剣に取り組み、教育専門誌に寄稿を続け、数学教育者たちに数学と哲学の歴史の知識が必須であることを力説した。

　1957年ギーセン大学からリービッヒ賞を受賞している。

＊　＊　＊

　(訳者謝辞)　本文頁22、23の指のしぐさで示す数のラテン語の記述は、ドイツでラテン語を教えておられる Mrs. Christine Franzen にお願いして英語に訳していただいた。有り難くお礼申しあげる。また、同女史を紹介されたロンドン在住の樋口修司氏に感謝する。私は「12世紀ルネサンス」に興味をもっているので、その関連もあって、この翻訳をお引き受けした。機会を与えられた八坂書房の八坂安守社長にお礼申しあげる。

索 引

ア 行

『愛国幻想曲』→ メーザー
アヴェンティンの『算盤（計算盤）と、手と指を用いる数え方の古代ラテン人の古くからの習慣』 35
アウグスティヌス、聖、の指による数え方 27
アウクスブルク
　　──の市会計簿 137-144, 205, 213, 228, 336, 354
　　──の木版画 243
アショーカ大王 286, 287
アジアの携帯用算盤 162-175
アステカ
　　──の数系列 302
　　──の話し言葉の数系列 302
汗かく算盤使い 193
頭の数 155
アテネの財務官の報告 113, 114
「アバクス」の語源 152
アブジュダード（イランのギリシア・アルファベット数字） 124
アペックス 11, 188, 189-193, 211, 224, 260, 320, 322, 329, 354
　　──と西アラビア（グバール）数字 192
　　──による掛け算 191
　　──による割り算 193
　　──の消滅 193, 294, 299
　　キリスト教西洋での最初のインド数字 189
アポロニオス 305
アラビア、アラブ
　　──諸部族の統一 307
　　──人がピレネーを越す 307
　　──人のインド数字 306-322
　　──人の歴史 306
　　──の侵略、征服 286, 304, 307
　　──のスペイン占領 181
　　──のスペイン、文化の供給者 309
　　──の指による数え方 31-34
アラビア語起源の天文学用語 309
アラビア数字
　　──の位の順 318
　　──の中のゼロ 190
　　アルファベット── 126
　　インド数字であらわされた最古の── 316
　　グバール（西アラビア）── 192

　　固有── 301-314
　　シヤク文字の── → シヤク文字
　　スペインの── 305
　　綴り書きの数詞 190
　　東西── 322
　　東西──の郵便切手 318
　　東──による計算 125
　　さらに → インド・東アラビア数字；インド・西アラビア数字
アラビア文字の到来 310
アラブ勢力が頂点に 184
『あらゆる商目的のための迅速、精密、簡潔な計算法』→ ヴィドマン
アーリア人のインド侵入 285
アリスタルコス 305
アリストテレス 308
アリストファネスの喜劇『蜂』 29
『アリスメティカ』（算術の書）→ マルティヌス・シリシウス
アリスメティカ／アリスメティック
　　擬人化された算術（女性） 207, 222, 246, 342, 354
　　──、フランスの絵 250
アルキメデス
　　──の行ったギリシア数字による計算 118
　　──の砂計算人 176
　　──のπ 114
アルゴリスム 312, 334
　　『──・リネアリス』（線盤上の計算法の書） 206
アルゴリズム 313, 318, 321, 334
　　「──する」、フランスの 331
　　「──の歌」 313, 314, 352
　　──の書 329
　　「──の数字」、フランスの 330
　　──派（使い） 329, 343, 344
　　ヴィラ・デイの──→ ヴィラ・デイ
　　最古の──写本の掛け算表 326, 327
　　サクロボスコの──→ サクロボスコ
　　サレムの──→ サレム
アルジェブラの名称 312
アルス・アバキ → 算盤術
アルティクリ → 関節数
アルファベット数字
　　アラブ人の── 310

412　索引

　　イランの―― 124
　　カタパヤの――体系 120
　　ギリシアの――→ ギリシア・アルファベット数字
　　ゴート語の――→ ゴート語アルファベット数字
　　ヘブライの―― 108
アルファベット文字 13, 45
　　――の順序の固定 104
　　――の歴史 105 - 110
　　アラビア／アラブの―― 105, 311
　　イオニア・ミレトスの―― 108
　　エジプトの―― 107
　　エトルリアの―― 77
　　ギリシアの―― 77, 104, 107
　　ゴート語の―― 104
　　シュメールの―― 10
　　フェニキアの―― 104, 105, 108
　　ヘブライの―― 105, 107
　　ラテンの―― 107
　　ルーンの―― 107
　　ローマ人の―― 77
アルプスの棒切れ 63, 87
アル=フワリズミー 311, 315
　　――とアルゴリズム 311 - 314
　　――の算術書の翻訳 329, 364
　　――の『補整と平衡による算法の書』 312
アルブレヒト、ヨハン、の『線上の計算術に関する小著』 223
『アルマゲスト』→ プトレマイオス
アル=マンスールの宮廷 311
アレクサンダー大王の東征 170, 184, 286, 304
アレクサンドリア 116, 117, 304, 305, 320
　　――のインド数字 305
　　――のインドとの交易 305
暗号化、数の 288, 289
暗号数字による新筆記計算法入門 206
アンシャル文字 101, 128
アントワープの印刷許可 337
アンナベルクのパンの表 352

イギリス → 英国
イスラーム
　　――教 286, 310
　　――世界の輝き 308
　　――の出現 307
イソプセフィー術 110
イタリア 332, 333
　　――の計算玉 262
　　商人の教場の―― 338 - 342, 346
　　ドイツに持ち帰る――語 338
医の指（薬指）17

印刷術、その発明 37, 135
印相 → 指のしぐさ、聖なる
インダス文化 285
インド
　　――式筆記数字 283
　　――人が抽象的位取り数記法に成功 284
　　――と指のしぐさ 44
　　――のカースト 285
　　――のカローシュティー数字 286, 287
　　――の象徴数 292
　　――の真珠商人の指言葉 31
　　――の数体系の本質 149, 189
　　――の数の塔 120, 291, 303, 368
　　――の砂計算（板） 291
　　――のゼロの諺 300
　　――のデヴァナガリー文字 287
　　――のバラモン数字 287 - 290
　　――の仏僧の計算術の三レベル 44
　　――の歴史 285
インド（・アラビア）数字 9, 11, 12, 14, 21, 144, 145, 193, 224, 258, 281, 321, 332, 380
　　――で書かれた最初期のヨーロッパ数 273
　　――に対する抵抗 329, 384
　　――による計算法 22
　　――のあるティロルの計算玉 279
　　――のキリスト教西洋への初出現 189
　　――の苦闘 280
　　――の系統図 321, 322 - 328, 353
　　――の使用禁止 336, 337
　　――の書体の一貫性 323 - 328
　　――の浸透 119, 136, 137
　　――の西方への移動 295 - 329, 364
　　――の西洋への紹介 → ロバート
　　――の西ヨーロッパでの初期の二回の出会い 329
　　――の変遷 323
　　アラブ人の―― 306
　　アレクサンドリアの―― 305
　　サクロボスコの――とゼロ 298
　　中世ヨーロッパ写本の――の最古の例 326
　　西ヨーロッパの―― 329 - 364
　　ピサのレオナルドの―― → レオナルド
　　筆記に使用された新数字（――） 335 - 337
　　ヨーガ修練指導書の―― 325, 326
　　さらに → 位取り表記法
インド・西アラビア数字 123, 314 - 319；
　　さらに → アラビア数字；西アラビア数字
インド・東アラビア数字 123, 125, 314 - 319；
　　さらに → アラビア数字；東アラビア数字

ヴァイディッツ、ハンス、の『ペトラルカの慰め

索引

の鏡』 348
ヴァーグナー、ウルリッヒ 202, 203, 232, 233, 346
ヴィッテンベルクの教理問答書 145
ヴィドマン、ヨハン の『あらゆる商目的のための迅速、精密、簡潔な計算法』 350
ヴィラ・デイ、アレクサンドゥル・ド・ 314, 318
　　——のアルゴリズム 329, 335
　　——の「アルゴリズムの歌」 314
　　——のゼロ 332
ウィーン
　　——の財務総局の帳簿 273
　　——の雪除け作業人 58
ヴェルザー、マルクス 159
　　——の算盤 161
　　——の『史学・言語学書』 160
ウマイヤ王朝の転覆 309
ヴュルツブルク鋳造所の計算玉 273
ウルフィラ、司教、の聖書のゴート語訳 100, 102, 115
「ウルム人は計算上手」 347
ウルムの計算学校 346

英国大蔵省／王室会計局の符木 61, 66 - 72, 94, 220
英国の計算玉の名称 271
エクスチェッカー → 英国王室会計局の符木
「エクスチェッカー」の語源 218
エジプト
　　——がアラブ支配下に 184
　　——式筆記数字 281, 189
　　——数字 9
　　——数字の序列化と束ねのグループ化 41, 72
　　——のエル（尺度） 40
　　——の象形・絵文字 41, 105, 288
　　——の神官文字 288, 289
　　——の数記号 40
　　——のパピルスの算術問題 150, 316
　　——の物差し 41
　　——の郵便切手 316
　　——文化 182

黄金の割り算 193 - 196
「オウデン」（ギリシア語）の頭文字がo 293, 299, 300
オガム文字、アイルランドの 120, 121
オットー一世、二世、三世、皇帝 186
オランダ
　　スペインの——占領 267, 268
　　スペイン領——の計算玉 271

カ 行

海戦記念円柱、ローマの 42, 80, 81
「カウンター」の意味 221

格上げ、数の 155, 224, 225
「書く」の語源 47
隠された数詞 376, 377
『学識者用数学概要』→ パチオーリ
掛け算 177
　　アペックスによる—— 177, 178
　　因数による—— 358
　　過渡的な—— 355
　　計算盤上の—— 225
　　コラムによる—— 358
　　算木による——、日本の 254, 255
　　十字による—— 257, 258
　　西洋碁盤での—— 358
　　線計算盤上の—— 239 - 242
　　対角格子による—— 358, 359, 361
　　指による—— 37 - 40
　　ローマ式—— 198
　　ローマ式算盤上の—— 177, 178
掛け算表 38, 128, 241, 359, 361, 381
　　アペックスの—— 191
　　最古のアルゴリズム写本の—— 326, 327
　　日本の—— 166, 379, 381
　　ローマの—— 177
カースト、インドの 285
カタバヤ式文字、数字体系 120
カッシオドルス 185
貨幣体系
　　カール大帝の—— 228
　　フランスの—— 261
　　ローマの—— 228, 230, 231
紙
　　計算用 337
　　中国人発明の—— 48, 308, 320
カリフ統治区、コルドバの 309
カール大帝の通貨計数体系 228；さらに → シャルルマーニュ
ガレー船型割り算 197
カレンダー
　　ドイツの—— 133
　　さらに → 農民用カレンダー
カローシュティー数字 74, 286, 287
カロリング王朝の通貨尺度 213
還元化（既約化）の演算 225
関節数（アルティクリ） 21, 22, 192
ガンダーラ芸術 286

記号算術、ロジスティックス 119
刻み目をつけた
　　——書簡、分割文書 60
　　——棒 → 符木（しるしぎ）、切符

索引

『技術の基礎』→ レコード
切符、刻み目をつけた　60
『気で病む人』→　モリエール
「絹」の語源　170
記念メダル　266
キプ (ス)、ペルーの　92, 93
キムプ、ペルー・ボリビアの　95
清める、計算を　176；さらに → 数の純化
極東諸国の数体系　365, 366
『御製数理精薀』→ 中国康煕帝
巨大数、大数、インド・マヤの　303
「切り込む」のラテン語　50
ギリシア
　——アルファベット数字　10, 99, 103, 111-120, 124
　——アルファベット数字による計算　117, 118, 119
　——アルファベット文字　77
　——コイン　113, 116, 151
　——式筆記計算法　177
　——式筆記数字　281
　——の序列数字　111, 322
　——の指による数え方　29
　——文化　184
　古代——の大型計算盤　150, 151
キリスト　245
　——教、新しい西洋の力として　181
銀の種々の重量価値表　132, 232, 233
銀文字写本（コデックス・アルゲンテウス）100

グイド、アレッツォの楽譜（五線紙）　210
クインティリアヌス（雄弁家）の指による数え方　28
グバリオールの碑文　290, 256, 315
グバール文字、数字　189, 192, 319-322
位取り記数法と計算盤の対抗　342-349
位取りの規則、表記法　20, 99, 104, 130, 132, 149, 150, 166, 180, 210, 251, 252, 253, 256, 281-284, 290-294, 319, 332, 338, 354, 383
位取り表記法、具体的　284, 301, 302
　　アラブ人の——　320
　　インドの——　291
　　エジプト神官文字の——　289
　　グバール数字の——　319
　　中国の——　283, 380, 387
　　バラモン数字の——　288
　　マヤの——　302
位取り表記法、抽象的　9, 284, 293
　　——へのバラモン数字の使用　291, 301, 302
　　——へのゼロの採用　294
　　アラブ人の——　320
　　イタリアの——　337
　　インドの——　283, 380

ゼロをもつ——　301
中国の——　283, 382, 387
日本の——　283
マヤの——　303
グラーフ、ウルス（画家）　245
クリストヴァエウス、ドクター、の『計算玉と数字の双方による計算法』　206
グループ化の原則　75, 88, 89, 111, 154, 155, 163, 188, 211, 224, 251, 257, 262, 287, 302
　　さらに→序列化と束ねのグループ化；束ね、数のグループを解く　156, 236, 237
クレタ文化　182
「クロイツァー」コインの名称　235
「グロッシェン」の意味　234
クロノグラム（年代表示銘）　129

計算
　——学校 → ニュルンベルク；ウルム
　——教師、ドイツの　346
　——競技会　166
　——の技術　360-363
　——を清める　176
　冪（べき）指数の——　360
計算限度
　インドの——　288
　日本の——　372
　ローマの——　81
計算尺　361
『計算術』→　メニンガー
「計算する、計算動作」の語源　175, 176, 258
計算玉
　——「プセフォイ」（小石）の語源　153
　——数字　251, 252
　——製造の独占体制、ドイツの　274
　『——と数字の双方による計算法』→ クリストヴァエウス
　——による計算　148, 216
　——の位置による価値　148, 152, 247, 248
　——の置き場所による位取り、イギリスの　250
　『——の書』　206, 243, 249, 250
　——の打刻法　277
　——の名称　270-272
　——はフランス起源　200, 260-263
　——メーカーのギルド　277
　——用の容器と袋　265
　イギリスの——の名称　271
　イタリアの——　262
　ヴュルツブルク鋳造所の——　273
　押印のある金属製——　260, 261
　オランダの——　266

索引　415

金製、銀製―― 264, 265
計算机を示す―― 208, 209
小石（ローマの）――→ 小石
固定しない―― 161, 175
固定しない――を用いるローマの計算盤　175-180
ジェトン―― 200
時代を映しだす―― 266-270
宗教裁判の―― 269
宗教的銘刻の―― 270
新年の贈り物の―― 202, 266
同、フランス王の　264
数の筆記用の―― 249
スチュアート、メアリー、の―― 265
スペインの――の名称　271
政治色のある―― 266, 267, 268
中世最古の―― 260, 261
鋳造型の金属製――、フランスの　262
ティロルの―― 272
テセラ（ローマの）―― 29, 48
ドイツ最古の―― 272, 273
ドイツ最後の―― 279
ドイツの―― 208, 271, 272-280
ドイツの――の名称　271
フランクフルトの砂地の―― 279
フランス王室―― 260
フランス革命と―― 280
フランスの―― 271, 274, 275
ベニスの聖マルコの―― 208, 262
ボヘミアの――布告　263
マクシミリアン、皇帝、の―― 272
ローマの象牙製―― 176
計算人
砂―― 176
ローマの―― 162
計算家、計算屋　176
計算盤（机）、算盤　9, 10, 11, 35, 148, 152, 284
――と位取り記数法の対抗　342-349
――と計算法　256-259
――と筆記数字　249-259
――の運命　200
――の基本形　149
――の形状の歴史　257
――の四分の一回転　209
――の使用技能は婚期女性の資格　201, 345
――の種々の名称　218-223
――の本質　147-150
――の横向き転換　210
――派（使い）　198, 329, 343, 344
――用のペニー（小銭）　260
アジアの―― 162

怒り狂った―― 249
家財目録・遺言書の――（机）200, 201, 243
古代ギリシアの大型―― 150, 151, 176
古代文明の―― 150-180
古代ローマの―― 224
新式―― 209-217
砂で覆った――（机）　198
修道院の―― 185-198, 211, 320
段階配列法による―― 149
中国の―― 167-170, 252
中世後期に――が使用された証拠　199-209
中世後期の―― 199-259
中世初期の―― 180-198
ドイツの――の名称　221
日常生活の中の―― 243-249
横線のある――（机）209, 211
ロシアの――→ シュチェット
計算布　208
格子模様の―― 219
線なしの―― 246, 250
ババリアの―― 215, 216
ミュンヘンの―― 138, 274
計算棒　50-55, 73
日本の―― 363
ネピアの―― 361, 362
「契約」の語源　61
決闘のゲマトリア　109
ゲーテ
――と計算盤　249
――の『西東詩篇』218
ケーベル、ヤコブ　132, 242
――の算術教科書　205, 206, 209
――の小編算術計算書　133, 144
――のゼロ　299
ゲマトリア　109
ケラー、ゴットフリート、の『緑のハインリッヒ』
　85, 89, 148
『ゲルマーニア』→ タキトゥス
ゲルマン
――王国、テオドリックの　181
――族、部族　181, 184, 228, 233, 236

小石　176, 259, 260, 280
――で書くこと　147
――による計算　148
――の数　148, 153, 156
コイン
――作りの頭領　277
――と計算玉　262
――の名称とその略称、記号　227-237

416 索引

　　インド数字で最古の年数のある―― 355
　　エトルリアの―― 242
　　ギリシアの―― 77, 151
　　シシリー島の―― 354
　　鋳造――と打刻 227
　　ドイツの年数をあらわす最古の―― 355
　　トルコの―― 316, 317
　　中国の―― 385, 389
　　ビザンティンの―― 116
　　ベニスの―― 262
　　ヘブライの―― 108
コイン盤（机） 210, 212
格子模様の計算布 219
合成数（ヌメリ・コンポジティ） 20
ココナッツを数える 147
ゴシック
　　――書体、数字 99-102, 128
　　――文字のひげ飾り 231
コデックス・アルゲンテウス→銀文字写本
ゴート
　　――語のアルファベット文字、数字 10, 100, 101, 102
　　――語の聖書、ウルフィラの 100, 102, 115
　　東――族 181
　　西――族 181, 307
コルドバ 309, 310, 320
「コンプトゥール」の意味 221
根本問題 119

サ 行

サクロボスコ、ヨハネス・ドゥ
　　――のアルゴリズム 298, 318, 329, 335
　　――のインド数字とゼロ 298
「冊」の語源 83
ザ・ハンド（指の魔術師） 166, 167
「ザムト」（ビロード）の語源 376
サラミス島の書写板 150, 151-157, 175
サレム
　　――のアルゴリズム 22, 318, 329, 335
　　――の修道院の古写本 313, 318, 330
「算」の語源 168
「祘」（さん）の語源 252
算木
　　――（木簡）→中国の算木；日本の算木
　　――数字 254, 386
　　――盤 254
ザンクト・ガレン 355, 356
サンスクリット、アーリア人の言語 285
『算術・幾何の演劇』→ロイポルト
『算術大系』→パチオーリ
算術計算書 202-209, 352

　　イギリスの―― 206
　　イタリアの――、最古の 202
　　ケーベルの――→ケーベル
　　最古の―― 350
　　ドイツの――、最古の 202, 204
　　バンベルクの計算書、木版印刷書→バンベルク
　　フランスの―― 206
　　リーゼの――→リーゼ
三の法則 204, 335, 350
算盤
　　――術（アルス・アバキ） 36, 335
　　「――上の数計算の規則」→ジェルベール
　　『――（計算盤）と、手と指を用いる数え方の古代ラテン人の古くからの習慣』→アヴェンティン
　　『――の書』→レオナルド
　　さらに→計算盤
シェークスピア
　　――と計算玉 70, 247, 271
　　――とゼロ 295, 300
「ジェクト」の意味 199
「ジェトン」（フランス計算玉）の語源 199
「シェルフライン」コインの訳語 235
ジェルベール（教皇シルヴェステル二世） 186-189, 198, 320, 329
　　――が計算盤による計算法を復活 185
　　――主義派 198, 209
　　――のアペックス 189, 211, 260
　　――の算盤 187, 189
　　――の「算盤上の数計算の規則」 187
『史学・言語学書』→ヴェルザー
シーザー、ジュリアス、のガリア征服 180, 184
シシリー島のコイン 354
実用
　　――計算 335
　　――算術書 350
シナイ山の碑文 106
ジブラルタル海峡をタリークが渡る 307
資本符木 64, 74
シヤク
　　――数字 322
　　――文字 103, 123, 125, 126, 289, 300
　　――文字による筆記計算 125
シャルルマーニュ
　　――大帝 182, 184；さらに→カール大帝
　　――の宮廷学舎 185
宗教裁判の計算玉 269
十字の線、ローマ式の 231
修道院
　　――の算盤 185-198, 211, 320, 335

索引 417

サレムの―― 313
ジェルベールの――の算盤 187
中世初期の――の算盤 188
自由七科 206, 207, 246, 343, 346
十の字画と符木の刻み目 74, 75, 87, 88
十進段階法 258
シュチェット、ロシアの算盤 124, 170 - 175, 257
シュトラボ、ヴァラフリート 34
シュメール式アルファベット文字 10
純化、計算の 155, 225
順番の符木 65
消去式演算 196 - 198, 355
　　――、インドの 292
消去式割り算 197
商業術、商売術 203, 338, 350
象形文字
　　――記号 292
　　――数字、エジプトの 288
象徴数、インドの 292
小編算術計算書 → ケーベル
序列化と束ねのグループ化（の原則）47, 74, 91, 133,
　　145, 149, 180, 252, 255, 266, 281, 289, 290, 295, 301, 332
　　エジプト数字とローマ数字の―― 41
　　さらに → グループ化の原則
序列数字 72, 112, 322, 379, 391
シラー、フリードリッヒ、のピッコロミニの乾杯 52
シリアの里程標 326
「シリング」の語源 233
符木（しるしぎ）10, 45 - 85, 86, 219
　　――のいろいろの名称 48
　　――上の刻み目 46, 48, 72 - 75
　　英国の―― → 英国大蔵省／王室会計局符木
　　簡単な計算棒（――）50 - 55
　　主木、副木の―― 58 - 62
　　「誰かと――を持つ」62
　　特定物につながる――の刻み目 84
　　特定物から解放される――の刻み目 85, 87
　　ミルク棒（――）、スイスの 55 - 58
神官文字、エジプトの 288, 289

スイスの計算机 217
水利権の符木 65
数　1　インド数字の―― 324
　　　　中国の―― 385, 388
　　2　インド数字の―― 324
　　　　中国の―― 388
　　3　インド数字の―― 324
　　　　中国の―― 388
　　4　インド数字の―― 324, 325
　　　　中国の―― 42, 388

　　5　インド数字の―― 326
　　　　中国の―― 388
　　6　インド数字の―― 326
　　　　中国の―― 388
　　7　インド数字の―― 326
　　　　中国の―― 388
　　8　インド数字の―― 326
　　　　中国の―― 43, 388
　　　　――とルーン文字 122
　　9　インド数字の―― 326
　　　　中国の―― 43, 388
　　10　中国の―― 388
　　20　中国の―― 82, 387, 388
　　　　さらに → スコアー
　　30　中国の―― 82, 388, 390
　　40　中国の―― 82
　　100　「――を千に投げ入れる」248
　　　　大きな百 262
　　　　中国の―― 376, 388, 389
　　　　フィンランド語の―― 374
　　　　ローマ数字の―― 79
　　365　ヤーヌスの―― 27
　　666　―― 99
　　八百　日本の―― 377
　　千　中国の―― 377, 388
　　　　リトアニア語の―― 375
　　　　ローマ数字の―― 79, 80
　　万　ギリシアの―― 115, 116
　　　　中国の―― 377, 389, 390
　　百万　初期、後期のローマ数字の中の―― 81
　　　　ローマ数字の―― 127
　　八百万　日本の―― 377
　　　　さらに → 数の塔
数、インド数字で書かれた最初期のヨーロッパの 273
『数学書』→ デ・モヤ
数字
　　新規の―― 353 - 363
　　西洋の――の祖先 258 - 294
　　マヤの秘―― 302
数の
　　――暗号化 288, 289
　　――格上げ、純化 155, 225
　　――還元化（既約化）225
　　――木 249, 250, 254
　　――塔
　　　インドの―― 120, 291, 303, 368, 371
　　　マヤの―― 303, 371
　　――配置 224, 237
　　――表記と計算の分離 149
　　――分解、解グループ化 156, 236, 237

418　索　引

　　　　――机　210, 211
数量詞　375, 376
「スコアー」、20のグループ化、の語源　48, 69, 70
スチュアート、メアリー、の計算玉　265
「ストック・ホールダー」の語源　70
ストラスブール　210, 353
　　　　――の計算機　212, 215, 217, 227
砂
　　　　――計算人　176
　　　　――板上の筆記計算　198, 291
　　　　――で覆った計算機　198, 291
　　　　――ぼこりの数字　→ グバール数字
スペイン
　　　　――帝国　267
　　　　――のオランダ占領　267, 268
　　　　――領オランダの計算玉　271
　　　　――のアラビア数字　305
　　　　アラブの――は文化の供給者　309
　　　　ムーア人の――　309, 310, 320

西欧の数字の祖先　285 - 294
声調、中国の　369
聖書
　　　　――の寓話　25, 26, 99, 101, 110, 147, 182, 228, 230, 235, 245
　　　　→ ゴート語の――（ウルフィラ）；→ ヒエロニムス、聖
聖なる数　43, 122, 303；さらに → 数の塔
製粉屋の結び目　97
セステルティウスによる貨幣制度　231
セビリャ　310
セラートゥス（銀歯貨）　237
ゼロ　180, 284, 292, 295 - 304, 330 - 332, 380
　　　　――が算盤を圧倒　198
　　　　――の導入　198, 284
　　　　――の歴史と――の名称　296, 299
　　　　インドの空位記号０　255
　　　　インドの――の諺　300
　　　　インド人の――は点、円、十字　299
　　　　ギリシア語の「オウデン」（無）の――　293, 299
　　　　ギリシア・バビロニア様式に――記号あり　294
　　　　グヴァリオールの碑文の最古の――　290
　　　　グバール数字に――なし　319
　　　　ケーベルの――　299
　　　　計算盤上の空欄（――）　295
　　　　古代バビロニアの――　124, 293
　　　　サクロボスコのインド数字と――　298
　　　　シヤク数字の――記号　124
　　　　新世界最古の――　303
　　　　数の末尾の――記号　293

　　　　ストラスブール写本の――の記号　353
　　　　他文化圏の――　300 - 304
　　　　知的障害の――　295, 329, 380
　　　　中国の――　256, 382, 386
　　　　「テカ」（烙印）の意味　299
　　　　「ヌル」（無）の意味　299, 330, 331
　　　　バビロニアの空位の記号（――）　300
　　　　東アラビア方式の――記号　119
　　　　プトレマイオスの――　293
線上
　　　　『――と羽軸ペンによる計算法（書）』　→ リーゼ
　　　　――の計算（法）　89, 204, 209, 223 - 243
　　　　『――の計算術に関する小著』　→ アルブレッヒト
　　　　『――の計算法の書』　→『アルゴリスムス・リネアリス』
　　　　――の数記号　121
　　　　――の筆記法　88, 90
　　　　『全世界の鏡と像』　→　フランク、バスティアン
線盤　211, 217, 223 - 225, 226
　　　　――の基本形　223
　　　　不特定列、特定列をもつ――　211
セント・アルバンス計算術書『ペンと計算玉を用いる計算法の学習入門』　206

そろばん、日本の　163 - 167, 380
　　　　――の語源　164
　　　　――を習う日本人の生徒　348
ソロン（法典制定者）　152

　　　タ　行

大学の創設、13世紀の　340
『大コンペンディウム』　→ プトレマイオス
対数　360
　　　　――乗法尺　361
　　　　中国の――表　382, 383
大数、巨大数、インド・マヤの　303
タキトゥス　47, 122, 236
足し算　225 - 227
　　　　インドの――　292
　　　　新計算盤上の――　225
　　　　ギリシア式――　198
　　　　ローマの携帯用算盤による――　161
「足す」の語源　154
種（たね）、キリスト教世界の　182
束ね、数の　29, 148, 176, 188, 254, 283
　　　　さらに → グループ化；序列化とグループ化
ダマスカスの建設　307
「ターラー」　→ ドル
「タリー」（符木）の語源　62
ダリウスの壺　157, 158, 175, 243

索 引　419

——の計算人、会計係　157, 158, 243
タリーク司令官がジブラルタルを渡る　307
段階式記数法　283
段階配列法による計算盤　149
ダンス・パーティーの計算問題　349

チェッカー（計算）盤　219, 220
『チェッカー盤の対話』→ リチャード
「チェック」の語源　61, 67
地中海文化の勃興、衰退、移動　182, 183, 185
中国
　——康熙帝の『御製数理精蘊』　383
　——語の数の名称　366
　——語の数系列　367
　——語の筆記数字　377 - 390
　——税徴収人の個人印章　325, 326, 327
　——尚方大篆書体（九畳篆書体）　388
　——とローマ帝国との交易　169
　——の印章（篆刻）書式　384
　——の絵記号表記法　105
　——の隠された数詞　376, 377
　——の言語　369, 370
　——の硬貨　384, 389
　——の口語数　365
　——の籌（チュウ）　252
　——の算木　82 - 84, 253
　——の算木板　253
　——の算盤　167 - 170, 252, 380
　——の数記号　365
　——の数系列　365
　——の対数表　382, 383
　——の文化　365
　——は不思議の国　365
中国数字
　——の基本数字　371, 377, 378
　——の公用数字　371, 377, 378, 384, 385
　——の算木数字　252 - 256, 377, 378, 386 - 388
　——の小写（常用数字）　377
　——の商用数字　377, 378, 385, 386
　——の蘇州碼字　385
　——の大写（大数字）　384
朝鮮
　——語の数系列　367
　——語の数の名称　373, 374
　「——語」の名称の訳注　367
　——族の数　365
『鳥類の狩猟術について』→ フリードリッヒ二世

通貨
　——計数体系、カール大帝の　228
　——交換の需要　210
　——の基準　213 - 217

丁巨、「丁巨算法」　383
「ディヴァン」（長椅子）の語源　218
ディオファントスによるギリシア数字を使った計算　118
ディギット → 指数（ゆびすう）
ティロル
　——の計算玉　272, 280
　インド数字のある——の計算玉　279
ディンケルスビュール
　——の計算　212
　——の計算机　138, 156, 212, 213, 214, 216
デヴァナガリー、インドの
　——数字　322, 325
　——文字　97, 287, 323
テオドリック（東ゴート族首領）　181
テセラ → 計算玉
鉄固の割り算　193 - 196
『哲学宝典』→ ライッシュ
デ・モヤ、ペレス、の『数学書』　208
デューラー、アルブレヒト　25, 324, 325
「典」の語源　83
天文学（シドゥハンタ、シンドヒンド）
　——用語、アラビア語起源の　309
　プトレマイオスの——書　309
伝令人の棒　65

ドイツ
　——式数　99
　——式ローマ数字　127 - 146
　——の計算教師　346
　——の計算玉　272 - 280
　——の最後の計算玉　279
　「——」の学校　345
　——の算術家たちと教科書　342 - 352
「ドゥカット」（金貨）の意味　234
トゥールの戦い　185
「ドゥレル」「ドゥリル」（綾織布）の語源　376
『時の計算について』→ ビード、尊者
トルコのコイン　316, 317
ドル
　——、アメリカの　236
　「——」の由来　235
トレヴィゾの計算教科書　202, 203
トレド　310

ナ 行

西アラビア数字　192, 193；さらに → インド・西アラビア数字

索引

西ゴート王国の崩壊　307
二段階計算問題　120
二倍化、二倍算　225, 237 - 239
二分化、二分算　225, 237 - 239
日本
　——語の数系列　367, 370
　——語の数の名称　370
　——の隠された数詞　376, 377
　——の位取り表記法　253
　——の口語数　365
　——の五十音図　373
　——の算木、算籌　252
　——の算木数字　253
　——の算木板　253
　——の十円紙幣　385
　——の数　11, 365, 370 - 373
　——の数記号　365
　——のそろばん　163 - 167
　——の二倍化方式の数　375
　そろばんを習う——の生徒　348
乳牛権、スイスの　73
ニュルンベルク
　——の学校用計算玉　208
　——の金属製計算玉　273, 274, 275
　——の計算学校　346, 347
　——の計算玉がトルコへ　275
　——の計算玉メーカーのギルド　277
　——の市議会の命令　347
　——の市民　338
　——の貿易商人　276
　——の模造計算玉　276, 278

ネピア
　——の対数発明　360
　——の棒、骨　361
ネモラリウス、ヨルダヌス、の演算法　237
年数のインド数字　354
　——のシシリー島のコイン　356
　——のドイツ最古のコイン　355, 356

農民、農夫
　——の計算法　155
　——の三段階の計算　148
　——の数字　85 - 91, 148, 252
　——用カレンダー　90
　スイスの——　46
ノルマン王ロジャー二世　354

ハ 行

「配当」の語源　68

廃品回収業の老女の計算　85, 86, 89, 148
バグダード
　——の学術翻訳書　308
　——の建設　308
『恥と真実の書』、アウクスブルクの　245
バーゼル
　——の三首長　221
　——の三首長の計算机（盤）156, 212, 213, 216
『蜂』、喜劇 → アリストファネス
パチオーリ、ルカ
　——の『学識者用数学概要』　35
　——の『算術大系』　16
　——の指による数え方　16, 19
話される数と筆記数字、中国と日本の　11
羽軸ペンによる計算　209, 357
ババリアの計算布　215, 216
パピルス、エジプトの　316
バビロニア
　——がアラブの支配下に　184
　——のアルファベット絵記号表記法　105
　——の記数法　293
　——の空位の記号　124, 293, 300
　——の数体系　300
　——文化　182
バラモン
　——数字　286, 287 - 290, 315, 322, 323
　——筆記文字の起源　287
「バンキール」（欄）の意味　224, 227
「バンク」（計算用の）の語源　159, 339
判じ物
　ローマの——　15
　年数の——　134
パンの表、アンナベルクの　352
半分 → 分数
半分の数記号、ローマの　75, 80
バンベルク
　——計算書　132, 326, 350, 358
　——の算術教科書　202, 203
　——の木版印刷書　204, 205, 350
　——の銀の重量価値表　132, 232, 233
万里の長城の木簡　82, 83

ヒエロニムス、聖、の聖書のラテン語訳、ウリガタ聖書　26
ヒエログリフ文字、象形　288
東アフリカ交易の指による数え方　31 - 34
東アラビア書体　323
東アラビア数字
　——による位取り記数法　354
　——による計算　125

索引

——による引き算 318
——のあるトルコのコイン 317
引き算 155, 225, 237
　　ギリシア式—— 198
　　サラミス島の書写板での—— 155
　　東アラビア数字による—— 316, 318
「引く」の語源 155
ピサのレオナルド → レオナルド
秘数字、マヤの 302
ピタゴラス
　　——が算盤を発明（誤り）187
　　——のアーチ 187, 334, 335
　　——の表 38
　　線盤につく—— 222, 342
筆記計算法、ギリシア式 177
筆記数字
　　——の構成、体系 281
　　——の体系、計算盤から導かれた 253
　　エジプト式—— 281
　　ギリシア式—— 281
　　ローマ式—— 281
日時計、ギリシア・アルファベット数字の 117
ビード、尊者 14, 185
　　——の『時の計算につて』 15
　　——の『指を用いる計算と話』 15
　　——の指折り法 17-25, 29, 33
「ビュロー」の語源 218
ヒンドゥー
　　——教 286
　　——の筆記数字 286
　　——文化 285

ファウスト 249, 296, 360
フィジー諸島の棍棒 46, 51
フィシャルト、ヨハン（諷刺家）54
フィボナッチ → レオナルド
フィレンツェ
　　——市議会の法令 336
　　——の金貨 232
フッガー家
　　——の会計帳簿 137, 141
　　——の財産目録 137, 141, 143
復活祭の日の算定 15
仏教
　　——の誕生 286
　　——の日本伝来 256, 373
　　中国の—— 382
プトレマイオス、クラウディウス
　　——の0の記号 293
　　——の『大コンペンディウム』、『アルマゲスト』305

——の天文学書 309
フビライハン（惣必烈汗）170
フラックス、アルクイン 185
プラトン 308
プラヌデス、マキシムス、の『インド方式の小石配置法』153
フラマン鋳造所 262
フランク、バスティアン、の『全世界の鏡と像』130
フランク王国 181
フランクフルト
　　——の市会計簿 263, 272, 337
　　——の砂地の計算玉 279
フランス
　　——革命と計算玉 280
　　——起源の計算玉 260-263
　　——の「アルゴリズムする」331
　　——の「アルゴリズムの数字」330
　　——の王室鋳造所 262
　　——の貨幣体系 261
　　——の計算玉 271, 274, 275
　　——の中世最古の計算玉 260, 261
　　——の鋳造型金属製計算玉 262
　　——王室財務庁／政府財務局 200
ブーリエ（数え球）174
フリードリッヒ二世 248, 334
　　——の『鳥類の狩猟術について』36, 334
プリニウス、大 28
ブリューゲル、ピーター、の挿話 50
ブルゴーニュ宮廷 199
　　——の計算 263
「フロリン」硬貨の語源 232
分数
　　五番目の半分の—— 132
　　ローマ式—— 169

冪（べき）指数 360
　　——の計算法 360
ペソとその語源 229, 234, 236
ベーダ・ヴェネラビリス → ビード、尊者
『ペトラルカの慰めの鏡』→ ヴァイディッツ
「ペニー」の意味 234
ベニス
　　——の聖（サン）マルコの計算玉 208, 262
　　教育試験場の—— 338
　　絶頂期の—— 170
ベビーサークルの算盤 174
「ヘラー」の名称 234
ペルシアのシヤク文字、数字 123, 124
ベルトルート、レーゲンスブルクの 34, 35
ヘロディアノス、アエリウス、の数字 111

「ペンズム」「ペンション」の語源　229
『ペンと計算玉を用いる計算法の学習入門』→
　　セント・アルバンス

ポアティエの戦い　185
ボイオティア人の数字、数記号　114, 158
放牧権、スイスの　63
ボエティウスとその数字　21, 185, 222
『補整と平衡による算法の書』→ アル=フワリズミー
ボート型割り算　197
ボヘミアの布袋　263
ポリュビオス（歴史家）　152, 247
「本」の語源　49
ポンスレー（射影幾何学）の創始者　174
「ポンド」の意味　228

マ 行

マクシミリアン、皇帝、の計算玉　272
マクロビウス　27
抹消式演算　193, 196 - 198, 355
　　――、インドの　292
マテルヌス、フィルミクス（占星学者）　28
マホメット　306
マヤ
　　――の絵文字　301
　　――の具体的位取り数表記法　302
　　――の神官の秘数字　302
　　――の抽象的位取り数表記法　303
「マルク」の語源　234
マルティヌス・シリシウス、ヨハネス、の算術の書
　　『アリスメティカ』　206
マルテル、カール（フランク王）アラブ軍を破る　182
萬字・卍　389

緑の机（ドイツの役所）　221
『緑のハインリッヒ』→ ケラー
ミノア（クレタ）・ミュケーナイ文化　182
ミュンヘンの計算布　138, 274
ミルク棒、スイスの　55 - 58

ムーア人のスペイン　309, 310, 320
結び目
　　――付きの数の紐　92
　　――による筆記　97
　　――の数字　91 - 98

メーザー、J．の『愛国幻想曲』　45
メニンガー、カール（著者）の『計算術』の中の
　　「レベルによる割り算」　195
メランヒトン、フィリップ、のヴィッテンベルク

大学での講義　342, 346

木簡、中国の → 中国の算木
モハメッド → マホメット
モヘンジョダロ文明　285
モヤ → デ・モヤ
モリエールの『気で病む人』の計算玉　345

ヤ 行

ヤッセン・ゲーム　88
ヤーヌス、太陽神　28

ユヴェナリス（諷刺家）の指による数え方　28, 33
ユークリッド　305
　　――の数学書　309
　　――の翻訳書　310
ユダヤ人
　　――の金貸し業者　244
　　――のゲマトリア　109
指
　　――を用いる計算法　37 - 40
　　『――を用いる計算と話』→ ビード、尊者
　　『――計量論』→ ラーブダス
　　――言葉、商用の　31, 32
　　――数（ディギット）　21, 192
指による数え方　10, 13 - 44, 45
　　アヴェンティンの―― → アヴェンティン
　　アラビア交易の――　31 - 34
　　クインティリアヌスの―― → クインティリアヌス
　　古代ギリシアの―― → ギリシア
　　シカゴでの――　33
　　シュトラボの―― → シュトラボ
　　聖アウグスティヌスの―― → アウグスティヌス、聖
　　大プリニウスの―― → プリニウス、大
　　パチオーリの――　16
　　ビード、尊者、の――　17 - 25, 29
　　ベルトールトの―― → ベルトールト
　　マクロビウスの―― → マクロビウス
　　ヤーヌスの―― → ヤーヌス
　　ユヴェナリスの―― → ユヴェナリス
　　ローマ式の――　33
指のしぐさ、聖なる、印相　43 - 44
弓の弦の指の形　33

「ヨアヒムスターラー」の由来　234
ヨーガ修練指導書のインド数字　325, 326
横棒数字、スイスの　87
余数による演算　39
ヤハネス、セビリアの　312
「読む」の語源　47

ラ 行

ライシュ、グレゴール、の『哲学宝典』 206, 207, 209, 222, 342
ラーブダス、ニコラス、の『指計量論』 33

リーゼ、アダム 112, 141, 217, 227, 232, 349 - 352
　　　——の掛け算 177, 239 - 242
　　　——の計算術 174
　　　——の算術教科書 206, 342, 360
　　　——の実用算術書 350
　　　——の『線上と羽軸ペンによる計算法（書）』 208, 209, 350
　　　——の足し算 226, 227
　　　——の二倍化と二分化 238
　　　——の連鎖問題 340, 341
　　　必携書の別称—— 208
リチャードの『チェッカー盤の対話』 68, 219
里程標、シリアの 326
「リブラ」（天秤）の意味 228
琉球諸島の職人の結び紐 92
リュッセルハイムの会計帳簿 128, 131, 138, 354
緑布院（英国の計算事務所） 221

ルーヴル鋳造所、フランス公認の 274
ルター、マルティン
　　　——と計算盤（玉） 247, 248, 260, 345
　　　——の聖書翻訳 230, 235
　　　——のドイツ語による数理問答書 244, 245
　　　——の手紙 54
「ルーブル」の語源 48, 234
ルーン文字
　　　エッダの歌唱の—— 55
　　　古ゲルマンの—— 90, 101, 121, 122, 275, 276

レオナルド、ピサの 281, 333 - 342, 364
　　　——の『算盤の書』 334
　　　——の指を用いる計算法 39
　　　インド数字の主提唱者—— 36
レーク（スウェーデン）の記念板 122
レーゲンスブルク
　　　——年代記録 326, 327, 328
　　　——の修道院 191
レコード、ロバート、の『技術の基礎』 206, 343
レベルによる数体系 282
レルヒェンフェルト、フーゴ・フォン 326
連鎖法則 335, 339, 340, 341

ロイポルト、ヤコブ 19, 20, 322
　　　——の『算術・幾何の演劇』 24
老子 96
ロシア
　　　——の算盤シュチェット 124, 170 - 175, 257
　　　——の徴税帳簿 70, 71
　　　——の農民の計算 238
　　　——のルーブル → 「ルーブル」の語源
ロシュトクの算術師匠 347
ロバート、チェスターの 312
ローマ
　　　——コインとコイン記号 76, 80
　　　——式筆算数字 281
　　　——人 151
　　　——帝国 180, 181, 184
　　　——帝国の東西分裂 181
　　　——の政治勢力 184
　　　——の判じ物 13
　　　——指による数え方 34
　　　——里程標 78, 79
　　　キリスト教徒となった—— 185
　　　西——帝国 181
ローマ数字
　　　——の上の横棒 127
　　　——の起源 77
　　　——の計算 145
　　　——の形成と符木の刻み目 73
　　　——の序列化と束ねのグループ化 41, 72
　　　ドイツ式—— 127 - 146
　　　筆記体の—— 127 - 146

ワ 行

『若きティトゥレル』 344
割り算
　　　アペックスによる計算盤上の—— 193
　　　黄金の—— 193 - 196
　　　ガレー船型—— 197
　　　計算盤上の—— 225
　　　線計算盤上の—— 242, 243
　　　中世算盤での—— 198
　　　鉄固の—— 193 - 196
　　　長い—— 337
　　　補足数を使う—— 193
　　　ボート型—— 197
　　　「レベルによる——」→ メニンガー
割り符木（割符） 58 - 62

訳者略歴

内林政夫（うちばやし まさお）

兵庫県出身。京都大学医学部薬学科卒業。薬学博士。
武田薬品工業（株）勤務を経て、現在、武田科学振興財団理事長。
アメリカ、ドイツ、スイスの在住経験あり。
数に関する著作に『数を数える』（非売品、1996）、
『数の民族誌』（八坂書房、1999）がある。

図説　数の文化史―世界の数字と計算法―

2001年 4月25日　初版第1刷発行
2002年12月 5日　初版第2刷発行

　　　　　　　　　訳　者　　内　林　政　夫
　　　　　　　　　発行者　　八　坂　立　人
　　　　　　　　　印刷・製本　（株）シ　ナ　ノ

　　　　　　　　　発行所　　（株）八　坂　書　房
　　　　　〒101-0064 東京都千代田区猿楽町1-4-11
　　　　　　TEL.03-3293-7975　FAX.03-3293-7977
　　　　　　　　　郵便振替　00150-8-33915

落丁・乱丁はお取り替えいたします。無断複製・転載を禁ず。
© Masao Uchibayashi, 2001
ISBN4-89694-471-2